■ 全国畜牧总站　编

国家草品种区域试验十年回顾与进展

GUOJIA CAOPINZHONG
QUYU SHIYAN　10 NIAN
HUIGU　YU　JINZHAN

中国农业出版社
北　京

图书在版编目（CIP）数据

国家草品种区域试验十年回顾与进展 / 全国畜牧总站编. —北京：中国农业出版社，2019.10

ISBN 978-7-109-25445-9

Ⅰ.①国… Ⅱ.①全… Ⅲ.①草坪－品种－区域试验－中国 Ⅳ.①S688.4

中国版本图书馆 CIP 数据核字（2019）第 079328 号

中国农业出版社出版

地址：北京市朝阳区麦子店街 18 号楼

邮编：100125

责任编辑：赵　刚

版式设计：韩小丽　　责任校对：刘丽香

印刷：北京通州皇家印刷厂

版次：2019 年 10 月第 1 版

印次：2019 年 10 月北京第 1 次印刷

发行：新华书店北京发行所

开本：787mm×1092mm　1/16

印张：25.5

字数：620 千字

定价：88.00 元

编　委　会

编　写　组

前言 FOREWORD

草种尤其是经过选育并适宜我国推广应用的品种，是我国发展草牧业和发展现代草种业的重要基础。搞好草品种区域试验工作，有序推进DUS、对照品种筛选暨品比试验（VCU）等工作与发展现代草种业相辅相成、密不可分。草品种区域试验是新品种选育后和推广前的中间性试验，是客观评价新品种丰产性、稳定性、适应性和抗逆性的有效途径，是科研成果到生产应用的重要环节和纽带。DUS是对植物新品种进行特异性（Distinctness）、一致性（Uniformity）和稳定性（Stability）的栽培鉴定试验和室内分析测试的过程，用以判定该植物品种是否属于新品种，为植物新品种保护提供可靠的判定依据。对照品种筛选暨品比试验（VCU）是评价已经审定通过的品种在生产上的利用价值，给使用者提供新品种的农艺性状、适应性、抗病虫、加工品质特性、利用途径及适宜栽培技术方法等重要信息，使得区域试验在对照品种的选择上更加科学化、合理化。2008年，农业部启动了国家草品种区域试验项目，将区域试验结果作为新草品种审定的科学依据。该项工作由全国畜牧总站组织实施，开发了草品种审定与区域试验管理平台，来自全国近40家草业技术推广、科研院所和大专院校参与具体实施，通过采取制订科学的实施方案、开展技术培训和专家现场督导检查等措施，确保区域试验结果客观、科学、公平、公正，让参试品种最大程度地表现出各自的特征。目前，草品种区域试验工作已走过10个年头，草品种测试网络建设和测试工作日趋完善，不仅为新草品种搭建了权威的测试平台，还将DUS、对照品种筛选暨品比试验（VCU）等工作纳入其中，更有效带动了草业良种良法推广，提高了我国自主选育草品种的质量和市场竞争力，为我国草牧业发展奠定了基础。

过去的10年，是我国草品种区域试验工作日益壮大的10年。中央财政投资从最初的每年500万元，增加到2018年的1 500万元，试验点也从18个省区的23个增加到29个省区的53个，构建了布局合理、设施完备、制度健全、管理规范、技术专业的国家级草品种区域试验网络，基本覆盖了我国主要牧草种植区域。截至目前，试验站（点）总占地面积超过 2 500 亩，拥有实验室6 400 平方米，农机具库房 6 800 平方米，试验设备 900 台（套），农机具 500 台（套），专兼职技术人员 350 多名。同时，该项目也助推了各省区相关工作，其中甘肃、内蒙古、四川等省区相继构建了本省区的草品种区域试验网络，为区域试验工作开展和良种良法推广搭建了技术平台。

过去的 10 年，是我国草品种区域试验技术支撑作用不断增强的 10 年。目前，已制定完成 146 个草品种的区域试验方案，《草品种区域试验技术规程　禾本科牧草》《草品种区域试验技术规程　豆科牧草》两个行业标准和规范性文件《国家草品种区域试验规范》。按照既定的技术规范，国家草品种区域试验站（点）累计完成 197 个参试品种的多年多点测定试验，各试验站（点）提供的试验结果，已成为全国草品种审定委员会审定新草品种的主要依据。其中，115 个品种在区域试验中表现优异，通过了国家草品种审定，已进入大面积推广阶段。为贯彻落实新《种子法》对开展品种 DUS 测试的要求，2013 年在区试项目中加入了草品种 DUS 测试内容，组织有关单位、专家对已经颁布的苜蓿、披碱草、红三叶、鸭茅等草种的 DUS 测试技术指南进行验证完善，研发苏丹草、箭筈豌豆、偃麦草等草种 DUS 测试技术，开展了紫花苜蓿、箭筈豌豆、多花黑麦草和披碱草属牧草品种的 DNA 图谱构建工作，以及紫花苜蓿、红三叶、结缕草、狼尾草、狗牙根、鸭茅等品种的 DUS 田间检测工作。为组织实施 DUS 测试夯实了基础。2017 年开展了紫花苜蓿和多花黑麦草对照品种筛选暨品比试验（VCU）工作，并制定完善了《苜蓿区域试验对照品种筛选暨品比试验技术方案》和《多花黑麦草区域试验对照品种筛选暨品比试验技术方案》，为草品种审定提供了科学保障。

过去的 10 年，是我国草品种区域试验示范引领效应逐渐显现的 10 年。为加快优良品种及科技成果转化，多个省区借助区试项目实施，将试验站（点）打造成牧草和草坪草良种良法集成示范平台和教学实习基地，集中展示好品种和好技术，促进了育种和栽培技术研究工作的开展，为草业相关科研院所和大专院校开展有关技术研究提供了试验场所，也提升了企业和农牧民的良种良法意识，促进了畜牧业增产和农牧民增收。10 年间，各试验站（点）累计引种展示了优良品种 2 000 多个，接待参观学习的草原技术推广工作者、农牧民、科研院所和大专院校师生达 1.8 万人次，充分发挥了示范推广新品种、新技术的领导作用，并通过试验和展示，促进新品种示范推广，辐射带动同类型区域草品种更新换代，将区域试验工作融入了草业产业化发展中。

党的十九大提出，山水林田湖草是一个生命共同体，为把我国建设成为富强民主文明和谐美丽的社会主义现代化强国，对草种业发展提出了新要求，也为区域试验工作指明了方向。从事草品种区试的工作者理应在继续完成好既有工作的基础上，努力提高区域试验工作科技含量，并以新品种集中展示评价为抓手，推进区域试验工作成果转化，尽快发挥良种生产和生态效益。

根据10年来的工作成果，我们组织编写了《国家草品种区域试验十年回顾与进展》，对10年来区域试验工作进行梳理，同时展示目前我国在草品种区域试验工作中的成果和进展。《国家草品种区域试验十年回顾与进展》共分为四章：第一章综述，是对区域试验工作的总体概括；第二章区域试验，是对新品种区域试验工作的总体介绍；第三章DUS测试，总结了DUS工作的整体概况；第四章对照品种筛选暨品比试验（VCU），介绍了我国开展品比试验的工作概况。本书以主要工作流程、技术指标和研究成果为主线，集中展示了区域试验工作10年来取得的技术成果，非常适合草种研究人员、生产人员和草学专业师生参考和阅读。本书在编写过程中得到了许多业界专家的指导和帮助，在此成书之际，一并表示衷心的感谢。

由于时间仓促，加之编者水平有限，书中难免出现遗漏、偏差甚至错误之处，敬请读者批评指正。

编　者

2019年6月

目录

CONTENTS

第一章 综 述

2008年，农业部正式启动农业技术试验示范财政专项《国家草品种区域试验项目》，安排经费500万元，在全国范围内依据我国多年生栽培草种区划布设试验站（点），开始实施国家草品种区域试验。10年来试验站（点）逐步完善，到2018年，在华北、东北、西北、西南、华中29个省（区、市）建立国家级草品种区域试验站（点）53个，接受了三大类214个品种的草品种区域试验任务。这些区域试验在全国53个站（点）进行了实施，涉及5 442个重复，21 768个小区，已经获得完整区域试验数据的涉及197个品种，这些区域试验数据提供给全国草品种审定委员会后，有115个品种通过审定（表1-1、表1-2）。

表1-1 试验站（点）情况

站点名称	承建单位	累计承担参试品种数	累计完成区域试验品种数
北京	克劳沃（北京）生态科技有限公司	106	250
大港	天津市饲草饲料工作站	15	91
深州	河北省农林科学院旱作农业研究所	10	25
张北	张家口市农业科学院畜牧兽医研究所	3	9
宝清	宝清县草原监理站	22	302
齐齐哈尔	黑龙江省畜牧研究所	15	302
白城	白城市畜牧科学研究院	10	18
延边	吉林省延边州草原管理站	14	36
双辽	吉林省双辽市草原饲料管理站	16	35
沈阳	辽宁省农业科学院耕作栽培研究所	15	302
济南	山东省畜牧总站	22	50
泰安	山东农业大学资源与环境学院	11	40
榆次	山西省农业科学院畜牧兽医研究所	39	82
郑州	河南省饲草饲料站	38	106
合肥	安徽省畜牧技术推广总站、安徽农业大学	23	53
武汉	湖北省农业科学院畜牧兽医研究所	35	302
邵阳	湖南省邵阳市南方草业科学研究所	40	302
南京牧草	江苏省农业科学院畜牧研究所	28	106
南京草坪	江苏省中国科学院植物研究所	18	63
南昌	江西省畜牧技术推广站	32	302
广州	华南农业大学	44	302

（续）

站点名称	承建单位	累计承担参试品种数	累计完成区域试验品种数
湛江	广东海洋大学农学院	18	51
南宁	广西壮族自治区畜牧研究所	17	51
建阳	福建省农业科学院农业生态研究所	26	75
贵阳	贵州省饲草饲料工作站、贵州省草业研究所	52	133
独山	贵州省草业研究所	39	104
儋州	中国热带农业科学院热带作物品种资源研究所	27	73
昌江	中国热带农业科学院热带作物品种资源研究所	6	18
小哨	云南省草地动物科学研究院	24	64
元谋	云南省农业科学院热区生态农业研究所	11	27
拉萨	西藏自治区畜牧总站	2	10
南川	重庆市畜牧技术推广总站	19	302
新津	四川省草原工作总站	51	181
西昌	凉山州畜牧兽医科学研究所	28	52
道孚	四川省甘孜藏族自治州草原工作	8	33
红原	四川省草原科学研究院牧草研究所	20	55
达州	达州市饲草饲料工作站	16	50
青铜峡	宁夏回族自治区草原工作站	9	21
多伦	内蒙古自治区草原工作站	26	21
赤峰	赤峰市草原工作站	18	34
海拉尔	呼伦贝尔市草原工作站	25	70
托克托	内蒙古自治区草原工作站	9	25
达拉特	内蒙古自治区草原工作站	20	42
延安	陕西省草原工作站	21	21
乌苏	乌苏市草原工作站	17	32
乌鲁木齐	新疆农业大学草业与环境科学学院	34	302
察布查尔	新疆维吾尔自治区草原总站		
兰州	兰州市畜牧兽医研究所	15	62
庆阳	庆阳市畜牧技术推广中心	7	25
合作	甘南州草原工作站	19	56
高台	甘肃省草原技术推广总站	19	46
铁卜加	青海省铁卜加草原改良试验站	2	302
同德	青海省草原总站	9	31

表 1-2 审定登记品种情况

品种名称	参试时间	通过年份
甘农 7 号紫花苜蓿（*Medicago sativa* L. ‘Gannong No. 7’）	2009—2011	2013
中苜 5 号紫花苜蓿（*Medicago sativa* L. ‘Zhongmu No. 5’）	2010—2013	2014
WL343HQ 紫花苜蓿（*Medicago sativa* L. ‘ WL343HQ’）	2011—2014	2015
草原 4 号紫花苜蓿（*Medicago sativa* L. ‘Caoyuan No. 4’）	2011—2014	2015
凉苜 1 号紫花苜蓿（*Medicago sativa* L. ‘Liangmu No. 1’）	2011—2015	2015
阿迪娜紫花苜蓿（*Medicago sativa* L. ‘Adrenalin’）	2011—2014	2017
东苜 2 号紫花苜蓿（*Medicago sativa* L. ‘Dongmu No. 2’）	2013—2016	2017
康赛紫花苜蓿（*Medicago sativa* L. ‘Concept’）	2011—2014	2017
赛迪 7 号紫花苜蓿（*Medicago sativa* L. ‘Sardi No. 7’）	2013—2016	2017
沃苜 1 号紫花苜蓿（*Medicago sativa* L. ‘Womu No. 1’）	2013—2016	2017
东农 1 号紫花苜蓿（*Medicago sativa* L. ‘Dongnong No. 1’）	2014—2016	2017
甘农 9 号紫花苜蓿（*Medicago sativa* L. ‘Gannong No. 9’）	2014—2016	2017
WL168HQ 紫花苜蓿（*Medicago sativa* L. ‘WL168HQ’）	2013—2016	2017
中兰 2 号紫花苜蓿（*Medicago sativa* L. ‘Zhonglan No. 2’）	2013—2016	2017
玛格纳 601 紫花苜蓿（*Medicago sativa* L. ‘Magna 601’）	2013—2016	2017
中苜 8 号紫花苜蓿（*Medicago sativa* L. ‘Zhongmu No. 8’）	2013—2016	2017
中苜 7 号紫花苜蓿（*Medicago sativa* L. ‘Zhongmu No. 7’）	2014—2017	2018
中天 1 号紫花苜蓿（*Medicago sativa* L. ‘Zhongtian No. 1’）	2015—2017	2018
北林 201 紫花苜蓿（*Medicago sativa* L. ‘Beilin 201’）	2011—2014	2018
玛格纳 551 紫花苜蓿（*Medicago sativa* L. ‘Magna 551’）	2015—2017	2018
赛迪 5 号紫花苜蓿（*Medicago sativa* L. ‘Sardi No. 5’）	2013—2016	2018
巨能 995 紫花苜蓿（*Medicago sativa* L. ‘Magna 995’）	2014—2017	2018
赛迪 10 紫花苜蓿（*Medicago sativa* L. ‘Sardi No. 10’）	2014—2017	2018
DG4210 紫花苜蓿（*Medicago sativa* L. ‘DG4210’）	2015—2017	2018
辉腾原杂花苜蓿（*Medicago raria* Martyn. ‘Huitengyuan’）	2015—2017	2018
公农黄花草木樨（*Melilotus officinalis*（L.）Pall. ‘Gongnong’）	2015—2017	2018
公农白花草木樨（*Melilotus albus* Medic. ex Desr. ‘Gongnong’）	2015—2017	2018
彩云多变小冠花（*Coronilla varia* L. ‘Caiyun’）	2009—2011	2012
闽育 2 号圆叶决明（*Chamaecrista rotundifolia* ‘Minyu No. 2’）	2009—2011	2012
闽南饲用（印度）豇豆（*Vigna uniguiculata*.（L.）Walp. ‘Minnan’）	2009—2012	2012
牡丹江秣食豆（Glycine max（L.）Merr. ‘Mudanjiang’）	2011—2012	2013
松嫩秣食豆（*Glycine max*（L.）Merr. ‘Songnen’）	2011—2012	2013
淮扬金花菜（Medicago hispida Gaertn. ‘Huaiyang’）	2011—2013	2013
陇东达乌里胡枝子（*Lespedeza. davurica*（Laxm.）Schindl ‘Longdong’）	2009—2011	2013
晋农 1 号达乌里胡枝子（*Lespedeza daurica*（laxm）Schindl. ‘Jinnong No. 1’）	2010—2013	2014
兰箭 2 号春箭筈豌豆（*Vicia sativa* L. ‘Lanjian No. 2’）	2012—2014	2015
川北箭筈豌豆（*Vicia sativa* L. ‘Chuanbei’）	2012—2014	2015
公农广布野豌豆（*Vicia craccal* L. ‘Gongnong’）	2011—2014	2015
提那罗爪哇大豆（*Neonotonia Wightii*（Wight & Arn.）Lackey ‘Tinaroo’）	2011—2013	2015

（续）

品种名称	参试时间	通过年份
崖州硬皮豆（*Macrotyloma uniflorum*（L.）Verdc. ‘Yazhou’）	2011—2012	2015
鄂牧 2 号白三叶（*Trifolium repens* L. ‘Emu No. 2’）	2012—2015	2016
鄂牧 5 号 红三叶（*Trifolium pratense* L. ‘Emu No. 5’）	2011—2014	2015
希瑞斯红三叶（*Trifolium pratense* L. ‘Suez’）	2013—2015	2016
甘红 1 号红三叶（*Triforlium pratense* L. ‘Ganhong No. 1’）	2014—2016	2017
丰瑞德红三叶（*Triforlium pratense* L. ‘Freedom’）	2013—2015	2018
热研 25 号圭亚那柱花草（*Stylosanthes guianensis* L. ‘Reyan No. 25’）	2012—2015	2016
中豌 10 号豌豆（*Pisum satibum* L. ‘Zhongwan No. 10’）	2013—2015	2016
升钟紫云英（*Astragalus sinicus* L. ‘Shengzhong’）	2014—2016	2017
达伯瑞多花黑麦草（*Lolium multiflorum* Lam. ‘Double Barrel’）	2010—2011	2012
杰特多花黑麦草（*Lolium multiflorum* Lam. ‘Jivet’）	2011—2013	2014
剑宝多花黑麦草（*Lolium multiflorum* Lam. ‘Jumbo’）	2013—2014	2015
川农 1 号多花黑麦草（*Lolium multiflorum* Lam. ‘Chuannong No. 1’）	2011—2012	2016
图兰朵多年生黑麦草（*Lolium perenne* L. ‘Turandot’）	2011—2014	2015
格兰丹迪多年生黑麦草（*Lolium perenne* L. ‘Grand Daddy’）	2011—2014	2015
拜伦羊茅黑麦草（*Lolium multiflorum*×*Festuca arundinacea* ‘Perun’）	2013—2015	2016
劳发羊茅黑麦草（*Lolium multiflorum*×*Festuca arundinacea* ‘Lofa’）	2013—2016	2017
泰特 2 号杂交黑麦草（*Lolium* × *bucheanum* ‘Tetrelite II’）	2009—2011	2013
滇北鸭茅（*Dactylis glomerata* L. ‘Dianbei’）	2011—2012	2014
阿索斯鸭茅（*Dactylis glomerata* L. ‘Athos’）	2011—2014	2015
皇冠鸭茅（*Dactylis glomerata* L. ‘Crown Royale’）	2011—2014	2015
英都仕鸭茅（*Dactylis glomerata* L. ‘Endurance’）	2012—2014	2015
阿鲁巴鸭茅（*Dactylis glomerata* L. ‘Aldebaran’）	2012—2015	2016
斯巴达鸭茅（*Dactylis glomerata* L. ‘Sparta’）	2013—2015	2016
滇中鸭茅（*Dactylis glomerata* ‘Dianzhong’）	2010—2013	2017
英特思鸭茅（*Dactylis glomerata* L. ‘Intensiv’）	2014—2017	2018
冀草 2 号高粱—苏丹草杂交种（*Sorghum bicolor* × *S. sudanense* ‘Jicao. No. 2’）	2008—2009	2009
晋牧 1 号高粱—苏丹草杂交种（*Sorghum bicolor* × *S. Sudanense* ‘Jinmu No. 1’）	2009—2010	2012
蜀草 1 号高粱—苏丹草杂交种（*Sorghum bicolor* × *S. Sudanense* ‘Shucao No. 1’）	2016—2017	2018
新苏 3 号苏丹草（Sorghum sudanense（Piper）Stapf. ‘Xinsu No. 3’）	2012—2013	2014
冀饲 3 号小黑麦（*Triticosecale* Wittmack ‘Jisi No. 3’）	2016—2017	2018
牧乐 3000 小黑麦（*Triticosecale* Wittmack ‘Mule 3000’）	2016—2017	2018
甘农 2 号小黑麦（*Triticosecale* Wittmack ‘Gannong No. 2’）	2016—2017	2018
江夏扁穗雀麦（*Bromus catharticus* Vahl ‘Jiangxia’）	2008—2011	2012
长白稗（*Echinochloa crusgalli* L. Beauv. ‘Changbai’）	2011—2012	2013
康巴老芒麦（*Elymus sibiricus* L. ‘Kangba’）	2009—2011	2013
中科 1 号羊草（Leymus chinensis（Trin.）Tzvel. ‘Zhongke No. 1’）	2011—2013	2014
紫色象草（*Pennisetum purpureum Schum*. ‘Zise’）	2011—2013	2014
同德无芒披碱草（*Elymus submuticus* Keng f. ‘Tongde’）	2010—2013	2014

（续）

品种名称	参试时间	通过年份
同德贫花鹅观草（*Roegneria pauciflora*（Schwein.）Hylander 'Tongde'）	2010—2013	2015
龙江无芒雀麦（*Bromus inermis* Leyss. 'Longjiang'）	2011—2013	2014
川中鹅观草（*Roegneria kamoji* Keng 'Chuanzhong'）	2014—2016	2015
川引鹅观草（*Roegneria kamoji* Ohwi 'Chuanyin'）	2014—2016	2017
吉农 2 号朝鲜碱茅（Puccinellia distans 'Jinong No. 2'）	2012—2014	2015
康巴变绿异燕麦（*Helictotrichon virescens*（Nees ex steud.）'Kangba'）	2011—2014	2015
康北垂穗披碱草（*Elymus nutans* Griseb. 'Kangbei'）	2011—2014	2017
川西猫尾草（*Uraria crinita*（L.）Desv. ex DC 'Chuanxi'）	2013—2016	2017
特沃（Tower）苇状羊茅（*Festuca arundinacea* Schreb. 'Tower'）	2015—2017	2018
萨尔图野大麦（*Hordeum brevisulatum*（Trin.）Link 'Saertu'）	2015—2017	2018
滇西翅果菊（*Pterocypsela indica*（L.）Shih 'Dianxi'）	2015—2016	2017
川选 1 号苦荬菜（*Ixeris polycephala* Cass. 'Chuanxuan No. 1'）	2015—2016	2018
花溪芜菁甘蓝（*Brassica napobrassica* Mill.（Rutabaga）'Huaxi'）	2011—2013	2014
伊敏河地榆（*Sanguisorba offiicinalis* L. 'Yiminhe'）	2012—2015	2015
川西庭菖蒲（*Sisyrinchium rosulatum bickn* 'Chuanxi'）	2012—2015	2016
滇西须弥葛（*Pueraria wallichill* DC. 'Dianxi'）		2014
大青山二色补血草（*Limonium bicolor*（Bunge）Kuntze. 'Daqingshan'）	2013—2016	2017
陇中黄花补血草（*Limonium aureum*（L.）Hill 'Longzhong'）	2014—2017	2018
白音希勒根茎冰草（*Agropyron michnoi* Roshv. 'Baiyinxile'）	2015—2017	2018
沱沱河梭罗草（*Kengyilia thoroldianq*（Oliv.）J. L. Yang 'Tuotuohe'）	2015—2017	2018
苏植 2 号杂交狗牙根（*Cynodon transvaalensis*×*C. dactylon* 'Suzhi No. 2'）	2008—2010	2012
关中狗牙根（*Cynodon dactylon*（L.）Pers. 'Guanzhong'）	2014—2016	2017
川西狗牙根（*Cynodon dactylon*（L.）Pers. 'Chuanxi'）	2013—2015	2017
华南假俭草（*Eremochloa ophiuroides*（Munro）Hack. 'Huanan'）	2011—2013	2014
新偃 1 号偃麦草（*Elytrigia repens*（Linn.）Nevski 'Xinyan No. 1'）	2011—2013	2014
京草 2 号偃麦草（*Elytrigia repens*（L.）Nevski 'Jingcao No. 2'）	2011—2013	2014
腾格里无芒隐子草（*Cleistogenes songorica*（Rosheb.）Ohui 'Tenggeli'）	2012—2015	2016
苏植 3 号杂交结缕草（*Z. sinica Hance*×*Z. matrella*（L.）Merr. 'Suzhi No. 3'）	2011—2014	2015
广绿结缕草（*Zoysiajaponica* Steud. 'Guanglv'）	2015—2017	2018
苏植 5 号结缕草（*Zoysia japonica*×*Zoysia*（*tenuifolia*）×*Zoysia matrella* 'Suzhi No. 5'）	2015—2017	2018
京引野青茅（*Calamagrostis brachytricha*（Steud.）Hack 'Hanguolianchuan'）	2008—2010	2011
怀柔土麦冬（*Liriope graminifolia*（L）Backer 'Huairou'）	2008—2010	2011
剑江沿阶草（*Ophiopogon bodinieri* Levl. 'Jianjiang'）	2009—2011	2012
都柳江马蹄金（*Dichondra micrantha* Forst. 'Douliujiang'）	2009—2011	2013
盘江白刺花（*Sophora davidii*（Franch.）Skeels 'Panjiang'）	2012—2015	2016
滇中白刺花（*Sophora davidii*（Franch.）Skeels 'Dianzhong'）	2014—2017	2018
闽育 1 号细绿萍（*Azolla microphylla* 'Minyu No. 1'）	2011—2014	2015
华南铺地锦竹草（*Callisia repens* 'Huanan'）	2011—2014	2015

草品种 DUS 测试是包括特异性（Distinctness）、一致性（Uniformity）和稳定性（Stability）的栽培鉴定试验或室内分析测试。1997 年，国务院颁布《中华人民共和国植物新品种保护条例》，明确规定只有通过 DUS 测试的品种才能被认定为可被保护的"新品种"。因此，DUS 测试是草品种审定的重要依据。这项工作由国家科技发展中心实施。从近年来我国牧草种植和种子生产情况看，现有的测试指南不够完善，绝大多数已制定的测试指南尚未进行科学性、适用性、可行性实际验证，有的草种仍然没有测试指南。另外，随着基因图谱技术的实施，我们要逐步实现地面验证和基因验证同步进行。为此，为了推动草品种区域试验和草品种审定的规范化、科学化，我们从 2013 年开始，先后安排 10 家科研机构进行了 DUS 测试工作。其中，完成了 4 个草种 DUS 田间测试技术研制、2 个现有草种 DUS 测试指南验证、8 个草种 DUS 测试 DNA 指纹图谱构建、9 个草种 DUS 田间测试任务。这些测试指南最终以农业行业标准的形式颁布执行。DUS 测试的实测工作正式启动后，将进一步提升我国草品种审定工作科技含量，提高自主品种质量，也有助于打破自主品种参与国际竞争的技术壁垒（表 1-3）。

表 1-3　DUS 测试情况

任务类别	品种名	承担单位	年限
草种 DUS 田间测试技术研制	苏丹草	新疆农业大学草业与环境科学学院	2013
	箭筈豌豆	兰州大学	2016
	羊草	中国科学院植物研究所	2016
	偃麦草	黑龙江省农科院草业研究所	2018
草种 DUS 测试指南验证	红三叶	黑龙江省农科院草业研究所	2016
	披碱草	中国农业科学院草原研究所	2016
草种 DUS 测试 DNA 指纹图谱构建	紫花苜蓿	兰州大学	2013
	结缕草	中国农业大学	2013
	箭筈豌豆	兰州大学	2016
	多花黑麦草	四川农业大学	2016
	鸭茅	四川农业大学	2016
	披碱草属	中国农业科学院草原研究所	2016
	羊草	中国科学院植物研究所	2016
	柱花草	中国热带农业科学院热带作物品质资源研究所	2016
草种 DUS 田间测试	紫花苜蓿	兰州大学	2013
	柱花草	中国热带农业科学院热带作物品质资源研究所	2013
	红三叶	黑龙江省农科院草业研究所	2016
	结缕草	华南农业大学	2016
	狼尾草	华南农业大学	2016
	鸭茅	华南农业大学	2016
	狗牙根	华南农业大学	2016
	多花黑麦草	四川农业大学	2016
	小黑麦	新疆农业科学院农作物品种资源研究所	2016

对照品种筛选试验，是做好草品种区域试验、提供科学性数据的基本要件。原来筛选对照品种主要是由相关专家根据自己的工作经验加以确定，导致区域试验存在对比性的误差。为此，我们从 2017 年开展草品种对照品种筛选试验。因为筛选对照品种的原理和 VCU 试验是一致的，所以整体上既实现了筛选对照品种，又开展了 VCU 试验。这些试验主要在我国北方的内蒙古（达拉特）、黑龙江（齐齐哈尔）两个省（区）区域试验站点、南方的四川（新津）和江西（南昌）两个省（区）区域试验站点实施（表 1－4）。各试验点依据参试品种在当地的种植面积、种植年限和普遍产量具有代表性的品种作为参照品种，试验测试内容以草产量为主，兼顾品质和抗性，主要采取田间试验和室内测试相结合的评价体系，目前已经实施了 1 年，试验取得了一些初步结果。

表 1－4 2017—2018 年对照品种筛选暨品比试验试验站一览

参试种	试验站名	代表生态区域	参照品种及主要选取依据
苜蓿	达拉特	内蒙古高原栽培区伊克昭盟亚区（鄂尔多斯）	驯鹿，引进品种。 在鄂尔多斯地区已有万亩[①]以上种植面积；6 年以上规模种植年限；普遍产量稳定、居中。
	齐齐哈尔	东北栽培区松嫩平原亚区	龙牧 801，当地育成品种。 在东北区推广面积最大；已有 25 年种植年限；且产量稳定、居中。
多花黑麦草	新津	西南栽培区四川盆地丘陵平原亚区	长江 2 号，当地育成品种。 在四川推广面积大；已有 15 年种植年限；且产量稳定、居中。
	南昌	长江中下游栽培区湘赣丘陵山地亚区	赣选 1 号，当地育成品种。 在江西推广面积大；已有 22 年种植年限；且产量稳定、居中。

为了整体做好草品种区域试验工作，我们编制了规程，制定了《草品种区域试验技术规程 禾本科牧草》和《草品种区域试验技术规程 豆科牧草》行业标准。同时，编写了《国家草品种区域试验规范》和《草品种审定管理规定》。这些标准的制定和规范的编写对今后规范区域试验发挥了重大作用，也为草品种技术推广部门和有关企业提供了技术支撑。

① 亩为非法定计量单位，1 亩≈667 平方米，下同。

第二章

区域试验

一、站点介绍

2008 年，农业部（现农业农村部）正式启动农业技术试验示范财政专项——《国家草品种区域试验项目》，在全国范围内依据多年生栽培草种区划布设试验站点。目前，已建立国家级草品种区域试验站（点）53 个，覆盖了我国 40 个牧草栽培亚区中的 29 个，分布于 29 个省（区），初步构建了国家级草品种区域试验网络体系。

北京站。位于北京市朝阳区双桥东路，由克劳沃（北京）生态科技有限公司承建运行。2008 年开始承担国家草品种区域试验任务，2011 年通过全国畜牧总站考核，作为黄淮平原栽培区华北平原亚区的国家草品种区域试验站。位于东经 116°36′，北纬 39°52′，海拔 41m；年平均温度 13.5℃，极端最高温 38.6℃，极端最低温－13.0℃，年平均降水量 557.5mm，无霜期 241d，年积温（≥0℃）514.1℃，年积温（≥10℃）4 723.7℃；土壤为丘陵黄壤，有机质含量 2.0%，pH 7.5。现有工作人员 8 名。其中，技术人员 5 人，硕士以上人员4 人，高级职称 4 人，科研辅助工 3 人。试验地总面积 9.3 万 m^2，配备小型气象仪、旋耕机、剪草机、割灌机、电动运输车等设备 20 台（套）；办公试验用房 200m^2，配置烘箱、培养箱、冰箱、台秤、分析天平、显微镜等仪器 11 台（套）。累计承担紫花苜蓿、白三叶、红三叶、高粱—苏丹草杂交种、小黑麦、鸭茅、多年生黑麦草等牧草，早熟禾、高羊茅、狗牙根、偃麦草、结缕草等草坪草，野青茅和麦冬等观赏草三大类别 106 个申报品种的区域适应性试验任务，共 71 个试验组 250 份材料；开展了 16 个高粱类品种的筛选对照品种暨品比试验，共 3 个试验组。该站与北京林业大学、中国农业大学等高校合作进行相关的教学、科研和培训，培养了大批草业人才。同时也宣传了国家草品种试验开展的意义，让更多的专业人士关注我国草品种的现状及发展。以该站为平台开展了牧草新品种创新，先后育成沃苜 1 号紫花苜蓿和牧乐3000小黑麦并通过全国草品种审定登记，成为农业农村部推荐广泛种植的饲草新品种。

大港站。位于天津市滨海新区北大港农场二队，由天津市饲草饲料工作站承建运行。2008 年开始承担国家草品种区域试验任务，2013 年通过全国畜牧总站考核，作为黄淮平原栽培区华北平原亚区的国家草品种区域试验站。试验站位于东经 117°08′，北纬 38°33′，海拔 2m；全年降水量 416.8mm，年均温 13.2℃，最热月均温 26.2℃，最冷月均温－3.7℃，极端最高温度 40.9℃，极端最低温度－18.3℃，无霜期 238d，初霜期 11 月中旬，终霜期 4 月中上旬，年积温（≥0℃）4 700℃，年积温（≥10℃）4 460℃；地形为滨海平原，土壤类型为盐碱化沼泽湿潮土，地下水位 1～1.5m，土壤有机质 12.4g/kg，土壤 pH 7.07。现有工作人员 6 名。其中，技术人员 5 人，硕士以上人员 3 人，高级职称 2 人，科研辅助工

1人。试验地总面积4万m^2，配备小型气象仪、剪草机、灌溉设施等3台（套）；办公试验用房$200m^2$，配置烘箱、培养箱、冰箱、分析天平等仪器10台（套）。累计承担紫花苜蓿、小黑麦等牧草和狗牙根等草坪草两大类别15个申报品种的区域适应性试验任务，共96个试验组91份材料。通过借鉴国家区试方式方法，2005—2010年，该站先后申请了《饲草新品种引进项目》（40万元）和《天津市优良牧草及饲料作物新品种示范推广及应用项目》（50万元），通过品种引进及筛选，共推广优良牧草及饲料作物品种8个，示范推广面积2 000余hm^2。此外，按照国家区试网络布局，该站先后在蓟州区、宁河区、武清区和滨海新区建立试验示范基地，经过不断努力和探索，筛选出了一批生物产量高、抗性强、性状稳定的饲草品种，通过不断示范推广，使优质品种持续不断进入草食畜牧业生产领域。如2017年，天津市通过品种区试推广了青贮玉米、燕麦优良品种6个，推广面积近2 000hm^2（燕麦500hm^2＋青贮玉米1 500hm^2），调制燕麦干草850t，燕麦青贮2 800t，全株玉米青贮近6万t，在提升天津市饲草生产整体水平的同时，也带动了天津市草牧业的发展，为推广种养一体化高水平发展模式奠定了坚实的种业基础。

深州站。位于河北省深州市护驾迟镇，由河北省农林科学院旱作农业研究所承建运行。2012年开始承担国家草品种区域试验任务，2017年通过全国畜牧总站考核，作为黄淮平原栽培区华北平原亚区的国家草品种区域试验站。位于东经115°42′，北纬37°44′，海拔20m；年平均温度13.3℃，极端最高温42.8℃，极端最低温－23℃，年平均降水量497.1mm，无霜期202d，年积温（≥0℃）4 999.6℃，年积温（≥10℃）4 624.9℃；土壤为平原潮土，有机质含量1.38%，pH 7.99。现有工作人员7名。其中，技术人员5人，硕士以上人员5人，高级职称4人，科研辅助工2人。试验地总面积7.3hm^2，配备小型气象站、旋耕机、秸秆粉碎机、拖拉机、电动三轮车等设备8台（套）；办公试验用房500m^2，配置烘箱、冰箱、电子天平等仪器10台（套）。累计承担狗牙根、苜蓿、小黑麦、苏丹草等牧草和草坪草两大类别10个申报品种的区域适应性试验任务，共8个试验组25份材料。该站积极对外交流宣传，先后接待国内外科研院所、高校、企业等有关组织的专家和学生500多人次前来参观指导。以该站为平台，河北省农林科学院旱作农业研究所开展了牧草新品种选育，先后有高丹草冀草2号、饲用小黑麦冀饲3号通过全国草品种审定，高丹草冀草6号、冀饲4号获准并正在参加国家草品种区域试验。同时，冀饲1号、冀饲2号通过河北省科技成果鉴定中心鉴定。

张北站。位于河北省张家口市张北县武老二房村，由张家口市农业科学院畜牧兽医研究所承建运行。2013年开始承担国家草品种区域试验任务，2016年通过全国畜牧总站考核，作为黄淮平原栽培区坝上高原亚区的国家草品种区域试验站。生态区域属于内蒙古高原与华北平原的过渡地带，阴山余脉横贯中部，将全市分成坝上、坝下两个自然地理区域，为典型的农牧交错带。地势高寒，地形平缓，土层深厚，土壤类型为暗栗钙土。海拔1 400～1 700m，是内蒙古大草原的重要组成部分，具有很强的区域代表性。该区的主要生态特点为干旱缺水，年平均气温3～4℃，无霜期93d，年积温（≥0℃）1 320℃，降水量350～380mm。东亚大陆性季风气候，干旱、多风沙是主要特征。全年降水分布极不均匀，70%的降水集中在6、7月，春季及秋冬季节干旱严重，特别是春季干旱尤为严重，是内蒙古高原最具代表性的地区之一。现有工作人员7名。其中，技术人员5人，高级职称4人，科研辅助工2人。试验地总面积8hm^2，配备小型气象站、旋耕机、秸秆粉碎机、拖拉机、播种机械等设备 6 台（套）；办公试验用房 400m²，配置烘箱、冰箱、电子天平等仪器 8 台（套）。累计承担燕麦、羊草等禾本科牧草和藜科饲用甜菜两大类别 3 个申报品种的区域适应性试验任务，共 3 个试验组 9 份材料。以国家草品种区域试验站为平台，张家口市农业科学院畜牧兽医研究所积极对外宣传交流，先后接待科研院所、高校、企业等有关组织 500 多人次前来参观学习；深入养殖企业、贫困村进行技术指导和良种良法帮扶。在饲用燕麦、专用型青贮玉米和高抗性苜蓿育种方面进行创新，现选育出专用型饲用燕麦品系 2 个、苜蓿新品系 1 个。

宝清站。位于黑龙江省双鸭山市宝清县四新村，由宝清县草原监理站承建运行。2008 年开始承担国家草品种区域试验任务，2013 年通过全国畜牧总站考核，作为东北栽培区三江平原亚区的国家草品种区域试验站。位于东经 131°14′16″，北纬 45°47′8″，海拔 102m；年平均温度 3.8℃，极端最高温 33.9℃，极端最低温－33.3℃，年平均降水量 621.3mm，无霜期 140～163d，年积温（≥0℃）2 500～3 050℃，年积温（≥10℃）3 047℃；土壤为黑土，有机质含量 3.6%，pH 6.8。现有工作人员 10 名。其中，技术人员 5 人，无硕士以上人员，高级职称 3 人，科研辅助工 5 人。试验地总面积 3hm²，配备小型气象仪、小型旋耕机、剪草机、喷灌设备、机井一眼、四轮车等设备 5 台（套）；办公试验用房 85m²，配置烘箱、培养箱、土壤监测仪、天平等仪器 4 台（套）。累计承担紫花苜蓿、山野豌豆、秣食豆、草木樨等豆科牧草和小黑麦、羊草、披碱草、猫尾草等禾本科两大类别 22 个申报品种的区域适应性试验任务，共 96 个试验组 302 份材料。该站积极对外交流宣传，先后接待科研院所、高校、企业等有关组织 600 多人次前来参观学习。

齐齐哈尔站。位于黑龙江省齐齐哈尔市富拉尔基区科研街试验基地，由黑龙江省畜牧研究所承建运行。2013 年开始承担国家草品种区域试验任务，2016 年通过全国畜牧总站考核，作为东北栽培区松嫩平原亚区的国家草品种区域试验站。位于东经 123°41′，北纬 47°15′，海拔 147m；年平均温度 4.64℃，极端最高温 39.0℃，极端最低温－40.3℃，年平均降水量 346mm，无霜期 145～169d，年积温（≥0℃）3 277.1～3 370.1℃，年积温（≥10℃）2 753.1～3 065.4℃；土壤为黑沙土，有机质含量 2.2%～2.6%，pH 7.4。现有工作人员 10 名。其中，技术人员 7 人，硕士以上人员 6 人，高级职称 5 人，科研辅助工 3 人；试验地总面积 3.33hm²，配备小型气象仪、小型旋耕机、拖拉机、割草机、喷灌等设备 8 台（套）；办公试验用房 400m²，晾晒场 2 000m²，库房 800m²，配置种子低温储藏箱、烘箱、培养箱、冰箱、分析天平等仪器 12 台（套）。累计承担紫花苜蓿、野大麦、山野豌豆、燕麦、饲用甜菜等牧草 15 个申报品种的区域适应性试验任务，共 96 个试验组 302 份材料；开展了 27 个苜蓿品种的筛选对照暨品比试验，共 108 个试验组。齐齐哈尔站夯实试验站基础，坚持高标准、严要求，标准化开展区域试验，较好地承担完成国家草品种区域试验任务，为新品种的审定提供客观、科学和公正的试验数据。同时，齐齐哈尔站在完成区试任务的同时，强化科研优势，依托国家草品种区域试验站，收集整理牧草种质资源，建立资源圃，积极开展寒区优良牧草品种的选育及育成品种异地繁育工作，为黑龙江省草产业发展提供技术支撑，对奶业振兴起到了重要作用。

白城站。位于吉林省白城市洮北区工业园区草原路 12 号，由白城市畜牧科学研究院承建运行。2015 年开始承担国家草品种区域试验任务，2017 年通过全国畜牧总站考核，作为东北栽培区松嫩平原亚区的国家草品种区域试验站。位于东经 122°55″、北纬 45°34′，海拔

155m，年平均温度 4.4℃，极端最高温 38.2℃，极端最低温－33.3℃，年平均降水量 380.9mm，无霜期 135～145d，年积温（≥0℃）3 000.5～3 115.5℃，年积温（≥10℃）2 927～3 015℃；土壤为草甸黑钙土，有机质含量 1.5%～1.8%，pH 7.2～8.0。现有工作人员 8 名。其中，技术人员 6 人，硕士以上人员 3 人，高级职称 2 人，科研辅助工 2 人。试验地总面积 10hm²，配备小型气象仪、小型旋耕机、剪草机、割草机等设备 8 台（套）；办公试验用房 300m²，配置烘箱、培养箱、冰箱、分析天平等仪器 12 台（套）。累计承担紫花苜蓿、野大麦、羊草、胡枝子、野豌豆等牧草 10 个申报品种的区域适应性试验任务，共 24 个试验组 18 份材料；该站积极对外交流宣传，组织品种展示活动，邀请省级以上科研院所、国内大型企业、国家知名公司等机构参加展览。组织种子经营企业代表参加展示观摩，取得良好的展示和宣传效果；同时以站作为平台与俄罗斯全俄威廉姆斯饲料作物研究所合作，邀请所长科索拉波夫等人来站交流经验。

延边站。位于吉林省龙井市勇城村，由吉林省延边州草原管理站承建运行。2008 年开始承担国家草品种区域试验任务，2015 年通过全国畜牧总站考核。位于东经 129°30′，北纬 42°47′，海拔 276m；年平均温度 5.8℃，极端最高温 37.1℃，极端最低温－13.3℃，年平均降水量 564.3mm，无霜期 151 天，年积温（≥0℃）3 275.7℃，年积温（≥10℃）2 760.6℃；土壤为深棕壤，有机质含量 3%，pH 5.64。现有工作人员 5 名。其中，技术人员 5 人，高级职称 4 人。试验地总面积 30hm²，配备小型拖拉机、小型旋耕机、镰刀、喷雾器等设备 28 台（套）；办公试验用房 150m²，配置烘箱、培养箱、冰箱、恒温箱、天平及实验器皿等仪器 707 台（套）。累计承担无芒雀麦、紫花苜蓿、野大麦等牧草 14 个申报品种的区域适应性试验任务，共 52 个试验组 36 份材料。该站高度重视此项工作，成立了相应的项目领导小组和技术小组，建设了标准化、规范化试验区和展示区，并严格要求项目资金专款专用，努力做好项目管理工作，圆满完成了任务。野豌豆获准参加国家草品种区域试验。

双辽站。位于吉林省双辽市辽南街张家村，由吉林省双辽市草原饲料管理站承建运行。2018 年开始承担国家草品种区域试验任务，2015 年通过全国畜牧总站考核，作为吉林省西部的国家草品种区域试验站。位于东经 123°32′，北纬 43°30′，海拔 114.9m；年平均温度 9.3℃，极端最高温 39.1℃，极端最低温－38.8℃，年平均降水量 558.8mm，无霜期 177d，年积温（≥0℃）3 776.5℃，年积温（≥10℃）1 627.9℃；土壤为冲积土，有机质含量 1.3%～1.5%，pH 7.2。现有工作人员 20 名。其中，技术人员 16 人，高级职称 3 人。试验地总面积 3hm²，配备抽水柴油机 1 台、监控设备 1 套、深水井 4 眼、三轮拖拉机 1 台（套）；办公试验用房 90m²，配置烘箱、天平 1 台、电子台秤 2 台（套）。累计承担麦冬、沿阶草等观赏草和紫花苜蓿、苏丹草、野豌豆、谷稗草等牧草两大类别 16 个申报品种的区域适应性试验任务，共 48 个试验组 35 份材料。在保证完成区试任务的基础上，该站还引进了青藏高原的 6 个牧草品种，辽宁省农科院的 16 个牧草品种，省站 4 个牧草品种。扩繁品种 4 个。10 年来，国家和省里的领导、专家多次来该站进行检查指导，提升了区试工作的技术、管理水平。同时也提高了技术人员的综合素质，确保了试验工作质量，提高了试验的科学性、准确性。

沈阳站。位于辽宁省沈阳市沈河区东陵路 84 号，由辽宁省农业科学院耕作栽培研究所承建运行。2012 年开始承担国家草品种区域试验任务，2017 年通过全国畜牧总站考核，作为东北栽培区松辽平原亚区的国家草品种区域试验站。位于东经 123°32′，北纬 41°49′，海拔 79m；年平均温度 8～9.2℃，极端最高温 34～35.4℃，极端最低温－30.6～－23.1℃，年平均降水量 362.9～968.3mm，无霜期 163～183d，年积温（≥0℃）3 886～3 930℃，年积温（≥10℃）3 407～3 597℃；土壤为棕壤，有机质含量 2.8%，pH 6.4。现有工作人员 6 名。其中，技术人员 4 人，硕士以上人员 3 人，高级职称 2 人，科研辅助工 2 人。试验地总面积 $2hm^2$，配备小型气象仪、小型旋耕机、剪草机、割灌机等设备 8 台（套）；办公试验用房1 $600m^2$，配置烘箱、培养箱、冰箱、分析天平等仪器 25 台（套）。累计承担小黑麦、紫花苜蓿、高粱—苏丹草杂交种、饲用甜菜等牧草 15 个申报品种的区域适应性试验任务，共 96 个试验组 302 份材料。该站积极对外交流宣传，先后接待科研院所、高校、企业等有关组织 500 多人次前来参观学习。以该站为平台，辽宁省农业科学院耕作栽培研究所开展了牧草新品种引种创新试验，先后开展了库拉三叶草、耐盐沙打旺和百脉根的引种试验，蛇莓委陵菜扦插技术研究，柳枝稷在沈阳地区适应性以及产量、再生性能研究等，为牧草新品种选育奠定了基础。

济南站。位于济南市明发路农业科技园区，由山东省畜牧总站承建运行。2008 年开始承担国家草品种区域试验任务，2012 年通过全国畜牧总站考核，作为黄淮平原栽培区华北平原亚区的国家草品种区域试验站。试验站位于东经 116°51′，北纬 36°33′，海拔 62m；年平均温度 14.7℃，极端最高温 40.5℃，极端最低温－17.0℃，年平均降水量 671.1mm，无霜期 235d，年积温（≥0℃）5 077.2℃，年积温（≥10℃）4 350℃；土壤为潮土，有机质含量 1.14%，pH 7.6。现有工作人员 8 名。其中，技术人员 6 人，硕士以上人员 4 人，高级职称2 人，科研辅助工 2 人。试验地总面积 $0.67hm^2$，配备小型耕地机、剪草机等设备；办公试验用房 200 多 m^2，配置烘箱、培养箱、冰箱、分析天平等仪器 28 台（套）。累计承担小黑草、紫花苜蓿等牧草 22 个申报品种的区域适应性试验任务，共 14 个试验组 50 份材料。山东省积极拓展区试站职能，增强科研能力，建成集区试、展示、试验为一体的草业科研与教学基地。济南站结合科技与推广项目的实施，育成鲁饲大豆 1 号、鲁饲大豆 2 号、鲁饲大豆3 号等优良品种；开展高产栽培与模式构建等试验，为 2 项发明专利、12 项地方标准的制定提供了试验数据。主编图书 2 部、发表文章数十篇，先后培养草业科技人员 7 名，硕士2 名，博士 2 名，并培养省区试站技术人员 20 多名，依托区试站逐步建立起一支深入基层的草业科技队伍。

泰安站。位于山东省泰安市泰山区上高镇山东农业大学南校区试验基地，由山东农业大学资源与环境学院承建运行。2009 年开始承担国家草品种区域试验任务，2012 年通过全国畜牧总站考核，作为黄淮平原栽培区鲁中南山区丘陵亚区的国家草品种区域试验站。试验站位于东经 117°08′，北纬 36°10′，海拔 131m；年平均温度 12.9℃，极端最高温 41℃，极端最低温－27.5℃，年平均降水量 697mm，无霜期 195d，年积温（≥0℃）4 731℃，年积温（≥10℃）4 213℃；土壤为山前棕壤，有机质含量 1.07%，pH 6.34。现有工作人员8 名。其中，技术人员 6 人，硕士以上人员 4 人，高级职称 3 人，科研辅助工 2 人。试验地总面积 $2hm^2$，配备小型旋耕机、剪草机、割灌机等设备 8 台（套）；办公试验用房 $75m^2$，配置烘箱、培养箱、冰箱、分析天平等仪器 21 台（套）。累计承担紫花苜蓿、白三叶、红三叶、小黑麦等牧草和狗牙根、结缕草、早熟禾等草坪草两大类别 11 个申报品种的区域适应性试验任务，共11 个试验组 40 份材料。该试验站发挥立足高校优势，积极面向教师、学生及社会开放，建成区域试验和教学实习基地。同时以该站为平台，技术团队成员积极申报相关项目

8项，发表论文20余篇，编制《牧草无性繁殖技术规程》地方标准1项，建立耐盐苜蓿和观赏草种质资源圃各1个，从美国引进萱草品种6个，支持建设万亩苜蓿生产基地1个，千亩草皮生产基地2个，为区域草产业发展以及现代农业新旧动能转换提供了良好的示范基地和科技支撑。

榆次站。位于山西省晋中市榆次区修文镇修文村，由山西省农业科学院畜牧兽医研究所承建运行。2009年开始承担国家草品种区域试验任务（原试验点位于太原市清徐县王答乡龙家营村，2012年因试验地土壤黏重、地势较低、大田代表性不强，未通过考核，2015年申请变更，现试验点位于晋中市榆次区修文镇修文村），作为黄土高原栽培区汾渭河谷亚区的国家草品种区域试验站。位于东经112°42′，北纬37°37′，海拔788.9m；年平均温度10.3℃，极端最高温39.6℃，极端最低温－22.3℃，年平均降水量387.9mm，无霜期165d，年积温（≥0℃）4 104.9℃，年积温（≥10℃）3 637.7℃；土壤为褐土，有机质含量1.50%，pH 8.12。现有工作人员11名。其中，技术人员10人，硕士以上人员5人，高级职称5人，科研辅助工1人。试验地总面积$2hm^2$，配备小型气象仪、小型旋耕机、剪草机、割灌机、发电机、水泵、喷灌等设备7台（套）；办公试验用房$200m^2$，配置烘箱、培养箱、冰箱、分析天平、电子秤等仪器5台（套）。累计承担紫花苜蓿、高粱—苏丹草杂交种、红三叶等牧草和偃麦草等草坪草两大类别39个申报品种的区域适应性试验任务，共23个试验组82份材料。该站积极对外交流宣传，先后接待科研院所、高校、企业等有关组织200多人次前来参观学习。在山西省牧草工作站的领导和大力支持下，以国家草品种区试项目为平台，引种展示牧草新品种60多个，为当地种草养畜筛选推荐牧草新品种12个。

郑州站。位于郑州市惠济区八堡村，由河南省饲草饲料站承建运行。2008年开始承担国家草品种区域试验任务，2012年通过全国畜牧总站考核，作为黄淮平原栽培区黄淮平原亚区的国家草品种区域试验站。位于东经113°44′，北纬34°44′，海拔29.6m；年平均温度14.3℃，极端最高温40℃，极端最低温－20℃，年平均降水量600mm，无霜期220d，年积温（≥0℃）5 400℃，年积温（≥10℃）4 800～5 100℃；土壤为丘陵黄壤，有机质含量1.2%，pH 8.2。现有工作人员16名。其中，技术人员14人，硕士以上人员8人，高级职称5人。试验地总面积$3.33hm^2$，配备小型气象仪、小型旋耕机、剪草机、割灌机等设备8台（套）；办公试验用房$80m^2$，配置烘箱、培养箱、冰箱、分析天平等仪器6台（套）。累计承担紫花苜蓿、饲用小黑麦、燕麦等牧草38个申报品种的区域适应性试验任务，共27个试验组106份材料。目前，该试验站已发展成为集教学、试验、实习、示范为一体的综合性基地，为河南省草业发展搭建了平台，拓展了空间，提供了强有力的技术支撑和品种保障。带动全省种植紫花苜蓿等优质牧草达到8.6万hm^2，$200hm^2$以上苜蓿连片规模种植达到0.33万hm^2，全株青贮玉米种植面积13.3万hm^2，全株青贮数量达到600余万t，为河南省畜牧业发展夯实了坚实的优质饲草基础保障。

合肥站。位于安徽省合肥市庐阳区大杨镇，由安徽省畜牧技术推广总站和安徽农业大学共建，2011年开始承担国家草品种区域试验任务，2014年通过全国畜牧总站考核，是长江中下游栽培区苏浙皖豫平原丘陵亚区的国家草品种区域试验站。位于东经117°32′，北纬31°55′，海拔40m；年平均温度15.7℃，极端最高温41.0℃，极端最低温－20.6℃，年平均降水量980mm，无霜期227d，年积温（≥0℃）5 558℃，年积温（≥10℃）4 956℃；土壤为黄褐土，有机质含量1.2%，pH 6.7。现有工作人员10名。其中，技术人员5人，硕士以上人员6人，高级职称4人。试验地总面积2hm^2，配备气象站、旋耕机等设备2台（套）；办公试验用房200m^2，配置烘箱、培养箱、冰箱、分析天平等仪器8台（套）。累计承担紫花苜蓿、白三叶、红三叶、翅果菊、胡枝子、金花菜、紫云英等牧草23个申报品种的区域适应性试验任务，共18个试验组53份材料。在国家草品种区域试验中，安徽省畜牧技术推广总站和安徽农业大学领导积极支持，形成务实高效的产学研运行机制，解决了用地、用工、办公用房、资金等问题，为国家草品种区域试验的顺利进行提供了强有力保障。同时发挥安徽农业大学的人才优势，把草品种区域试验，与草业、农学相关专业本科生、研究生的培养相结合，为草品种区域试验提供人才和技术支撑。

武汉站。位于湖北武汉市江夏区金水闸，由湖北省农业科学院畜牧兽医研究所承建运行。2008年开始承担国家草品种区域试验任务，2011年通过全国畜牧总站考核，作为长江中下游栽培区苏浙皖豫平原丘陵亚区的国家草品种区域试验站。位于东经114°08′，北纬30°17′，海拔29.6m；年平均温度16.7℃，极端最高温40.1℃，极端最低温－14.1℃，年平均降水量1 277mm，无霜期260～296d，年积温（≥0℃）5 938～6 107℃，年积温（≥10℃）5 207～5 329℃；土壤为丘陵黄壤，有机质含量1.6%～1.9%，pH 5.16～6.13。现有工作人员8名。其中，技术人员5人，硕士以上人员3人，高级职称5人，科研辅助工3人。试验地总面积6.67hm^2，配备小型气象仪、小型旋耕机、剪草机、割灌机等设备5台（套）；办公试验用房200m^2，配置烘箱、培养箱、冰箱、分析天平等仪器10台（套）。累计承担多花黑麦草、白三叶、红三叶等牧草和狗牙根、结缕草、假俭草等草坪草两大类别35个申报品种的区域适应性试验任务，共96个试验组302份材料。该站积极对外交流宣传，先后接待科研院所、高校、企业600多人次前来参观学习。以该站为平台，湖北省农业科学院畜牧兽医研究所开展了牧草新品种创新，先后有江夏扁穗雀麦、鄂牧5号红三叶和鄂牧2号白三叶通过全国草品种审定，牧苎0904苎麻和松柏美丽胡枝子获准参加国家草品种区域试验。

邵阳站。位于湖南省邵阳市双清区渡头桥镇芦茉村，由湖南省邵阳市南方草业科学研究所承建运行。2008年开始承担国家草品种区域试验任务，2011年通过全国畜牧总站考核，作为长江中下游栽培区湘赣丘陵山地亚区的国家草品种区域试验站。试验地设在邵阳市草业科技示范园区内。该园区位于邵阳市双清区渡头桥镇，距邵阳市区11km，东经111°03′，北纬27°08′，海拔215.3m，年均气温16.1～17.1℃，1月（最冷月）均温4.7～5.6℃，7月（最热月）均温26.6～28.5℃，年积温（≥0℃）5 000～5 500℃；年降水量1 218.5～1 473.5mm，其中4—6月占全年降水量的50%以上，雨热同季，易遇夏秋连旱，全年无霜期271～309d；土壤类型为湘西南地区典型的黄壤土，耕层厚25cm以上，土壤pH 4.6。试验站具有很强的地域代表性。试验站现有工作人员8名。其中，技术人员6人，硕士以上人员5人，高级职称2人，科研辅助工2人。试验地总面积13.3hm^2，配备小型气象仪、小型旋耕机、剪草机、割灌机等设备5台（套）；办公试验用房800m^2，配置烘箱、pH测定仪、种子检测设备、培养箱、冰箱、分析天平等仪器20台（套）。累计承担多变小冠花、多花黑麦草、圆叶决明、印度豇豆、翅果菊、菊苣、胡枝子、紫花苜蓿、苏丹草、高丹草、鸭茅、苇状羊茅、扁穗雀麦、大刍草、杂交黑麦草、苦荬草、金花菜、硬皮豆、金荞麦、鹅观草、紫云英、白三叶、红三叶等牧草40个申报品种的区域适应性试验任务，共96个试验组302份材料。在区试工作的基础上，该站有针对性地从国内外引进优良牧草品种累计300个以上

（包括青贮玉米、燕麦、紫花苜蓿、多花黑麦草、三叶草等）进行展示与示范；同时，邵阳市南方草业科学研究所开展了牧草新品种创新，先后有湘选 1 号多花黑麦草、曲丹 8 苏丹草、速丹 79 高丹草获准参加国家草品种区域试验。以区试站为平台，该站先后建成湖南省首家草业领域省级引智示范基地和院士工作站，积极对外交流宣传，累计接待科研院所、高校、企业等有关组织 1 200 多人次前来参观学习。

南京站（牧草）。位于江苏省南京市六合区金磁村，由江苏省农业科学院畜牧研究所承建运行。2008 年开始承担国家草品种区域试验任务，2011 年通过全国畜牧总站考核，作为长江中下游栽培区苏浙皖豫平原丘陵亚区的国家草品种区域试验站。位于东经 118°62′68″，北纬 32°47′92″，海拔 12.3m；年平均温度 15.4℃，极端最高温 39.7℃，极端最低温 −13.3℃，年平均降水量 1 200mm，无霜期 225d，年积温（≥0℃）5 800℃，年积温（≥10℃）4 800℃；土壤为丘陵黄壤，有机质含量 1.57%，pH 6.11。现有工作人员 7 名。其中，技术人员 5 人，硕士以上人员 5 人，高级职称 5 人，科研辅助工 2 人。试验地总面积 $4hm^2$，配备小型气象仪、小型旋耕机、剪草机、割灌机等设备 12 台（套）；办公试验用房 $120m^2$，配置烘箱、培养箱、冰箱、分析天平等仪器 10 台（套）。累计承担多花黑麦草、苏丹草、紫云英等牧草 28 个申报品种的区域适应性试验任务，共 12 个试验组 106 份材料。该站积极对外交流宣传，先后接待科研院所、高校、企业等有关组织 500 多人次前来参观学习。以该站为平台，江苏省农业科学院畜牧研究所开展了牧草新品种创新，先后有杂交狼尾草宁杂 3 号、宁杂 4 号、苏牧 2 号等通过全国草品种审定。

南京站（草坪）。位于江苏省南京市江宁区湖熟周岗，由江苏省中国科学院植物研究所承建运行。2008 年开始承担国家草品种区域试验任务，2011 年通过全国畜牧总站考核，作为长江中下游栽培区苏浙皖豫平原丘陵亚区的国家草品种区域试验站。位于东经 118°99′，北纬 31°86′，海拔 6m；年平均温度 15.4℃，极端最高温 39.7℃，极端最低温 −13.1℃，年平均降水量 1 200mm，无霜期 215～225d，年积温（≥0℃）5 500～5 800℃，年积温（≥10℃）5 496～5 628℃；土壤为丘陵黄壤，有机质含量 1.6%～1.9%，pH 5.6～5.9。现有工作人员 12 名。其中，技术人员 10 人，硕士以上人员 9 人，高级职称 3 人，科研辅助工 2 人。试验地总面积 $4hm^2$，配备小型气象仪、小型旋耕机、剪草机、割灌机等设备 20 台（套）；办公试验用房 $250m^2$，配置烘箱、培养箱、冰箱、分析天平等仪器 30 台（套）。累计承担狗牙根、结缕草、假俭草、海滨雀稗、马蹄金等草坪草 18 个申报品种的区域适应性试验任务，共 21 个试验组 63 份材料。该站积极对外交流宣传，先后接待国内外科研院所、高校、企业等有关组织 300 多人次前来参观学习。以该站为平台，江苏省中国科学院植物研究所开展了草坪草新品种种质创新选育工作，先后有南京狗牙根、阳江狗牙根、苏植 1 号杂交结缕草、苏植 2 号杂交狗牙根、苏植 3 号杂交结缕草、关中狗牙根、苏植 5 号杂交结缕草等 7 个品种通过全国草品种审定，渝北假俭草和赣北假俭草获准参加国家草品种区域试验。

南昌站。位于江西省南昌县黄马乡江西现代牧业科技示范园内，由江西省畜牧技术推广站承建运行。2008 年开始承担国家草品种区域试验任务，2015 年通过全国畜牧总站考核，作为长江中下游栽培区湘赣丘陵山地亚区的国家草品种区域试验站。位于东经 115°59′08″，北纬 28°22′22″，海拔 32m；年平均温度 17.6℃，极端最高温 40.9℃，极端最低温 −9.9℃，年平均降水量 1 621.1mm，无霜期 259d，年积温（≥0℃）6 435.9℃，年积温（≥10℃）5 395℃；土壤为丘陵红壤，有机质含量 34.9g/kg，pH 5.3。现有工作人员 10 名。其中，技术人员8人，硕士以上人员2人，高级职称7人，科研辅助工2人。试验地总面积6.67hm^2，配备小型气象站、拖拉机、旋耕机、五铧犁、割草机等设备8台（套）；办公试验用房400m^2，配置烘箱、培养箱、冰箱、分析天平等仪器10台（套）。累计承担多花黑麦草、苏丹草、大刍草等牧草和草地早熟禾等草坪草两大类别32个申报品种的区域适应性试验任务，共96个试验组302份材料；开展了13个多花黑麦草品种的筛选对照品种暨品比试验。该站积极对外交流宣传，先后接待科研院所、高校、企业、种养户等有关组织500多人次前来参观学习。以该站为基础，江西省畜牧技术推广站基本建成了省级综合性试验点——百草园。园区的基础建设等工程已经全部完成，品种收集保存、品种展示、项目试验、温棚试验等功能性试验大田已经初具规模。园区与江西农业大学共建为教学实习基地，与江西农业大学合作的草业项目课题已在园区中进行；与江西省农业科学院畜牧研究所的合作正在洽谈中。

广州站。位于广东省广州市增城区宁西镇冯村，由华南农业大学承建运行。2008年开始承担国家草品种区域试验任务，2013年通过全国畜牧总站考核，作为华南栽培区闽粤桂南部丘陵平原亚区的国家草品种区域试验站。该站位于东经113°38′，北纬23°14′，海拔18m，年平均温度22.5℃，极端最高温39℃，极端最低温0℃，年平均降水量1 959.5mm，无霜期365d，年积温（≥0℃）7 800～8 400℃，年积温（≥10℃）7 800～8 400℃；土壤为红壤，有机质含量1.6%～1.8%，pH 6.40～6.81。现有工作人员7名。其中，技术人员4人，硕士以上人员4人，高级职称1人，科研辅助工3人。试验地总面积2hm^2，配备小型旋耕机、剪草机、打孔机、割灌机、碾压机等设备7台（套）；办公试验用房100m^2，配置全自动生化分析仪、人工气候箱、火焰光度计、烘箱、冰箱、分析天平等仪器15台（套）。累计承担多花黑麦草、狗爪豆、薏苡、决明、狼尾草、柱花草、象草等牧草和狗牙根、结缕草、假俭草、雀稗、地毯草、铺地锦竹草等草坪草两大类别44个申报品种的区域适应性试验任务，共96个试验组302份材料。该站积极开展对外交流与宣传工作，先后接待广东省农业农村厅有关领导，中国草学会、各科研院所、企业研发人员等共计800人次前来参观交流，起到了同行业交流平台的观摩和示范作用。2013年协助承办了全国区域试验培训交流会，2016年承办了第二次全国草品种区域试验技术实践交流活动，2017年11月接待了第一届全国草学会年会与会代表们前来参观，获得了好评。通过10年来的区域试验，该站为广州市乃至广东省的牧草和草坪草产业提供了信息咨询、技术改良、草地管理等方面的支持和帮助，还为华南地区运动场草坪草种选择、建植技术提供了示范和技术咨询服务，促进了当地草业的发展。在完成项目试验的同时，10年来该站还培养了3名硕士和10多名本科毕业生，为华南农业大学草业科学12个班共计300多名本科生提供了教学试验和实习条件。此外，华南农业大学草业科学系依托该站点进行草品种的育种研究，先后有华南假俭草、华南铺地锦竹草、广绿结缕草3个品种通过全国草品种审定，PL-40-8海滨雀稗获准参加2018年国家草品种区域试验。获得“神农中华农业科技奖二等奖”1项、“中国草业科技进步奖三等奖”1项。制订植物新品种特异性、一致性和稳定性测试指南3项。

湛江站。位于湛江市麻章区湖光岩北，广东海洋大学校园北区教育用地内，由广东海洋大学农学院承建运行。2009年开始承担国家草品种区域试验任务，2013年通过全国畜牧总站考核，该站位于中国大陆最南端、粤桂琼三省区交汇处，属华南栽培区丘陵平原亚区的国家草品种区域试验站。位于东经114°08，北纬30°17′，海拔29.6m；年平均温度23.2℃，极端最高温 38.1℃，极端最低温 2.8℃，年平均降水量 1 567.3mm，无霜期 365d，年积温（≥0℃）8 220℃，年积温（≥10℃）8 309～8 519℃；土壤为红砖壤土，有机质含量 18.3g/kg，pH 4.7。现有工作人员 7 名。其中，技术人员 4 人，硕士以上人员 5 人，高级职称 4 人，科研辅助工 3 人。试验地总面积 3.33hm²，配备小型气象仪、小型旋耕机、剪草机、割灌机等设备 5 台（套）；办公试验用房 300m²，配置烘箱、培养箱、冰箱、分析天平等仪器 100 台（套）。累计承担柱花草、大刍草、象草等牧草和狗牙根、假俭草等草坪草两大类别 18 个申报品种的区域适应性试验任务，共 17 个试验组 51 份材料。该站建立以来，一直秉承产学研结合，科研为生产服务的宗旨。首先，将试验站建设和教学实习基地建设相结合，在保证试验的前提下，为教学提供实验、实习平台。到目前该平台已完成 5 000 余人次的实验、实习任务。其次，将新审定的优良牧草品种进行展示和推广应用。经对外交流和宣传，该平台先后接待各类前来参观学习的人员千余人次；推广优质牧草种植 133hm²；获批一个省级草畜一体化产业技术研发中心；种草养猪新技术集成与推广应用项目分别获得“湛江市科技进步奖二等奖”和“广东省农业技术推广奖二等奖”。该平台作为优良牧草新品种种植利用的窗口起到了极大的示范推广作用，推动了南方草地畜牧业的发展。

南宁站。位于广西壮族自治区南宁市兴宁区邕武路 24 号，由广西壮族自治区畜牧研究所承建运行。2011 年开始承担国家草品种区域试验任务，2014 年通过全国畜牧总站考核，作为闽粤桂南部丘陵平原亚区的国家草品种区域试验站。位于东经 108°22′，北纬 22°53′，海拔 92m；年平均温度 21.7℃，极端最高温 39℃，极端最低温 2℃，年平均降水量 1 341mm，无霜期 300～335d，年积温（≥0℃）7 983.8℃，年积温（≥10℃）7 883.9℃；土壤为丘陵砖红壤，有机质含量 240g/kg，pH 6.15。现有工作人员 13 名。其中，技术人员 6 人，硕士以上人员 4 人，高级职称 3 人，科研辅助工 7 人。试验地总面积 3hm²，配备小型气象仪 1 台、小型旋耕机 1 台、草坪剪草机 1 台；办公试验用房 200m²，配置烘箱 1 台、培养箱 2 台、冰箱 2 台、分析天平等仪器 2 台。累计承担了柱花草、臂形草、象草等牧草和地毯草、狗牙根、海滨雀稗等草坪草两大类别 17 个申报品种的区域适应性试验任务，共 18 个试验组 51 份材料。通过 8 年的项目实施，南宁站现已拥有较为完善的硬件设施和人才队伍，在试验管理、人员管理和资源管理方面不断制度化，圆满完成了全国畜牧总站下达的试验任务，为全国草品种审定委员会提供科学、客观、公正的试验数据；在国家区域试验的带动下，队伍水平不断提高，引进和选育了桂闽引象草、紫色象草、桂引山毛豆等牧草新品种，加快牧草良种推广和科技成果转化。南宁站也注重对外交流和学习，接待国内外专家 200 多人次，全区各市县级推广工作人员 500 人次，对广西草业发展以及草种良种推广工作起到了良好的示范作用。

建阳站。位于福建省南平市建阳区溪口村，由福建省农业科学院农业生态研究所承建运行。2010 年开始承担国家草品种区域试验任务，2013 年通过全国畜牧总站考核，作为华南栽培区闽粤桂北部低山丘陵亚区的国家草品种区域试验站。位于东经 118°08′，北纬 27°19′，海拔 160m；年平均温度 18.4℃，极端最高温 41.1℃，极端最低温－8.0℃，年平均降水量 1 680.7mm，无霜期 298d，年积温（≥0℃）6 718.3℃，年积温（≥10℃）3 295.9℃；土壤为红壤，有机质含量 1.7%～1.9%，pH 5.3。现有工作人员 8 名。其中，技术人员 5 人，硕士以上人员 3 人，高级职称 4 人，科研辅助工 3 人。试验地总面积 8hm²，配备小型气象仪、小型旋耕机、剪草机、农用车等设备 13 台（套）；办公试验用房 90m²，配置烘箱、培养箱、冰箱、冷藏柜、分析天平等仪器 20 台（套）。累计承担狼尾草、多花黑麦草、紫花苜蓿、翅果菊等牧草和狗牙根、结缕草、假俭草等草坪草两大类别 24 个申报品种的区域适应性试验任务，共 25 个试验组 70 份材料。该站积极对外交流宣传，先后接待科研院所、高校、企业、周边农户等有关人员 800 多人次前来参观学习。以该站为平台，福建省农业科学院农业生态研究所开展了牧草新品种创新，先后有闽育 1 号圆叶决明、闽南（印度）豇豆、闽育 2 号圆叶决明和闽育1 号小叶萍通过全国草品种审定，闽选狗爪豆和闽南穗序木蓝获准参加国家草品种区域试验。

贵阳站。位于贵州贵阳市花溪区麦坪乡境落底村的国家牧草种子生产示范基地，由贵州省饲草饲料工作站及贵州省草业研究所承建运行。2008 年开始承担国家草品种区域试验任务，2013 年通过全国畜牧总站考核，作为西南栽培区云贵高原亚区的国家草品种区域试验站。位于东经 106°30′，北纬 26°30′，海拔 1 150m；年平均温度 14.7℃，极端最高温 34℃，极端最低温 −6℃，年平均降水量 1 178.3mm，无霜期 272～299d，年积温（≥0℃）5 448.5℃，年积温（≥10℃）积温 4 436.5℃；土壤为丘陵黄壤，有机质含量 1.7%～2.0%，pH 5.68～6.32。现有工作人员 8 名。其中，技术人员 5 人，硕士以上人员 4 人，高级职称 3 人，科研辅助工 3 人。试验地总面积 50 亩，修建了试验地水泥道路和试验地围栏，配备小型气象仪、旋耕机、剪草机、割草机等设备 4 台（套）；办公试验用房 $30m^2$，配置烘箱、冰箱、电子秤、分析天平等仪器 6 台（套）。累计承担多花黑麦草、紫花苜蓿、白三叶、野青茅、沿阶草等牧草和观赏草两个类别 52 个申报品种的区域适应性试验任务，共 40 个试验组 133 份材料。该试验站积极对外交流宣传，先后接待高校、企业和科研院所等单位 400 多人次前来参观学习，并成为贵州畜牧兽医学院等草业专业教学实习基地。以国家草品种区域试验站为平台，贵州省草业研究所开展了牧草种质资源评价和新品种选育。其中，水城高羊茅、花溪芜菁甘蓝、晴隆白刺花通过全国草品种审定，贵州多花木蓝获准参加 2019 年国家草品种区域试验。

独山站。位于贵州省南部独山县麻万镇贵州省草业研究所科研试验基地，由贵州省草业研究所承建运行。2009 年开始承担国家草品种区域试验任务，2013 年通过全国畜牧总站考核，作为西南栽培区云贵高原亚区的国家草品种区域试验站。试验地位于东经 107°33′，北纬25°51′，海拔 970m；年平均温度 15℃，极端最高温 34℃，极端最低温 −6℃，年平均降水量1 412.6mm，无霜期 274～317d，年积温（≥0℃）5 823.75℃，年积温（≥10℃）4 895.6℃；土壤为黄壤，有机质含量 1.9%～2.0%，pH 5.60～6.80。现有工作人员 8 名。其中，技术人员 5 人，硕士以上人员 4 人，高级职称 3 人，科研辅助工 3 人。试验地面积 $3.33hm^2$，修建了试验地水泥道路和试验地围栏，配备了小型气象仪、旋耕机、剪草机等设备 5 台（套）；办公试验用房 $50m^2$，配置烘箱、冰箱、电子秤、分析天平、游标卡尺等仪器 6 台（套）。累计承担多花黑麦草、紫花苜蓿、白三叶、狗牙根、沿阶草、假俭草等牧草、草坪草和观赏草三个类别 39 个申报品种的区域适应性试验任务，共 33 个试验组 104 份材料。该试验站积极对外交流宣传，先后接待高校、企业和科研院所等单位 600 多人次前来参观学习，并成为贵州大学草业专业教学实习基地。以国家草品种区域试验站为平台，贵州省草业研究所开展了牧草种质资源评价和新品种选育。其中，剑江沿阶草、尼普顿多年生黑麦草通过全国草品种审定。

儋州站。位于海南儋州市宝岛新村，由中国热带农业科学院热带作物品种资源研究所承建运行。2010 年开始承担国家草品种区域试验任务，2014 年通过全国畜牧总站考核，作为华南栽培区闽粤桂北部低山丘陵亚区的国家草品种区域试验站。位于东经 109°35′，北纬 19°31′，海拔 169.0m；年平均温度 24.2℃，极端最高温 38.4℃，极端最低温 7.9℃，年平均降水量 2 195.3mm，无霜期 365d，年积温（≥0℃）8 920.4℃，年积温（≥10℃）8 920.4℃；土壤为花岗岩发育的砖红土壤，有机质含量 1.384%，pH 5.50。现有工作人员 7 名。其中，技术人员 4 人，硕士以上人员 4 人，高级职称 1 人，科研辅助工 3 人。试验地总面积 10hm²，配备小型气象仪、小型旋耕机、剪草机、喷灌等设备 5 台（套）；办公试验用房 100m²，配置烘箱、培养箱、冰箱、分析天平等仪器 5 台（套）。累计承担柱花草、狼尾草、狗爪豆等牧草和狗牙根、结缕草、假俭草等草坪草两大类别 27 个申报品种的区域适应性试验任务，共 25 个试验组 73 份材料。结合草品种区域试验的开展，通过优良牧草品种的评价与展示，接待高校及科研院所人员 400 人次，并开展了牧草新品种创新育种体系。近 10 年先后有热引19 号坚尼草、热研 25 号圭亚那柱花草及润高扁豆等 5 个品种通过全国草品种审定。

昌江站。位于海南昌江黎族自治县十月田镇，由中国热带农业科学院热带作物品种资源研究所承建运行。2013 年开始承担国家草品种区域试验任务，2017 年通过全国畜牧总站考核，作为华南栽培区闽粤桂北部低山丘陵亚区的国家草品种区域试验站。位于东经 109°12′，北纬 18°23′，海拔 46.0m；年平均温度 24.5℃，极端最高温 37.9℃，极端最低温 7.7℃，年平均降水量 1 333.8mm，无霜期 365d，年积温（≥0℃）8 888.7℃，年积温（≥10℃）8 888.7℃；土壤为玄武岩发育的沙壤土，有机质含量 0.876%，pH 4.30。现有工作人员 7 名。其中，技术人员 4 人，硕士以上人员 4 人，高级职称 1 人，科研辅助工 3 人。试验地总面积 4.67hm²，配备小型气象仪、小型旋耕机、剪草机、喷灌等设备 5 台（套）；办公试验用房 120m²，配置烘箱、培养箱、冰箱、分析天平等仪器 4 台（套）。累计承担柱花草、臂形草、象草等牧草 6 个申报品种的区域适应性试验任务，共 6 个试验组 18 份材料。结合草品种区域试验的开展，通过优良牧草品种的评价与展示，接待高校及科研院所人员 400 人次，并开展了牧草新品种创新育种体系。近 10 年先后有热引 19 号坚尼草、热研 25 号圭亚那柱花草及润高扁豆等 5 个品种通过全国草品种审定。

小哨站。位于云南省昆明市官渡区小哨，由云南省草地动物科学研究院承建运行。2013 年开始承担国家草品种区域试验任务，2016 年通过全国畜牧总站考核，作为西南栽培区云贵高原亚区的国家草品种区域试验站。位于东经 102°58′，北纬 25°21′，海拔1 960m；年平均温度 14.7℃，极端最高温 30.09℃，极端最低温－5.49℃，年平均降水量 883.5mm，无霜期 301d，年积温（≥0℃）5 348℃，年积温（≥10℃）4 883℃；土壤为山地红壤，有机质含量 3.43%，pH 5.66。现有工作人员 8 名。其中，技术人员 6 人，硕士以上人员6 人，高级职称 5 人，科研辅助工 2 人。试验地总面积 2hm²，配备小型气象仪、拖拉机、旋耕机、剪草机、割灌机、电动喷药机等设备 20 台（套）；办公试验用房 500m²，配置烘箱、培养箱、冰箱、分析天平等仪器 20 台（套）。累计承担紫花苜蓿、金花菜、红三叶、箭筈豌豆、紫云英、鹅观草、鸭茅、多年生黑麦草、苇状羊茅、小黑麦、燕麦、金荞麦等牧草24 个申报品种的区域适应性试验任务，共 26 个试验组 64 份材料。该站积极对外交流宣传，先后接待科研院所、高校、企业 1 000 余人次前来参观学习。以该站为平台，云南省草地动物科学研究院开展了牧草新品种创新，先后有滇中鸭茅、滇西须弥葛、德宏翅果菊 3 个品种通过全国草品种审定，小哨白刺花获准参加国家草品种区域试验。

元谋站。位于云南省楚雄州元谋县黄瓜园镇苴林村，由云南省农业科学院热区生态农业研究所承建运行。2013 年开始承担国家草品种区域试验任务，2016 年通过全国畜牧总站考核，作为干热河谷栽培区南亚热带亚区的国家草品种区域试验站。位于东经 101°49′，北纬 25°50′，海拔 1 084m；年平均温度 21.9℃，极端最高温 40℃，极端最低温－1℃，年平均降水量 625mm，无霜期 365d（几乎全年无霜或偶有轻霜，多年平均霜期仅为 2d），年积温（≥10℃）8 003℃；土壤为燥红土，试验地土壤养分：有机质 5.25g/kg，全氮 0.039%，有效磷 6.55mg/kg，速效钾 58.2mg/kg，土壤 pH 6.41。现有工作人员 8 名。其中，技术人员 6 人，硕士以上人员 1 人，高级职称 2 人，科研辅助工 2 人。试验地总面积 $1hm^2$，建设和修缮了灌溉管网、排水沟渠、围栏、田间道路以及工作用房 $60m^2$ 等基础设施；配置了必备的试验仪器和农具，试验仪器有烘箱、冰柜、钢卷尺、皮卷尺、直尺、电子台秤、相机、网袋、田间标示插牌等。农具有小型旋耕机、锄头、镰刀、剪刀以及切草机等设备，能完全满足试验所需。累计承担柱花草、紫花苜蓿、狼尾草、苇状羊茅、圭亚那柱花草、福山蝴蝶豆、狗爪豆、翅荚决明、异叶银合欢等牧草 11 个申报品种的区域适应性试验任务，共 9 个试验组 27 份材料。该站积极对外交流宣传，先后接待科研院所、高校、企业 300 余人次前来参观学习。试验站结合本区域实际，制定适宜的区试操作方法，在田间布置试验时可依照操作步骤分步实施，避免试验布置环节出错。本单位领导对于承担国家草品种区试工作非常重视，优先配备科技人员、优先审批试验基地，同时领导亲自到区试地现场指导田间管理技术、数据的收集、测产等工作，力求获得科学、客观、公正的田间测试数据。以该站为平台，云南省农业科学院热区生态农业研究所开展了牧草新品种创新和热带牧草引种试验，豆科牧草提那罗爪哇大豆通过全国草品种审定。

拉萨站。位于西藏拉萨市曲水县才纳乡白堆村，邻近拉萨河南岸，曲水县东部，距离拉萨市区约 26km，由西藏自治区畜牧总站承建运行。2014 年开始承担国家草品种区域试验任务。位于东经 90°57′16″，北纬 29°30′36″，海拔 3 494m，年降水量 462.9mm，蒸发量 939mm，无霜期 120d，年平均日照时数达 2 813.1h，太阳总辐射 7 532.6MJ/m^2，光合有效辐射 3 217.5MJ/m^2。平均气温 5.8℃。最热月均温 14.5℃（6 月），最冷月均温－4.8℃（1 月），年平均日较差 16.4℃，年积温（≥0℃）24 015℃，土壤为沙壤土，pH 6.7。现有工作人员 6 名。其中，技术人员 4 人，硕士以上人员 1 人，高级职称 2 人，科研辅助工 2 人。试验地总面积 1.6 万 m^2，配备小型气象站、小型旋耕机、小型灌溉机等设备 4 台（套）；办公试验用房 $50m^2$，配置烘箱、培养箱等 6 台（套）。累计承担燕麦、苜蓿、歪头菜、黑麦草等牧草 2 个申报品种的区域适应性试验任务，共 4 个试验组 10 份材料；开展了 15 个苜蓿品种的筛选对照品种暨品比试验，共 2 个试验组。该站借助区域平台在基地开展引种、混播、不同行距对产草量影响的试验，并发表论文 6 篇，试验得出青海 444 适合在西藏种植，其叶量丰富，产量高。同时，利用项目优势为西藏院校相关专业学生实习、农牧民实用技术培训等提供了技术平台。并先后和甘肃省草原技术推广总站、西藏自治区农牧职业技术学院等单位建立了合作交流关系。

南川站。位于重庆市南川区大观镇云雾村，由重庆市畜牧技术推广总站承建运行。2008 年开始承担国家草品种区域试验任务，2013 年通过全国畜牧总站考核，作为西南栽培区川鄂湘黔边境山区亚区的国家草品种区域试验站。位于东经 106°57′，北纬 29°16′，海拔

690m；年平均温度 16.7℃，极端最高温 40.8℃，极端最低温－4.7℃，年平均降水量 1 103mm，无霜期 296d，年积温（≥0℃）6 110℃，年积温（≥10℃）5 451℃；土壤为黄壤，有机质含量 30.1%，pH 5.6。现有工作人员 6 名。其中，技术人员5 人，硕士以上人员 3 人，高级职称 2 人，科研辅助工 1 人。试验地总面积 1.33hm^2，配备小型气象仪、小型拖拉机、旋耕机、割草机、抽水机等设备 5 台（套）；办公试验用房 40m^2，配置烘箱、电子秤、电子天平等仪器 6 台（套）。累计承担多花黑麦草、紫花苜蓿、燕麦、红三叶、鸭茅等牧草和马蹄金等草坪草两大类别 19 个申报品种的区域适应性试验任务，共 96 个试验组 302 份材料。该站积极对外交流宣传，先后接待科研院所、高校、企业 400 多人次前来参观学习和指导工作。以该站为平台，经过重庆市畜牧技术推广总站的建设，已在南川区大观镇建成集饲草信息化管理、机械化种植、收割和加工试验示范为一体的“重庆市饲草试验基地”1 个。多年来，持续开展了重庆市优良牧草筛选、优良饲草种植利用技术推广项目 9 个，同期开展了重庆市优势草种的系列展示、评价、筛选工作。通过多年开展的优良饲草品种筛选试验所得数据，共计选出适宜重庆地区种植的多花黑麦草、青贮玉米、饲用甜高粱、杂交狼尾草等优良饲草品种 10 多个，制定重庆市地方标准 3 个，发表论文 6 篇，为每年全市主推草种及主推技术的发布提供技术支撑。10 年来，在全市累计推广优良饲草品种种子 500t，累计推广优良饲草种植面积达 33 万 hm^2。

新津站。起初位于四川省眉山市洪雅县阳平，2010 年迁至成都市新津县文井镇张场，由四川省草原工作站承建运行。2008 年开始承担国家草品种区域试验任务，2013 年通过全国畜牧总站考核，作为西南栽培区四川盆地丘陵平原亚区的国家草品种区域试验站。该站位于东经 103°45′，北纬 30°29′，海拔 478m；年平均温度 16.7℃，全年平均降水量 987mm，年均温 16.4℃，最热月均温 25.5℃，最冷月均温 5.7℃，极端最高温度 36.6℃，极端最低温度－4.7℃，无霜期 297d 左右，初霜期 11 月中旬，终霜期 1 月中旬，年积温（≥0℃）6 150.2℃左右，年积温（≥10℃）5 190.6℃左右，全年日照时数1 009.9h 左右。土壤为黄壤，土壤含有机质 4.47%，速效氮 175mg/kg，有效磷 71.7mg/kg，速效钾 165mg/kg，pH 7.2。现有工作人员 6 名。其中，技术人员 4 人，硕士以上人员 2 人，高级职称 3 人，科研辅助工 2 人。试验地总面积 3.33hm^2，其中 0.67hm^2 用于资源保种，2.67hm^2 用于国家草品种区域试验。配备小型气象仪 1 套、远程监控系统1 套，草坪剪草机 2 台、油灌机 1 台（套）；办公试验用房 80m^2，配置烘箱、冰箱、电子秤等仪器 5 台（套）。累计承担鸭茅、多花黑麦草、紫花苜蓿、菊苣、翅果菊等牧草和马蹄金、狗牙根、海滨雀稗等草坪草两大类别 51 个申报品种的区域适应性试验任务，共 56 个试验组 181 份材料；开展了 14 个多花黑麦草品种的筛选对照品种暨品比试验，共 2 个试验组。该站积极对外交流宣传，先后接待科研院所、高校、企业 1 000 多人次前来参观学习交流。承担了 2 次国家草品种区域试验现场培训任务。以该站为平台，四川省草原工作站开展了牧草新品种育种创新，川西庭菖蒲通过全国草品种审定。该试验站重视人员队伍素质提升，每年开展省内站点现场交流活动，参加外出学习交流等，提高了试验站技术人员的水平。

西昌站。位于凉山彝族自治州西昌市经久乡，由凉山州畜牧兽医科学研究所承建运行。2009 年开始承担国家草品种区域试验任务，2012 年通过全国畜牧总站考核，作为西南栽培区云贵高原亚区的国家草品种区域试验站。位于东经 102°18′，北纬 28°04′，海拔 1 550m；年平均温度 16.9℃，极端最高温 36.6℃，极端最低温－3.8℃，年平均降水量 1 013.5mm，无霜期269d，年积温（≥0℃）6 181.5℃，年积温（≥10℃）5 299.9℃；土壤为丘陵黄壤，有机质含量2.5%，pH 5.1。现有工作人员7名。其中，技术人员5人，硕士以上人员1人，高级职称2人，科研辅助工2人。试验地总面积2hm^2，配备小型气象仪、小型旋耕机、开沟机、播种机等设备各1台（套）；办公试验用房60m^2，配置烘箱等1台（套）。累计承担多花黑麦草、白三叶、紫花苜蓿等牧草28个申报品种的区域适应性试验任务，共15个试验组52份材料。该站积极对外交流宣传，先后接待科研院所、高校、企业200多人次前来参观学习。试验站重视人员队伍素质提升，每年开展站点间交流活动，参加外出学习交流等，提高了试验站技术人员的水平。

道孚站。位于四川省道孚县八美镇甘孜州乾宁种畜场，由四川省甘孜藏族自治州草原工作站承建运行。2013年开始承担国家草品种区域试验任务，2016年通过全国畜牧总站考核，作为青藏高原栽培区藏东川西河谷山地亚区的国家草品种区域试验站。位于东经101°29′，北纬30°30′，海拔3 500m；年平均温度4.5℃，极端最高温28.3℃，极端最低温−25.6℃，年平均降水量920mm，无霜期90～150d，年积温（≥0℃）2 071℃，年积温（≥10℃）700℃；土壤为山地棕壤，有机质含量2.43%，pH 6.3。现有工作人员5名。其中，技术人员3人，硕士以上人员2人，高级职称1人，科研辅助工2人。试验地总面积2hm^2，配备小型气象仪、小型旋耕机、喷药机、喷雾器、风选机等设备9台（套）；办公试验用房100m^2，配置烘箱、冰箱、分析天平等仪器4台（套）。累计承担燕麦、猫尾草、鸭茅、紫花苜蓿、短芒披碱草、肃草、小黑麦、歪头菜、黑麦、大颖草等牧草8个申报品种的区域适应性试验任务，共11个试验组33份材料。该站积极对外交流宣传，先后接待各级政府领导及科研院所、高校、企业100多人次前来参观学习。以该站为平台，四川省草原工作站和甘孜州草原工作站合作开展了牧草新品种选育和种子繁育推广示范，先后有康巴变绿异燕麦、川西猫尾草通过全国草品种审定，在石渠、理塘、色达、甘孜、白玉、道孚等县推广种植67hm^2。同时，作为示范平台，提高了农牧民种草养畜的科技水平，为当地农牧民脱贫奔小康做出了积极贡献。

红原站。位于四川阿坝州红原县邛溪镇霞日路127号，由四川省草原科学研究院牧草研究所承建运行。2009年开始承担国家草品种区域试验任务，2012年通过全国畜牧总站考核，作为青藏高原栽培区藏北青南亚区的国家草品种区域试验站。位于东经102°33′，北纬32°47′，海拔3 500m；年平均温度1.4℃，极端最高温26.0℃，极端最低温−36.0℃，年平均降水量769mm，无霜期24.5d，年积温（≥0℃）1 607℃，年积温（≥10℃）464℃；土壤为亚高山草甸土，有机质含量8.44%，pH 6.2。现有工作人员5名。其中，技术人员4人，硕士以上人员2人，高级职称1人，科研辅助工1人。试验地总面积2hm^2，配备整地、播种、田间管理、收获等设备10余台（套）；办公试验用房200m^2，配置电子台秤、电子天平、电热恒温鼓风干燥箱等仪器15台（套）。累计承担老芒麦、垂穗披碱草、短芒披碱草等牧草20个申报品种的区域适应性试验任务，共17个试验组55份材料。为加快优良品种及科技成果转化，该站已形成红原县牧草良种良法集成示范（培训）平台和教学实习基地。现场展示当地栽培的牧草品种（系）和栽培技术，促进相关科研院所、大专院校在品种选育、栽培技术等试验研究工作的开展，指导草原相关专业的学生了解高原牧草的生长发育、生产性能和田间试验等情况，提升了企业和农牧民的良种良法意识，促进了草地畜牧业增产和农牧民增收，对当地的牧草种植、推广起到了示范作用，取得了良好的社会效益。

达州站。位于四川省达州市开江县杨家坝村，由达州市饲草饲料工作站承建运行。2012年开始承担国家草品种区域试验任务。2016年通过全国畜牧总站考核，作为西南栽培区川陕甘秦巴山地亚区的国家草品种区域试验站。位于东经107°49′，北纬31°05′，海拔444m；年平均温度17.1℃，极端最高温39.3℃，极端最低温－4.1℃，年平均降水量1 147.7mm，无霜期294d，年积温（≥0℃）6 243.8℃，年积温（≥10℃）2 935.0℃；土壤为黄壤，有机质含量1.67%，pH 5.81。现有工作人员7名。其中，技术人员6人，硕士以上人员3人，高级职称2人，科研辅助工1人。试验地总面积2.8hm²，配备小型气象仪、小型旋耕机、剪草机、水泵、喷雾器、GPS、数码相机等设备10台（套）；办公试验用房120m²，配置烘箱、培养箱、冰箱、游标卡尺、电子秤、分析天平等仪器11台（套）。累计承担多年生黑麦草、多花黑麦草、白三叶、红三叶、金花菜、鹅观草、紫云英、翅果菊、紫花苜蓿、高丹草、苏丹草、多年生薏苡、一年生薏苡、燕麦等牧草和马蹄金、麦冬、川西庭菖蒲等草坪草两大类别16个申报品种的区域适应性试验任务，共19个试验组50份试验材料。该站积极争取地方财政资金，用于配套完善基础设施建设；积极开展示范交流，先后接待科研院所、高校、省内市州政府机关、种植养殖大户（企业、专业合作社）等200多人次前来参观学习，收到了良好的宣传和示范推广效果；争取市级科技资金，实施市级科技项目——《川东地区豆科牧草研究与应用》和《饲用玉米集成技术研究与示范》，与四川省农科院协助开展多花黑麦草等牧草病虫害观察试验；优化配置技术力量，先后引进3名草学硕士参与试验，确保技术力量稳定。

青铜峡站。位于宁夏中部扬黄灌区青铜峡市邵岗镇甘城子村，由宁夏回族自治区草原工作站承建运行。2012年开始承担国家草品种区域试验任务，2015年通过全国畜牧总站考核，作为黄土高原栽培区陇东青东丘陵沟壑亚区的国家草品种区域试验站。位于东经105°54′，北纬38°6′，海拔1 164m；年平均温度9.8℃，极端最高温37.7℃，极端最低温－25℃，年平均降水量177.8mm，无霜期187d，年积温（≥0℃）3 997.3～4 452.7℃，年积温（≥10℃）3 421.2～4 032.2℃；土壤为灌淤土、沙壤土，有机质含量7.33%，pH 7.24～8.34。现有工作人员7名。其中，技术人员5人，硕士以上人员3人，高级职称5人，科研辅助工2人。试验地总面积4.67hm²，配备小型气象仪、小型旋耕机、剪草机等设备6台（套）；办公试验用房33m²，配置烘箱、分析天平等仪器4台（套）。累计承担扁蓿豆、甘草、苜蓿、多叶苜蓿、斜茎黄芪等牧草9个申报品种的区域适应性试验任务，共34个试验组21份材料。宁夏回族自治区草原工作站以该站为平台，通过布设全区牧草区域试验、引种试验、新品种展示、野生草种驯化等试验，初步筛选出适宜宁夏不同立地条件种植的优良主推牧草新品种，总结提升形成宁夏高产优质牧草种植管理技术体系，有效地带动了宁夏草品种试验及草种审定工作的开展。该站积极对外交流宣传，先后接待科研院所、高校、企业等业务部门技术人员500多人次前来参观学习。在提高技术人员业务能力的同时，学习和借鉴别人的做法，努力打造试验站自身形象，使其成为优良牧草品种种植的鲜活样板。

多伦站。位于内蒙古自治区锡林郭勒盟多伦县诺尔镇花园东街51号，2008年开始承担国家草品种区域试验任务。2011年通过全国畜牧总站考核，作为内蒙古中南部亚区的国家草品种区域试验站。位于东经116°47′，北纬42°18′，海拔1 250m；年平均温度3.8℃，极端最高温34℃，极端最低温－30.9℃，年平均降水量385.5mm，无霜期105d，年积温（≥0℃）2 585.1℃；土壤为栗钙土，有机质含量1%～4%，pH 7.5。现有工作人员19名。

其中，技术人员 13 人，硕士以上人员 3 人，高级职称 1 人。试验地总面积 6.67hm²，配备小型气象仪、小型旋耕机、剪草机、喷灌机等设备 60 台（套）；办公试验用房 200m²，配置烘箱、培养箱、冰箱、分析天平等仪器 10 台（套）。累计承担黑麦草、斜茎黄芪、苜蓿等牧草 26 个申报品种的区域适应性试验任务，共 34 个试验组 21 份材料。该站对牧草品种区域试验工作十分重视，负责人在试验的播种、观测等关键时期带领技术负责人亲自到场督导，并曾多次到试验区检查试验进展，要求每位技术人员严格按照《国家草品种区域试验实施方案》开展相关工作，对试验点基础设施进行维修和更新，力求获得科学、客观、公正的田间测试数据，为我国新草品种审定和推广提供强有力的技术支撑。通过多年来的不懈努力，该站认真完成好各年度国家草品种区域试验任务和各项工作。2016 年 11 月，被全国畜牧总站确定为“全国草原技术推广示范站”。2017 年建立了“养殖书屋”。全国畜牧总站和中国农业出版社于 2017 年 8 月 7 日在多伦县联合举行了全国基层草原技术推广示范站“养殖书屋”启动会和中国养殖技术服务云平台上线仪式。各级领导、专家多次莅临参观指导，先后接待科研院所、同行业等有关人员 2 000 多人次前来参观学习。在一定程度上对当地草牧业的可持续发展起到试验、示范、引导、推广、服务等作用，同时也成为多伦县乃至全盟草业科技培训观摩基地，更为承担实施其他草业科技的试验、示范、服务、推广等项目打下坚实基础。

赤峰站。位于内蒙古赤峰市新城区市农牧科学研究院试验田内，由赤峰市草原工作站负责承建运行，2013 年开始承担国家草品种区域试验任务，目前已有 2 块试验地，面积共计 2hm²，属于内蒙古高原栽培区中南部亚区的区域试验站。位于东经 118°50′，北纬 42°18′，海拔 589m；全年平均降水量 377.6mm，年均温 9.3℃，最热月均温 22.4℃，最冷月均温 −7.3℃，极端最高温度 35℃，极端最低温度 −21.8℃，无霜期 150～175d，年积温（≥0℃）3 731.6℃，年积温（≥10℃）2 970.7℃；土壤为丘陵栗钙土，土质为中壤土，偏碱性，具有灌溉条件。赤峰市草原工作站承担赤峰市草原保护与建设技术推广与指导工作，站内技术力量较强，草原专业技术人员占 85%，现有推广研究员 1 名、高级畜牧师 7 人、4 名硕士。配备有拖拉机、旋耕机等耕作机械，购置了小型气象站、烘干箱、割草机、培养箱、摄像机、电子天平、电子秤等必备仪器设备，并设有休息室、工具室、烘干室，试验点的软件和硬件条件逐年增强，保障了区试工作的顺利开展。累计承担 18 个申报品种的区域适应性试验任务，共 8 个试验组 34 份材料。该站先后选育了“敖汉苜蓿”“内蒙古小叶锦鸡儿”“红山沙打旺”等多个牧草品种。通过近 5 年来的国家草品种区域试验工作，对试验点周边养殖户起到很好的示范带动作用。通过草品种区域试验这个展示平台，来观看、问询、要草（种）的农牧民很多，前后接待农牧民近 100 人次，接待职业学校学生参观学习近 500 人次，使养殖户种草积极性普遍提高，促进了当地草业和畜牧业的发展。

海拉尔站。位于内蒙古自治区呼伦贝尔市陈巴尔虎旗巴彦库仁镇，由呼伦贝尔市草原工作站承建运行。2008 年开始承担国家草品种区域试验任务，2011 年通过全国畜牧总站考核，作为东北平原栽培区大兴安岭亚区的国家草品种区域试验站。位于东经 119°21′，北纬 49°18′，海拔 586m；年平均温度−1.5℃，极端最高温 40.6℃，极端最低温−45.9℃，年平均降水量 322.7mm，无霜期 115 天，年积温（≥0℃）2 458.1℃，年积温（≥10℃）2 003.1℃；土壤为栗钙土，有机质含量 29.26%，pH 7.26。现有工作人员 7 名。其中，技术人员 4 人，硕士以上人员1人，高级职称3人，科研辅助工3人。试验地总面积667hm²，可用于区域试验的用地13.33hm²，配备小型气象仪、拖拉机、旋耕机、播种机、喷雾机、剪草机、喷灌机等10台（套）；办公试验用房150m²，配置烘箱、培养箱、冰箱、分析天平等仪器5台（套）。累计承担苜蓿、老芒麦、扁穗雀麦、披碱草、羊草、无芒雀麦、扁蓿豆、猫尾草、野大麦、短芒披碱草、肃草、山野豌豆、红三叶等牧草和草坪草两大类别25个申报品种的区域适应性试验任务，共21个试验组70份材料。该站先后开展了多项科研项目，选育成功了呼伦贝尔黄花苜蓿、辉腾原杂花苜蓿新品种。与内蒙古农业大学生态环境学院签订了共建“产、学、研”互为一体教学科研基地的协议，与呼伦贝尔通用航空公司联合建立了草原鼠虫害应急防治通用航空机场，与呼伦贝尔市气象局开展了天然草场遥感气象因素和牧草产量变化的科研观测项目，与上海师范大学开展了草场土壤微生物方面的研究，更使该站成为广大农牧民了解草原保护建设和优质牧草的窗口。

托克托站。位于内蒙古自治区呼和浩特市托克托县古城镇南台基村，由内蒙古自治区草原工作站承建运行。2014年开始承担国家草品种区域试验任务，作为干旱半干旱草原区内蒙古高原栽培区河套—土默特平原区的国家草品种区域试验点。位于东经111°23′14″，北纬40°30′03″，海拔1 005m，全年降水量357.2mm，年均温度6.9℃，最热月均温20℃，最冷月均温−26.4℃，极端最高温度38.4℃，极端最低温度−36.3℃，无霜期126～145d，年积温（≥0℃）3 710℃，年积温（≥10℃）3 190℃。地形平坦，土壤类型为轻沙壤土，地下水位3m，土壤有机质含量2.96%。现有工作人员6名。其中，技术人员5人，硕士以上人员1人，高级职称2人，科研辅助工1人。试验地26.67hm²，项目用地15.33hm²，办公用地6 670m²，试验地隶属内蒙古自治区草原工作站试验基地，租期20年。配备小型拖拉机、喷雾机、喷灌机等5台（套）；办公试验用房150m²，配置烘箱、分析天平、电子秤等仪器5台（套）。累计承担苜蓿、冰草、红三叶、斜茎黄芪、尖叶胡枝子、箭筈豌豆等牧草9个申报品种的区域适应性试验任务，共7个试验组25份材料。该站领导对牧草品种区域试验工作十分重视，在试验的播种、观测等关键时期带领技术负责人亲自参与指导并多次到试验区检查试验进展，要求技术人员严格按照《国家草品种区域试验实施方案》开展相关工作，对试验点基础设施进行维修和更新，力求获得科学、客观、公正的田间测试数据。该试验点与内蒙古农业大学、内蒙古农牧科学院草原所等单位合作开展了多项科研项目，与内蒙古农业大学生态环境学院共建“产、学、研”互为一体教学科研基地，认真完成好各年度国家草品种区域试验任务和各项工作。各级专家、领导也多次莅临参观指导，先后多次接待科研院所参观考察。该试验点的建立，对当地草牧业的可持续发展起到了试验、示范、引导、推广、服务等作用，更为承担实施其他草业科技的试验、示范、服务、推广等项目打下了坚实基础。

达拉特站。位于内蒙古自治区鄂尔多斯市达拉特旗树林召镇新民村。2012年开始承担国家草品种区域试验任务，2016年通过全国畜牧总站考核，作为北方干旱半干旱草原区内蒙古高原栽培区伊克昭盟亚区（鄂尔多斯）的国家草品种区域试验站。该试验站位于东经110°40′，北纬40°20′，海拔1 010m，地形为黄河冲积平原，地势平坦，土壤类型栗钙土，地下水位30m，土壤有机质含量12.4g/kg，全氮含量为0.98g/kg，有效磷含量为32.2mg/kg，速效钾含量为151mg/kg，土壤pH 8.7；全年降水量311.4mm，年均温度7.3℃，最热月均温22.4℃，最冷月均温−11.7℃，极端最高温度39.6℃，极端最低温度−30.3℃，无霜期 147d，初霜日 9 月 29 日，终霜日 5 月 4 日，年积温（≥0℃）3 630.4℃，年积温（≥10℃）3 154.9℃。专职从事草品种工作人员 7 名。其中，技术人员 4 人，（在职、在读）硕士 3 人，高级职称 2 人，技工 3 人。配备拖拉机、小型气象仪、小型旋耕机、剪草机、割灌机、打药机等设备 8 台（套）；配置电热鼓风干燥箱、培养箱、冰箱、电子秤等仪器 10 台（套）。累计承担紫花苜蓿、扁蓿豆、甘草、斜茎黄芪、草木樨、无芒隐子草、苏丹草、大颖草、箭筈豌豆等 20 个申报品种的区域适应性试验任务，共 15 个试验组 42 份材料。开展了 24 个紫花苜蓿品种的筛选对照品种暨品比试验，共 5 个试验组。该站草品种试验团队积极对外交流宣传，先后接待中国农科院草原所、北京畜牧兽医研究所、中国农业大学、内蒙古农牧业科学院、内蒙古农业大学、陕西铜川农科院以及鄂尔多斯市种草企业等科研院所、高校、企业 50 多人次前来交流。并以该试验站为基础和平台，开展了鄂尔多斯市进口苜蓿品种种植展示、筛选及示范推广工作，先后与法国、丹麦等国的紫花苜蓿品种育种家和国内代理商联合开展 60 多个品种的区试、筛选。从 2015 年开始，通过农业综合示范、外国专家项目等累计示范推广苜蓿品种 4 个 1 333hm^2，为推动当地农牧区苜蓿产业发展起到了引领和带动作用。

延安站。位于陕西省延安市甘泉县道镇镇米家沟村，由陕西省草原工作站承建，甘泉县牧草工作站负责实施，2008 年开始承担国家草品种区域试验任务，2013 年通过全国畜牧总站考核，作为黄土高原丘陵沟壑区的国家草品种区域试验站。位于东经 109°20′，北纬 36°12′，海拔 977m；年平均温度 9.2℃，极端最高温 38.8℃，极端最低温－27.1℃，年平均降水量 530.5mm，无霜期 167d，年积温（≥0℃）3 802℃，年积温（≥10℃）3 121℃；土壤为丘陵黄壤，有机质含量 7.22g/kg，pH 8.41。现有工作人员 11 名。其中，技术人员 8 人，高级职称 2 人。试验地总面积 1.13hm^2，配备小型气象仪、小型旋耕机等设备 10 台（套）；办公试验用房 64m^2，配置烘箱、培养箱、冰箱、电子秤（天平）等仪器 7 台（套）。累计承担紫花苜蓿、小冠花、胡枝子、箭筈豌豆、小黑麦、白羊草、红三叶等牧草 21 个申报品种的区域适应性试验任务，共 34 个试验组 210 份材料。该站积极对外交流宣传，先后接待科研院所、高校、企业 400 多人次前来参观学习。以该站为平台，陕西省草原工作站开展了优良牧草品种引种试验，在陕北地区成功推广 WL－323、金皇后、三得利、皇冠紫花苜蓿等 12 个品种，累计推广面积 27 万 hm^2。

乌苏站。位于新疆乌苏市八十四户乡莲花村。自 2013 年开始承担国家草品种区域试验任务，2016 年通过全国畜牧总站考核。位于东经 84°40′，北纬 44°26′，海拔 450m，面积 17 342m^2。该乡为乌苏市重要的农业区，光热资源丰富，水源充足，全年平均降水量 260mm，年均温度 7.6℃，最热月均温 42℃，最冷月均温－41℃，极端最高温度 42.2℃，极端最低温度－41℃，无霜期 185d，年积温（≥0℃）3 400℃，年积温（≥10℃）3 685℃。土地平整，土壤肥力中等、均匀。土壤为棕钙土，土层厚度 50cm 以上，有机质含量 13g/kg，速效钾 167mg/kg，有效磷 14mg/kg，碱解氮 66mg/kg，含盐量 0.08%，pH 7.87。现有工作人员 11 名。其中，技术人员 10 人，本科以上人员 6 人，高级职称 2 人；中级职称 4 人，技术工人 1 人。试验地总面积 1.73 万 m^2，配备小型气象仪；办公试验用房 25m^2，配置烘箱、培养箱、冰箱、分析天平等仪器 5 台（套）。累计承担紫花苜蓿、冰草、小黑麦、高丹草、苏丹草、豌豆等 17 个品种的区域适应性试验任务，共 8 个试验组 32 份材料。该站积极对外交流宣传，2016 年承办全疆草品种区域试验现场交流会，先后接待科研院所、周边县市 300 多人次前来参观学习。该站已成为塔城地区畜牧行业学习交流的平台。

乌鲁木齐站。位于新疆维吾尔自治区呼图壁种牛场农九队（新疆农业大学呼图壁牧草试验示范站），由新疆农业大学草业与环境科学学院承建运行。2008 年开始承担国家草品种区域试验任务，2011 年通过全国畜牧总站考核，作为新疆栽培区北疆亚区的国家草品种区域试验站。位于东经 86°57′，北纬 44°18′，海拔 431m；年平均温度 16.7℃，极端最高温 43.1℃，极端最低温－25.6℃，年平均降水量 163.1mm，无霜期 173d，年积温（≥10℃）3 553℃；土壤为盐化草甸土、盐土和盐化灰漠土，0～20cm 土层有机质含量为 1.94%，碱解氮含量为 14.2mg/kg，有效磷含量为 36.9mg/kg，速效钾含量为289mg/kg，20～40cm 土层有机质含量为 15g/kg，碱解氮含量为 10.8mg/kg，有效磷含量为 27.9mg/kg，速效钾含量为 62mg/kg，pH 8～8.5。2013 年国家草品种区域试验站（呼图壁）改迁至新疆农业大学三坪教学实习基地（乌鲁木齐市头屯河区十二师三坪农场屯坪北路 200 号），2013 年开始承担国家草品种区域试验任务，原呼图壁试验站不再承担区域试验任务。该试验站位于东经 87°21′，北纬 43°56′，海拔 667m；年平均温度 6.8℃，极端最高温 43℃，极端最低温－29℃，年平均降水量 190mm，无霜期 175d，年积温（≥0℃）4 177.241℃，年积温（≥10℃）3 965.279℃；土壤为黄板土、灰黄土和白板土，有机质含量为 1.2%～1.5%，速效氮、磷、钾含量分别为 19.69mg/kg、1.95mg/kg、249.91mg/kg。现有工作人员 6 名。其中，技术人员 2 人，硕士以上人员 2 人，高级职称2 人，中级职称 2 人。试验地总面积 9hm^2，机井等田间灌溉设施齐全，有实验室、种子库、机具库等实验用房 400m^2，配套用房 100m^2，晾晒场 900m^2，拥有大、中、小型号四轮拖拉机，土地平整设备（重型缺口耙、动力驱动耙、翻转犁等），播种设备（播种机、施肥机、布管机、覆膜机、拌种机等），收获设备（割草机、搂草机、捆草机、远程喷雾机、联合收割机等），种子清选设备（风选机、比重选机，窝眼选机、除芒机等），配备小型气象仪、小型旋耕机、剪草机、割灌机等设备 8 台（套）；办公试验用房 120m^2，配置烘箱、培养箱、冰箱、分析天平等仪器 7 台（套）。累计承担苏丹草、高丹草、苜蓿等牧草和狗牙根、偃麦草等草坪草两大类别 34 个申报品种的区域适应性试验任务，共 96 个试验组 302 份材料；开展了 29 个苜蓿草品种的筛选对照品种暨品比试验，共 7 个试验组。该站积极对外交流宣传，先后接待自治区内外科研院所、高校以及企业单位 1 500 多人次前来参观学习。以该站为平台，促进新疆农业大学草业科学专业实践教学工作，先后有牧草育种学、牧草及饲料作物生产学和牧草种子学等 3 门课程、20 个本科教学班在此完成实习任务，实现了“产、学、研”一体化。

察布查尔站。位于新疆察布查尔县南岸巴口香，由新疆维吾尔自治区草原总站承建运行。2008 年开始承担国家草品种区域试验任务，2015 年通过全国畜牧总站考核，作为新疆栽培区北疆亚区天山以北地区的国家草品种区域试验站。位于东经 114°08′，北纬 30°17′，海拔 588m；年平均温度 7.9℃，极端最高温 39.5℃，极端最低温－6.5℃，年平均降水量 206mm，无霜期 170～179d，年积温（≥0℃）3 493℃，年积温（≥10℃）3 389℃；土壤为灰钙土，有机质含量 1.6%～1.9%，pH 8.68。现有工作人员 8 名。其中，技术人员6 人，硕士以上人员 1 人，高级职称 2 人，科研辅助工 2 人。试验地总面积 1.33hm^2，配备小型气象仪、割草机等设备 3 台（套）；办公试验用房 59.2m^2，配置烘箱、培养箱、冰箱、分析天平等仪器 6 台（套）。该站积极对外交流宣传，先后接待新疆农业大学、自治区草原总站前来参观学习。

兰州站。位于甘肃省兰州市七里河区皋兰山二营村，由兰州市畜牧兽医研究所承建运行。2008 年开始承担国家草品种区域试验任务，2017 年通过全国畜牧总站考核，作为黄土高原栽培区黄土台地区的国家草品种区域试验站。位于东经 103°50′12″，北纬 36°01′23″，海拔 1 934m；年平均温度 9.3℃，极端最高温 39.8℃，极端最低温－18℃，年平均降水量 295.5mm，无霜期 193d，年积温（≥0℃）3 816.3℃，年积温（≥10℃）3 200℃；土壤为灰钙土类，有机质含量 0.95%，pH 8.53。现有工作人员 7 名。其中，技术人员 5 人，硕士以上人员 4 人，高级职称 1 人，科研辅助工 2 人。试验地总面积 1.45hm^2，配备小型气象仪、小型旋耕机、背负式剪草机各 1 台；办公试验用房 120m^2，配置烘箱、冰箱、脱粒机、种子清选机、草捆水分测定仪、植物样粉碎机、电子台秤、天平等仪器。累计承担野青茅、小冠花、胡枝子、紫花苜蓿、豌豆、扁蓿豆、红三叶、白羊草、箭筈豌豆、大颖草等牧草 15 个品种的区域适应性试验任务，共 19 个试验组 62 份材料。该站积极对外交流宣传，省市各级领导多次到试验站参观，专家时常到现场指导教学，先后接待西藏区域试验站、甘肃农业大学、兰州大学草地农业科技学院等单位 200 多人次参观学习。以该站为平台，甘肃省草原技术推广总站和兰州市畜牧兽医研究所开展了多项牧草良种选育工作。

庆阳站。位于甘肃省庆阳市宁县和盛镇湫包头村。2011 年，由庆阳市畜牧技术推广中心开始承担国家草品种区域试验任务，2016 年通过全国畜牧总站考核，作为黄土高原栽培区晋陕宁甘高原丘陵沟壑亚区的国家草品种区域试验站。该站地处东经 107°47′，北纬 35°25′，海拔 1 220m；年平均温度 10.1℃，极端最高温 36.5℃，极端最低温－25.4℃，年平均降水量 565.9mm，无霜期 140～180d，年积温（≥0℃）4 028.3℃，年积温（≥10℃）3 735.7℃；土壤为黑垆土，有机质含量 1.27%，pH 8.1。现有工作人员 6 名。其中高级职称 3 人，中级职称 1 人，辅助工 2 人。试验地总面积 1.4hm^2，建有小型气象台 1 处、办公试验用房 60m^2，配置微型旋耕机、剪草机、烘箱、培养箱、冰箱、分析天平等设备及试验仪器 30 台（套）。累计承担苜蓿、甘草、黄花草木樨、白花草木樨、红三叶等牧草和无芒隐子草等草坪草两大类别 7 个申报品种的区域适应性试验任务，共 9 个试验组 25 份材料。以该站为平台，庆阳市畜牧技术推广中心开展了牧草新品种选育研究，实施的“青贮饲用作物品种引进及栽培技术试验示范”项目获庆阳市科技进步二等奖、“名优苜蓿品种引种试验与栽培技术研究”项目获甘肃省农牧渔业丰收二等奖。

合作站。位于甘肃省合作市兰州大学高寒草甸与湿地生态系统定位研究站内。2009 年，由甘南州草原工作站承建，2016 年通过全国畜牧总站考核，作为青藏高原栽培区环湖甘南亚区国家草品种区域试验站。该站地处东经 102°53′，北纬34°57′，海拔 2 954m；年平均温度 3.2℃，极端最高温 28℃，极端最低温－23℃，年平均降水量 550～680mm，无霜期 113d，年积温（≥0℃）1 825℃，年积温（≥10℃）1 231.1℃；土壤为亚高山草甸土，有机质含量 13%，pH 7.4。现有工作人员 5 名，其中高级职称 3 人，中级职称 2 人。试验地总面积 0.67hm^2，配备有灌溉机井 1 眼，浇水水泵 1 台，小型气象台 1 台，旋耕机 1 台，测量称量工具一套，烘干箱 1 台，水分仪 1 个，区域试验工作室 2 间。累计承担老芒麦、燕麦、箭筈豌豆、歪头菜、黑麦等 19 个品种的区域适应性试验任务，共 16 个试验组 56 份材料。

高台站。位于甘肃省张掖市高台县甘肃超旱生牧草原种繁育基地，由甘肃省草原技术推广总站承建运行。2008 年开始承担国家草品种区域试验任务，2012 年通过全国畜牧总站考核，作为内蒙古高原栽培区宁甘河西走廊亚区的国家草品种区域试验站。位于东经 99°58′，北纬 39°13′，海拔 1 398m；年平均温度 8.3℃，极端最高温 39.1℃，极端最低温－29.1℃，年平均降水量 111mm，无霜期 163d，年积温（≥0℃）2 713℃，年积温（≥10℃）1 028.5℃；土壤为荒漠盐土，有机质含量 0.46%，pH 7.8。现有工作人员 6 名。其中，技术人员 5 人，硕士以上人员 4 人，高级职称 3 人，科研辅助工 1 人。试验地总面积 2.67hm²，配备小型气象仪、小型旋耕机、割灌机等设备 4 台（套）；办公试验用房 30m²，配置烘箱、分析天平等仪器 3 台（套）。累计承担紫花苜蓿、扁蓿豆、斜茎黄芪、小冠花、冰草等牧草和无芒隐子草、沿阶草等草坪草两大类别 19 个品种的区域适应性试验任务，共 15 个试验组 46 份材料。该站积极对外交流宣传，先后接待科研院所、高校、企业 300 多人次前来参观学习。以该站为平台实施的甘肃不同生态区域牧草主推品种和主推技术集成与示范推广项目已完成试验并通过验收。

铁卜加站。位于青海省海南州共和县石乃亥乡，2016 年开始承担国家草品种区域试验任务，位于东经 99°35′，北纬 37°05′，海拔 3 270m；年平均温度－0.2℃，极端最高温 23.8℃，极端最低温－32.8℃，年平均降水量 387.7mm，无霜期 35.8d，年积温（≥0℃）1 474.2℃，年积温（≥10℃）601.47℃；土壤为暗栗钙土，土壤有机质含量 0.46%，pH 7.64。现有工作人员 43 名。其中，技术人员 28 人，硕士以上人员 1 人，高级职称 5 人，科研辅助工 15 人。试验地总面积 6.67hm²，配备小型气象仪、小型旋耕机、微耕机、喷灌等设备各 1 台（套）；办公试验用房 227m²，配置烘箱、培养箱、冰箱、分析天平、电子秤、土壤分析仪等仪器 20 台（套）。累计承担小黑麦、歪头菜、燕麦、大颖草、黑麦等牧草 2 个品种的区域适应性试验任务，共 96 个试验组 302 份材料。铁卜加草原改良试验站积极开展对外交流宣传，接待科研院所、高校、企业 60 多人次前来参观学习。先后开展了藏区优质青稞巴青 1 号新品种试验与示范，青海草地早熟禾、冷地早熟禾原种良种扩繁技术研究与示范，高寒地区耐盐植物星星草的选育，青海扁穗冰草繁育推广，高寒草种梭罗草新品种选育及栽培利用配套技术研究，2010 年农业综合开发青海省铁卜加草原改良试验站“同德短芒披碱草”良种繁育基地建设项目，2014 年青海省农业综合开发铁卜加草原改良试验站“同德短芒披碱草”良种繁育基地扩建项目等多项科研项目。制定了青海省地方标准《青海冷地早熟禾栽培技术规程》《青海中华羊茅种子生产技术规程》《青稞巴青 1 号种子生产技术规程》等多项规程。

同德站。位于青海省海南藏族自治州同德县巴滩，由青海省草原总站承建运行。2013 年开始承担国家草品种区域试验任务，作为长江上游栽培区的国家草品种区域试验站。位于东经 100°09′，北纬 35°09′，海拔 3 280m；年平均温度 0.2℃，极端最高温 26.7℃，极端最低温－36.0℃，年平均降水量 420mm，无绝对霜期，年积温（≥0℃）1 503～1 546℃，年积温（≥10℃）1 309～1 354℃；土壤为暗栗钙土，有机质含量3.62%～4.18%，pH 8.0～8.3。现有工作人员 12 名。其中，技术人员 8 人，本科以上人员7 人，高级职称 1 人，中级职称 5 人，科研辅助工 4 人。试验地总面积 13.33hm²，配备自动气象观测站、小型旋耕机、小型重耙、小四轮等设备 7 台（套）；办公试验用房 340m²，配置烘箱、培养箱、冰箱、分析天平等仪器 15 台（套）。累计承担燕麦、小黑麦、黑麦、短芒披碱草、碱茅、肃草、狗牙根、苜蓿、歪头菜等牧草 9 个品种的区域适应性试验任务，共11 个试验组 31 份材料。该站在承担国家草品种区域试验的同时，以此为平台，进行野生牧草品种的驯化选育工作及栽培技术研究，同德无芒披碱草、同德贫花鹅观草通过全国草品种审定，制定牧草栽培技术等地方标准 9 项，并由青海省质量技术监督局颁布实施。

胶州站。位于胶州市胶莱镇驻地，由青岛农业大学承建运行。2011 年开始承担山东省草品种区试任务，作为黄淮平原栽培区胶东低山丘陵亚区的省级草品种区域试验站，负责山东省胶东区域的试验示范。试验站位于东经 120°04′，北纬 36°26′，海拔 10m；年平均温度 14℃，极端最高温 41℃，极端最低温−21℃，年平均降水量 755.6mm，无霜期 210d，年积温（≥0℃）4 430～4 500℃，年积温（≥10℃）3 800～4 100℃；土壤为砂姜黑土，有机质含量 1.0%，pH 7.6。试验站现有工作人员 15 名。其中，技术人员 13 人，硕士以上人员 13 人，高级职称 6 人。试验地总面积 3.33hm^2，配备小型旋耕机、割草机、打捆机等设备8 台（套）；办公试验用房 60m^2，配置烘箱、培养箱、冰箱、分析天平等仪器 10 台（套）。自 2011 年成立以来，累计承担毛鸭嘴草、田菁等牧草品种的区域适应性试验任务，共 16 个试验组 36 份材料，连年开展紫花苜蓿、青贮玉米等大量优良饲草（料）作物品种的筛选、测定和展示工作。该试验站原为山东省青岛综合试验站，2016 年因山东省牧草产业创新团队的创建而改建为胶州综合试验站，继续开展适宜滨海气候条件栽培牧草品种的试验示范。经过多年建设，试验站积累了丰富的经验，拥有各种设备仪器，建造了大棚，安装了监控，试验条件得到了进一步提升。

滨州站。位于无棣县海丰街道办事处曹庙村西北，由无棣县畜牧兽医站承建运行。2011 年开始承担山东省牧草试验任务，负责山东省黄河三角洲区域的试验示范。试验站位于东经 117.62，北纬 37.77，海拔 5m。年平均温度 12.6℃，极端最高温 41.1℃，极端最低温 −21.3℃；年积温（≥0℃）4 762.8℃，年积温（≥10℃）4 339.0℃；年平均降水量 538.2mm，无霜期 211d。有机质含量 5.0%，pH 8.3。试验站现有工作人员6 名。其中，研究员 1 人，中级职称 5 人。核心试验地面积 0.67hm^2，试验田周边有 173hm^2 苜蓿种植基地。配备了旋耕机、撒肥机、植保机、拖拉机、割草机、搂草机等设备 12 台（套）；配置烘箱、发芽箱、电冰箱、电泳仪、酸度计、数粒仪、样品粉碎机、分析天平、电子天平、显微镜等仪器 14 台（套）。该试验站着力做好新品种引进筛选、技术创新及推广工作，引进试种苜蓿、小黑麦、燕麦、青贮玉米等饲草新品种，初步筛选出优质高产苜蓿品种 5 个、玉米品种 7 个、燕麦品种 4 个。并结合当地牛羊驴生产需要，开展适于饲喂不同畜种草品种的饲喂试验，让饲草新品种的引进推广与畜牧生产需要紧密结合，为本区域草地畜牧业发展提供技术支撑。

聊城站。位于阳谷县安乐镇肖坑村阳谷凤祥创新实践牧草试验基地，由聊城市畜牧站承建运行，核心牧草试验田占地 0.67hm^2。2016 年开始承担山东省牧草试验任务，负责山东省鲁北地区的试验示范。试验站位于东经 115°88′，北纬 36°19′，海拔 38m；年平均温度 13.9℃，极端最高温 41.6℃，极端最低温 −14.34℃，年平均降水量 523.9mm，无霜期 206d，年积温（≥0℃）4 884℃，年积温（≥10℃）4 404℃；土壤为沙壤土，有机质含量 1.3%，pH 7.8。试验站现有工作人员 6 名。其中，技术人员 5 人，硕士以上人员 1 人，高级职称 2 人。配有割草压扁机、打捆机、捡拾机等设备多台（套），办公试验用房 20m^2。试验站先后开展 30 个苜蓿品种、59 个青贮玉米品种、3 个饲用甜高粱品种、16 个燕麦品种的引种和选育工作，初步筛选出适栽苜蓿品种 5 个、青贮玉米品种 3 个和甜高粱品种 3 个，为鲁北地区“粮改饲”后优质饲草生产提供技术支撑。

临沂站。位于山东省临沂市区，由临沂大学承建运行。2015年开始承担山东省牧草试验任务，负责山东省鲁南区域的试验示范。试验站位于东经118°35′，北纬35°31′，海拔254.6m；年平均温度13.3℃，极端最高温36.5℃，极端最低温－11.1℃，年平均降水量920mm，无霜期202d，土壤为潮土，有机质含量0.87%，pH 7.5。试验站现有工作人员12名。其中，技术人员8人，硕士以上人员8人，高级职称3人。试验地总面积1.33hm²；办公试验用房450m²，配置烘箱、培养箱、冰箱、分析天平等仪器60台（套）。试验站主要承担鲁南地区牧草新品种试验示范任务，已开展了苜蓿、青贮玉米、燕麦等优质牧草引种试验，定点或定期对5个以上养殖场、农牧科技园等进行技术指导，在试验示范基础上已申请专利2项，发表论文5篇。

广元站。位于四川省广元市朝天区汪家乡蒋家村1组，作为西南栽培区川陕甘秦巴山地亚区的国家草品种区域试验点。该点位于东经106°06′，北纬32°31′，海拔高度1 211m；试验区属北亚热带季风气候区，年平均温度12.1℃；最热7月平均气温21.8℃，年极端最高气温32.5℃；最冷1月平均气温0.9℃，年极端最低气温－7.2℃；年积温（≥0℃）4 370.9℃，年积温（≥10℃）3 975.8℃。该地区近3年平均降雨量1 354.8mm，雨季多集中在5—9月，约占降雨总量的50%。相对湿度84%，无霜期185d，年日照时数1 089.2h。试验站土地平坦，水源充足，坡度5°～8°，土质为黄棕沙壤土，pH 6.5～6.8。现有工作人员4名。其中，技术人员3人，硕士以上人员1人，高级职称2人。试验地总面积1.33hm²，用于国家草品种区域试验。办公试验用房30m²，配置烘箱、冰箱、电子秤等仪器5台（套）。该点未承担国家草品种试验任务，作为市级草品种示范点，自行开展部分牧草种植推广，主要推广白三叶草、红三叶草、鸭茅、苇状羊茅、多年、一年生黑麦草、紫花苜蓿、菊苣草、扁穗雀麦等优质牧草和饲料作物品种，起到了良好的示范带动作用。

省级区域试验站的建立成为国家区域试验网的重要补充，使站点的生态区域布局更加完善，同时这些省级区域试验站点的建设及运行，为各省级草品种审定工作提供科学依据，在引进示范优良草品种，开发先进的种草技术体系等方面做出很大贡献，为当地草牧业发展提供技术支撑。

二、试验流程

（一）编制方案

草品种区域试验实施方案是国家草品种区域试验站点开展田间试验的直接依据，为此，全国畜牧总站把制定区域试验实施方案作为每年开展此项工作的首要任务。自2008年以来，根据区域试验工作的需要，遵循设计科学、操作规范、记载翔实的原则，全国畜牧总站先后组织制定了146个区域试验方案，其中牧草类121个、草坪草21个、观赏草4个，涉及65个牧草种、12个草坪草种、3个观赏草种。这些方案有效指导了各区域试验组的田间管理和数据观测工作，确保区域试验数据真实、准确，有力推动了国家区域试验工作科学、规范、有序地开展。

依据草品种审定技术规程（GB/T 30395—2013），草品种区域试验实施方案按牧草、草坪草和观赏草分为3大类。考虑到我国国土经纬度跨度大，各地根据当地气候条件选育的新品种对自然条件、栽培技术、测产方法迥然不同，全国畜牧总站每年按照不同生态区域对参试品种进行分组，并为每一个试验组编制实施方案，形成该试验组的实施方案正文。从内容上看，实施方案正文包括了试验安排、试验设计、播种和田间管理、指标测定、数据分析与总结、异常情况处理等，清晰明确地指导该试验组本年度在各试验点的区试工作。为力所能及满足育种者要求、最大限度发挥新品种的生长潜能，实施方案的制定根据新品种特性量身定制。如 2015 年苜蓿品种区域试验实施方案，按育种者的要求增加了多叶性状的测定，同时根据南北方自然条件的差异，分别规范了南方地区和北方地区苜蓿测产的技术要求。每个实施方案均带有附录，内容包括观测指标和观测要求、记录表及小区布置图，前两个附录表按牧草、草坪草和观赏草分类，每类分别确定田间试验观测指标，提出各指标的观测要求，并设计相应记录表格。其中，牧草类由于品种多，且不同品种的物候期不同，在观测指标和记录表格的设计上又分为豆科、禾本科、菊科和蓼科等小类，同类试验组用同一套观测记录表格。附录小区布置图一般采用随机区组设计方法，根据每个区域试验组具体参试品种数量设计，为承担区域试验任务的试验站提供参考。

（二）试验过程

严格按照实施方案开展田间管理和观测是区域试验的核心内容，其过程中各项技术要求是否执行到位将直接影响试验数据的准确性和可靠性。为了确保试验过程各项工作内容满足实施方案的技术要求，全国畜牧总站于 2014 年编制并发布了《国家草品种区域试验规范》，对试验站点条件及试验过程中的关键技术环节提出了明确的要求和规定，细化和完善了区域试验实施过程，规范操作要求，提高区域试验工作质量。

国家草品种区域试验站点均配备相应技术人员和设施设备，以满足科学和持续开展区域试验工作的需要。区域试验站点首先建立由大专以上学历或中等技术职称以上的专职技术人员组成的技术队伍，同时购置较完备的试验仪器设备和必要的农机具，并建立小型气象观测站，为区试工作提供年降水量、年均温、最热月均温、最冷月均温、极端最高最低温度、无霜期、年积温（≥0℃）和年积温（≥10℃）等气象数据。各试验站点同时配置一定面积的库房，作为区域试验的管理用房，主要用于存放试验器具及必要的试验材料，如用于测定干鲜比、茎叶比、营养成分的样品。

同时，对田间操作环节提出明确的技术要求，试验过程中各区域试验站点均按照要求开展实施。确定试验用地前，测定土壤肥力，确保试验地块肥力均匀，对于土壤肥力不均匀的地块提前进行匀田试验，地块肥力均匀后再安排区域试验。试验小区布置严格采用随机区组设计，并设置田间标牌，便于随时查看地块试验信息。播种前先制定好详细的播种方案，包括画出小区分布和种植图，计算小区每行实际播种量，按播种行称量种子，做到精细播种，确保出苗均匀。对于种子较小的试验材料，如白三叶、草地早熟禾等草品种，在播种前将种子和细沙或细土进行混合，播种时再采用“少量多次”的播种方式，确保播种均匀。田间操作中，同一项技术措施在同一天完成，确实无法在同一天完成的，至少保证同一区组的该项操作在同一天完成。

细化试验观测方法和操作步骤，观测人员按要求规范开展试验数据的收集与测定。普及参试材料的生育特征，包括出苗期（返青期）、分枝（蘖）期、花期、成熟期、生育天数、枯黄期、越夏越冬等情况，做到观测前心中有数，观测时判断准确。准确把握产量测定的时间，按照方案要求分别对达到一定株高或生育期的小区开展测产，收获测产面积内的地上生物量，并按照方案要求统一留茬高度。对于植株生长不均匀的小区，测产面积严格按照“不少于 $4m^2$”原则执行。刈割测产后及时进行干鲜比、叶茎比样品测定。每个试验品种每茬次测定一个干鲜比数据，即将同一个品种 4 个重复的草样混合后测定一个干鲜比。叶茎比测定中，叶茎分离时，禾本科牧草叶鞘部分归入茎中，花序部分归入叶中；豆科牧草的叶片、叶柄、托叶和花序均归入叶中。

整个区域试验过程非常重视试验数据的规范管理，保证区域试验档案的完整保存。原始观测记载表用铅笔填写，并严格按照田间实际操作过程记录，完成试验品种当年试验数据记录后装订成册，在原始数据录入电脑后，与电子文档分类保存。同时，区域试验工作中设立工作记录本，对整个试验过程中的每项管理与观测工作进行台账式记录，并归档到相应的试验组档案中。

（三）数据处理

对各试验站上报的观测数据进行整理和分析，汇总形成各参试品种的区域试验报告，是区域试验工作最后环节，也是区域试验工作的关键部分。按照实施方案，各区域试验站点于每年 12 月提交当年区域试验数据，经省级审核后上报给全国畜牧总站。全国畜牧总站组织各试验站的技术骨干，成立国家草品种区域试验数据处理小组，对当年上报数据的完整性、格式及明显错误等进行分类审核，经与相应试验站点核实后归档保存。同时，数据处理小组对完成整个区试任务的试验组开展多年多点试验数据的整理与分析，形成每个参试品种的区试报告，提交给全国草品种审定委员会，并反馈给育种家。

国家草品种区域试验报告全面汇总了各试验站点的试验情况及观测结果，其内容包括 5 个部分：试验地基本情况、材料与方法、测定项目与结果、结果分析及结论，核心部分是数据分析。为了真实地展现品种效应，数据处理小组采用 DPS 统计软件的“两组平均数 Student *t* 检验”方法进行参试品种与对照品种的差异比较，统计出参试品种较对照品种的增（减）产情况，并分析其差异的显著性。进一步运用 DPS 统计软件的多年多点方差分析方法，深入分析影响试验结果的年份、地点、品种 3 个因素的效应及其两两间的互作效应，剖析出导致饲草增（减）产的主要因素；同时对差异显著的因素进行各处理间 5%和 1%水平的多重比较，在统计学上给出产量高低排序；并用 DPS 统计软件邓肯氏新复极差法进行多重比较，提供品种丰产性及其稳定性分析数据，得出各品种适应地区及其在各试验站点生长情况的综合评价。

整个区域试验报告将参试品种在全国 5～8 个区域试验站点 2～3 年的试验情况清晰地展现出来，真实反映出参试品种在各区试点气候条件下的产量表现，并借助统计手段，科学、客观地分析其与对照品种间的产量差异，为新品种审定提供了最有力的数据支撑。

三、部分区域试验方案及审定通过品种试验数据分析

（一）苜蓿品种区域试验实施方案（2012 年）

1 试验目的

客观、公正、科学地评价参试苜蓿品种（系）的产量、适应性和品质特性等综合性状，

为国家草品种审定和推广提供科学依据。

2 试验安排及参试品种

2.1 试验区域与试验点

在华北、华中、西南等地区，共安排5个试验点。

2.2 参试品种（系）

WL363HQ、标杆、凉苜1号、WL525HQ。

3 试验设置

3.1 试验地的选择

试验地应尽可能代表所在试验区的气候、土壤和栽培条件等。选择地势平整、土壤肥力中等且均匀、前茬作物一致、无严重土传病害、具有良好排灌条件（雨季无积水）、四周无高大建筑物或树木影响的地块。

3.2 试验设计

3.2.1 试验组

参试的4个苜蓿品种（系）设为1个试验组。

3.2.2 试验周期

2012年起，不少于3个生产周年（观测至2015年底）。

3.2.3 小区面积

试验小区面积为15m^2（长5m×宽3m）。

3.2.4 小区设置

采用随机区组设计，4次重复，同一区组应放在同一地块，试验点整个试验地四周设1m保护行（可参见随机区组试验设计小区布置参考图）。

4 播种和田间管理

4.1 一般原则

田间操作时，同一项技术措施应在同一天完成。同项技术措施无法在同一天完成时，同一区组的该项措施必须在同一天完成。

4.2 试验地准备

播种前，应对试验地的土质和肥力状况进行调查分析，种床要求精耕细作。

4.3 播种期

秋播。根据当地气候条件及生产习惯适时播种。

4.4 播种方法

条播。行距30cm，每个小区播种10行，播深1～2cm，播后镇压。

4.5 播种量

播种量15g/小区（10kg/hm^2，指种子用价>80%）。

4.6 田间管理

田间管理水平略高于当地大田生产水平。及时查苗补种或补苗、防除杂草、施肥、排灌并防治病虫害（抗病虫性鉴定的除外），保证满足正常生长发育的水肥需要。

4.6.1 查苗补种

尽可能一次播种保全苗，如出现明显的缺苗，应尽快补播。

4.6.2 杂草防除

可人工除草或选用适当的除草剂，以保证试验材料的正常生长。

4.6.3 施肥

根据试验地土壤肥力状况，可适当施用底肥、追肥，以满足参试品种中等偏上的肥力要求。可根据当地实际情况播前施过磷酸钙（含 P_2O_5 18%）1 500g/小区，生长期可适当追施钾肥。

4.6.4 水分管理

根据天气和土壤水分含量，适时适量浇水。浇水原则为少浇深浇，保证每小区均匀灌溉。如遇雨水过量，应及时排涝。

4.6.5 病虫害防治

以防为主，生长期间根据田间虫害和病害的发生情况，选择高效低毒的药剂适期防治。

5 产草量的测定

产草量包括第一次刈割的产量和再生草产量。南方地区第一次测产在初花期进行，再生草在株高 50cm 左右刈割；北方地区一般与初花期刈割测产。最后一次测定应在初霜前 30d 进行。刈割留茬高度为 6cm。测产时先割去试验小区两侧边行，再将余下的 8 行留足中间 4m，然后割去两头，并移出小区（本部分不计入产量），将余下部分（9.6m^2）刈割测产，按实际面积计算产量。如个别小区有缺苗等特殊情况，本小区的测产面积不得少于 4m^2。要求用感量 0.1kg 的秤称重，记载数据时须保留 2 位小数。产草量测定结果记入表 A.3。

6 取样

6.1 干重

每次刈割测产后，从每小区随机取 3～5 把草样，将 4 个重复的草样混合均匀，取约 1 000g的样品，剪成 3～4cm 长，编号，称重，然后在干燥气候条件下，用布袋或尼龙纱袋装好，挂置于通风遮雨处晾干至两次称重之差不超过 2.5g；在潮湿气候条件下，置于烘箱中，60～65℃下烘干 12h，取出放置室内冷却回潮 24h 后称重，然后再放入烘箱在 60～65℃下烘干 8h，取出放置室内冷却回潮 24h 后称重，直至两次称重之差不超过 2.5g 为止。计算各参试品种（系）的干草产量和干鲜比，测定结果记入表 A.3 和表 A.4。

6.2 品质

只在北京试验点取样，由农业部全国草业产品质量监督检验测试中心负责检测。将当年第一茬测完干重后的草样保留作为品质测定样品。

7 观测记载项目

按附录 A 和 B 的要求进行田间观察，并记载当日所做的田间工作，整理填写入表格。

8 数据整理

各承试单位负责对其试验点内的数据进行统计分析，并用新复极差法对干草产量进行多重比较。

9 总结报告

各承试单位于每年11月10日之前将填写完整的原始数据调查表及试验总结报告上交省级草原技术推广部门，省级草原技术推广部门于11月20日之前将汇总结果（包括纸质及电子版）上交全国畜牧总站。

10 试验报废

各承试单位有下列情形之一的，该点区域试验作全部或部分报废处理。

因不可抗拒因素（如自然灾害等）造成试验不能正常进行；

同品种缺苗率超过15%的小区有2个或2个以上；

误差变异系数超过20%；

其他严重影响试验科学性情况的。

试验期间，因以上原因造成试验报废的，承试单位应及时通过省级草原技术推广部门向全国畜牧总站提供详细的书面报告。

1. 甘农7号紫花苜蓿

甘农7号紫花苜蓿（*Medicago sativa* L. ‘Gannong No. 7’）是甘肃农业大学于2008年申请参加国家草品种区域试验的新品系。2009—2011年选用甘农3号、新牧1号、公农2号、龙牧806和草原3号为对照品种，在北京双桥、陕西延安、甘肃高台、内蒙古多伦、吉林延吉、新疆呼图壁、青海德令哈7个试验站（点）进行国家草品种区域试验。2013年通过全国草品种审定委员会审定，为育成品种。其试验结果如下：

表2-1 各试验站（点）各年度干草产量分析表

地 点	年份	品 种	均值（kg/100m²）	增（减）（%）	显著性（P值）
北京双桥	2009	甘农7号	181.48		
		甘农3号	176.96	2.55	0.326 7
		新牧1号	171.61	5.75	0.061 7
	2010	甘农7号	205.19		
		甘农3号	201.79	1.68	0.247 9
		新牧1号	191.56	7.11	0.002 9
	2011	甘农7号	148.44		
		甘农3号	137.24	8.16	0.011 5
		新牧1号	140.11	5.95	0.021 1
陕西延安	2009	甘农7号	115.13		
		甘农3号	112.27	2.55	0.789 6
		新牧1号	106.85	7.75	0.303 6
	2010	甘农7号	149.45		
		甘农3号	155.70	−4.01	0.335 1
		新牧1号	149.22	0.16	0.982 3
	2011	甘农7号	92.98		
		甘农3号	97.23	−4.36	0.680 4
		新牧1号	107.26	−13.31	0.194 7

（续）

地 点	年份	品 种	均值（kg/100m²）	增（减）（%）	显著性（P 值）
甘肃高台	2009	甘农 7 号	113.17		
		甘农 3 号	103.40	9.44	0.688 8
		新牧 1 号	104.38	8.42	0.754 9
	2010	甘农 7 号	121.92		
		甘农 3 号	119.79	1.77	0.928 9
		新牧 1 号	135.26	−9.87	0.456 3
	2011	甘农 7 号	118.28		
		甘农 3 号	126.49	−6.48	0.781 8
		新牧 1 号	129.61	−8.74	0.670 6
内蒙古多伦	2009	甘农 7 号	16.85		
		龙牧 806	20.65	−18.40	0.064 5
		草原 3 号	25.81	−34.71	0.002
		甘农 3 号	22.03	17.15	0.045 2
	2010	甘农 7 号	42.35		
		龙牧 806	40.71	4.04	0.805 5
		草原 3 号	53.89	−21.41	0.148 1
		甘农 3 号	41.76	1.43	0.897 1
	2011	甘农 7 号	51.65		
		龙牧 806	94.03	−45.06	0.003 5
		草原 3 号	124.55	−58.53	0.001 7
		甘农 3 号	86.15	−40.04	0.001 1
吉林延吉	2009	甘农 7 号	118.00		
		公农 2 号	125.47	−5.95	0.448
		甘农 3 号	133.28	−11.47	0.009
	2010	甘农 7 号	189.24		
		公农 2 号	179.40	5.49	0.503 1
		甘农 3 号	182.27	3.83	0.704
	2011	甘农 7 号	173.18		
		公农 2 号	165.05	4.92	0.377 5
		甘农 3 号	172.74	0.25	0.961 6
新疆呼图壁	2009	甘农 7 号	100.76		
		甘农 3 号	89.88	12.10	0.475 8
		龙牧 806	90.71	11.07	0.514 9
		新牧 1 号	84.25	19.59	0.306
	2010	甘农 7 号	171.66		
		甘农 3 号	170.17	0.88	0.916 4
		龙牧 806	167.51	2.48	0.697 6
		新牧 1 号	194.02	−11.52	0.106
	2011	甘农 7 号	163.44		
		甘农 3 号	186.69	−12.45	0.279 1
		龙牧 806	149.35	9.43	0.123 4
		新牧 1 号	177.08	−7.70	0.241 1
青海德令哈	2009	甘农 7 号	20.26		
		龙牧 806	75.18	−73.05	0.000 7
		甘农 3 号	59.14	−65.74	0.034 5
		新牧 1 号	68.46	−70.41	0.000 2
	2010	甘农 7 号	23.06		
		龙牧 806	82.21	−71.95	0.000 1
		甘农 3 号	64.16	−64.06	0.010 7
		新牧 1 号	77.85	−70.38	0.000 1

2. 中苜 5 号紫花苜蓿

中苜 5 号紫花苜蓿（*Medicago sativa* L. 'Zhongmu No. 5'）是中国农业科学院北京畜牧兽医研究所申请参加 2010 年国家草品种区域试验的新品系。2010—2013 年选用中苜3 号、中苜 1 号和甘农 3 号紫花苜蓿作为对照品种，在北京、济南、郑州、呼图壁、高台、兰州等 6 个试验站（点）进行国家草品种区域试验。2014 年通过全国草品种审定委员会审定，为育成品种。其试验结果见表 2-2。

表 2-2 各试验站（点）各年度干草产量分析表

地点	年份	品 种	均值（kg/100m²）	增（减）（%）	显著性（P 值）
北京	2011	中苜 5 号	126.97		
		中苜 3 号	137.73	−7.81	0.000 2
		中苜 1 号	143.03	−11.23	0.000 6
		甘农 3 号	124.02	2.38	0.144 2
	2012	中苜 5 号	185.13		
		中苜 3 号	171.33	8.05	0.000 6
		中苜 1 号	165.13	12.11	0.000 7
		甘农 3 号	164.73	12.38	0.000 5
	2013	中苜 5 号	134.27		
		中苜 3 号	120.62	11.32	0.000 1
		中苜 1 号	126.67	5.99	0.024 1
		甘农 3 号	110.09	21.96	0.000 1
济南	2011	中苜 5 号	72.84		
		中苜 3 号	67.41	8.05	0.515 9
		中苜 1 号	72.28	0.77	0.951 5
		甘农 3 号	69.74	4.44	0.784 3
	2012	中苜 5 号	110.30		
		中苜 3 号	92.38	19.39	0.042 9
		中苜 1 号	98.19	12.33	0.077 3
		甘农 3 号	74.10	48.85	0.002 9
	2013	中苜 5 号	127.49		
		中苜 3 号	116.94	9.02	0.209 8
		中苜 1 号	110.69	15.18	0.045 4
		甘农 3 号	103.48	23.21	0.026 6
郑州	2011	中苜 5 号	251.57		
		中苜 3 号	214.21	17.44	0.012 9
		中苜 1 号	212.76	18.24	0.000 2
		甘农 3 号	246.82	1.92	0.736 5

（续）

地点	年份	品　种	均值 (kg/100m²)	增（减）(%)	显著性 (P值)
郑州	2012	中苜5号	225.68		
		中苜3号	211.73	6.59	0.166 0
		中苜1号	206.67	9.20	0.085 8
		甘农3号	210.02	7.45	0.250 4
	2013	中苜5号	310.21		
		中苜3号	270.37	14.74	0.333 0
		中苜1号	296.54	4.61	0.583 9
		甘农3号	296.97	4.46	0.615 4
兰州	2010	中苜5号	50.47		
		中苜3号	43.07	17.19	0.340 5
		中苜1号	58.47	−13.67	0.297 0
		甘农3号	48.33	4.42	0.803 0
	2011	中苜5号	169.64		
		中苜3号	170.44	−0.47	0.960 1
		中苜1号	208.40	−18.60	0.017 1
		甘农3号	163.26	3.91	0.407 0
	2012	中苜5号	152.37		
		中苜3号	183.69	−17.05	0.117 5
		中苜1号	187.93	−18.92	0.055 3
		甘农3号	167.49	−9.03	0.352 0
	2013	中苜5号	154.43		
		中苜3号	154.98	−0.35	0.983 9
		中苜1号	174.09	−11.29	0.373 7
		甘农3号	165.81	−6.86	0.619 0
高台	2011	中苜5号	173.41		
		中苜3号	205.92	−15.78	0.530 6
		中苜1号	231.49	−25.09	0.174 1
		甘农3号	193.33	−10.30	0.646 5
	2012	中苜5号	211.44		
		中苜3号	247.06	−14.42	0.237 4
		中苜1号	238.10	−11.20	0.340 4
		甘农3号	221.17	−4.40	0.741 4
	2013	中苜5号	254.40		
		中苜3号	233.67	8.87	0.422 9
		中苜1号	245.65	3.56	0.732 3
		甘农3号	247.97	2.59	0.747 1

（续）

地点	年份	品　种	均值（kg/100m²）	增（减）（%）	显著性（P值）
呼图壁	2010	中苜5号	87.20		
		中苜3号	95.43	−8.62	0.587 2
		中苜1号	92.67	−5.91	0.706 4
		甘农3号	83.19	4.81	0.770 0
	2011	中苜5号	177.09		
		中苜3号	166.81	6.16	0.475 6
		中苜1号	160.68	10.22	0.419 9
		甘农3号	149.79	18.23	0.016 5
	2012	中苜5号	95.59		
		中苜3号	101.70	−6.01	0.570 9
		中苜1号	134.70	−29.03	0.162 7
		甘农3号	110.24	−13.28	0.343 2

3. WL343HQ紫花苜蓿

WL343HQ紫花苜蓿（*Medicago sativa* L. ‘WL343HQ’）是北京正道生态科技有限公司申请参加2011年国家草品种区域试验的引进品系。2011—2014年选用公农1号紫花苜蓿和驯鹿紫花苜蓿作为对照品种，在北京、甘肃兰州、山西太原和黑龙江宝清4个试验站（点）进行国家草品种区域试验。2015年通过全国草品种审定委员会审定，为引进品种。其试验结果见表2-3。

表2-3　各试验站（点）各年度干草产量分析表

地　点	年份	品　种	均值（kg/100m²）	增（减）（%）	显著性（P值）
北京	2012	WL343HQ紫花苜蓿	212.32		
		公农1号紫花苜蓿	206.38	2.88	0.316 4
		驯鹿紫花苜蓿	197.49	7.51	0.014 4
	2013	WL343HQ紫花苜蓿	174.45		
		公农1号紫花苜蓿	149.25	16.88	0.000 1
		驯鹿紫花苜蓿	144.37	20.84	0.000 1
	2014	WL343HQ紫花苜蓿	188.84		
		公农1号紫花苜蓿	169.57	11.36	0.000 2
		驯鹿紫花苜蓿	157.28	20.07	0.000 1
甘肃兰州	2012	WL343HQ紫花苜蓿	135.05		
		公农1号紫花苜蓿	105.07	28.53	0.352 3
	2013	WL343HQ紫花苜蓿	94.34		
		公农1号紫花苜蓿	83.72	12.68	0.562 8
	2014	WL343HQ紫花苜蓿	174.01		
		公农1号紫花苜蓿	162.79	6.89	0.636 5

（续）

地　点	年份	品　种	均值（kg/100m²）	增（减）（%）	显著性（P值）
山西太原	2012	WL343HQ紫花苜蓿	89.40		
		公农1号紫花苜蓿	96.08	−6.95	0.142 7
		驯鹿紫花苜蓿	93.18	−4.06	0.309 7
	2013	WL343HQ紫花苜蓿	118.47		
		公农1号紫花苜蓿	101.41	16.82	0.022 6
		驯鹿紫花苜蓿	97.76	21.18	0.028 0
	2014	WL343HQ紫花苜蓿	154.14		
		公农1号紫花苜蓿	138.53	11.27	0.028 0
		驯鹿紫花苜蓿	123.77	24.54	0.001 5
黑龙江宝清	2013	WL343HQ紫花苜蓿	160.68		
		公农1号紫花苜蓿	155.26	3.49	0.358 3
		驯鹿紫花苜蓿	149.04	7.81	0.427 1
	2014	WL343HQ紫花苜蓿	215.86		
		公农1号紫花苜蓿	195.03	10.68	0.015 1
		驯鹿紫花苜蓿	221.56	−2.57	0.616 8

4. 草原4号紫花苜蓿

草原4号紫花苜蓿（*Medicago sativa* L. ‘Caoyuan No. 4’）是内蒙古农业大学生态环境学院于2011年申请参加国家草品种区域试验的育成新品系。2011—2014年选用草原3号杂花苜蓿、甘农5号紫花苜蓿作为对照品种，在内蒙古鄂尔多斯、甘肃高台、甘肃兰州、山东济南、陕西延安等5个试验站（点）进行国家草品种区域试验。2015年通过全国草品种审定委员会审定，为育成品种。其试验结果见表2－4。

表2－4　各试验点各年度干草产量分析表

地　点	年份	品　种	均值（kg/100m²）	增（减）（%）	显著性（P值）
甘肃高台	2012	草原4号紫花苜蓿	226.80		
		草原3号杂花苜蓿	219.95	3.11	0.859 8
		甘农5号紫花苜蓿	242.19	−6.35	0.456 8
	2013	草原4号紫花苜蓿	225.44		
		草原3号杂花苜蓿	242.37	−6.99	0.315 1
		甘农5号紫花苜蓿	223.96	0.66	0.950 5
	2014	草原4号紫花苜蓿	229.57		
		草原3号杂花苜蓿	202.59	13.32	0.125 0
		甘农5号紫花苜蓿	219.60	4.54	0.583 6

（续）

地　点	年份	品　种	均值（kg/100m²）	增（减）（%）	显著性（P值）
山东济南	2012	草原4号紫花苜蓿	47.28		
		草原3号杂花苜蓿	49.38	−4.25	0.763 6
		甘农5号紫花苜蓿	42.81	10.44	0.557 7
	2013	草原4号紫花苜蓿	72.58		
		草原3号杂花苜蓿	63.33	14.61	0.425 4
		甘农5号紫花苜蓿	61.33	18.34	0.332 9
	2014	草原4号紫花苜蓿	65.79		
		草原3号杂花苜蓿	48.64	35.26	0.208 1
		甘农5号紫花苜蓿	31.37	109.72	0.025 1
甘肃兰州	2012	草原4号紫花苜蓿	109.49		
		草原3号杂花苜蓿	115.09	−4.87	0.845 3
		甘农5号紫花苜蓿	114.67	−4.52	0.851 2
	2013	草原4号紫花苜蓿	104.93		
		草原3号杂花苜蓿	100.34	4.57	0.748 5
		甘农5号紫花苜蓿	109.74	−4.38	0.766 9
	2014	草原4号紫花苜蓿	157.60		
		草原3号杂花苜蓿	167.92	−6.15	0.667 0
		甘农5号紫花苜蓿	175.93	−10.42	0.541 7
内蒙古鄂尔多斯	2012	草原4号紫花苜蓿	100.97		
		草原3号杂花苜蓿	94.95	6.34	0.236 8
	2013	草原4号紫花苜蓿	53.60		
		草原3号杂花苜蓿	53.95	−0.65	0.968 6
	2014	草原4号紫花苜蓿	49.26		
		草原3号杂花苜蓿	52.45	−6.08	0.604 6
陕西延安	2012	草原4号紫花苜蓿	112.65		
		草原3号杂花苜蓿	108.60	3.73	0.501 1
	2013	草原4号紫花苜蓿	121.82		
		草原3号杂花苜蓿	119.01	2.36	0.749 2
	2014	草原4号紫花苜蓿	149.36		
		草原3号杂花苜蓿	147.74	1.10	0.755 8

5. 凉苜1号紫花苜蓿

凉苜1号紫花苜蓿（*Medicago sativa* L. ‘Liangmu No. 1’）是四川凉山彝族自治州畜牧兽医科学研究所申请参加2012年国家草品种区域试验的新品系（育成品种）。2012—2015年选用WL525HQ紫花苜蓿作为对照品种，在北京、贵州贵阳、河南郑州、四川西昌等4个试验站（点）进行国家草品种区域试验。2016年通过全国草品种审定委员会审定，为育成品种。其试验结果见表 2－5。

表 2－5 各试验站（点）各年度干草产量分析表

地 点	年份	品种名称	均值（kg/100m²）	增（减）（%）	显著性（P 值）
北京双桥	2013	凉苜 1 号紫花苜蓿	114.47		
		WL525HQ 紫花苜蓿	121.49	－5.78	0.002 8
	2014	凉苜 1 号紫花苜蓿	140.94		
		WL525HQ 紫花苜蓿	163.56	－13.83	0.001 2
	2015	凉苜 1 号紫花苜蓿	122.31		
		WL525HQ 紫花苜蓿	119.87	2.04	0.720 4
贵州贵阳	2013	凉苜 1 号紫花苜蓿	41.15		
		WL525HQ 紫花苜蓿	32.69	25.89	0.669 2
	2014	凉苜 1 号紫花苜蓿	20.37		
		WL525HQ 紫花苜蓿	26.53	－23.22	0.645 6
	2015	凉苜 1 号紫花苜蓿	32.28		
		WL525HQ 紫花苜蓿	47.99	－32.73	0.454 7
河南郑州	2013	凉苜 1 号紫花苜蓿	298.91		
		WL525HQ 紫花苜蓿	229.42	30.29	0.000 1
	2014	凉苜 1 号紫花苜蓿	236.27		
		WL525HQ 紫花苜蓿	205.49	14.97	0.010 1
	2015	凉苜 1 号紫花苜蓿	190.89		
		WL525HQ 紫花苜蓿	190.64	0.13	0.974 0
四川西昌	2013	凉苜 1 号紫花苜蓿	347.71		
		WL525HQ 紫花苜蓿	303.82	14.44	0.054 4
	2014	凉苜 1 号紫花苜蓿	272.83		
		WL525HQ 紫花苜蓿	248.25	9.90	0.210 4
	2015	凉苜 1 号紫花苜蓿	275.78		
		WL525HQ 紫花苜蓿	250.60	10.05	0.163 0

6. 阿迪娜紫花苜蓿

阿迪娜紫花苜蓿（*Medicago sativa* L. ‘Adrenalin’）是北京嘉禾兴牧科技发展有限公司和甘肃省草原技术推广总站申请参加 2011 年国家草品种区域试验的引进品系。2011—2014 年，选用公农 1 号紫花苜蓿和驯鹿紫花苜蓿作为对照品种，在北京、甘肃兰州、山西太原和黑龙江宝清 4 个试验点进行国家草品种区域试验。2017 年通过全国草品种审定委员会审定，为引进品种。其区域试验结果见表 2－6。

表 2-6 各试验站（点）各年度干草产量分析表

地 点	年份	品 种	均值 (kg/100m²)	增（减）(%)	显著性 (P值)
北京	2012	阿迪娜紫花苜蓿	217.88		
		公农1号紫花苜蓿	206.38	5.57	0.082 6
		驯鹿紫花苜蓿	197.49	10.32	0.003 8
	2013	阿迪娜紫花苜蓿	176.47		
		公农1号紫花苜蓿	149.25	18.24	0.000 1
		驯鹿紫花苜蓿	144.37	22.23	0.000 1
	2014	阿迪娜紫花苜蓿	176.82		
		公农1号紫花苜蓿	169.57	4.28	0.015 9
		驯鹿紫花苜蓿	157.28	12.42	0.000 3
甘肃兰州	2012	阿迪娜紫花苜蓿	159.55		
		公农1号紫花苜蓿	105.07	51.85	0.038 5
	2013	阿迪娜紫花苜蓿	108.94		
		公农1号紫花苜蓿	83.72	30.12	0.153 6
	2014	阿迪娜紫花苜蓿	161.56		
		公农1号紫花苜蓿	162.79	−0.76	0.961 2
山西太原	2012	阿迪娜紫花苜蓿	111.23		
		公农1号紫花苜蓿	96.08	15.77	0.054 1
		驯鹿紫花苜蓿	93.18	19.37	0.031 8
	2013	阿迪娜紫花苜蓿	116.67		
		公农1号紫花苜蓿	101.41	15.05	0.218 5
		驯鹿紫花苜蓿	97.76	19.34	0.165 8
	2014	阿迪娜紫花苜蓿	146.41		
		公农1号紫花苜蓿	138.53	5.69	0.207 5
		驯鹿紫花苜蓿	123.77	18.29	0.008 1
黑龙江宝清	2013	阿迪娜紫花苜蓿	155.76		
		公农1号紫花苜蓿	155.26	0.32	0.946 4
		驯鹿紫花苜蓿	149.04	4.51	0.639 5
	2014	阿迪娜紫花苜蓿	194.87		
		公农1号紫花苜蓿	195.03	−0.08	0.987 7
		驯鹿紫花苜蓿	221.56	−12.05	0.082 6

7. 东苜2号紫花苜蓿

东苜2号紫花苜蓿（*Medicago sativa* L. ‘Dongmu No. 2’）是东北师范大学申请参加2013年国家草品种区域试验的新品系（育成品种）。2013—2016年，选用公农1号和甘农1号紫花苜蓿为对照品种，在黑龙江齐齐哈尔、辽宁沈阳、吉林双辽、新疆乌苏、内蒙古赤峰5个试验点开展试验。2017年通过全国草品种审定委员会审定，为育成品种。其区域试验结果见表 2-7。

表 2-7 各试验站（点）各年度干草产量分析表

地 点	年份	品种名称	均值 (kg/100m²)	增（减）(%)	显著性 (P值)
黑龙江齐齐哈尔	2014	东苜 2 号紫花苜蓿	80.85		
		公农 1 号紫花苜蓿	62.93	28.48	0.024 0
		甘农 1 号紫花苜蓿	70.70	14.36	0.171 4
	2015	东苜 2 号紫花苜蓿	76.79		
		公农 1 号紫花苜蓿	61.26	25.35	0.000 1
		甘农 1 号紫花苜蓿	68.90	11.44	0.019 9
	2016	东苜 2 号紫花苜蓿	102.09		
		公农 1 号紫花苜蓿	90.14	13.26	0.004 8
		甘农 1 号紫花苜蓿	83.80	21.83	0.015 1
辽宁沈阳	2014	东苜 2 号紫花苜蓿	159.26		
		公农 1 号紫花苜蓿	146.73	8.54	0.341 6
		甘农 1 号紫花苜蓿	145.83	9.21	0.343 2
	2015	东苜 2 号紫花苜蓿	153.82		
		公农 1 号紫花苜蓿	158.41	−2.90	0.469 3
		甘农 1 号紫花苜蓿	154.17	−0.23	0.962 4
	2016	东苜 2 号紫花苜蓿	226.88		
		公农 1 号紫花苜蓿	204.17	11.12	0.034 1
		甘农 1 号紫花苜蓿	205.74	10.27	0.049 1
吉林双辽	2014	东苜 2 号紫花苜蓿	175.86		
		公农 1 号紫花苜蓿	162.65	8.12	0.000 4
		甘农 1 号紫花苜蓿	193.97	−9.34	0.000 1
	2015	东苜 2 号紫花苜蓿	150.92		
		公农 1 号紫花苜蓿	123.89	21.82	0.069 5
		甘农 1 号紫花苜蓿	134.37	12.31	0.128 3
	2016	东苜 2 号紫花苜蓿	132.61		
		公农 1 号紫花苜蓿	120.13	10.38	0.229 1
		甘农 1 号紫花苜蓿	117.63	12.73	0.214 7
新疆乌苏	2014	东苜 2 号紫花苜蓿	118.02		
		公农 1 号紫花苜蓿	103.52	14.01	0.421 2
		甘农 1 号紫花苜蓿	129.56	−8.90	0.540 0
	2015	东苜 2 号紫花苜蓿	107.67		
		公农 1 号紫花苜蓿	101.83	5.73	0.530 7
		甘农 1 号紫花苜蓿	112.31	−4.13	0.612 5
	2016	东苜 2 号紫花苜蓿	60.55		
		公农 1 号紫花苜蓿	62.22	−2.68	0.798 3
		甘农 1 号紫花苜蓿	67.32	−10.06	0.182 8

（续）

地　点	年份	品种名称	均值（kg/100m²）	增（减）（%）	显著性（P值）
内蒙古赤峰	2014	东苜2号紫花苜蓿	147.42		
		公农1号紫花苜蓿	147.99	−0.38	0.876 6
		甘农1号紫花苜蓿	165.69	−11.03	0.017 1
	2015	东苜2号紫花苜蓿	135.44		
		公农1号紫花苜蓿	129.99	4.19	0.447 6
		甘农1号紫花苜蓿	125.12	8.25	0.227 3
	2016	东苜2号紫花苜蓿	140.75		
		公农1号紫花苜蓿	135.79	3.65	0.456 2
		甘农1号紫花苜蓿	143.31	−1.78	0.566 1

8. 康赛紫花苜蓿

康赛紫花苜蓿（*Medicago sativa* L. ‘Concept’）是北京佰青源畜牧业科技发展有限公司和黑龙江草原饲料中心实验站申请参加2011年国家草品种区域试验的引进品系。2011—2014年，选用公农1号紫花苜蓿和驯鹿紫花苜蓿作为对照品种，在北京、甘肃兰州、山西太原和黑龙江宝清等4个试验点进行国家草品种区域试验。2017年通过全国草品种审定委员会审定，为引进品种。其区域试验结果见表2-8。

表2-8　各试验站（点）各年度干草产量分析表

地　点	年份	品　种	均值（kg/100m²）	增（减）（%）	显著性（P值）
北京	2012	康赛紫花苜蓿	222.36		
		公农1号紫花苜蓿	206.38	7.74	0.016 3
		驯鹿紫花苜蓿	197.49	12.59	0.000 4
	2013	康赛紫花苜蓿	171.72		
		公农1号紫花苜蓿	149.25	15.06	0.000 1
		驯鹿紫花苜蓿	144.37	18.94	0.000 1
	2014	康赛紫花苜蓿	179.21		
		公农1号紫花苜蓿	169.57	5.68	0.002 1
		驯鹿紫花苜蓿	157.28	13.94	0.000 1
甘肃兰州	2012	康赛紫花苜蓿	119.19		
		公农1号紫花苜蓿	105.07	13.44	0.628 9
	2013	康赛紫花苜蓿	104.94		
		公农1号紫花苜蓿	83.72	25.35	0.317 9
	2014	康赛紫花苜蓿	195.26		
		公农1号紫花苜蓿	162.79	19.94	0.257 1

（续）

地 点	年份	品 种	均值（kg/100m²）	增（减）（%）	显著性（P值）
山西太原	2012	康赛紫花苜蓿	108.04		
		公农1号紫花苜蓿	96.08	12.45	0.244 2
		驯鹿紫花苜蓿	93.18	15.95	0.164 4
	2013	康赛紫花苜蓿	109.27		
		公农1号紫花苜蓿	101.41	7.75	0.407 8
		驯鹿紫花苜蓿	97.76	11.77	0.286 2
	2014	康赛紫花苜蓿	136.23		
		公农1号紫花苜蓿	138.53	−1.66	0.595 1
		驯鹿紫花苜蓿	123.77	10.07	0.016 8
黑龙江宝清	2013	康赛紫花苜蓿	139.66		
		公农1号紫花苜蓿	155.26	−10.05	0.056 1
		驯鹿紫花苜蓿	149.04	−6.29	0.509 6
	2014	康赛紫花苜蓿	198.87		
		公农1号紫花苜蓿	195.03	1.97	0.553 7
		驯鹿紫花苜蓿	221.56	−10.24	0.109 2

9. 赛迪7号紫花苜蓿

赛迪7号紫花苜蓿（*Medicago sativa* L. 'Sardi 7'）是百绿（天津）国际草业有限公司和北京草业与环境研究发展中心申请参加2013年国家草品种区域试验的新品系。2013—2016年，选用维多利亚和WL525HQ紫花苜蓿为对照品种，在北京双桥、四川西昌、贵州贵阳、山东济南、河南郑州和云南元谋6个试验点进行国家草品种区域试验。2017年通过全国草品种审定委员会审定，为引进品种。其区域试验结果见表2-9。

表2-9 各试验站（点）各年度干草产量分析表

地 点	年份	品 种	均值（kg/100m²）	增（减）（%）	显著性（P值）
北京双桥	2014	赛迪7号紫花苜蓿	148.49		
		维多利亚紫花苜蓿	162.83	−8.81	0.001 8
		WL525HQ紫花苜蓿	170.15	−12.73	0.000 4
	2015	赛迪7号紫花苜蓿	133.45		
		维多利亚紫花苜蓿	141.73	−5.84	0.257 0
		WL525HQ紫花苜蓿	156.69	−14.83	0.031 8
	2016	赛迪7号紫花苜蓿	108.61		
		维多利亚紫花苜蓿	108.75	−0.13	0.984 5
		WL525HQ紫花苜蓿	136.67	−20.53	0.025 6

（续）

地　点	年份	品　种	均值（kg/100m²）	增（减）（%）	显著性（P值）
四川西昌	2014	赛迪 7 号紫花苜蓿	230.48		
		维多利亚紫花苜蓿	218.58	5.44	0.722 8
		WL525HQ 紫花苜蓿	212.26	8.58	0.458 1
	2015	赛迪 7 号紫花苜蓿	244.24		
		维多利亚紫花苜蓿	251.57	−2.91	0.319 4
		WL525HQ 紫花苜蓿	252.99	−3.46	0.159 1
	2016	赛迪 7 号紫花苜蓿	265.03		
		维多利亚紫花苜蓿	238.13	11.30	0.136 8
		WL525HQ 紫花苜蓿	250.33	5.87	0.448 1
贵州贵阳	2014	赛迪 7 号紫花苜蓿	70.80		
		维多利亚紫花苜蓿	65.50	8.09	0.710 8
		WL525HQ 紫花苜蓿	44.21	60.16	0.041 5
	2015	赛迪 7 号紫花苜蓿	58.50		
		维多利亚紫花苜蓿	59.08	−0.79	0.955 0
		WL525HQ 紫花苜蓿	45.78	27.79	0.242 6
	2016	赛迪 7 号紫花苜蓿	97.86		
		维多利亚紫花苜蓿	106.38	−8.01	0.292 1
		WL525HQ 紫花苜蓿	86.07	13.70	0.081 3
河南郑州	2014	赛迪 7 号紫花苜蓿	106.89		
		维多利亚紫花苜蓿	115.47	−7.43	0.671 1
		WL525HQ 紫花苜蓿	110.57	−3.32	0.756 2
	2015	赛迪 7 号紫花苜蓿	225.83		
		维多利亚紫花苜蓿	217.94	3.62	0.683 6
		WL525HQ 紫花苜蓿	202.27	11.65	0.308 9
	2016	赛迪 7 号紫花苜蓿	162.33		
		维多利亚紫花苜蓿	145.52	11.55	0.126 7
		WL525HQ 紫花苜蓿	153.68	5.63	0.441 5
云南元谋	2014	赛迪 7 号紫花苜蓿	223.06		
		维多利亚紫花苜蓿	208.19	7.14	0.724 4
		WL525HQ 紫花苜蓿	203.96	9.36	0.623 5
	2015	赛迪 7 号紫花苜蓿	270.45		
		维多利亚紫花苜蓿	271.23	−0.29	0.970 5
		WL525HQ 紫花苜蓿	285.41	−5.24	0.391 7
	2016	赛迪 7 号紫花苜蓿	278.84		
		维多利亚紫花苜蓿	262.46	6.24	0.210 8
		WL525HQ 紫花苜蓿	301.84	−7.62	0.059 9

10. 沃苜1号紫花苜蓿

沃苜1号紫花苜蓿（*Medicago sativa* L. ‘Womu No.1’）是北京克劳沃草业技术开发中心申请参加2013年国家草品种区域试验的新品系（育成品种）。2013—2016年，选用皇冠和中苜2号紫花苜蓿为对照品种，在北京双桥、甘肃庆阳、山西太原、陕西延安、宁夏青铜峡5个试验点开展试验。2017年通过全国草品种审定委员会审定，为育成品种。其区域试验结果见表2-10。

表2-10 各试验站（点）各年度干草产量分析表

地点	年份	品种	均值 (kg/100m²)	增（减）(%)	显著性 (P值)
北京双桥	2014	沃苜1号紫花苜蓿	157.26		
		皇冠紫花苜蓿	147.43	6.67	0.0214
		中苜2号紫花苜蓿	146.76	7.15	0.4022
	2015	沃苜1号紫花苜蓿	152.75		
		皇冠紫花苜蓿	141.74	7.77	0.2819
		中苜2号紫花苜蓿	136.01	12.31	0.0513
	2016	沃苜1号紫花苜蓿	160.59		
		皇冠紫花苜蓿	140.97	13.92	0.0950
		中苜2号紫花苜蓿	141.77	13.28	0.1575
甘肃庆阳	2014	沃苜1号紫花苜蓿	28.81		
		皇冠紫花苜蓿	31.50	−8.56	0.2889
		中苜2号紫花苜蓿	24.44	17.88	0.1025
	2015	沃苜1号紫花苜蓿	100.14		
		皇冠紫花苜蓿	132.85	−24.62	0.0020
		中苜2号紫花苜蓿	96.07	4.23	0.4193
	2016	沃苜1号紫花苜蓿	89.86		
		皇冠紫花苜蓿	104.48	−13.99	0.1625
		中苜2号紫花苜蓿	88.92	−1.06	0.9184
山西太原	2014	沃苜1号紫花苜蓿	184.72		
		皇冠紫花苜蓿	169.58	8.93	0.2270
		中苜2号紫花苜蓿	196.01	−5.76	0.5842
	2015	沃苜1号紫花苜蓿	169.37		
		皇冠紫花苜蓿	150.77	12.34	0.0291
		中苜2号紫花苜蓿	191.49	−11.55	0.0142
	2016	沃苜1号紫花苜蓿	173.37		
		皇冠紫花苜蓿	155.38	11.58	0.1384
		中苜2号紫花苜蓿	183.34	−5.44	0.4636

（续）

地　点	年份	品　种	均值 (kg/100m²)	增（减） (%)	显著性 (P 值)
陕西延安	2014	沃苜 1 号紫花苜蓿	169.24		
		皇冠紫花苜蓿	150.00	12.82	0.252 1
		中苜 2 号紫花苜蓿	140.54	20.42	0.112 3
	2015	沃苜 1 号紫花苜蓿	188.33		
		皇冠紫花苜蓿	171.74	9.66	0.354 0
		中苜 2 号紫花苜蓿	160.94	17.02	0.074 5
	2016	沃苜 1 号紫花苜蓿	150.00		
		皇冠紫花苜蓿	144.41	3.87	0.718 8
		中苜 2 号紫花苜蓿	155.70	−3.66	0.635 1

11. 东农 1 号紫花苜蓿

东农 1 号紫花苜蓿（*Medicago sativa* L. ‘Dongnong No. 1’）是东北农业大学于 2013 年申请参加国家草品种区域试验的育成新品系。2014—2016 年，选用公农 1 号紫花苜蓿和龙牧 808 紫花苜蓿为对照品种，在内蒙古海拉尔、内蒙古多伦、吉林双辽、黑龙江齐齐哈尔、辽宁沈阳、黑龙江宝清等 6 个试验站（点）进行国家草品种区域试验。2017 年通过全国草品种审定委员会审定，为育成品种。其区域试验结果见表 2 - 11。

表 2 - 11　各试验站（点）各年度干草产量分析表

地　点	年份	品　种	均值 (kg/100m²)	增（减） (%)	显著性 (P 值)
内蒙古海拉尔	2015	东农 1 号	41.64		
		公农 1 号	40.34	3.22	0.820 6
		龙牧 808	—	—	
	2016	东农 1 号	56.15		
		公农 1 号	47.4	18.46	0.121 5
		龙牧 808	—	—	
内蒙古多伦	2014	东农 1 号	101.07		
		公农 1 号	85.97	17.56	0.313 1
		龙牧 808	101.02	0.05	0.997 2
	2015	东农 1 号	69.11		
		公农 1 号	74.57	−7.32	0.550 8
		龙牧 808	80.8	−14.47	0.138 7
	2016	东农 1 号	78.39		
		公农 1 号	92.87	−15.59	0.090 4
		龙牧 808	79.08	−0.87	0.920 9

（续）

地　点	年份	品　种	均值（$kg/100m^2$）	增（减）（%）	显著性（P值）
吉林双辽	2014	东农1号	157.66		
		公农1号	165.55	−4.77	0.003 3
		龙牧808	180.47	−12.64	0.000 1
	2015	东农1号	156.75		
		公农1号	161.8	−3.12	0.473 9
		龙牧808	168.1	−6.75	0.211 4
	2016	东农1号	171.77		
		公农1号	155.81	9.29	0.165 3
		龙牧808	133.7	28.47	0.015 7
黑龙江齐齐哈尔	2014	东农1号	77.5		
		公农1号	73.1	6.02	0.531 5
		龙牧808	72.63	6.71	0.643
	2015	东农1号	87.11		
		公农1号	66.74	30.52	0.004 7
		龙牧808	83.36	4.5	0.489 5
	2016	东农1号	119.3		
		公农1号	118.85	0.39	0.893 8
		龙牧808	116.78	2.16	0.447 2
辽宁沈阳	2014	东农1号	119.34		
		公农1号	108.07	10.43	0.086 3
		龙牧808	116.94	2.05	0.567 9
	2015	东农1号	178.00		
		公农1号	176.77	0.7	0.851 6
		龙牧808	172.04	3.46	0.419 6
	2016	东农1号	229.1		
		公农1号	230.17	−0.46	0.872 4
		龙牧808	234.09	−2.13	0.535 3
黑龙江宝清	2014	东农1号	214.67		
		公农1号	241.61	−11.15	0.021 4
		龙牧808	234.09	−8.3	0.119 5
	2015	东农1号	226.07		
		公农1号	209.52	7.9	0.025
		龙牧808	198.44	13.92	0.000 1
	2016	东农1号	185.99		
		公农1号	185.49	0.27	0.792
		龙牧808	177.13	5.01	0.001 2

12. 甘农 9 号紫花苜蓿

甘农 9 号紫花苜蓿（*Medicago sativa* L. ‘Gannong No. 9’）是甘肃农业大学于 2013 年申请参加国家草品种区域试验的育成新品系。2014—2016 年，选用甘农 5 号紫花苜蓿和三得利紫花苜蓿为对照品种，在甘肃兰州、山东济南、甘肃高台、河南郑州和陕西延安 5 个试验站（点）进行国家草品种区域试验。2017 年通过全国草品种审定委员会审定，为育成品种。其区域试验结果见表 2－12。

表 2－12　各试验站（点）各年度干草产量分析表

地　点	年份	品　种	均值 (kg/100m²)	增（减）(%)	显著性 (P 值)
甘肃兰州	2015	甘农 9 号	206.12		
		甘农 5 号	211.28	−2.44	0.087 6
		三得利	212.40	−0.49	0.806 7
	2016	甘农 9 号	221.96		
		甘农 5 号	206.63	7.42	0.627 1
		三得利	242.42	−8.44	0.573 6
山东济南	2014	甘农 9 号	64.64		
		甘农 5 号	70.12	−7.82	0.762 5
		三得利	57.26	12.89	0.652 3
	2015	甘农 9 号	99.06		
		甘农 5 号	117.90	15.98	0.050 1
		三得利	85.78	15.48	0.148 5
	2016	甘农 9 号	75.56		
		甘农 5 号	90.27	−16.30	0.017 8
		三得利	55.97	32.67	0.007
甘肃高台	2014	甘农 9 号	23.77		
		甘农 5 号	33.27	−28.55	0.444 5
		三得利	23.53	1.02	0.982 2
	2015	甘农 9 号	129.27		
		甘农 5 号	136.36	−5.2	0.810 5
		三得利	153.36	−15.7	0.526 8
	2016	甘农 9 号	137.39		
		甘农 5 号	129.30	6.26	0.5
		三得利	167.62	−18.03	0.311
河南郑州	2014	甘农 9 号	50.23		
		甘农 5 号	58.62	−14.19	0.037 8
		三得利	74.10	−32.21	0.000 7
	2015	甘农 9 号	168.24		
		甘农 5 号	176.88	−4.88	0.578 9
		三得利	171.94	−2.15	0.752
	2016	甘农 9 号	146.65		
		甘农 5 号	140.47	4.4	0.506 3
		三得利	138.37	5.98	0.417 5

（续）

地　点	年份	品　种	均值（kg/100m²）	增（减）（%）	显著性（P 值）
陕西延安	2014	甘农 9 号	123.70		
		甘农 5 号	126.79	−2.44	0.610 8
		三得利	154.22	−19.79	0.057
	2015	甘农 9 号	130.31		
		甘农 5 号	140.55	−7.29	0.501 7
		三得利	144.92	−10.08	0.415 3
	2016	甘农 9 号	142.04		
		甘农 5 号	142.16	−0.08	0.992 9
		三得利	139.27	1.99	0.838 4

13. WL168HQ 紫花苜蓿

WL168HQ 紫花苜蓿（*Medicago sativa* L. ‘WL168HQ’）是北京正道生态科技有限公司申请参加 2013 年国家草品种区域试验的新品系。2013—2016 年，选用公农 1 号和甘农 1 号紫花苜蓿为对照品种，在黑龙江齐齐哈尔、辽宁沈阳、吉林双辽、新疆乌苏、内蒙古赤峰安排了 5 个试验点开展试验。2017 年通过全国草品种审定委员会审定，为引进品种。其区域试验结果见表 2－13。

表 2－13　各试验站（点）各年度干草产量分析表

地　点	年份	品种名称	均值（kg/100m²）	增（减）（%）	显著性（P 值）
黑龙江齐齐哈尔	2014	WL168HQ 紫花苜蓿	71.16		
		公农 1 号紫花苜蓿	62.93	13.07	0.281 5
		甘农 1 号紫花苜蓿	70.70	0.64	0.953 2
	2015	WL168HQ 紫花苜蓿	62.04		
		公农 1 号紫花苜蓿	61.26	1.27	0.745 9
		甘农 1 号紫花苜蓿	68.90	−9.96	0.065 4
	2016	WL168HQ 紫花苜蓿	78.25		
		公农 1 号紫花苜蓿	90.14	−13.18	0.001 1
		甘农 1 号紫花苜蓿	83.80	−6.61	0.319 5
辽宁沈阳	2014	WL168HQ 紫花苜蓿	154.08		
		公农 1 号紫花苜蓿	146.73	5.01	0.621 8
		甘农 1 号紫花苜蓿	145.83	5.66	0.600 5
	2015	WL168HQ 紫花苜蓿	180.48		
		公农 1 号紫花苜蓿	158.41	13.94	0.008 8
		甘农 1 号紫花苜蓿	154.17	17.06	0.010 0
	2016	WL168HQ 紫花苜蓿	210.10		
		公农 1 号紫花苜蓿	204.17	2.91	0.467 1
		甘农 1 号紫花苜蓿	205.74	2.12	0.602 9

（续）

地　点	年份	品种名称	均值（kg/100m²）	增（减）（%）	显著性（P值）
吉林双辽	2014	WL168HQ 紫花苜蓿	192.68		
		公农 1 号紫花苜蓿	162.65	18.46	0.000 1
		甘农 1 号紫花苜蓿	193.97	−0.67	0.235 0
	2015	WL168HQ 紫花苜蓿	113.39		
		公农 1 号紫花苜蓿	123.89	−8.48	0.454 2
		甘农 1 号紫花苜蓿	134.37	−15.62	0.092 5
	2016	WL168HQ 紫花苜蓿	103.36		
		公农 1 号紫花苜蓿	120.13	−13.96	0.026 2
		甘农 1 号紫花苜蓿	117.63	−12.13	0.120 9
新疆乌苏	2014	WL168HQ 紫花苜蓿	114.05		
		公农 1 号紫花苜蓿	103.52	10.17	0.551 3
		甘农 1 号紫花苜蓿	129.56	−11.97	0.413 3
	2015	WL168HQ 紫花苜蓿	94.08		
		公农 1 号紫花苜蓿	101.83	−7.61	0.426 3
		甘农 1 号紫花苜蓿	112.31	−16.23	0.104 3
	2016	WL168HQ 紫花苜蓿	58.23		
		公农 1 号紫花苜蓿	62.22	−6.41	0.523 9
		甘农 1 号紫花苜蓿	67.32	−13.50	0.063 1
内蒙古赤峰	2014	WL168HQ 紫花苜蓿	162.00		
		公农 1 号紫花苜蓿	147.99	9.47	0.024 1
		甘农 1 号紫花苜蓿	165.69	−2.23	0.584 8
	2015	WL168HQ 紫花苜蓿	137.01		
		公农 1 号紫花苜蓿	129.99	5.40	0.239 8
		甘农 1 号紫花苜蓿	125.12	9.51	0.119 2
	2016	WL168HQ 紫花苜蓿	143.83		
		公农 1 号紫花苜蓿	135.79	5.92	0.228 3
		甘农 1 号紫花苜蓿	143.31	0.36	0.896 6

14. 中兰 2 号紫花苜蓿

中兰 2 号紫花苜蓿（*Medicago sativa* L. ‘Zhonglan No. 2’）是中国农业科学院兰州畜牧与兽药研究所和甘肃农业大学申请参加 2013 年国家草品种区域试验的育成品系。2013—2016 年，选用中苜 1 号紫花苜蓿和甘农 3 号紫花苜蓿作为对照品种，在北京双桥、甘肃兰州、内蒙古鄂尔多斯、陕西延安、新疆乌苏、河北衡水 6 个试验点进行国家草品种区域试验。2017

年通过全国草品种审定委员会审定，为育成品种。其区域试验结果见表 2-14。

表 2-14 各试验站（点）各年度干草产量分析表

地 点	年份	品 种	均值（kg/100m²）	增（减）（%）	显著性（P值）
内蒙古鄂尔多斯	2015	中兰 2 号紫花苜蓿	269.22		
		中苜 1 号紫花苜蓿	249.75	7.80	0.537 6
		甘农 3 号紫花苜蓿	257.48	4.56	0.692 1
	2016	中兰 2 号紫花苜蓿	167.46		
		中苜 1 号紫花苜蓿	192.36	−12.94	0.246 5
		甘农 3 号紫花苜蓿	186.70	−10.31	0.446 3
甘肃兰州	2015	中兰 2 号紫花苜蓿	270.03		
		中苜 1 号紫花苜蓿	229.85	17.48	0.085 9
		甘农 3 号紫花苜蓿	211.25	27.82	0.079 9
	2016	中兰 2 号紫花苜蓿	211.86		
		中苜 1 号紫花苜蓿	240.02	−11.73	0.418 5
		甘农 3 号紫花苜蓿	209.20	1.27	0.936 8
北京双桥	2014	中兰 2 号紫花苜蓿	163.06		
		中苜 1 号紫花苜蓿	162.31	0.46	0.854 2
		甘农 3 号紫花苜蓿	162.53	0.33	0.893 8
	2015	中兰 2 号紫花苜蓿	146.17		
		中苜 1 号紫花苜蓿	146.80	−0.43	0.935 0
		甘农 3 号紫花苜蓿	142.58	2.52	0.561 5
	2016	中兰 2 号紫花苜蓿	144.56		
		中苜 1 号紫花苜蓿	144.06	0.35	0.965 9
		甘农 3 号紫花苜蓿	146.98	−1.65	0.799 1
陕西延安	2014	中兰 2 号紫花苜蓿	141.17		
		中苜 1 号紫花苜蓿	134.24	5.16	0.304 4
		甘农 3 号紫花苜蓿	131.55	7.31	0.039 3
	2015	中兰 2 号紫花苜蓿	153.58		
		中苜 1 号紫花苜蓿	152.53	0.69	0.930 9
		甘农 3 号紫花苜蓿	150.69	1.92	0.794 9
	2016	中兰 2 号紫花苜蓿	172.30		
		中苜 1 号紫花苜蓿	146.20	17.85	0.097 5
		甘农 3 号紫花苜蓿	158.86	8.46	0.370 2

（续）

地　点	年份	品　种	均值 (kg/100m²)	增（减）(%)	显著性 (P值)
新疆乌苏	2014	中兰2号紫花苜蓿	136.98		
		中苜1号紫花苜蓿	133.61	2.52	0.856 1
		甘农3号紫花苜蓿	143.94	−4.84	0.750 1
	2015	中兰2号紫花苜蓿	125.47		
		中苜1号紫花苜蓿	109.84	14.23	0.143 9
		甘农3号紫花苜蓿	115.65	8.49	0.429 2
	2016	中兰2号紫花苜蓿	75.89		
		中苜1号紫花苜蓿	69.35	9.43	0.560 3
		甘农3号紫花苜蓿	78.73	−3.61	0.798 2
河北衡水	2014	中兰2号紫花苜蓿	153.24		
		中苜1号紫花苜蓿	134.89	13.60	0.163 9
		甘农3号紫花苜蓿	147.78	3.69	0.605 6
	2015	中兰2号紫花苜蓿	186.56		
		中苜1号紫花苜蓿	179.77	3.78	0.663 0
		甘农3号紫花苜蓿	182.55	2.20	0.833 6
	2016	中兰2号紫花苜蓿	178.86		
		中苜1号紫花苜蓿	186.72	−4.21	0.139 0
		甘农3号紫花苜蓿	196.92	−9.17	0.091 6

15. 玛格纳601紫花苜蓿

玛格纳601紫花苜蓿（*Medicago sativa* L. ‘Magna 601’）是北京克劳沃草业技术开发中心于2013年申请参加国家草品种区域试验的引进品种。2013—2016年，选用WL525HQ紫花苜蓿和维多利亚紫花苜蓿为对照品种，在四川西昌、贵州独山、山东济南、安徽合肥、云南小哨和河南郑州6个试验点进行国家草品种区域试验，2017年通过全国草品种审定委员会审定，为引进品种。其区域试验结果见表2-15。

表2-15　各试验站（点）各年度干草产量分析表

地　点	年份	品　种	均值 (kg/100m²)	增（减）(%)	显著性 (P值)
四川西昌	2014	玛格纳601紫花苜蓿	198.06		
		WL525紫花苜蓿	199.96	−0.95	0.761 9
		维多利亚紫花苜蓿	179.20	10.53	0.034 6
	2015	玛格纳601紫花苜蓿	259.19		
		WL525紫花苜蓿	252.10	2.81	0.267 0
		维多利亚紫花苜蓿	243.17	6.59	0.058 8
	2016	玛格纳601紫花苜蓿	283.76		
		WL525紫花苜蓿	263.67	7.62	0.213 0
		维多利亚紫花苜蓿	237.09	19.68	0.002 3

（续）

地 点	年份	品 种	均值（kg/100m²）	增（减）（%）	显著性（P值）
贵州独山	2014	玛格纳601紫花苜蓿	81.30		
		WL525紫花苜蓿	87.70	−7.30	0.365 7
		维多利亚紫花苜蓿	89.62	−9.28	0.276 7
	2015	玛格纳601紫花苜蓿	69.65		
		WL525紫花苜蓿	86.09	−19.10	0.090 6
		维多利亚紫花苜蓿	92.45	−24.67	0.045 3
	2016	玛格纳601紫花苜蓿	92.45		
		WL525紫花苜蓿	103.80	−10.93	0.049 3
		维多利亚紫花苜蓿	104.28	−11.35	0.029 4
安徽合肥	2014	玛格纳601紫花苜蓿	185.79		
		WL525紫花苜蓿	173.63	7.00	0.152 0
		维多利亚紫花苜蓿	184.56	0.67	0.890 6
	2015	玛格纳601紫花苜蓿	95.97		
		WL525紫花苜蓿	82.35	16.54	0.111 6
		维多利亚紫花苜蓿	93.78	2.34	0.743 6
	2016	玛格纳601紫花苜蓿	55.12		
		WL525紫花苜蓿	50.00	10.25	0.168 6
		维多利亚紫花苜蓿	63.45	−13.12	0.204 4
云南小哨	2014	玛格纳601紫花苜蓿	174.02		
		WL525紫花苜蓿	175.23	−0.69	0.909 6
		维多利亚紫花苜蓿	160.42	8.48	0.365 6
	2015	玛格纳601紫花苜蓿	191.50		
		WL525紫花苜蓿	188.02	1.85	0.541 5
		维多利亚紫花苜蓿	176.49	8.51	0.484 1
	2016	玛格纳601紫花苜蓿	143.91		
		WL525紫花苜蓿	122.69	17.30	0.077 2
		维多利亚紫花苜蓿	125.48	14.69	0.134 5
河南郑州	2014	玛格纳601紫花苜蓿	124.70		
		WL525紫花苜蓿	100.74	23.78	0.016 8
		维多利亚紫花苜蓿	115.93	7.56	0.149 5
	2015	玛格纳601紫花苜蓿	175.97		
		WL525紫花苜蓿	184.43	−4.58	0.573 5
		维多利亚紫花苜蓿	182.13	−3.38	0.548 1
	2016	玛格纳601紫花苜蓿	116.99		
		WL525紫花苜蓿	116.06	0.80	0.932 8
		维多利亚紫花苜蓿	116.29	0.60	0.917 1

16. 中苜 8 号紫花苜蓿

中苜 8 号紫花苜蓿（*Medicago sativa* L. ‘Zhongmu No. 8’）是中国农业科学院北京畜牧兽医研究所于 2013 年申请参加国家草品种区域试验育成新品系。2013—2016 年，选用中苜 1 号和保定紫花苜蓿为对照品种，在新疆呼图壁、山东济南、山西太原和河北衡水共安排 4 个试验点进行国家草品种区域试验。2017 年通过全国草品种审定委员会审定，为育成品种。其区域试验结果见表 2 - 16。

表 2 - 16　各试验站（点）各年度干草产量分析表

地　点	年份	品种名称	均值（kg/100m²）	增（减）（%）	显著性（P 值）
新疆呼图壁	2014	中苜 8 号紫花苜蓿	103.94		
		保定紫花苜蓿	117.51	−11.55	0.402 6
		中苜 1 号紫花苜蓿	99.20	4.78	0.694 8
	2015	中苜 8 号紫花苜蓿	153.66		
		保定紫花苜蓿	171.35	−10.33	0.335 2
		中苜 1 号紫花苜蓿	145.38	5.69	0.575 8
	2016	中苜 8 号紫花苜蓿	171.26		
		保定紫花苜蓿	173.50	−1.30	0.817
		中苜 1 号紫花苜蓿	181.85	−5.82	0.398 3
山东济南	2014	中苜 8 号紫花苜蓿	54.33		
		保定紫花苜蓿	52.18	4.12	0.744
		中苜 1 号紫花苜蓿	48.65	11.68	0.401 9
	2015	中苜 8 号紫花苜蓿	139.15		
		保定紫花苜蓿	125.84	10.58	0.072 3
		中苜 1 号紫花苜蓿	113.83	22.24	0.094 0
	2016	中苜 8 号紫花苜蓿	101.29		
		保定紫花苜蓿	115.13	−12.02	0.084 4
		中苜 1 号紫花苜蓿	91.28	10.97	0.027 0
山西太原	2014	中苜 8 号紫花苜蓿	193.49		
		保定紫花苜蓿	195.40	−0.98	0.895 0
		中苜 1 号紫花苜蓿	190.67	1.48	0.864 9
	2015	中苜 8 号紫花苜蓿	187.14		
		保定紫花苜蓿	196.05	−4.55	0.517 3
		中苜 1 号紫花苜蓿	176.37	6.10	0.257 4
	2016	中苜 8 号紫花苜蓿	218.65		
		保定紫花苜蓿	208.41	4.91	0.359 4
		中苜 1 号紫花苜蓿	219.64	−0.45	0.927 8

（续）

地 点	年份	品种名称	均值 (kg/100m²)	增（减）(%)	显著性 (P值)
河北衡水	2014	中苜8号紫花苜蓿	113.73		
		保定紫花苜蓿	105.16	8.15	0.445 1
		中苜1号紫花苜蓿	102.92	10.51	0.367 7
	2015	中苜8号紫花苜蓿	171.10		
		保定紫花苜蓿	172.90	−1.04	0.858 2
		中苜1号紫花苜蓿	166.94	2.49	0.714 3
	2016	中苜8号紫花苜蓿	151.77		
		保定紫花苜蓿	156.51	−3.02	0.649 0
		中苜1号紫花苜蓿	169.94	−10.69	0.118 7

17. 中苜7号紫花苜蓿

中苜7号紫花苜蓿（*Medicago sativa* L. ‘Zhongmu No. 7’）是中国农业科学院北京畜牧兽医研究所申请参加2014年国家草品种区域试验的新品系（育成品种）。2014—2017年，选用甘农3号紫花苜蓿和中苜1号紫花苜蓿为对照品种，分别在新疆乌苏、甘肃兰州和陕西延安3个试验点进行了国家草品种区域试验。2018年通过全国草品种审定委员会审定，为育成品种。其区域试验结果见表2-17。

表2-17 各试验站（点）各年度干草产量分析表

地 点	年份	品 种	均值 (kg/100m²)	增（减）(%)	显著性 (P值)
新疆乌苏	2015	中苜7号紫花苜蓿	110.64		
		甘农3号紫花苜蓿	127.08	−12.93	0.103 1
		中苜1号紫花苜蓿	97.77	13.16	0.199 1
	2016	中苜7号紫花苜蓿	146.94		
		甘农3号紫花苜蓿	142.69	2.98	0.769 2
		中苜1号紫花苜蓿	129.22	13.71	0.163 6
	2017	中苜7号紫花苜蓿	87.57		
		甘农3号紫花苜蓿	70.83	23.64	0.046 0
		中苜1号紫花苜蓿	81.16	7.89	0.385 5
陕西延安	2015	中苜7号紫花苜蓿	124.02		
		甘农3号紫花苜蓿	116.90	6.10	0.485 4
		中苜1号紫花苜蓿	132.41	−6.33	0.320 0
	2016	中苜7号紫花苜蓿	154.73		
		甘农3号紫花苜蓿	165.25	−6.37	0.367 7
		中苜1号紫花苜蓿	164.48	−5.93	0.494 9
	2017	中苜7号紫花苜蓿	172.04		
		甘农3号紫花苜蓿	160.86	6.95	0.243 1
		中苜1号紫花苜蓿	165.48	3.96	0.612 5

（续）

地　点	年份	品　种	均值（kg/100m²）	增（减）（%）	显著性（P 值）
甘肃兰州	2015	中苜 7 号紫花苜蓿	237.00		
		甘农 3 号紫花苜蓿	258.37	−8.27	0.372 1
		中苜 1 号紫花苜蓿	234.11	1.23	0.901 2
	2016	中苜 7 号紫花苜蓿	228.46		
		甘农 3 号紫花苜蓿	211.19	8.18	0.496 7
		中苜 1 号紫花苜蓿	213.21	7.16	0.523 4
	2017	中苜 7 号紫花苜蓿	211.71		
		甘农 3 号紫花苜蓿	185.35	14.22	0.475 7
		中苜 1 号紫花苜蓿	219.73	−3.65	0.719 5

18. 中天 1 号紫花苜蓿

中天 1 号紫花苜蓿（*Medicago sativa* L. 'Zhongtian No. 1'）是中国农业科学院兰州畜牧与兽药研究所申请参加 2015 年国家草品种区域试验的新品系。2015—2017 年，选用三得利紫花苜蓿为对照品种，分别在甘肃兰州、宁夏青铜峡、内蒙古托克托和北京双桥 4 个试验点进行了国家草品种区域试验。2018 年通过全国草品种审定委员会审定，为育成品种。其区域试验结果见表 2 - 18。

表 2 - 18　各试验站（点）各年度干草产量分析表

地　点	年份	品　种	均值（kg/100m²）	增（减）（%）	显著性（P 值）
北京双桥	2015	中天 1 号	97.45		
		三得利	88.59	10.00	0.252 2
	2016	中天 1 号	144.82		
		三得利	127.92	13.21	0.147 6
	2017	中天 1 号	138.39		
		三得利	143.51	−3.57	0.653 3
甘肃兰州	2015	中天 1 号	95.81		
		三得利	92.50	3.58	0.796 1
	2016	中天 1 号	214.31		
		三得利	192.33	11.43	0.387 6
	2017	中天 1 号	268.36		
		三得利	234.58	14.40	0.168 7
宁夏青铜峡	2015	中天 1 号	63.22		
		三得利	70.25	−10.02	0.107 9
	2016	中天 1 号	113.00		
		三得利	128.11	−11.79	0.020 3
	2017	中天 1 号	163.99		
		三得利	184.54	−11.14	0.001 3

（续）

地 点	年份	品 种	均值 (kg/100m²)	增（减）(%)	显著性 (P值)
内蒙古托克托	2016	中天1号	150.05		
		三得利	114.45	31.10	0.016 3
	2017	中天1号	185.21		
		三得利	194.35	−4.70	0.275 5

19. 北林201紫花苜蓿

北林201紫花苜蓿（*Medicago sativa* L. ‘Beilin 201’）是北京林业大学申请参加2011年国家草品种区域试验的育成品系。2011—2014年，选用公农1号紫花苜蓿和驯鹿紫花苜蓿作为对照品种，在北京、甘肃兰州、山西太原和黑龙江宝清等4个试验点进行国家草品种区域试验。2018年通过全国草品种审定委员会审定，为育成品种。其区域试验结果见表2-19。

表2-19 各试验站（点）各年度干草产量分析表

地 点	年份	品 种	均值 (kg/100m²)	增（减）(%)	显著性 (P值)
北京	2012	北林201紫花苜蓿	187.55		
		公农1号紫花苜蓿	206.38	−9.12	0.017 6
		驯鹿紫花苜蓿	197.49	−5.03	0.084 5
	2013	北林201紫花苜蓿	134.55		
		公农1号紫花苜蓿	149.25	−9.85	0.002 1
		驯鹿紫花苜蓿	144.37	−6.80	0.021 0
	2014	北林201紫花苜蓿	144.75		
		公农1号紫花苜蓿	169.57	−14.64	0.000 1
		驯鹿紫花苜蓿	157.28	−7.97	0.007 9
甘肃兰州	2012	北林201紫花苜蓿	113.22		
		公农1号紫花苜蓿	105.07	7.76	0.773 2
	2013	北林201紫花苜蓿	89.01		
		公农1号紫花苜蓿	83.72	6.32	0.733 0
	2014	北林201紫花苜蓿	138.88		
		公农1号紫花苜蓿	162.79	−14.69	0.329 8
山西太原	2012	北林201紫花苜蓿	92.90		
		公农1号紫花苜蓿	96.08	−3.31	0.650 9
		驯鹿紫花苜蓿	93.18	−0.30	0.967 7
	2013	北林201紫花苜蓿	97.86		
		公农1号紫花苜蓿	101.41	−3.50	0.508 0
		驯鹿紫花苜蓿	97.76	0.10	0.987 6
	2014	北林201紫花苜蓿	118.35		
		公农1号紫花苜蓿	138.53	−14.57	0.032 0
		驯鹿紫花苜蓿	123.77	−4.38	0.398 7

（续）

地　点	年份	品　种	均值 (kg/100m²)	增（减）(%)	显著性 (P值)
黑龙江宝清	2013	北林201紫花苜蓿	160.26		
		公农1号紫花苜蓿	155.26	3.22	0.6080
		驯鹿紫花苜蓿	149.04	7.53	0.4787
	2014	北林201紫花苜蓿	208.65		
		公农1号紫花苜蓿	195.03	6.98	0.1275
		驯鹿紫花苜蓿	221.56	−5.83	0.2969

20. 玛格纳551紫花苜蓿

玛格纳551紫花苜蓿（*Medicago sativa* L. ‘Magna 551’）是克劳沃（北京）生态科技有限公司申请参加2015年国家草品种区域试验的新品系。2015—2017年选用中苜2号紫花苜蓿、皇冠紫花苜蓿和中苜1号紫花苜蓿为对照品种，在山东泰安、河南郑州、北京双桥、山西太原、内蒙古托克托和新疆三坪6个试验点进行了国家草品种区域试验。2018年通过全国草品种审定委员会审定，为引进品种。其区域试验结果见表2-20。

表2-20　各试验站（点）各年度干草产量分析表

地　点	年份	品　种	均值 (kg/100m²)	增（减）(%)	显著性 (P值)
山东泰安	2015	玛格纳551	255.01		
		皇冠	265.43	−3.92	0.7618
		中苜2号	238.24	7.04	0.5465
		中苜1号	221.35	15.21	0.2566
	2016	玛格纳551	187.03		
		皇冠	173.21	7.98	0.3666
		中苜2号	165.19	13.22	0.0881
		中苜1号	194.51	−3.84	0.4765
	2017	玛格纳551	196.46		
		皇冠	168.32	16.72	0.0684
		中苜2号	172.51	13.88	0.0388
		中苜1号	160.86	22.13	0.0333
河南郑州	2015	玛格纳551	117.34		
		皇冠	113.51	3.37	0.7911
		中苜2号	123.94	−5.33	0.6883
		中苜1号	117.33	0.01	0.9996
	2016	玛格纳551	139.56		
		皇冠	138.00	1.13	0.9132
		中苜2号	139.25	0.22	0.9820
		中苜1号	117.64	18.64	0.0840
	2017	玛格纳551	123.25		
		皇冠	111.28	10.76	0.1737
		中苜2号	84.20	46.37	0.0010
		中苜1号	80.63	52.85	0.0023

（续）

地　点	年份	品　种	均值（kg/100m²）	增（减）（%）	显著性（P值）
北京双桥	2015	玛格纳551	159.19		
		皇冠	155.65	2.27	0.632 4
		中苜2号	137.71	15.60	0.057 8
		中苜1号	146.36	8.77	0.129 3
	2016	玛格纳551	143.16		
		皇冠	140.16	2.14	0.735 9
		中苜2号	120.56	18.74	0.066 2
		中苜1号	127.75	12.06	0.043 9
	2017	玛格纳551	142.16		
		皇冠	131.43	8.17	0.413 5
		中苜2号	137.25	3.58	0.614 7
		中苜1号	129.67	9.63	0.194 1
山西太原	2015	玛格纳551	157.93		
		皇冠	159.26	−0.83	0.891 8
		中苜2号	136.44	15.75	0.100 7
		中苜1号	163.03	−3.13	0.668 5
	2016	玛格纳551	202.99		
		皇冠	185.89	9.20	0.000 5
		中苜2号	200.29	1.35	0.622 8
		中苜1号	189.90	6.90	0.018 5
	2017	玛格纳551	183.87		
		皇冠	153.22	20.00	0.000 1
		中苜2号	161.05	14.17	0.000 2
		中苜1号	170.96	7.56	0.022 3
新疆三坪	2015	玛格纳551	194.14		
		皇冠	176.68	9.88	0.214 6
		中苜2号	187.82	3.36	0.774 6
		中苜1号	204.20	−4.93	0.548 6
	2016	玛格纳551	163.88		
		皇冠	156.62	4.64	0.428 0
		中苜2号	158.78	3.21	0.501 3
		中苜1号	146.04	12.22	0.031 1
	2017	玛格纳551	206.78		
		皇冠	183.76	12.53	0.261 9
		中苜2号	146.39	41.26	0.005 1
		中苜1号	162.13	27.54	0.027 2

（续）

地　点	年份	品　种	均值（kg/100m²）	增（减）（%）	显著性（P值）
内蒙古托克托	2016	玛格纳551	146.41		
		皇冠	136.20	7.49	0.071 6
		中苜2号	155.31	−5.74	0.127 0
		中苜1号	156.22	−6.28	0.122 0
	2017	玛格纳551	101.45		
		皇冠	100.84	0.60	0.856 9
		中苜2号	115.08	−11.85	0.013 8
		中苜1号	132.83	−23.63	0.002 0

21. 赛迪5号紫花苜蓿

赛迪5号紫花苜蓿（*Medicago sativa* L. ‘Sardi No. 5’）是青岛农业大学和百绿（天津）国际草业有限公司申请参加2013年国家草品种区域试验的新品系（引进品种）。2013—2016年，选用维多利亚和WL525HQ紫花苜蓿为对照品种，在北京双桥、四川西昌、贵州贵阳、山东济南、河南郑州和云南元谋共安排6个试验点试验进行国家草品种区域试验。2018年通过全国草品种审定委员会审定，为引进品种。其区域试验结果见表2-21。

表2-21　各试验点各年度干草产量分析表

地　点	年份	品　种	均值（kg/100m²）	增（减）（%）	显著性（P值）
北京双桥	2014	赛迪5号紫花苜蓿	172.12		
		维多利亚紫花苜蓿	162.83	5.71	0.009 3
		WL525HQ紫花苜蓿	170.15	1.16	0.509 2
	2015	赛迪5号紫花苜蓿	153.32		
		维多利亚紫花苜蓿	141.73	8.18	0.111 7
		WL525HQ紫花苜蓿	156.69	−2.15	0.689 6
	2016	赛迪5号紫花苜蓿	138.06		
		维多利亚紫花苜蓿	108.75	26.95	0.002 3
		WL525HQ紫花苜蓿	136.67	1.02	0.878 9
四川西昌	2014	赛迪5号紫花苜蓿	212.29		
		维多利亚紫花苜蓿	218.58	−2.88	0.843 2
		WL525HQ紫花苜蓿	212.26	0.02	0.998 8
	2015	赛迪5号紫花苜蓿	253.82		
		维多利亚紫花苜蓿	251.57	0.90	0.848 6
		WL525HQ紫花苜蓿	252.99	0.33	0.939 9
	2016	赛迪5号紫花苜蓿	251.02		
		维多利亚紫花苜蓿	238.13	5.41	0.251 0
		WL525HQ紫花苜蓿	250.33	0.28	0.961 1

（续）

地 点	年份	品 种	均值（kg/100m²）	增（减）（%）	显著性（P值）
贵州贵阳	2014	赛迪5号紫花苜蓿	54.03		
		维多利亚紫花苜蓿	65.50	−17.51	0.530 7
		WL525HQ紫花苜蓿	44.21	22.23	0.530 2
	2015	赛迪5号紫花苜蓿	50.04		
		维多利亚紫花苜蓿	59.08	−15.29	0.503 4
		WL525HQ紫花苜蓿	45.78	9.32	0.748 9
	2016	赛迪5号紫花苜蓿	83.78		
		维多利亚紫花苜蓿	106.38	−21.25	0.011 5
		WL525HQ紫花苜蓿	86.07	−2.66	0.598 9
河南郑州	2014	赛迪5号紫花苜蓿	110.71		
		维多利亚紫花苜蓿	115.47	−4.12	0.803 0
		WL525HQ紫花苜蓿	110.57	0.13	0.988 8
	2015	赛迪5号紫花苜蓿	176.90		
		维多利亚紫花苜蓿	217.94	−18.83	0.061 9
		WL525HQ紫花苜蓿	202.27	−12.54	0.267 3
	2016	赛迪5号紫花苜蓿	140.07		
		维多利亚紫花苜蓿	145.52	−3.74	0.548 2
		WL525HQ紫花苜蓿	153.68	−8.85	0.208 9
云南元谋	2014	赛迪5号紫花苜蓿	214.27		
		维多利亚紫花苜蓿	208.19	2.92	0.824 9
		WL525HQ紫花苜蓿	203.96	5.05	0.639 2
	2015	赛迪5号紫花苜蓿	285.04		
		维多利亚紫花苜蓿	271.23	5.09	0.387 4
		WL525HQ紫花苜蓿	285.41	−0.13	0.967 0
	2016	赛迪5号紫花苜蓿	290.55		
		维多利亚紫花苜蓿	262.46	10.70	0.023 5
		WL525HQ紫花苜蓿	301.84	−3.74	0.157 0

22. 巨能995紫花苜蓿

巨能995紫花苜蓿（*Medicago sativa* L. ‘Magna 995’）是克劳沃（北京）生态科技有限公司申请参加2014年国家草品种区域试验的新品系。2014—2017年选用WL525紫花苜蓿作为对照品种，分别在湖南邵阳、云南小哨、福建建阳、四川达州和贵州独山5个试验点进行了国家草品种区域试验。2018年通过全国草品种审定委员会审定，为引进品种。其区域试验结果见表 2-22。

表 2-22 各试验站（点）各年度干草产量分析表

地 点	年份	品种名称	均值（kg/100m²）	增（减）（%）	显著性（P 值）
湖南邵阳	2015	巨能 995 紫花苜蓿	24.87		
		WL525 紫花苜蓿	22.76	9.29	0.019 6
	2016	巨能 995 紫花苜蓿	36.39		
		WL525 紫花苜蓿	25.90	40.50	0.000 1
	2017	巨能 995 紫花苜蓿	55.63		
		WL525 紫花苜蓿	49.73	11.87	0.060 6
云南小哨	2015	巨能 995 紫花苜蓿	189.20		
		WL525 紫花苜蓿	189.75	−0.29	0.977 6
	2016	巨能 995 紫花苜蓿	122.66		
		WL525 紫花苜蓿	108.14	13.43	0.510 4
	2017	巨能 995 紫花苜蓿	93.51		
		WL525 紫花苜蓿	79.07	18.26	0.475 7
福建建阳	2015	巨能 995 紫花苜蓿	44.14		
		WL525 紫花苜蓿	45.92	−3.89	0.742 6
	2016	巨能 995 紫花苜蓿	48.39		
		WL525 紫花苜蓿	44.59	8.53	0.496 1
	2017	巨能 995 紫花苜蓿	62.90		
		WL525 紫花苜蓿	50.93	23.51	0.076 4
四川达州	2015	巨能 995 紫花苜蓿	84.73		
		WL525 紫花苜蓿	78.65	7.74	0.281 3
	2016	巨能 995 紫花苜蓿	188.07		
		WL525 紫花苜蓿	165.54	13.61	0.015 6
	2017	巨能 995 紫花苜蓿	147.97		
		WL525 紫花苜蓿	112.04	32.08	0.016 0
贵州独山	2015	巨能 995 紫花苜蓿	74.27		
		WL525 紫花苜蓿	57.54	29.07	0.011 0
	2016	巨能 995 紫花苜蓿	104.38		
		WL525 紫花苜蓿	103.16	1.19	0.685 3
	2017	巨能 995 紫花苜蓿	108.86		
		WL525 紫花苜蓿	89.34	21.85	0.006 1

23. 赛迪 10 号紫花苜蓿

赛迪 10 号紫花苜蓿（*Medicago sativa* L. 'Sardi. 10'）是福建省农业科学院畜牧兽医研究所和百绿（天津）国际草业有限公司联合申请参加 2014 年国家草品种区域试验的新品系。该申报材料通过专家审核，符合参加国家区域试验的条件。2014—2017 年，选用

WL525 紫花苜蓿作为对照品种。分别在湖南邵阳、云南小哨、福建建阳、四川达州和贵州独山 5 个试验点进行了国家草品种区域试验。2018 年通过全国草品种审定委员会审定，为引进品种。其区域试验结果见表 2－23。

表 2－23 各试验站（点）各年度干草产量分析表

地　点	年份	品种名称	均值 (kg/100m²)	增（减）(%)	显著性 (P 值)
湖南邵阳	2015	赛迪 10 紫花苜蓿	32.05		
		WL525 紫花苜蓿	22.76	40.86	0.000 1
	2016	赛迪 10 紫花苜蓿	32.99		
		WL525 紫花苜蓿	25.90	27.36	0.001 4
	2017	赛迪 10 紫花苜蓿	52.42		
		WL525 紫花苜蓿	49.73	5.41	0.138 0
云南小哨	2015	赛迪 10 紫花苜蓿	230.39		
		WL525 紫花苜蓿	189.75	21.42	0.040 8
	2016	赛迪 10 紫花苜蓿	133.28		
		WL525 紫花苜蓿	108.14	23.26	0.113 6
	2017	赛迪 10 紫花苜蓿	104.32		
		WL525 紫花苜蓿	79.07	31.93	0.124 3
福建建阳	2015	赛迪 10 紫花苜蓿	61.69		
		WL525 紫花苜蓿	45.92	34.34	0.019 6
	2016	赛迪 10 紫花苜蓿	60.31		
		WL525 紫花苜蓿	44.59	35.27	0.138 0
	2017	赛迪 10 紫花苜蓿	58.80		
		WL525 紫花苜蓿	50.92	15.47	0.189 1
四川达州	2015	赛迪 10 紫花苜蓿	70.38		
		WL525 紫花苜蓿	78.65	－10.52	0.224 8
	2016	赛迪 10 紫花苜蓿	193.48		
		WL525 紫花苜蓿	165.54	16.88	0.015 8
	2017	赛迪 10 紫花苜蓿	104.78		
		WL525 紫花苜蓿	112.04	－6.48	0.587 0
贵州独山	2015	赛迪 10 紫花苜蓿	67.65		
		WL525 紫花苜蓿	57.54	17.57	0.157 3
	2016	赛迪 10 紫花苜蓿	96.60		
		WL525 紫花苜蓿	103.16	－6.36	0.058 3
	2017	赛迪 10 紫花苜蓿	74.98		
		WL525 紫花苜蓿	89.34	－16.07	0.006 0

24. DG4210 紫花苜蓿

DG4210 紫花苜蓿（*Medicago sativa* L. ‘DG4210’）是北京正道生态科技有限公司申

请参加2015年国家草品种区域试验的新品系。2015—2017年选用中苜2号紫花苜蓿、皇冠紫花苜蓿和中苜1号紫花苜蓿为对照品种，在山东泰安、河南郑州、北京双桥、山西太原、内蒙古托克托和新疆三坪6个试验点进行了国家草品种区域试验。其中，内蒙古托克托试验点2015年因补种时间较晚，当年没有产量，仅有2年数据。2018年通过全国草品种审定委员会审定，为引进品种。其区域试验结果见表2-24。

表2-24 各试验站（点）各年度干草产量分析表

地　点	年份	品　种	均值（kg/100m²）	增（减）（%）	显著性（P值）
山东泰安	2015	DG4210	290.70		
		皇冠	265.43	9.52	0.4346
		中苜2号	238.24	22.02	0.0615
		中苜1号	221.35	31.33	0.0257
	2016	DG4210	228.15		
		皇冠	173.21	31.72	0.0174
		中苜2号	165.19	38.11	0.0043
		中苜1号	194.51	17.30	0.0467
	2017	DG4210	224.21		
		皇冠	168.32	33.20	0.0039
		中苜2号	172.51	29.97	0.0009
		中苜1号	160.86	39.38	0.0023
河南郑州	2015	DG4210	111.21		
		皇冠	113.51	−2.03	0.8662
		中苜2号	123.94	−10.27	0.4296
		中苜1号	117.33	−5.22	0.6433
	2016	DG4210	150.13		
		皇冠	138.00	8.79	0.4411
		中苜2号	139.25	7.81	0.4766
		中苜1号	117.64	27.62	0.0340
	2017	DG4210	90.38		
		皇冠	111.28	−18.78	0.0657
		中苜2号	84.20	7.34	0.4885
		中苜1号	80.63	12.08	0.3612
北京双桥	2015	DG4210	162.40		
		皇冠	155.65	4.33	0.6837
		中苜2号	137.71	17.93	0.1929
		中苜1号	146.36	10.96	0.3517

（续）

地　点	年份	品　种	均值（kg/100m²）	增（减）（%）	显著性（P值）
北京双桥	2016	DG4210	145.06		
		皇冠	140.16	3.50	0.614 7
		中苜2号	120.56	20.32	0.062 4
		中苜1号	127.75	13.55	0.050 1
	2017	DG4210	128.35		
		皇冠	131.43	−2.34	0.841 4
		中苜2号	137.25	−6.48	0.499 6
		中苜1号	129.67	−1.02	0.914 9
山西太原	2015	DG4210	163.93		
		皇冠	159.26	2.94	0.662 7
		中苜2号	136.44	20.15	0.058 7
		中苜1号	163.03	0.55	0.942 7
	2016	DG4210	203.70		
		皇冠	185.89	9.58	0.024 0
		中苜2号	200.29	1.70	0.664 7
		中苜1号	189.90	7.27	0.086 7
	2017	DG4210	179.47		
		皇冠	153.22	17.13	0.000 5
		中苜2号	161.05	11.43	0.003 5
		中苜1号	170.96	4.98	0.139 2
新疆三坪	2015	DG4210	174.88		
		皇冠	176.68	−1.02	0.920 8
		中苜2号	187.82	−6.89	0.612 5
		中苜1号	204.20	−14.36	0.189 5
	2016	DG4210	161.72		
		皇冠	156.62	3.26	0.616 9
		中苜2号	158.78	1.85	0.740 2
		中苜1号	146.04	10.74	0.091 9
	2017	DG4210	196.38		
		皇冠	183.76	6.86	0.515 1
		中苜2号	146.39	34.15	0.010 3
		中苜1号	162.13	21.12	0.061 9

（续）

地 点	年份	品 种	均值（kg/100m²）	增（减）（%）	显著性（P值）
内蒙古托克托	2016	DG4210	131.19		
		皇冠	136.20	−3.68	0.566 3
		中苜2号	155.31	−15.53	0.029 2
		中苜1号	156.22	−16.02	0.028 5
	2017	DG4210	110.85		
		皇冠	100.84	9.93	0.049 2
		中苜2号	115.08	−3.68	0.399 5
		中苜1号	132.83	−16.55	0.015 1

25. 辉腾原杂花苜蓿

辉腾原杂花苜蓿是辉腾原市草原科学研究所申请参加2015年国家草品种区域试验的新品系（地方品种）。2015—2017年，选用驯鹿紫花苜蓿、龙牧806紫花苜蓿和公农1号紫花苜蓿为对照品种，在内蒙古多伦、内蒙古赤峰、内蒙古海拉尔、黑龙江齐齐哈尔和吉林白城5个试验站（点）进行了国家草品种区域试验。2018年通过全国草品种审定委员会审定，为地方品种。其区域试验结果见表2-25。

表2-25 各试验站（点）各年度干草产量分析表

地 点	年份	品 种	均值（kg/100m²）	增（减）（%）	显著性（P值）
内蒙古多伦	2016	辉腾原	111.36		
		驯鹿	91.01	22.36	0.003 2
		龙牧806	92.73	20.09	0.004 5
		公农1号	97.86	13.80	0.015 1
	2017	辉腾原	89.25		
		驯鹿	91.49	−2.46	0.804 8
		龙牧806	81.31	9.77	0.514 6
		公农1号	86.52	3.15	0.810 7
内蒙古赤峰	2015	辉腾原	29.46		
		驯鹿	37.05	−20.49	0.112 7
		龙牧806	33.49	−12.04	0.457 9
		公农1号	38.08	−22.65	0.046 7
	2016	辉腾原	175.11		
		驯鹿	180.18	−2.81	0.373 5
		龙牧806	187.48	−6.60	0.093 8
		公农1号	167.14	4.77	0.376 5
	2017	辉腾原	197.99		
		驯鹿	177.63	11.46	0.025 6
		龙牧806	187.16	5.79	0.110 9
		公农1号	175.80	12.62	0.052 1

（续）

地　点	年份	品　种	均值（kg/100m²）	增（减）（%）	显著性（P值）
内蒙古海拉尔	2015	辉腾原	42.19		
		驯鹿	39.84	5.89	0.409 2
		龙牧 806	43.96	−4.03	0.678 6
		公农 1 号	39.61	6.51	0.692 6
	2016	辉腾原	44.50		
		驯鹿	35.10	26.78	0.052 4
		龙牧 806	41.43	7.42	0.641 3
		公农 1 号	28.36	56.92	0.002 4
	2017	辉腾原	48.65		
		驯鹿	44.38	9.63	0.380 4
		龙牧 806	47.97	1.42	0.874 4
		公农 1 号	39.95	21.78	0.127 2
黑龙江齐齐哈尔	2015	辉腾原	83.36		
		驯鹿	66.74	24.91	0.002 1
		龙牧 806	91.44	−8.83	0.120 1
		公农 1 号	79.84	4.41	0.385 4
	2016	辉腾原	89.06		
		驯鹿	68.00	30.97	0.005 4
		龙牧 806	94.57	−5.82	0.433 2
		公农 1 号	59.58	49.48	0.001 3
	2017	辉腾原	68.11		
		驯鹿	70.56	−3.47	0.680 6
		龙牧 806	80.38	−15.26	0.171 2
		公农 1 号	65.53	3.94	0.618 8
吉林白城	2015	辉腾原	166.93		
		驯鹿	154.17	8.28	0.083 5
		龙牧 806	173.18	−3.61	0.431 3
		公农 1 号	147.92	12.85	0.027 0
	2016	辉腾原	147.42		
		驯鹿	120.10	22.75	0.007 4
		龙牧 806	147.06	0.25	0.943 1
		公农 1 号	112.06	31.56	0.001 7
	2017	辉腾原	129.56		
		驯鹿	113.66	13.99	0.007 1
		龙牧 806	144.68	−10.45	0.003 7
		公农 1 号	127.46	1.65	0.615 7

（二）草木樨品种区域试验实施方案（2015 年）

1 试验目的

客观、公正、科学地评价黄花草木樨和白花草木樨参试品种的丰产性、适应性和营养价值，为新草品种审定和推广提供科学依据。

2 试验安排

2.1 试验点

黑龙江宝清、吉林延吉、内蒙古鄂尔多斯、甘肃庆阳、山西清徐等 5 个试验点。

2.2 参试品种

黄花草木樨试验组：编号为 2015DK02601 和 2015DK02602 共 2 个品种；

白花草木樨试验组：编号为 2015DK02901 和 2015DK02902 共 2 个品种。

3 试验设置

3.1 试验地选择

试验地应尽可能代表所在试验区的气候、土壤和栽培条件等。选择地势平整、土壤肥力中等且均匀、前茬作物一致、无严重土传病害、具有良好排灌条件（雨季无积水）、四周无高大建筑物或树木影响的地块。

3.2 试验设计

3.2.1 试验周期

2015 年起，试验不少于 2 个生产周期。草木樨完整的生产周期为 2 年，即播种一次生长 2 年。2015 年第一次播种的试验组观测至 2016 年底；2016 年第二次播种的试验组观测至 2017 年底。

3.2.2 小区面积

小区面积为 30m^2（长 6m×宽 5m）。

3.2.3 小区布置

采用随机区组设计，4 次重复，同一区组应放在同一地块，试验点整个试验地四周设 1m 保护行。建议小区布置按照附录 C 执行，小区间隔宜不小于 1m。

4 播种和田间管理

4.1 一般原则

田间操作时，同一项技术措施应在同一天完成。同项技术措施无法在同一天完成时，同一区组的该项措施必须在同一天完成。

4.2 试验地准备

播种前，应对试验地的土质和肥力状况进行调查分析，种床要求精耕细作。

4.3 播种期

一般于 5 月中旬播种。

4.4 播种方法

条播，行距 50cm，每小区播种 10 行，播深 2～3cm，播后镇压。沙性土壤的播种可稍深，黏性土壤的可稍浅。

4.5 播种量

黄花草木樨 2015DK02601 和 2015DK02602 播种量 45g/小区（1kg/亩，种子用价>80%）；

白花草木樨 2015DK02901 和 2015DK02902 播种量 30g/小区（1kg/亩，种子用价>80%）。

4.6 田间管理

及时查苗补种或补苗、防除杂草、排灌并防治病虫害（抗病虫性鉴定的除外），以满足参试品种正常生长发育的需要。

4.6.1 查苗补种

尽可能 1 次播种保全苗，若出现明显的缺苗，应尽快进行补播或移栽补苗。

4.6.2 杂草防除

可人工除草或选用适当的除草剂，以保证参试品种的正常生长。草木樨幼苗竞争力弱，春夏季杂草危害严重的试验点尤其注意苗期及时除杂草。

4.6.3 施肥

一般不需施肥。

4.6.4 水分管理

一般不需浇水，但苗期应适当浇水保苗。遇长时间干旱时应适度灌溉，如遇雨水过量，应及时排涝。

4.6.5 病虫害防治

生长期间根据田间虫害和病害的发生情况，选择高效低毒的药剂适时防治。

5 产草量测定

播种当年，只在植株停止生长前 30d 左右刈割测产一次。播种第二年，第一茬草和再生草均在盛花期刈割测产，最后一次测产应在植株停止生长前 30d 进行。各次测产留茬高度均为 5～7cm。测产时先去掉小区两侧边行，再将余下的 8 行留中间 5m，然后去掉两头，实测所留 $20m^2$ 的鲜草产量。要求用感量 0.1kg 的秤称重，记载数据时须保留 2 位小数。产草量测定结果记入表 A.3。

6 取样

6.1 干重

每次刈割测产后，从每小区随机取 3～5 把草样，将 4 个重复的草样混合均匀，取约 1 000g的样品，剪成 3～4cm 长，编号称重。将称取鲜重后的样品置于烘箱中，60～65℃烘干 12h，取出放置室内冷却回潮 24h 后称重，然后再放入烘箱在 60～65℃下烘干 8h，取出放置室内冷却回潮 24h 后称重，直至两次称重之差不超过 2.5g 为止。计算各参试品种的干重和干鲜比，测定结果记入表 A.3 和表 A.4。

6.2 营养价值

黄花草木樨和白花草木樨两个试验组均只在山西清徐试验点取样，农业农村部全国草业产品质量监督检验测试中心负责检测。将 2015 年播种试验组第二年刈割获得的第一茬干草样品保留作为营养价值测定样品。

安排取样的试验点无法获得营养价值测定样品时，应及时通知全国畜牧总站。

7 观测记载项目

按附录A的要求进行田间观察，并记载当日所做的田间工作，整理填写入表。

8 数据分析

8.1 产草量变异系数计算

计算参试品种的全年累计产草量变异系数 CV，记入表A.6。CV 超过20%的要进行原因分析，并记录在表A.6下方。

$$CV = s/\bar{x} \times 100\%$$

CV——变异系数；s——同品种不同重复的产草量数据标准差；$\bar{x}$——同品种不同重复的产草量数据平均数。

8.2 区组间产草量差异分析

对比不同区组间的全年累计产草量数据，波动较大的要进行原因分析，并记录在表A.6下方。

9 总结报告

各试验点于每年11月20日之前将全部试验数据和填写完整的附录B提交本省区项目组织单位审核，项目组织单位于11月30日之前将以上材料（纸质及电子版）提交全国畜牧总站。

10 试验报废

有下列情形之一的，该试验组做全部或部分报废处理：

因不可抗拒因素（如自然灾害等）造成试验不能正常进行；

同品种缺苗率超过15%的小区有2个或2个以上；

同一试验组中，有较多参试品种的产草量变异系数超过20%；

其他严重影响试验科学性情况的。

试验期间，因以上原因造成试验报废的，试验点应及时通过本省区项目组织单位向全国畜牧总站提供详细的书面报告。

1. 公农黄花草木樨

公农黄花草木樨是吉林省农业科学院申请参加2015年国家草品种区域试验的新品系（育成品种）。该材料通过专家审核，符合参加国家草品种区域试验的条件。2015—2017年，选用斯列金1号黄花草木樨作为对照品种，分别在内蒙古鄂尔多斯、黑龙江宝清、甘肃庆阳、山西太原和吉林延吉5个试验点进行了国家草品种区域试验。2018年通过全国草品种审定委员会审定，为育成品种。其区域试验结果见表2-26。

表2-26 各试验站（点）各年度干草产量分析表

地 点	年份	品 种	均值（kg/100m²）	增（减）（%）	显著性（P值）
鄂尔多斯	2016	公农黄花草木樨	72.97		
		斯列金1号黄花草木樨	81.69	−10.68	0.452 3

（续）

地　点	年份	品　种	均值（kg/100m²）	增（减）（%）	显著性（P值）
鄂尔多斯	2017	公农黄花草木樨	93.99		
		斯列金1号黄花草木樨	76.65	22.62	0.274 3
宝清	2016	公农黄花草木樨	181.72		
		斯列金1号黄花草木樨	93.71	93.92	0.000 1
	2017	公农黄花草木樨	175.54		
		斯列金1号黄花草木樨	188.80	−7.02	0.074 2
庆阳	2016	公农黄花草木樨	74.78		
		斯列金1号黄花草木樨	88.25	−15.26	0.003 8
	2017	公农黄花草木樨	82.78		
		斯列金1号黄花草木樨	77.73	6.50	0.553 2
太原	2016	公农黄花草木樨	143.75		
		斯列金1号黄花草木樨	139.29	3.20	0.528 1
	2017	公农黄花草木樨	105.63		
		斯列金1号黄花草木樨	97.80	8.01	0.035 6
延吉	2016	公农黄花草木樨	84.48		
		斯列金1号黄花草木樨	81.81	3.25	0.540 5
	2017	公农黄花草木樨	89.74		
		斯列金1号黄花草木樨	83.28	7.76	0.005 3

2. 公农白花草木樨

公农白花草木樨是吉林省农业科学院申请参加2015年国家草品种区域试验的新品系（育成品种）。该材料通过专家审核，符合参加国家草品种区域试验的条件。2015—2017年，选用引进白花草木樨作为对照品种，分别在黑龙江宝清、甘肃庆阳、山西太原、吉林延吉和内蒙古鄂尔多斯5个试验点进行了国家草品种区域试验。2018年通过全国草品种审定委员会审定，为育成品种。其区域试验结果见表2-27。

表2-27　各试验站（点）各年度干草产量分析表

地　点	年份	品　种	均值（kg/100m²）	增（减）（%）	显著性（P值）
宝清	2016	公农白花草木樨	173.12		
		引进白花草木樨	190.93	−9.33	0.001 2
	2017	公农白花草木樨	191.59		
		引进白花草木樨	193.58	−1.03	0.645 9
庆阳	2016	公农白花草木樨	165.29		
		引进白花草木樨	136.95	15.11	0.000 1
	2017	公农白花草木樨	133.52		
		引进白花草木樨	116.18	14.93	0.008 7

（续）

地　点	年份	品　种	均值（kg/100m²）	增（减）（%）	显著性（P值）
太原	2016	公农白花草木樨	156.05		
		引进白花草木樨	154.98	0.69	0.724 6
	2017	公农白花草木樨	106.65		
		引进白花草木樨	101.74	4.82	0.364 6
延吉	2016	公农白花草木樨	101.93		
		引进白花草木樨	107.65	−5.32	0.134 8
	2017	公农白花草木樨	100.49		
		引进白花草木樨	99.50	0.99	0.806 3
鄂尔多斯	2016	公农白花草木樨	57.76		
		普通白花草木樨	100.36	−42.45	0.003 1
	2017	公农白花草木樨	110.42		
		引进白花草木樨	87.40	26.34	0.043 4

（三）多变小冠花品种区域试验实施方案（2009年）

1　试验目的

客观、公正、科学地评价多变小冠花新品系的产量性状、适应性、品质特性或某一特殊性状，为国家草品种审定和推广应用提供科学依据。

2　试验安排及参试品种

2.1　试验区域及试验点

区域试验在我国北方地区及长江中下游地区组织开展，试验点7个。

2.2　参试品种（系）

直立型、绿宝石、卡门。

3　试验设置

3.1　试验地的选择

应尽可能代表所在试验区的气候、土壤和栽培条件等。选择地势平整、土壤肥力中等且均匀、前茬作物一致、无严重土传病害发生、具有良好排灌条件（雨季无积水）、四周无高大建筑物或树木影响的地块。

3.2　试验设计

3.2.1　试验组

参试的3个多变小冠花品种（系）为1个试验组。

3.2.2　试验周期

2008年起，不少于3个生产周年。本年度为第二年。

3.2.3 小区面积

试验小区面积为15m²（长5m×宽3m）。

3.2.4 小区设置

采用随机区组设计，重复4次，同一试验组4个区组应放在同一地块，试验地四周设1m保护行。

4 播种和田间管理

4.1 一般原则

田间操作时，同一项技术措施应在同一天完成。同项技术措施无法在同一天完成时，同一区组的该项措施必须在同一天完成。

4.2 试验地准备

播种前，应对试验地的土质和肥力状况进行调查分析，种床要求精耕细作。

4.3 播种期

根据多变小冠花特性和当地气候及生产习惯适时播种。春、夏、秋均可播种。

4.4 播种量

一般播种量15g/小区（0.67kg/亩，指种子用价为80%）。

4.5 播种方法

采用条播，行距50cm，每小区播种6行，播深1～2cm，播后镇压。

4.6 田间管理

田间管理水平略高于当地大田生产水平，及时查苗补种、防除杂草、施肥、排灌并防治病虫害（抗病虫性鉴定的除外），以满足正常生长发育的水肥需要。

4.6.1 查苗补种

尽可能1次播种保全苗，若出现缺苗断垅，应在出苗期后及时补种或补苗。

4.6.2 杂草防除

可选用适当的除草剂或人工除草，以保证试验材料的正常生长。

4.6.3 施肥

根据试验地土壤肥力状况，可适当施用底肥、追肥，以满足参试品种中等偏上的肥力要求。根据当地实际情况播前施过磷酸钙1 500g/小区，生长期可适当追施尿素（含氮46%）150g/小区。

4.6.4 水分管理

根据植株田间生长状况、天气条件及土壤水分含量，适时适量浇水，如遇雨水过量，应及时排涝。

4.6.5 病虫害防治

以防为主，生长期间根据田间虫害和病害的发生情况，选择低毒高效的药剂适期防治。

5 产草量的测定

产草量包括第一次刈割的产量和再生草产量。多变小冠花产草量的测定一般于开花初期进行。刈割留茬高度10～15cm。产草量包括鲜重和干重。测产时应先刈割试验小区两侧边行及小区两头各50cm，并移出小区（本部分不计入产量），将余下部分8m²刈割测产，按实际面积计算产量。如个别小区有缺苗等特殊情况，本小区的测产面积不得少于 4m^2。要求用感量 0.1kg 的秤秤重。产草量测定结果记入表 A.3。

6 取样

6.1 测定干重的样品

每次刈割测产后，从每小区随机取 3～5 把草样，将 4 个重复的草样混合均匀，取约 1 000g的样品，剪成 3～4cm 长，编号称重，在干燥气候条件下，用布袋或尼龙纱袋装好，挂置于通风遮雨处晾干至两次称重之差不超过 2.5g；在潮湿气候条件下，置于烘箱中，60～65℃下烘干 12h，取出放置室内冷却回潮 24h 后称重，然后再放入烘箱在 60～65℃下烘干 8h，取出放置室内冷却回潮 24h 后称重，直至两次称重之差不超过 2.5g 为止，测定结果记入表 A.4。

6.2 测定品质的样品

由北京克劳沃草业技术开发中心负责取样，农业农村部全国草业产品质量监督检验测试中心负责检测。将第一茬测完干重后的草样保留作为品质测定样品。

7 观测记载项目

按附录 A 和 B 的要求进行田间观察，并记载当日所做的田间工作，整理填写入表。

8 数据整理

各承试单位负责其测试站点内所有测试数据的统计分析。干草产量用新复极差法进行多重比较。

9 总结报告

各承试单位于每年 11 月 10 日之前将填写完整的原始数据调查表及试验总结报告上交省级草原技术推广部门，省级草原技术推广部门于 11 月 20 日之前将汇总结果（纸质版和电子版）上交全国畜牧总站。

10 试验报废

各承试单位有下列情形之一的，该点区域试验作全部或部分报废处理：

因不可抗拒因素（如自然灾害等）造成试验不能正常进行；

同品种缺苗率超过 15%的小区有 2 个或 2 个以上；

其他严重影响试验科学性情况的。

试验期间，因以上原因造成试验报废的，承试单位应及时通过省级草原技术推广部门向全国畜牧总站提供书面报告。

1. 彩云多变小冠花

彩云多变小冠花（*Coronilla varia* L. ‘Caiyun’）是甘肃农业大学与甘肃创绿草业科技有限公司于 2009 年联合申请参加国家草品种区域试验的新品系。该参试材料在华北、西北等区于 2009—2011 年分别安排了 4 个试验点，在北京、兰州、延安、高台区域试验站（点）以绿宝石和卡门为对照品种开展了了区域适应性试验。2012 年通过全国草品种审定委员会审定，为育成品种。其区域试验结果见表 2-28。

表 2-28 各试验站（点）各年度干草产量分析表

地点	年份	品 种	均值（kg/100m²）	增（减）（%）	显著性（P 值）
北京	2009	彩云多变小冠花	193.80		
		绿宝石	185.4	4.53	0.016 5
		卡门	183.4	5.67	0.001 7
	2010	彩云多变小冠花	175.72		
		绿宝石	168.50	4.28	0.004 0
		卡门	175.13	0.34	0.788 0
	2011	彩云多变小冠花	123.45		
		绿宝石	104.30	18.36	0.000 4
		卡门	118.20	4.44	0.075 6
高台	2009	彩云多变小冠花	49.95		
		绿宝石	43.94	13.68	0.591 6
		卡门	53.57	−6.76	0.796 7
	2010	彩云多变小冠花	58.89		
		绿宝石	54.45	8.15	0.707 7
		卡门	45.83	28.50	0.180 9
	2011	彩云多变小冠花	106.96		
		绿宝石	117.80	−9.20	0.704 4
		卡门	125.34	−14.66	0.479 6
延安	2009	彩云多变小冠花	79.89		
		绿宝石	73.23	9.09	0.371 8
		卡门	72.31	10.48	0.299 1
	2010	彩云多变小冠花	88.44		
		绿宝石	82.03	7.81	0.355 4
		卡门	85.65	3.26	0.780 8
	2011	彩云多变小冠花	59.83		
		绿宝石	48.76	22.70	0.270 2
		卡门	45.04	32.84	0.090 7
兰州	2009	彩云多变小冠花	110.31		
		绿宝石	87.21	26.49	0.016 6
		卡门	80.99	36.20	0.010 3
	2010	彩云多变小冠花	107.32		
		绿宝石	113.60	−5.53	0.672 6
		卡门	101.76	5.46	0.724 9
	2011	彩云多变小冠花	89.71		
		绿宝石	83.91	6.91	0.753 9
		卡门	76.59	17.13	0.421 2

(四) 圆叶决明品种区域试验实施方案(2009年)

1 试验目的

客观、公正、科学地评价圆叶决明参试品种(系)的丰产性、适应性和品质特性,为国家草品种审定和推广应用提供科学依据。

2 试验安排及参试品种

2.1 试验区域及试验点

适宜在红壤山地,热带或亚热带气候条件下种植,种植地区为南方各省,设6个试验点。

2.2 参试品种(系)

闽育2号、闽引、威恩。

3 试验设置

3.1 试验地的选择

应尽可能代表所在试验区的气候、土壤和栽培条件等。选择地势平整、土壤肥力中等且均匀、前茬作物一致、无严重土传病害发生、具有良好排灌条件(雨季无积水)、四周无高大建筑物或树木影响的地块。

3.2 试验设计

3.2.1 试验组

参试的3个圆叶决明品种(系)(含2个对照品种)为1个试验组。

3.2.2 试验期

2009年起,不少于3个生产周年。

3.2.3 小区面积

小区面积为15m^2(长5m×宽3m)。

3.2.4 小区设置

采用随机区组设计,重复4次,同一试验组4个区组应放在同一地块,试验地四周设1m保护行。

4 播种和田间管理

4.1 一般原则

田间操作时,同一项技术措施应在同一天完成。同项技术措施无法在同一天完成时,同一区组的该项措施必须在同一天完成。

4.2 试验地准备

播种前,应对试验地的土质和肥力状况进行调查分析,种床要求精耕细作。

4.3 播种期

根据圆叶决明生长特性和当地气候及生产习惯适时播种,播种期为4—6月,最佳播期为4月底5月初。

4.4 播种方法

条播，行距 30cm，每小区播种 10 行，播深 1～2cm，播后镇压。在不能安全越冬的试点，每年春季在原小区重新播种。

4.5 播种量

每小区播种量 15g（每亩 0.67kg，种子用价>80%）。

4.6 田间管理

田间管理水平略高于当地大田生产水平，及时查苗补种或补苗、防除杂草、施肥、排灌并防治病虫害（抗病虫性鉴定的除外），以满足试验材料正常生长发育的水肥需要。

4.6.1 查苗补种

尽可能 1 次播种保全苗，若出现缺苗断垅，应在出苗期后及时补种或补苗。

4.6.2 杂草防除

可选用适当的除草剂或人工除草，以保证试验材料的正常生长。

4.6.3 施肥

根据试验地土壤肥力状况，可适当施用底肥、追肥，以满足参试品种中等偏上的肥力要求。可根据当地实际情况播前施过磷酸钙 150g/小区，生长期可适当追施钾肥。

4.6.4 水分管理

根据田间植株生长状况、天气条件及土壤水分含量，适时适量浇水，如遇雨水过量，应及时排涝。

4.6.5 病虫害防治

以防为主，生长期间根据田间虫害和病害的发生情况，选择低毒高效的药剂适期防治。

5 产草量的测定

产草量包括第一次刈割的产量和再生草产量。圆叶决明产草量的测定一般于开花初期进行。第二次测定应距第一次测定 60d 后进行。刈割留茬高度为 15～20cm。测产时应先刈割试验小区两侧边行，再将余下的 8 行留中间 4m，然后去掉两头 50cm,，实测所留 9.6m^2 的鲜草产量。如个别小区有缺苗等特殊情况，本小区的测产面积不得少于 4m^2。要求用感量 0.1kg 的秤秤重。产草量测定结果记入表 A.3。

6 取样

6.1 干重

每次刈割后，从每小区随机取 3～5 把草样，将 4 个重复的草样混合均匀，取约1 000g 的样品，剪成 3～4cm 长，编号称重，在干燥气候条件下，用布袋或尼龙纱袋装好，挂置于通风遮雨处晾干至两次称重之差不超过 2.5g；在潮湿气候条件下，置于烘箱中，60～65℃下烘干 12h，取出放置室内冷却回潮 24h 后称重，然后再放入烘箱在 60～65℃下烘干 8h，取出放置室内冷却回潮 24h 后称重，直至两次称重之差不超过 2.5g 为止。测定结果记入表 A.4。

6.2 品质

由广东省畜牧技术推广总站负责取样，农业农村部全国草业产品质量监督检验测试中心负责检测。将第一茬刈割测完干重后的草样 200g，作为品质测定样品。

7 观测记载项目

按附录A和B的要求进行田间观察，并记载当日所做的田间工作，整理填写入表。

8 数据整理

各承试单位负责其测试站点内所有测试数据的统计分析，干草产量用新复极差法进行多重比较。

9 总结报告

各承试单位于每年11月10日之前将填写完整的原始数据调查表及试验总结报告上交省级草原技术推广部门，省级草原技术推广部门于11月20日之前将汇总结果（纸质及电子版）上交全国畜牧总站。

10 试验报废

各承试单位有下列情形之一的，该点区域试验作全部或部分报废处理：

因不可抗拒因素（如自然灾害等）造成试验不能正常进行；

同品种缺苗率超过15%的小区有2个或2个以上；

其他严重影响试验科学性情况的。

试验期间，因以上原因造成试验报废的，承试单位应及时通过省级草原技术推广部门向全国畜牧总站提供书面报告。

1. 闽育2号圆叶决明

闽育2号圆叶决明（*Chamaecrista rotundifolia* ‘Minyu No. 2’）是福建省农业科学院农业生态研究所于2009年申请参加国家草品种区域试验的新品系。该参试材料在南方各省市于2009—2011年分别安排了6个试验点，在福建福州、广东广州、江西南昌、湖南邵阳、广东湛江、云南耿马区域试验站（点）以闽引圆叶决明和威恩圆叶决明为对照品种开展了区域适应性试验。该品种2012年通过全国草品种审定委员会审定，为育成品种。其区域试验结果见表2-29。

表2-29 各试验站（点）各年度干草产量分析表

地点	年份	品种	均值（kg/100m²）	增（减）（%）	显著性（P值）
福建福州	2009	闽育2号	151.62		
		闽引	134.67	12.59	0.008 6
		威恩	94.63	60.22	0.000 4
	2010	闽育2号	33.03		
		闽引	34.21	−3.45	0.663 3
		威恩			
	2011	闽育2号	34.88		
		闽引	21.67	60.96	0.175 6
		威恩			

（续）

地点	年份	品种	均值（kg/100m²）	增（减）（%）	显著性（P值）
广东广州	2009	闽育2号	91.42		
		闽引	86.77	5.36	0.7213
		威恩	56.61	61.49	0.0043
	2010	闽育2号	42.16		
		闽引	42.78	−1.45	0.9340
		威恩	46.77	−9.86	0.4731
	2011	闽育2号	53.67		
		闽引	48.86	8.96	0.5214
		威恩	28.17	90.52	0.0108
江西南昌	2009	闽育2号	82.88		
		闽引	88.02	−5.84	0.3524
		威恩	40.79	103.19	0.0001
	2010	闽育2号	74.80		
		闽引	85.32	−12.33	0.2350
		威恩			
湖南邵阳	2009	闽育2号	77.93		
		闽引	79.21	−1.62	0.8450
		威恩	67.73	15.06	0.0779
	2010	闽育2号	66.47		
		闽引	76.27	−12.85	0.3979
		威恩			
广东湛江	2009	闽育2号	112.80		
		闽引	104.27	8.18	0.1253
		威恩	73.80	52.85	0.0016
	2010	闽育2号	55.56		
		闽引	48.81	13.83	0.1726
		威恩	50.57	9.87	0.1528
	2011	闽育2号	76.58		
		闽引	77.49	−1.17	0.9206
		威恩	54.36	40.88	0.0027
云南耿马	2009	闽育2号	86.14		
		闽引	111.33	−22.63	0.0774
		威恩	18.27	371.48	0.0009

(五) 豇豆品种区域试验实施方案（2009 年）

1 试验目的

客观、公正、科学地评价豇豆参试品种的产量性状、适应性和品质特性，为国家草品种审定和推广应用提供科学依据。

2 试验安排及参试品种

2.1 试验区域及试验点

在长江以南适宜地区开展，共设 7 个试验点。

2.2 参试品种（系）

印度、印尼。

3 试验设置

3.1 试验地的选择

长江以南热带、亚热带气候区，土壤为红壤或砖红壤，有机质含量小于 15g/kg，地下水位不高于 2m，肥力均匀，排灌良好。前茬作物为非豆类。试验地四周无高大建筑物或树木影响的地块。

3.2 试验设计

3.2.1 试验期

2009 年起，不少于 2 个生产周年。

3.2.2 小区面积

小区面积为 $15m^2$（长 5m×宽 3m）。

3.2.3 小区设置

采用随机区组设计，重复 4 次，同一试验组的四个区组应放在同一地块，试验地四周设 1m 保护行。

4 播种和田间管理

4.1 一般原则

田间操作时，同一项技术措施应在同一天完成。同项技术措施无法在同一天完成时，同一区组的该项措施必须在同一天完成。

4.2 试验地准备

播种前，应对试验地的土质和肥力状况进行调查分析，种床要求精耕细作。

4.3 播种期

根据印度豇豆生长特性和当地气候及生产习惯，一般播种期在 3 月下旬至 5 月下旬均可，而以当地旬平均气温稳定在 15℃左右时，播种较为适宜。

4.4 播种方法

播种方法一般采用穴播，穴距为 30cm×30cm，每穴 3 粒（对照品种，每穴 5 粒）覆土 2～3cm。

4.5 播种量

穴播每小区播种量为 34～45g（种子用价>80%）。

4.6 田间管理

田间管理水平略高于当地大田生产水平，及时查苗补种或补苗、防除杂草、施肥、排灌并防治病虫害（抗病虫性鉴定的除外），以满足参试材料正常生长发育的水肥需要。

4.6.1 查苗补种

尽可能 1 次播种保全苗，若出现缺苗断垅，应及时补种或补苗。

4.6.2 杂草防除

可选用适当的除草剂或人工除草，以保证试验材料的正常生长。

4.6.3 施肥

根据试验地土壤肥力状况，可适当施用底肥、追肥，以满足参试品种中等偏上的肥力要求。每次刈割后每小区追施尿素（含氮 46%）150g，以利再生，保证后茬产量。

4.6.4 水分管理

根据植株田间生长状况、天气条件及土壤水分含量，适时适量浇水，如遇雨水过量，应及时排涝。

4.6.5 病虫害防治

以防为主，生长期间根据田间虫害和病害的发生情况，选择低毒高效的药剂适期防治。

5 产草量的测定

应在初花期第一次刈割，以后在草层高 45～55cm 时进行刈割，刈割时留茬 10～20cm。测产时应先刈割试验小区两侧边行及小区两头各 30cm，并移出小区（本部分不计入产量），将余下部分 10.56m^2 刈割测产。如个别小区有缺苗等特殊情况，本小区的测产面积不得少于 4m^2。要求用感量 0.1kg 的秤称重。产草量测定结果记入表 A.3。

6 取样

6.1 干重

每次刈割后，从每小区随机取 3～5 把草样，将 4 个重复的草样混合均匀，取约1 000g 的样品，剪成 3～4cm 长，编号称重，在干燥气候条件下，用布袋或尼龙纱袋装好，挂置于通风遮雨处晾干至两次称重之差不超过 2.5g；在潮湿气候条件下，置于烘箱中，60～65℃烘干 12h，取出放置室内冷却回潮 24h 后称重，然后再放入烘箱在 60～65℃下烘干 8h，取出放置室内冷却回潮 24h 后称重，直至两次称重之差不超过 2.5g 为止，测定结果记入表 A.4。

6.2 品质

由广东省畜牧技术推广总站负责取样，农业农村部全国草业产品质量监督检验测试中心负责检测。将第一茬测完干重后的草样保留作为品质测定样品。

7 观测记载项目

按附录 A 和 B 的要求进行田间观察，并记载当日所做的田间工作，整理填写入表。

8 数据整理

各承试单位负责其测试站点内所有测试数据的统计分析，干草产量用 T 测验进行分析。

9 总结报告

各承试单位于每年 11 月 10 日之前将填写完整的原始数据调查表及试验总结报告上交省级草原技术推广部门，省级草原技术推广部门于 11 月 20 日之前将汇总结果（纸质及电子版）上交全国畜牧总站。

10 试验报废

各承试单位有下列情形之一的，该点区域试验作全部或部分报废处理：

因不可抗拒因素（如自然灾害等）造成试验不能正常进行；

同品种缺苗率超过 15%的小区有 2 个或 2 个以上；

其他严重影响试验科学性情况的。

试验期间，因以上原因造成试验报废的，承试单位应及时通过省级草原技术推广部门向全国畜牧总站提供书面报告。

1. 闽南饲用（印度）豇豆

闽南饲用（印度）豇豆（*Vigna uniguiculata*.（L.）Walp. ‘Minnan’）是福建省农业科学院农业生态研究所和福建山地草业工程技术研究中心于 2008 年联合申请参加国家草品种区域试验的新品系。该参试材料在华东、华中、华南、西南地区于 2009—2010 年安排了 6 个试验点，在广东广州、广东湛江、湖南邵阳、江西南昌、湖北武汉、云南耿马区域试验站（点）以印尼小绿豆为对照品种开展了区域适应性试验。该品种 2012 年通过全国草品种审定委员会审定，为地方品种。其区域试验结果见表 2－30。

表 2－30 各试验站（点）各年度干草产量分析表

地 点	年份	品 种	均值（kg/100m²）	增（减）（%）	显著性（P 值）
广东广州	2009	闽南饲用（印度）豇豆	27.04		
		印尼小绿豆	24.50	10.37	0.621 9
	2010	闽南饲用（印度）豇豆	29.91		
		印尼小绿豆	29.96	−0.16	0.995 3
广东湛江	2009	闽南饲用（印度）豇豆	58.45		
		印尼小绿豆	46.57	25.51	0.022 8
	2010	闽选印度豇豆	65.60		
		印尼小绿豆	68.61	−4.3	0.643 4
湖南邵阳	2009	闽南饲用（印度）豇豆	36.01		
		印尼小绿豆	54.97	−34.49	0.003 4
	2010	闽南饲用（印度）豇豆	16.10		
		印尼小绿豆	36.46	−55.84	0.012 0

（续）

地　点	年份	品　种	均值（kg/100m²）	增（减）（%）	显著性（P值）
江西南昌	2009	闽南饲用（印度）豇豆	83.59		
		印尼小绿豆	104.43	−19.95	0.063 6
	2010	闽南饲用（印度）豇豆	22.25		
		印尼小绿豆	37.88	−41.26	0.010 9
湖北武汉	2009	闽南饲用（印度）豇豆	35.34		
		印尼小绿豆	20.03	76.44	0.043 0
	2010	闽南饲用（印度）豇豆	71.98		
		印尼小绿豆	90.84	−20.76	0.055 3
云南耿马	2009	闽南饲用（印度）豇豆豆	128.08		
		印尼小绿豆	49.01	161.34	0.000 1
	2010	闽南饲用（印度）豇豆	37.50		
		印尼小绿豆	47.63	−21.26	0.001 2

（六）秣食豆品种区域试验实施方案（2011年）

1　试验目的

客观、公正、科学地评价秣食豆参试品种的产量性状、适应性、品质特性或某一特殊性状，为国家草品种审定和推广应用提供科学依据。

2　试验安排及参试品种

2.1　试验区域及试验点

东北地区，5个试验点。

2.2　参试品种（系）

牡丹江秣食豆、松嫩秣食豆、公农535茶秣食豆。

3　试验设置

3.1　试验地的选择

试验地应选择尽可能的代表所在试验区的气候、土壤和栽培条件等，选择地势平坦，土壤肥力中等且均匀、前茬作物一致，具有良好的排灌条件，四周无高大建筑物或树木影响的地块。

3.2　试验设计

3.2.1　试验组

参试的3个秣食豆品种（系）设为1个试验组。

3.2.2　试验周期

2011年起，不少于2个生产周年。

3.3　小区面积

小区面积为 15m²（长 5m×宽 3m）。

3.4　小区设置

采用随机区组设计，4 次重复，同一区组应放在同一地块，试验地四周设 1m 保护行。

4　播种和田间管理

4.1　一般原则

田间操作时，同一项技术措施应在同一天完成。同项技术措施无法在同一天完成时，同一区组的该项措施必须在同一天完成。

4.2　试验地准备

播种前，应对试验地的土质和肥力状况进行调查分析，种床要求精耕细作。

4.3　播种期

春播，4 月下旬至 5 月中旬播种。

4.4　播种方法

条播，行距 50cm，每小区播种 6 行，播深 3～4cm，播后镇压。

4.5　播种量

播种量 90g/小区（4kg/亩，指种子用价>80%）。

4.6　田间管理

管理水平略高于当地大田生产水平，及时查苗补缺、防除杂草、施肥、排灌并防治病虫害，以满足参试品种（系）正常生长发育的水肥需要。

4.6.1　补播

尽可能 1 次播种保全苗，若出现明显的缺苗，应尽快进行补播或移栽补苗。

4.6.2　杂草防除

可人工除草或选用适当的除草剂，以保证试验材料的正常生长。

4.6.3　施肥

根据试验地土壤肥力状况，适当施用底肥、追肥，满足参试草种中等偏上的需肥要求。磷肥全部用作种肥，施磷酸二铵 300g/小区；根据土壤条件和植物生长状况，确定是否需要追施钾肥。

4.6.4　水分管理

根据天气和土壤水分含量，适时适量浇水，浇水原则为少浇深浇，保证每小区均匀灌溉。如遇雨水过量，应及时排涝。

4.6.5　病虫害防治

以防为主，生长期间根据田间虫害和病害的发生情况，选择低毒高效的药剂适时防治。

5　产草量的测定

全年测产一次，盛花期刈割，留茬高度 3cm。全小区测产。如个别小区有缺苗等特殊情况，本小区的测产面积不得少于 4m²。要求用感量 0.1kg 的秤称重，记载数据时须保留两位小数。产草量测定结果记入表 A.3。

6 取样

6.1 干重

每次刈割后，从每小区随机取 3～5 把草样，将 4 个重复的草样混合均匀，取约1 000g 的样品，剪成 3～4cm 长，编号称重，在干燥气候条件下，用布袋或尼龙纱袋装好，挂置于通风遮雨处晾干至两次称重之差不超过 2.5g；在潮湿气候条件下，置于烘箱中，60～65℃烘干 12h，取出放置室内冷却回潮 24h 后称重，然后再放入烘箱在 60～65℃下烘干 8h，取出放置室内冷却回潮 24h 后称重，直至两次称重之差不超过 2.5g 为止，测定结果记入表 A.4。

6.2 品质

只在黑龙江宝清试验点取样，由农业农村部全国草业产品质量监督检验测试中心负责检测。将测完干重后的草样保留作为品质测定样品。

7 观测记载项目

按附录 A 和 B 的要求进行田间观察，并记载当日所做的田间工作，整理填写入表。

8 数据整理

各承试单位负责其测试站点内所有测试数据的统计分析，干草产量用新复极差法进行多重比较。

9 总结报告

各承试单位于每年 11 月 10 日之前将填写完整的原始数据调查表及试验总结报告上交省级草原技术推广部门，省级草原技术推广部门于 11 月 20 日之前将汇总结果（纸质及电子版）上交全国畜牧总站。

10 试验报废

各承试单位有下列情形之一的，该点区域试验作全部或部分报废处理：

因不可抗拒因素（如自然灾害等）造成试验不能正常进行；

同品种缺苗率超过 15%的小区有 2 个或 2 个以上；

其他严重影响试验科学性情况的。

试验期间，因以上原因造成试验报废的，承试单位应及时通过省级草原技术推广部门向全国畜牧总站提供书面报告。

1. 牡丹江秣食豆

牡丹江秣食豆（*Glycine max*（L.）Merr. ‘Mudanjiang’）是东北农业大学申请参加 2011 年国家草品种区域试验的新品系。2011—2012 年选用公农 535 茶秣食豆为对照品种，在黑龙江宝清、吉林双辽、黑龙江五大连池、吉林延吉、黑龙江杜蒙 5 个试验站（点）进行国家草品种区域试验。2013 年通过全国草品种审定委员会审定，为野生栽培品种。其区域试验结果见表 2 - 31。

表 2-31 各试验站（点）各年度干草产量分析表

地点	年份	品种	均值（kg/100m²）	增（减）（%）	显著性（P 值）
黑龙江宝清	2011	公农 535 茶秣食豆	97.15	−3.73	0.370 1
		牡丹江秣食豆	93.53		
	2012	公农 535 茶秣食豆	56.61	3.66	0.784 1
		牡丹江秣食豆	58.68		
吉林双辽	2011	公农 535 茶秣食豆	33.88	−14.71	0.001 6
		牡丹江秣食豆	28.90		
	2012	公农 535 茶秣食豆	49.98	−13.30	0.000 1
		牡丹江秣食豆	43.33		
黑龙江五大连池	2011	公农 535 茶秣食豆	95.93	−9.61	0.007 9
		牡丹江秣食豆	86.71		
	2012	公农 535 茶秣食豆	73.04	−15.83	0.010 5
		牡丹江秣食豆	61.48		
吉林延吉	2011	公农 535 茶秣食豆	38.93	30.78	0.012 6
		牡丹江秣食豆	50.92		
	2012	公农 535 茶秣食豆	42.72	19.79	0.000 3
		牡丹江秣食豆	51.17		
黑龙江杜蒙	2011	公农 535 茶秣食豆	84.52	−11.38	0.095 1
		牡丹江秣食豆	74.90		
	2012	公农 535 茶秣食豆	71.64	−10.96	0.468 6
		牡丹江秣食豆	63.79		

2. 松嫩秣食豆

松嫩秣食豆（*Glycine max*（L.）Merr. ‘Songnen’）是黑龙江省畜牧研究所申请参加 2011 年国家草品种区域试验的新品系。该参试材料 2011—2012 年在东北地区安排了 5 个试验点开展区域试验。在黑龙江宝清、吉林双辽、黑龙江五大连池、吉林延吉、黑龙江杜蒙以公农 535 茶秣食豆为对照品种开展了区域适应性试验。该品种 2013 年通过全国草品种审定委员会审定，为地方品种。其区域试验结果见表 2-32。

表 2-32 各试验站（点）各年度干草产量分析表

地点	年份	品种	均值（kg/100m²）	增（减）（%）	显著性（P 值）
黑龙江宝清	2011	松嫩秣食豆	108.12		
		公农 535 茶秣食豆	97.15	11.30	0.022 1
	2012	松嫩秣食豆	66.27		
		公农 535 茶秣食豆	56.61	17.08	0.233 7

（续）

地　点	年份	品　种	均值（kg/100m²）	增（减）（%）	显著性（P值）
吉林双辽	2011	松嫩秣食豆	35.83		
		公农535茶秣食豆	33.88	5.76	0.107 1
	2012	松嫩秣食豆	59.08		
		公农535茶秣食豆	49.98	18.21	0.000 1
黑龙江五大连池	2011	松嫩秣食豆	94.38		
		公农535茶秣食豆	95.93	−1.62	0.613 0
	2012	松嫩秣食豆	71.76		
		公农535茶秣食豆	73.04	−1.76	0.658 9
吉林延吉	2011	松嫩秣食豆	44.20		
		公农535茶秣食豆	38.93	13.53	0.334 6
	2012	松嫩秣食豆	53.57		
		公农535茶秣食豆	42.72	25.41	0.000 1
黑龙江杜蒙	2011	松嫩秣食豆	94.08		
		公农535茶秣食豆	84.52	11.32	0.112 4
	2012	松嫩秣食豆	73.82		
		公农535茶秣食豆	71.64	3.04	0.853 2

（七）金花菜品种区域试验实施方案（2010年）

1　试验目的

客观、公正、科学地评价参试金花菜（南苜蓿）品种（系）的产量性状、适应性、品质特性或某一特殊性状，为国家草品种审定和推广应用提供科学依据。

2　试验安排及参试品种

2.1　试验区域及试验点

在华东、华中、西南等地组织开展，共设5个试验点。

2.2　参试品种（系）

扬中金花菜、楚雄南苜蓿。

3　试验设置

3.1　试验地的选择

应尽可能代表所在试验区的气候、土壤和栽培条件等。选择地势平整、土壤肥力中等且均匀、前茬作物一致、无严重土传病害、具有良好排灌条件（雨季无积水）、四周无高大建筑物或树木影响的地块。

3.2 试验设计

3.2.1 试验组

参试的2个金花菜品种（系）设为1个试验组。

3.2.2 试验周期

2010年起，不少于2个生产周期。

3.2.3 小区面积

试验小区面积为15m^2（长5m×宽3m）。

3.2.4 小区设置

采用随机区组设计，4次重复，同一区组应放在同一地块，试验地四周设1m保护行。

4 播种和田间管理

4.1 一般原则

田间操作时，同一项技术措施应在同一天完成。同项技术措施无法在同一天完成时，同一区组的该项措施必须在同一天完成。

4.2 试验地准备

播种前，应对试验地的土质和肥力状况进行调查分析，种床要求精耕细作。

4.3 播种期

根据金花菜品种特性和当地气候条件及生产习惯适时播种，一般在9—11月份播种。

4.4 播种方法

因金花菜种子硬实率较高，播前应对种子进行擦破种皮的处理。采用条播，行距30cm，每个小区播种10行，播深1～2cm，播后镇压。

4.5 播种量

一般播种量30g/小区（1.33kg/亩，指种子用价>80%）。

4.6 田间管理

田间管理水平略高于当地大田生产水平，及时查苗补种或补苗、防除杂草、施肥、排灌并防治病虫害（抗病虫性鉴定的除外），保证满足正常生长发育的水肥需要。

4.6.1 查苗补种

尽可能1次播种保全苗，若出现缺苗断垅，应在出苗期后及时补种或补苗。

4.6.2 杂草防除

可选用适当的除草剂或人工除草，以保证试验材料的正常生长。

4.6.3 施肥

根据试验地土壤肥力状况，可适当施用底肥、追肥，以满足参试品种中等偏上的肥力要求。可根据当地实际情况播前施过磷酸钙（含P_2O_5 18%）1 500g/小区，生长期可适当追施钾肥。

4.6.4 水分管理

根据植株田间生长状况、天气条件及土壤水分含量，适时适量浇水，如遇雨水过量，应及时排涝。

4.6.5 病虫害防治

以防为主，生长期间根据田间虫害和病害的发生情况，选择低毒高效的药剂适期防治。

5 产草量的测定

产草量包括第一次刈割的产量和再生草产量。株高 40～50cm 时进行第一次刈割，以后每隔 25～30d 刈割一次。刈割留茬高度为 3～5cm。测产时先割去试验小区两侧边行，再将余下的 8 行留足中间 4m，然后割去两头各 50cm，并移出小区（本部分不计入产量），将余下部分 9.6m² 刈割测产，按实际面积计算产量。如个别小区有缺苗等特殊情况，本小区的测产面积不得少于 4m²。要求用感量 0.1kg 的秤称重，记载数据时须保留两位小数。产草量测定结果记入表 A.3。

6 取样

6.1 干重

每次刈割测产后，从每小区随机取 3～5 把草样，将 4 个重复的草样混合均匀，取约 1 000g的样品，剪成 3～4cm 长，编号称重，在干燥气候条件下，用布袋或尼龙纱袋装好，挂置于通风遮雨处晾干至两次称重之差不超过 2.5g；在潮湿气候条件下，置于烘箱中，60～65℃下烘干 12h，取出放置室内冷却回潮 24h 后称重，然后再放入烘箱在 60～65℃下烘干 8h，取出放置室内冷却回潮 24h 后称重，直至两次称重之差不超过 2.5g 为止，测定结果记入表 A.4。

6.2 品质

只在云南省草山饲料工作站取样，由农业农村部全国草业产品质量监督检验测试中心负责检测。将第一茬测完干重后的草样保留作为品质测定样品。

7 观测记载项目

按附录 A 和 B 的要求进行田间观察，并记载当日所做的田间工作，整理填写入表。

8 数据整理

各承试单位负责其测试站点内所有测试数据的统计分析，干草产量用 T 测验。

9 总结报告

各承试单位于每年 11 月 10 日之前将填写完整的原始数据调查表及试验总结报告上交省级草原技术推广部门，省级草原技术推广部门于 11 月 20 日之前将汇总结果（纸质及电子版）上交全国畜牧总站。

10 试验报废

各承试单位有下列情形之一的，该点区域试验作全部或部分报废处理：

因不可抗拒因素（如自然灾害等）造成试验不能正常进行；

同品种缺苗率超过 15%的小区有 2 个或 2 个以上；

其他严重影响试验科学性情况的。

试验期间，因以上原因造成试验报废的，承试单位应及时通过省级草原技术推广部门向全国畜牧总站提供书面报告。

1. 淮扬金花菜

淮扬金花菜（*Medicago hispida* Gaertn. ‘Huaiyang’）是扬州大学和江苏省扬中市绿野秧草专业合作社联合申请参加2010年国家草品种区域试验的新品系。该参试材料在南京、南昌、邵阳区域试验站（点）以楚雄南苜蓿作为对照品种开展了区域适应性试验。该品种2013年通过全国草品种审定委员会审定，为地方品种。其区域试验结果见表2-33。

表2-33 各试验站（点）各年度干草产量分析表

地点	年份	品　种	均值 (kg/100m²)	增（减）(%)	显著性 (P值)
南昌	2011	淮扬金花菜	17.36		
		楚雄南苜蓿	13.04	33.10	0.395 2
	2012	淮扬金花菜	18.02		
		楚雄南苜蓿	12.62	42.73	0.003 4
南京	2011	淮扬金花菜	43.15		
		楚雄南苜蓿	27.91	54.59	0.000 4
	2012	淮扬金花菜	61.01		
		楚雄南苜蓿	42.06	45.05	0.000 1
邵阳	2011	淮扬金花菜	14.17		
		楚雄南苜蓿	15.96	−11.25	0.248 2
	2012	淮扬金花菜	44.68		
		楚雄南苜蓿	19.50	129.17	0.011 4

（八）达乌里胡枝子品种区域试验实施方案（2010年）

1　试验目的

客观、公正、科学地评价达乌里胡枝子品种（系）的产量性状、适应性、品质特性或某一特殊性状，为国家草品种审定和推广应用提供科学依据。

2　试验安排及参试品种

2.1　试验区域及试验点

在北方地区组织开展，共设7个试验点。

2.2　参试品种（系）

太谷达乌里胡枝子、达乌里胡枝子、科尔沁尖叶胡枝子。

3　试验设置

3.1　试验地的选择

应尽可能代表所在试验区的气候、土壤和栽培条件等。选择地势平整、土壤肥力中等且均匀、前茬作物一致、无严重土传病害、具有良好排灌条件（雨季无积水）、四周无高大建筑物或树木影响的地块。

3.2 试验设计

3.2.1 试验组

参试的3个胡枝子品种（系）为一个试验组。

3.2.2 试验周期

2010年起，不少于3个生产周年。

3.2.3 小区面积

小区面积为15m^2（长5m×宽3m）。

3.2.4 小区设置

采用随机区组设计，4次重复，同一区组应放在同一地块，试验地四周设1m保护行。

4 播种和田间管理

4.1 一般原则

田间操作时，同一项技术措施应在同一天完成。同项技术措施无法在同一天完成时，同一区组的该项措施必须在同一天完成。

4.2 试验地准备

播种前，应对试验地的土质和肥力状况进行调查分析，种床要求精耕细作。

4.3 播种期

根据达乌里胡枝子特性和当地气候条件及生产习惯适时播种。春、夏、秋均可播种。

4.4 播种方法

采用条播，行距30cm，每小区播10行，播深2～3cm，播后镇压。

4.5 播种量

一般播种量33.75g/小区（1.5kg/亩，指种子用价为80%）。

4.6 田间管理

田间管理水平略高于当地大田生产水平，及时查苗补种或补苗、防除杂草、施肥、排灌并防治病虫害（抗病虫性鉴定的除外），保证满足正常生长发育的水肥需要。

4.6.1 查苗补种

尽可能1次播种保全苗，若出现缺苗断垅，应在出苗期后及时补种或补苗。

4.6.2 杂草防除

可选用适当的除草剂或人工除草，以保证试验材料的正常生长。

4.6.3 施肥

根据试验地土壤肥力状况，可适当施用底肥、追肥，以满足参试品种中等偏上的肥力要求。

4.6.4 水分管理

根据植株田间生长状况、天气条件及土壤水分含量，适时适量浇水，如遇雨水过量，应及时排涝。

4.6.5 病虫害防治

以防为主，生长期间根据田间虫害和病害的发生情况，选择低毒高效的药剂适期防治。

5 产草量的测定

产草量包括第一次刈割的产量和再生草产量。达乌里胡枝子产草量的测定一般于开花初期进行。刈割留茬高度为 15～20cm。产草量包括鲜重和干重。测产时应先刈割试验小区两侧边行，再将余下的 8 行留足中间 4m，然后割去两头各 50cm，并移出小区（本部分不计入产量），将余下部分 9.6 m^2 刈割测产，按实际面积计算产量。如个别小区有缺苗等特殊情况，本小区的测产面积不得少于 4m^2。要求用感量 0.1kg 的秤秤重，记载数据时须保留两位小数。产草量测定结果记入表 A.3。

6 取样

6.1 干重

刈割测产后，从每小区随机取 3～5 把草样，将 4 个重复的草样混合均匀，取约1 000g 的样品，剪成 3～4cm 长，编号称重，在干燥气候条件下，用布袋或尼龙纱袋装好，挂置于通风遮雨处晾干至两次称重之差不超过 2.5g；在潮湿气候条件下，置于烘箱中，60～65℃烘干 12h，取出放置室内冷却回潮 24h 后称重，然后再放入烘箱在 60～65℃下烘干 8h，取出放置室内冷却回潮 24h 后称重，直至两次称重之差不超过 2.5g 为止，测定结果记入表 A.4

6.2 品质

只在国家草品种区域试验站（北京）取样，由农业农村部全国草业产品质量监督检验测试中心负责检测。将第一茬测完干重后的草样保留作为品质测定样品。

7 观测记载项目

按附录 A 和 B 的要求进行田间观察，并记载当日所做的田间工作，整理填写入表。

8 数据整理

各承试单位负责其测试站点内所有测试数据的统计分析，干草产量用 T 测验进行分析。

9 总结报告

各承试单位于每年 11 月 10 日之前将填写完整的原始数据调查表及试验总结报告上交省级草原技术推广部门，省级草原技术推广部门于 11 月 20 日之前将汇总结果（纸质及电子版）上交全国畜牧总站。

10 试验报废

各承试单位有下列情形之一的，该点区域试验作全部或部分报废处理：

因不可抗拒因素（如自然灾害等）造成试验不能正常进行；

同品种缺苗率超过 15%的小区有 2 个或 2 个以上；

其他严重影响试验科学性情况的。

试验期间，因以上原因造成试验报废的，承试单位应及时通过省级草原技术推广部门向全国畜牧总站提供书面报告。

1. 陇东达乌里胡枝子

陇东达乌里胡枝子（*Lespedeza davurica*（Laxm.）Schindl.‘Longdong’）是甘肃创绿草业科技有限公司、甘肃农业大学于 2008 年申请参加国家草品种区域试验的新品系。2009—2011 年选用科尔沁尖叶胡枝子为对照品种，在甘肃兰州、内蒙古多伦、内蒙古和林格尔、吉林双辽、北京双桥、陕西延安试验站（点）进行国家草品种区域试验。2013 年通过全国草品种审定委员会审定，为野生栽培品种。其区域试验结果见表 2-34。

表 2-34 各试验站（点）各年度干草产量分析表

地 点	年份	品 种	均值（kg/100m²）	增（减）（%）	显著性（P 值）
北京双桥	2009	陇东达乌里胡枝子	153.55		
		科尔沁尖叶胡枝子	65.02	136.16	0.000 1
	2010	陇东达乌里胡枝子	148.21		
		科尔沁尖叶胡枝子	167.34	−11.43	0.000 1
	2011	陇东达乌里胡枝子	98.01		
		科尔沁尖叶胡枝子	69.38	41.27	0.000 1
陕西延安	2009	陇东达乌里胡枝子	24.65		
		科尔沁尖叶胡枝子	5.03	390.06	0.031 2
	2010	陇东达乌里胡枝子	62.99		
		科尔沁尖叶胡枝子	18.35	243.27	0.000 1
	2011	陇东达乌里胡枝子	41.47		
		科尔沁尖叶胡枝子	15.31	170.87	0.005 8

2. 晋农 1 号达乌里胡枝子

晋农 1 号达乌里胡枝子（*Lespedeza daurica*（laxm.）Schindl.‘Jinnong No. 1’）是山西农业大学申请参加 2010 年国家草品种区域试验的新品系。2010—2013 年选用达乌里胡枝子、科尔沁尖叶胡枝子为对照品种，在北京、鄂尔多斯、兰州、延安、双辽、太原、延边安排了 7 个试验站（点）进行国家草品种区域试验。2014 年通过全国草品种审定委员会审定，为育成品种。其区域试验结果见表 2-35。

表 2-35 各试验站（点）各年度干草产量分析表

地点	年份	品 种	均值（kg/100m²）	增（减）（%）	显著性（P 值）
北京	2011	晋农 1 号达乌里胡枝子	88.70		
		达乌里胡枝子	58.06	52.77	0.000 1
		科尔沁尖叶胡枝子	46.90	89.15	0.000 1
	2012	晋农 1 号达乌里胡枝子	91.41		
		达乌里胡枝子	64.56	41.59	0.000 2
		科尔沁尖叶胡枝子	45.84	99.43	0.000 1
	2013	晋农 1 号达乌里胡枝子	101.24		
		达乌里胡枝子	82.82	22.24	0.000 1
		科尔沁尖叶胡枝子	70.75	43.10	0.000 1

（续）

地点	年份	品　种	均值（kg/100m²）	增（减）（%）	显著性（P值）
延边	2011	晋农1号达乌里胡枝子	47.81		
		达乌里胡枝子	46.77	2.23	0.736 1
		科尔沁尖叶胡枝子	50.89	−6.04	0.484 9
	2012	晋农1号达乌里胡枝子	33.75		
		达乌里胡枝子	40.55	−16.77	0.030 4
		科尔沁尖叶胡枝子	40.36	−16.39	0.006 6
	2013	晋农1号达乌里胡枝子	34.64		
		达乌里胡枝子	44.04	−21.35	0.002
		科尔沁尖叶胡枝子	39.59	−12.50	0.033 9
延安	2011	晋农1号达乌里胡枝子	56.55		
		达乌里胡枝子	24.07	134.97	0.000 1
		科尔沁尖叶胡枝子	27.10	108.63	0.000 1
	2012	晋农1号达乌里胡枝子	67.15		
		达乌里胡枝子	32.03	109.66	0.000 2
		科尔沁尖叶胡枝子	34.36	95.46	0.000 2
	2013	晋农1号达乌里胡枝子	46.90		
		达乌里胡枝子	34.67	35.28	0.000 5
		科尔沁尖叶胡枝子	32.48	44.41	0.004 1
鄂尔多斯	2011	晋农1号达乌里胡枝子	175.91		
		达乌里胡枝子	35.91	389.83	0.000 1
		科尔沁尖叶胡枝子	35.91	389.83	0.000 1
	2012	晋农1号达乌里胡枝子	66.36		
		达乌里胡枝子	47.14	40.78	0.000 7
		科尔沁尖叶胡枝子	40.13	65.34	0.000 1
	2013	晋农1号达乌里胡枝子	29.93		
		达乌里胡枝子	29.06	2.97	0.908 4
		科尔沁尖叶胡枝子	21.04	42.26	0.200 2
兰州	2011	晋农1号达乌里胡枝子	80.87		
		达乌里胡枝子	17.19	370.58	0.000 1
		科尔沁尖叶胡枝子	26.83	201.44	0.000 2
	2012	晋农1号达乌里胡枝子	90.78		
		达乌里胡枝子	26.46	243.13	0.000 1
		科尔沁尖叶胡枝子	31.49	188.27	0.000 4
	2013	晋农1号达乌里胡枝子	70.32		
		达乌里胡枝子	80.87	−13.05	0.209 8
		科尔沁尖叶胡枝子	31.20	125.38	0.003 6

（续）

地点	年份	品　种	均值（kg/100m²）	增（减）（%）	显著性（P 值）
双辽	2011	晋农 1 号达乌里胡枝子	44.22		
		达乌里胡枝子	50.99	−13.28	0.401 8
		科尔沁尖叶胡枝子	36.87	19.93	0.381 6
	2012	晋农 1 号达乌里胡枝子	52.81		
		达乌里胡枝子	61.36	−13.93	0.018 5
		科尔沁尖叶胡枝子	42.29	24.88	0.000 9
	2013	晋农 1 号达乌里胡枝子	25.76		
		达乌里胡枝子	28.08	−8.25	0.207 3
		科尔沁尖叶胡枝子	21.30	20.94	0.066 8

（九）箭筈豌豆品种区域试验实施方案（2012 年）

1　试验目的

客观、公正、科学地评价箭筈豌豆品种（系）的产量性状、适应性、品质特性或某一特殊性状，为国家草品种审定和推广应用提供科学依据。

2　试验安排及参试品种

2.1　试验区域与试验点

2.2　参试品种（系）

川北箭筈豌豆、兰箭 2 号箭筈豌豆

3　试验设置

3.1　试验地的选择

试验地应尽可能代表所在试验区的气候、土壤和栽培条件等。选择地势平整、土壤肥力中等且均匀、前茬作物一致、无严重土传病害、具有良好排灌条件（雨季无积水）、四周无高大建筑物或树木影响的地块。

3.2　试验设计

3.2.1　试验组

参试的 2 个箭筈豌豆品种（系）设为 1 个试验组。

3.2.2　试验周期

2012 年起，不少于 2 个生产周年。

3.2.3　小区面积

试验小区面积为 15m²（长 5m×宽 3m）。

3.2.4　小区设置

采用随机区组设计，4 次重复，同一区组应放在同一地块，试验地四周设 1m 保护行。

4 播种和田间管理

4.1 一般原则

田间操作时，同一项技术措施应在同一天完成。同项技术措施无法在同一天完成时，同一区组的该项措施必须在同一天完成。

4.2 试验地准备

播种前，应对试验地的土质和肥力状况进行调查分析，种床要求精耕细作。

4.3 播种期

根据箭筈豌豆品种特性和当地气候条件及生产习惯适时播种，春播、夏播、秋播均可。最佳播种时间是8月下旬至9月底。

4.4 播种方法

采用条播，行距30cm，每个小区播种10行，播深1～2cm，播后镇压。

4.5 播种量

一般播种量112g/小区（5kg/亩，指种子用价＞80％）。

4.6 田间管理

田间管理水平略高于当地大田生产水平，及时查苗补种或补苗、防除杂草、施肥、排灌并防治病虫害（抗病虫性鉴定的除外），保证满足正常生长发育的水肥需要。

4.6.1 查苗补种

尽可能1次播种保全苗，若出现缺苗断垅，应在出苗期后及时补种或补苗。

4.6.2 杂草防除

可选用适当的除草剂或人工除草，以保证试验材料的正常生长。

4.6.3 施肥

根据试验地土壤肥力状况，可适当施用底肥、追肥，以满足参试品种中等偏上的肥力要求。可根据当地实际情况播前施过磷酸钙（含 P_2O_5 12％）900g/小区；在第一次刈割后视土壤墒情、肥力进行适当灌溉、合理追肥（磷肥226g/小区，钾肥113g/小区）。

4.6.4 水分管理

根据植株田间生长状况、天气条件及土壤水分含量，适时适量浇水，如遇雨水过量，应及时排涝。

4.6.5 病虫害防治

以防为主，生长期间根据田间虫害和病害的发生情况，选择低毒高效的药剂适期防治。

5 产草量的测定

产草量包括第一次刈割的产量和再生草产量。箭筈豌豆产草量的测定一般于开花初期进行。最后一次测定应在植株停止生长前30d进行。刈割留茬高度为5～8cm。测产时先割去试验小区两侧边行，再将余下的8行留足中间4m，然后割去两头各50cm，并移出小区（本部分不计入产量），将余下部分9.6m^2 刈割测产，按实际面积计算产量。如个别小区有缺苗等特殊情况，本小区的测产面积不得少于4m^2。要求用感量0.1kg的秤秤重，记载数据时须保留两位小数。产草量测定结果记入表A.3。

6 取样

6.1 干重

每次刈割测产后，从每小区随机取 3～5 把草样，将 4 个重复的草样混合均匀，取约 1 000g 的样品，剪成 3～4cm 长，编号称重，在干燥气候条件下，用布袋或尼龙纱袋装好，挂置于通风遮雨处晾干至两次称重之差不超过 2.5g；在潮湿气候条件下，置于烘箱中，60～65℃下烘干 12h，取出放置室内冷却回潮 24h 后称重，然后再放入烘箱在 60～65℃下烘干 8h，取出放置室内冷却回潮 24h 后称重，直至两次称重之差不超过 2.5g 为止，测定结果记入表 A.4。

6.2 品质

只在国家草品种区域试验站（北京）取样，由农业农村部全国草业产品质量监督检验测试中心负责检测。将第一茬测完干重后的草样保留作为品质测定样品。

7 观测记载项目

按附录 A 和 B 的要求进行田间观察，并记载当日所做的田间工作，整理填写入表。

8 数据整理

各承试单位负责其测试站点内所有测试数据的统计分析，干草产量用新复极差法进行多重比较。

9 总结报告

各承试单位于每年 11 月 10 日之前将填写完整的原始数据调查表及试验总结报告上交省级草原技术推广部门，省级草原技术推广部门于 11 月 20 日之前将汇总结果（纸质及电子版）上交全国畜牧总站。

10 试验报废

各承试单位有下列情形之一的，该点区域试验作全部或部分报废处理：

因不可抗拒因素（如自然灾害等）造成试验不能正常进行；

同品种缺苗率超过 15%的小区有 2 个或 2 个以上；

其他严重影响试验科学性情况的。

试验期间，因以上原因造成试验报废的，承试单位应及时通过省级草原技术推广部门向全国畜牧总站提供书面报告。

1. 兰箭 2 号春箭筈豌豆

兰箭 2 号春箭筈豌豆（*Vicia sativa* L. ‘Lanjian No. 2’）是兰州大学于 2011 年申请参加国家草品种区域试验的育成新品系。2012—2014 年选用兰箭 3 号春箭筈豌豆作为对照品种，在青海海晏、新疆伊犁、陕西延安、甘肃甘南、四川西昌、云南 6 个试验站（点）进行国家草品种区域试验。2015 年通过全国草品种审定委员会审定，育成品种。其试验结果见表 2-36、表 2-37。

表 2-36　各试验站（点）各年度干草产量分析表

地点	年份	品　种	均值（kg/100m²）	增（减）（%）	显著性（P 值）
海晏	2012	兰箭 2 号春箭筈豌豆	55.74		
		兰箭 3 号春箭筈豌豆	42.40	31.46	0.012 2
	2013	兰箭 2 号春箭筈豌豆	49.00		
		兰箭 3 号春箭筈豌豆	38.83	26.19	0.210 7
延安	2012	兰箭 2 号春箭筈豌豆	21.32		
		兰箭 3 号春箭筈豌豆	15.77	35.19	0.049 2
	2013	兰箭 2 号春箭筈豌豆	16.78		
		兰箭 3 号春箭筈豌豆	17.78	−5.63	0.754 8
伊犁	2012	兰箭 2 号春箭筈豌豆	31.90		
		兰箭 3 号春箭筈豌豆	33.55	−4.9	0.451 6
	2013	兰箭 2 号春箭筈豌豆	36.08		
		兰箭 3 号春箭筈豌豆	35.63	1.26	0.898 3
甘南	2013	兰箭 2 号春箭筈豌豆	32.57		
		兰箭 3 号春箭筈豌豆	29.69	9.71	0.636 6
	2014	兰箭 2 号春箭筈豌豆	34.10		
		兰箭 3 号春箭筈豌豆	30.49	11.84	0.650 0
西昌	2013	兰箭 2 号春箭筈豌豆	136.31		
		兰箭 3 号春箭筈豌豆	122.68	11.11	0.501 2
	2014	兰箭 2 号春箭筈豌豆	40.45		
		兰箭 3 号春箭筈豌豆	39.08	3.51	0.916 7

表 2-37　各试验站（点）各年度种子产量分析表

地点	年份	品　种	均值（kg/100m²）	增（减）（%）	显著性（P 值）
延安	2012	兰箭 2 号春箭筈豌豆	5.36		
		兰箭 3 号春箭筈豌豆	6.74	−20.36	0.405 7
	2013	兰箭 2 号春箭筈豌豆	1.08		
		兰箭 3 号春箭筈豌豆	1.98	−45.61	0.068 2
伊犁	2012	兰箭 2 号春箭筈豌豆	1.77		
		兰箭 3 号春箭筈豌豆	1.98	−10.29	0.492 1
	2013	兰箭 2 号春箭筈豌豆	2.08		
		兰箭 3 号春箭筈豌豆	2.29	−9.16	0.285 4
甘南	2013	兰箭 2 号春箭筈豌豆	9.72		
		兰箭 3 号春箭筈豌豆	14.58	−33.33	0.087
	2014	兰箭 2 号春箭筈豌豆	3.30		
		兰箭 3 号春箭筈豌豆	5.18	−36.25	0.079

（续）

地点	年份	品　种	均值（kg/100m²）	增（减）（%）	显著性（P值）
西昌	2013	兰箭2号春箭筈豌豆	3.40		
		兰箭3号春箭筈豌豆	3.96	−14.06	0.397 1
	2014	兰箭2号春箭筈豌豆	1.81		
		兰箭3号春箭筈豌豆	5.52	−67.27	0.018

2. 川北箭筈豌豆

川北箭筈豌豆（*Vicia sativa* L. 'Chuanbei'）是四川省农业科学研究院土肥研究所于2011年申请参加国家草品种区域试验的新品系。2012—2014年选用兰箭3号春箭筈豌豆作为对照品种，在青海海晏、新疆伊犁、陕西延安、甘肃甘南、四川西昌、云南6个试验站（点）进行国家草品种区域试验。2015年通过全国草品种审定委员会审定，地方品种。其区域试验结果见表2-38、表2-39。

表2-38　各试验站（点）各年度干草产量分析表

地点	年份	品　种	均值（kg/100m²）	增（减）（%）	显著性（P值）
海晏	2012	川北箭筈豌豆	36.81		
		兰箭3号箭筈豌豆	42.39	−13.18	0.454 4
	2013	川北箭筈豌豆	43.77		
		兰箭3号箭筈豌豆	38.83	12.72	0.498 8
延安	2012	川北箭筈豌豆	20.39		
		兰箭3号箭筈豌豆	15.77	29.3	0.077 1
	2013	川北箭筈豌豆	18.2		
		兰箭3号箭筈豌豆	17.78	2.36	0.702 5
伊犁	2012	川北箭筈豌豆	40.59		
		兰箭3号箭筈豌豆	33.55	20.98	0.011 4
	2013	川北箭筈豌豆	37.74		
		兰箭3号箭筈豌豆	35.63	5.92	0.549 9
甘南	2013	川北箭筈豌豆	38.54		
		兰箭3号箭筈豌豆	29.69	29.82	0.121 7
	2014	川北箭筈豌豆	36.39		
		兰箭3号箭筈豌豆	30.49	19.36	0.500 1
西昌	2013	川北箭筈豌豆	143.81		
		兰箭3号箭筈豌豆	122.68	17.22	0.125
	2014	川北箭筈豌豆	47.58		
		兰箭3号箭筈豌豆	39.08	21.75	0.365 9

表 2-39　各试验点各年度种子产量分析表

地点	年份	品　种	均值 (kg/100m²)	增（减）(%)	显著性 (P 值)
延安	2012	川北箭筈豌豆	6.51		
		兰箭 3 号箭筈豌豆	6.74	−3.32	0.923 1
	2013	川北箭筈豌豆	5.07		
		兰箭 3 号箭筈豌豆	1.98	155.63	0.052 1
伊犁	2012	川北箭筈豌豆	2.29		
		兰箭 3 号箭筈豌豆	1.98	16.02	0.304 7
	2013	川北箭筈豌豆	2.60		
		兰箭 3 号箭筈豌豆	2.29	13.52	0.269 0
西昌	2013	川北箭筈豌豆	4.51		
		兰箭 3 号箭筈豌豆	3.96	13.97	0.482 2
	2014	川北箭筈豌豆	1.08		
		兰箭 3 号箭筈豌豆	5.52	−80.50	0.008 4

（十）广布野豌豆品种区域试验实施方案（2011 年）

1　试验目的

客观、公正、科学地评价参试广布野豌豆品种的产量性状、适应性、品质特性或某一特殊性状，为国家草品种审定和推广应用提供科学依据。

2　试验安排及参试品种

2.1　试验区域与试验点

东北地区，共安排 5 个试验点。

2.2　参试品种（系）

公农广布野豌豆、东方延边野豌豆。

3　试验设置

3.1　试验地的选择

试验地应尽可能代表所在试验区的气候、土壤和栽培条件等。选择地势平整、土壤肥力中等且均匀、前茬作物一致、无严重土传病害、具有良好排灌条件（雨季无积水）、四周无高大建筑物或树木影响的地块。

3.2　试验设计

3.2.1　试验组

参试的 2 个野豌豆品种为 1 个试验组。

3.2.2 试验周期

2011 年起，不少于 3 个生产周期。

3.2.3 小区面积

试验小区面积为 15m^2（长 5m×宽 3m）。

3.2.4 小区设置

采用随机区组设计，4 次重复，同一区组应放在同一地块，试验地四周设 1m 保护行。

4 播种和田间管理

4.1 一般原则

田间操作时，同一项技术措施应在同一天完成。同项技术措施无法在同一天完成时，同一区组的该项措施必须在同一天完成。

4.2 试验地准备

播种前，应对试验地的土质和肥力状况进行调查分析，种床要求精耕细作。

4.3 播种期

在 5 月中旬播种较为适宜。

4.4 播种方法

条播，行距 60cm，每个小区种植 5 行。小区间距 1m。因种子硬实率较高，播种前需用 98%浓硫酸浸泡种子 15～20min，或用砂纸揉擦磨破种皮打破硬实。播种深度为 3～4cm 为宜。播后镇压。

4.5 播种量

播种量 52.5g/小区（2.33kg/亩，种子用价>80%）。

4.6 田间管理

田间管理水平略高于当地大田生产水平，及时查苗补种或补苗、防除杂草、施肥、排灌并防治病虫害（抗病虫性鉴定的除外），保证满足正常生长发育的水肥需要。

4.6.1 查苗补种

尽可能 1 次播种保全苗，若出现缺苗断垅，应在出苗期后及时补种或补苗。

4.6.2 杂草防除

播种当年，如生长十分缓慢，应及时地多次除草以保证其正常。第二年后，由于生长速度相对较快，可较快覆盖地面，根据田间情况，做好适当的杂草防除工作。

4.6.3 施肥

根据试验地土壤肥力状况，可适当施用底肥、追肥，以满足参试品种中等偏上的肥力要求。播种的同时施过磷酸钙 1 000～1 500g/小区。

4.6.4 水分管理

根据植株田间生长状况、天气条件及土壤水分含量，适时适量浇水，如遇雨水过量，应及时排涝。

4.6.5 病虫害防治

以防为主，生长期间根据田间虫害和病害的发生情况，选择低毒高效的药剂适期防治。

5　产草量的测定

产草量包括第一次刈割的产量和再生草产量。第一年只进行一次测产，国庆节前（9月底）刈割；第二、三年于初花期进行，最后一次测产应在初霜前30d进行。刈割留茬高度5cm。全小区测产。如个别小区有缺苗等特殊情况，本小区的测产面积不得少于$4m^2$。要求用感量0.1kg的秤称重，记载数据时须保留两位小数。产草量测定结果记入表A.3。

6　取样

6.1　干重

每次刈割测产后，从每小区随机取3～5把草样，将4个重复的草样混合均匀，取约1 000g的样品，剪成3～4cm长，编号称重，在干燥气候条件下，用布袋或尼龙纱袋装好，挂置于通风遮雨处晾干至两次称重之差不超过2.5g；在潮湿气候条件下，置于烘箱中，60～65℃下烘干12h，取出放置室内冷却回潮24h后称重，然后再放入烘箱在60～65℃下烘干8h，取出放置室内冷却回潮24h后称重，直至两次称重之差不超过2.5g为止，测定结果记入表A.4。

6.2　品质

只在黑龙江宝清试验点取样，由农业农村部全国草业产品质量监督检验测试中心负责检测。将第一茬测完干重后的草样保留作为品质测定样品。

7　观测记载项目

按附录A和B的要求进行田间观察，并记载当日所做的田间工作，整理填写入表。

8　数据整理

各承试单位负责其测试站点内所有测试数据的统计分析，干草产量用T测验进行统计分析。

9　总结报告

各承试单位于每年11月10日之前将填写完整的原始数据调查表及试验总结报告上交省级草原技术推广部门，省级草原技术推广部门于11月20日之前将汇总结果（纸质及电子版）上交全国畜牧总站。

10　试验报废

各承试单位有下列情形之一的，该点区域试验作全部或部分报废处理：

因不可抗拒因素（如自然灾害等）造成试验不能正常进行；

同品种缺苗率超过15%的小区有2个或2个以上；

其他严重影响试验科学性情况的。

试验期间，因以上原因造成试验报废的，承试单位应及时通过省级草原技术推广部门向全国畜牧总站提供书面报告。

1. 公农广布野豌豆

公农广布野豌豆（*Vicia craccal* L. ‘Gongnong’）是吉林省农业科学院申请参加2011

年国家草品种区域试验的新品系。2011—2014 年选用延边东方野豌豆作为对照品种，在黑龙江宝清、黑龙江五大连池、黑龙江杜尔伯特蒙、吉林双辽、吉林延边安排 5 个试验站（点）进行国家草品种区域试验。2015 年通过全国草品种审定委员会审定，野生栽培品种。其区域试验结果见表 2-40。

表 2-40 各试验站（点）各年度干草产量分析表

地 点	年份	品 种	均值 (kg/100m²)	增（减）(%)	显著性 (P 值)
黑龙江宝清	2011	公农广布野豌豆	43.87		
		延边东方野豌豆	39.82	10.17	0.296 4
	2012	公农广布野豌豆	86.18		
		延边东方野豌豆	86.72	−0.62	0.947 2
	2013	公农广布野豌豆	202.90		
		延边东方野豌豆	229.77	−11.69	0.007 8
	2014	公农广布野豌豆	116.35		
		延边东方野豌豆	127.63	−8.84	0.000 2
黑龙江五大连池	2012	公农广布野豌豆	79.95		
		延边东方野豌豆	81.46	−0.02	0.596 3
	2013	公农广布野豌豆	81.53		
		延边东方野豌豆	73.50	10.93	0.079 5
	2014	公农广布野豌豆	81.75		
		延边东方野豌豆	77.91	4.93	0.160 6
吉林双辽	2012	公农广布野豌豆	9.20		
		延边东方野豌豆	6.83	34.61	0.041 4
	2013	公农广布野豌豆	57.13		
		延边东方野豌豆	61.73	−7.45	0.011 2
	2014	公农广布野豌豆	66.42		
		延边东方野豌豆	79.75	−16.72	0.000 1
吉林延边	2012	公农广布野豌豆	42.49		
		延边东方野豌豆	36.85	15.28	0.103 1
	2013	公农广布野豌豆	78.35		
		延边东方野豌豆	78.55	−0.26	0.950 3

（十一）爪哇大豆品种区域试验实施方案（2011 年）

1 试验目的

客观、公正、科学地评价爪哇大豆参试品种的产量性状、适应性和品质特性，为国家草品种审定和推广应用提供科学依据。

2 试验安排及参试品种

2.1 试验区域及试验点

在华南、华东等地区，共安排5个试验点。

2.2 参试品种（系）

提那罗爪哇大豆、色拉特罗大翼豆、热研16号卵叶山蚂蟥。

3 试验设置

3.1 试验地的选择

选择地下水位低、肥力均匀、排灌良好、前茬作物为非豆类的地块。试验地四周应无高大建筑物或树木影响。

3.2 试验设计

3.2.1 试验组

参试的1个爪哇大豆、1个大翼豆和1个卵叶山蚂蟥品种（系）设为1个试验组。

3.2.2 试验周期

2011年起，不少于3个生产周年。

3.2.3 小区面积

小区面积为14.4m^2（长4.8m×宽3m）。

3.2.4 小区设置

采用随机区组设计，重复4次，同一试验组的四个区组应放在同一地块，试验地四周设1m保护行。

4 播种和田间管理

4.1 一般原则

田间操作时，同一项技术措施应在同一天完成。同项技术措施无法在同一天完成时，同一区组的该项措施必须在同一天完成。

4.2 试验地准备

播种前，应对试验地的土质和肥力状况进行调查分析，种床要求精耕细作。

4.3 播种期

4月下旬至5月下旬均可播种。

4.4 播种方法

4.4.1 育苗

将种子用80℃热水处理3min。育苗田采用穴播，行株20cm×20cm，每穴2～3粒种子，覆土2～3cm，镇压。播种后40～50d、苗高15～20cm时可以移栽。

4.4.2 移栽

移栽时应注意避开暴雨或大雨，最好在雨过后阴天移栽。栽种密度为行株距60cm×60cm，每小区栽40穴，每穴移栽2～3株幼苗。成活后分枝期间苗，留健壮苗2株。

4.5 田间管理

田间管理水平略高于当地大田生产水平，及时查苗补种或补苗、防除杂草、施肥、排灌并防治病虫害（抗病虫性鉴定的除外），以满足参试材料正常生长发育的水肥需要。

4.5.1 查苗补种

若出现缺苗断垅，应及时补种或补苗。

4.5.2 杂草防除

可选用适当的除草剂或人工除草，以保证试验材料的正常生长。

4.5.3 施肥

根据试验地土壤肥力状况，可适当施用底肥、追肥，以满足参试品种中等偏上的肥力要求。建议每次刈割后追施尿素。在两行之间进行穴施，每穴施肥量 10g。

4.5.4 水分管理

根据植株田间生长状况、天气条件及土壤水分含量，适时适量浇水，如遇雨水过量，应及时排涝。

4.5.5 病虫害防治

以防为主，生长期间根据田间虫害和病害的发生情况，选择低毒高效的药剂适期防治。

5 产草量的测定

产草量包括第一次刈割的产量和再生草产量。初花期进行第一次刈割，以后在植株绝对高度 100cm 时进行刈割，刈割时留茬 30cm。测产时，应先割去试验小区四周各一行，本部分不计入产量。将余下 6.48m^2（18 株）刈割测产。如个别小区有缺苗等特殊情况，本小区的测产面积不得少于 4m^2。要求用感量 0.1kg 的秤称重，记载数据时须保留两位小数。产草量测定结果记入表 A.3。

6 取样

6.1 干重

每次刈割后，从每小区随机取 3～5 把草样，将 4 个重复的草样混合均匀，取约1 000g 的样品，剪成 3～4cm 长，编号称重，在干燥气候条件下，用布袋或尼龙纱袋装好，挂置于通风遮雨处晾干至两次称重之差不超过 2.5g；在潮湿气候条件下，置于烘箱中，60～65℃烘干 12h，取出放置室内冷却回潮 24h 后称重，然后再放入烘箱在 60～65℃下烘干 8h，取出放置室内冷却回潮 24h 后称重，直至两次称重之差不超过 2.5g 为止，测定结果记入表 A.4。

6.2 品质

由广西南宁试验点负责取样，农业农村部全国草业产品质量监督检验测试中心负责检测。将第一茬测完干重后的草样保留作为品质测定样品。

7 观测记载项目

按附录 A 的要求进行田间观察，并记载当日所做的田间工作，整理填写入表。

8 数据整理

各承试单位负责其测试站点内所有测试数据的统计分析，干草产量用新复极差法进行分析。

9 总结报告

各承试单位于每年 11 月 10 日之前将填写完整的原始数据调查表及试验总结报告上交省级草原技术推广部门，省级草原技术推广部门于 11 月 20 日之前将汇总结果（纸质及电子版）上交全国畜牧总站。

10 试验报废

各承试单位有下列情形之一的，该点区域试验作全部或部分报废处理：

因不可抗拒因素（如自然灾害等）造成试验不能正常进行；

同品种缺苗率超过 15%的小区有 2 个或 2 个以上；

其他严重影响试验科学性情况的。

试验期间，因以上原因造成试验报废的，承试单位应及时通过省级草原技术推广部门向全国畜牧总站提供书面报告。

1. 提那罗爪哇大豆

提那罗爪哇大豆（*Neonotonia Wightii*（Wight & Arn.）Lackey ‘Tinaroo’）是云南省农业科学院热区生态农业研究所于 2010 年申请参加国家草品种区域试验的新品系。2011—2013 年选用色拉特罗大翼豆和热研 16 号卵叶山蚂蟥作为对照品种，在湛江、儋州、南宁、福州等地区安排 4 个试验站（点）进行国家草品种区域试验。2015 年通过全国草品种审定委员会审定，为引进品种。其区域试验结果见表 2-41。

表 2-41 各试验站（点）各年度干草产量分析表

地点	年份	品 种	均值 (kg/100m²)	增（减）(%)	显著性 (P 值)
湛江	2011	提那罗爪哇大豆	20.67		
		色拉特罗大翼豆	140.45	−85.28	0.000 1
		热研 16 号卵叶山蚂蟥	64.05	−67.73	0.000 3
	2012	提那罗爪哇大豆	118.56		
		色拉特罗大翼豆	176.37	−32.78	0.022 6
		热研 16 号卵叶山蚂蟥	84.91	39.64	0.079 7
	2013	提那罗爪哇大豆	31.95		
		色拉特罗大翼豆	40.45	−21.01	0.026 8
		热研 16 号卵叶山蚂蟥	42.82	−25.38	0.002
儋州	2011	提那罗爪哇大豆	7.23		
		色拉特罗大翼豆	27.24	−73.48	0.002 9
		热研 16 号卵叶山蚂蟥	30.07	−75.97	0.000 3
	2012	提那罗爪哇大豆	12.71		
		色拉特罗大翼豆	32.15	−60.48	0.000 1
		热研 16 号卵叶山蚂蟥	52.01	−75.57	0.000 1
	2013	提那罗爪哇大豆	28.91		
		色拉特罗大翼豆	12.52	130.92	0.071 9
		热研 16 号卵叶山蚂蟥	37.29	−22.49	0.392 1

（续）

地点	年份	品　种	均值（kg/100m²）	增（减）（%）	显著性（P值）
南宁	2011	提那罗爪哇大豆	95.50		
		色拉特罗大翼豆	63.68	49.97	0.102 6
		热研16号卵叶山蚂蟥	31.62	202.04	0.002 4
	2012	提那罗爪哇大豆	46.35		
		色拉特罗大翼豆	82.94	−44.12	0.021 2
		热研16号卵叶山蚂蟥	95.77	−51.61	0.003 7
	2013	提那罗爪哇大豆	44.17		
		色拉特罗大翼豆	—	—	—
		热研16号卵叶山蚂蟥	—	—	—

（十二）硬皮豆品种区域试验实施方案（2011年）

1　试验目的

客观、公正、科学地评价硬皮豆参试品种的产量、适应性和品质特性等综合性状，为国家草品种审定和推广提供科学依据。

2　试验安排及参试品种

2.1　试验区域及试验点

华东、华南地区，共安排5个试验点。

2.2　参试品种（系）

崖县硬皮豆、润高扁豆。

3　试验设置

3.1　试验地的选择

试验地应尽可能代表所在试验区的气候、土壤和栽培条件等。选择地势平整、土壤肥力中等且均匀、前茬作物一致、无严重土传病害、具有良好排灌条件（雨季无积水）、四周无高大建筑物或树木影响的地块。

3.2　试验设计

3.2.1　试验组

参试的2个品种设为1个试验组

3.2.2　试验周期

2011年起，试验不少于2个生产周期。

3.2.3　小区面积

小区面积15m²（长5m×宽3m）。

3.2.4　小区设置

随机区组设计，4 次重复，小区间距应扩大。同一区组应放在同一地块，试验地四周设 1m 保护行。

4　播种和田间管理

4.1　一般原则

田间操作时，同一项技术措施应在同一天完成。同项技术措施无法在同一天完成时，则同一区组的该项措施必须在同一天完成。

4.2　试验地准备

播种前，应对试验地的土质和肥力状况进行调查分析，种床要求精耕细作。

4.3　播种期

3—4 月播种。

4.4　播种方法

穴播。行距 30cm，每个小区播种 10 行，株间距 50cm，每行种 10 株。每小区共种植 100 穴。播深 2～3cm，播后镇压。

4.5　播种量

每穴播种 3 粒。出苗后间苗，每穴留壮苗 2 株。

4.6　田间管理

田间管理水平略高于当地大田生产水平，及时查苗补种或补苗、防除杂草、施肥、排灌并防治病虫害（抗病虫性鉴定的除外），保证满足正常生长发育的水肥需要。

4.6.1　查苗补种

尽可能 1 次播种保全苗，若出现缺苗断垅，应在出苗期后及时补种或补苗。

4.6.2　杂草防除

可选用适当的除草剂或人工除草，以保证试验材料的正常生长。

4.6.3　施肥

根据试验地土壤肥力状况，可适当施用底肥、追肥，以满足参试品种中等偏上的肥力要求。可根据当地实际情况播前施过磷酸钙 1 500g/小区，生长期可适当追施钾肥。

4.6.4　水分管理

根据植株田间生长状况、天气条件及土壤水分含量，适时适量浇水，如遇雨水过量，应及时排涝。

4.6.5　病虫害防治

以防为主，生长期间根据田间虫害和病害的发生情况，选择低毒高效的药剂适期防治。

5　产草量的测定

所有参试品种（系）只刈割一次测产。乳熟期齐地刈割。当参试品种生长期不一致时，只要有一个品种达到乳熟期，即可全部刈割测产。全小区测产。如个别小区有缺苗等特殊情况，本小区的测产面积不得少于 $4m^2$。要求用感量 0.1kg 的秤称重，记载数据时须保留两位小数。产草量测定结果记入表 A.3。

6 取样

6.1 干重

刈割测产后，从每小区随机取 3～5 把草样，将 4 个重复的草样混合均匀，取约1 000g的样品，剪成 3～4cm 长，编号称重，在干燥气候条件下，用布袋或尼龙纱袋装好，挂置于通风遮雨处晾干至两次称重之差不超过 2.5g；在潮湿气候条件下，置于烘箱中，60～65℃烘干 12h，取出放置室内冷却回潮 24h 后称重，然后再放入烘箱在 60～65℃下烘干 8h，取出放置室内冷却回潮 24h 后称重，直至两次称重之差不超过 2.5g 为止，测定结果记入表 A.4。

6.2 品质

只在海南儋州试验点取样，由农业农村部全国草业产品质量监督检验测试中心负责检测。将测完干重后的草样保留作为品质测定样品。

7 观测记载项目

按附录 A 的要求进行田间观察，并记载当日所做的田间工作，整理填写入表。

8 数据整理

各承试单位负责其测试站点内所有测试数据的统计分析，干草产量用 T 测验进行统计分析。

9 总结报告

各承试单位于每年 11 月 10 日之前将填写完整的原始数据调查表及试验总结报告上交省级草原技术推广部门，省级草原技术推广部门于 11 月 20 日之前将汇总结果（纸质及电子版）上交全国畜牧总站。

10 试验报废

各承试单位有下列情形之一的，该点区域试验作全部或部分报废处理：

因不可抗拒因素（如自然灾害等）造成试验不能正常进行；

同品种缺苗率超过 15%的小区有 2 个或 2 个以上；

其他严重影响试验科学性情况的。

试验期间，因以上原因造成试验报废的，承试单位应及时通过省级草原技术推广部门向全国畜牧总站提供书面报告。

1. 崖州硬皮豆

崖州硬皮豆（*Macrotyloma uniflorum*（Lam.）Verdc. ‘Yazhou’）是中国热带农业科学院热带作物品种资源研究所申请参加 2011 年国家草品种区域试验的新品系。2011—2012 年选用润高扁豆作为对照品种，在福州、南昌、邵阳、儋州、南宁安排 5 个试验站（点）进行国家草品种区域试验。2015 年通过全国草品种审定委员会审定，地方品种。其区域试验结果见表 2-42。

表 2-42 各试验站（点）各年度干草产量分析表

地点	年份	品　种	均值（kg/100m²）	增（减）（%）	显著性（P 值）
福州	2011	崖州硬皮豆	48.20		
		润高扁豆	47.00	2.55	0.904 1
	2012	崖州硬皮豆	76.15		
		润高扁豆	94.60	−19.50	0.075 8
南昌	2011	崖州硬皮豆	47.15		
		润高扁豆	65.52	−28.03	0.070 2
	2012	崖州硬皮豆	53.21		
		润高扁豆	102.86	−48.27	0.016
邵阳	2011	崖州硬皮豆	58.45		
		润高扁豆	42.97	36.04	0.203 6
	2012	崖州硬皮豆	30.48		
		润高扁豆	55.31	−44.89	0.003 2
儋州	2011	崖州硬皮豆	42.92		
		润高扁豆	48.82	−12.09	0.771 1
	2012	崖州硬皮豆	12.80		
		润高扁豆	23.28	−45.01	0.105 3
南宁	2011	崖州硬皮豆	36.65		
		润高扁豆	37.63	−2.61	0.861 6
	2012	崖州硬皮豆	23.56		
		润高扁豆	48.33	−51.25	0.002 2

（十三）白三叶品种区域试验实施方案（2012 年）

1　试验目的

客观、公正、科学地评价白三叶参试品种（系）的产量、适应性和品质特性等综合性状，为国家草品种审定和推广提供科学依据。

2　试验安排及参试品种

2.1　试验区域与试验点

华北、华中、西南等地区，共安排 6 个试验点。

2.2　参试品种（系）

艾丽斯、西维特、鄂牧 2 号、海法、鄂牧 1 号。

3 试验设置

3.1 试验地的选择

试验地应尽可能代表所在试验区的气候、土壤和栽培条件等。选择地势平整、土壤肥力中等且均匀、前茬作物一致、无严重土传病害、具有良好排灌条件（雨季无积水）、四周无高大建筑物或树木影响的地块。

3.2 试验设计

3.2.1 试验组

参试的 5 个白三叶品种（系）设为 1 个试验组。

3.2.2 试验周期

2012 年起，不少于 3 个生产周年（2015 年底试验结束）。

3.2.3 小区面积

试验小区面积为 15m^2（长 5m×宽 3m）。

3.2.4 小区设置

采用随机区组设计，4 次重复，同一区组应放在同一地块，试验点整个试验地四周设 1m 保护行（可参见随机区组试验设计小区布置参考图）。

4 播种和田间管理

4.1 一般原则

田间操作时，同一项技术措施应在同一天完成。同项技术措施无法在同一天完成时，同一区组的该项措施必须在同一天完成。

4.2 试验地准备

播种前，应对试验地的土质和肥力状况进行调查分析，种床要求精耕细作。

4.3 播种期

根据当地气候条件及生产习惯适时播种，一般为夏末秋初播种。

4.4 播种方法

条播，行距 20cm，每个小区播种 15 行。播深 1cm，播后浅覆土，镇压。

4.5 播种量

播种量 12g/小区（0.53kg/亩，指种子用价>80%）。

4.6 田间管理

田间管理水平略高于当地大田生产水平，及时查苗补种或补苗、防除杂草、施肥、排灌并防治病虫害（抗病虫性鉴定的除外），保证满足正常生长发育的水肥需要。及时去除小区间爬出的匍匐枝。

4.6.1 查苗补种

尽可能 1 次播种保全苗，如出现明显的缺苗，应尽快补播。

4.6.2 杂草防除

可人工除草或选用适当的除草剂，以保证试验材料的正常生长。

4.6.3 施肥

根据试验地土壤肥力状况，可适当施用底肥、追肥，以满足参试品种中等偏上的肥力要求。

可根据当地实际情况播前施过磷酸钙（含 P_2O_5 18%）1 500g/小区，生长期可适当追施钾肥。

4.6.4 水分管理

根据天气和土壤水分含量，适时适量浇水，浇水原则为少浇深浇，保证每小区均匀灌溉。如遇雨水过量，应及时排涝。

4.6.5 病虫害防治

以防为主，生长期间根据田间虫害和病害的发生情况，选择高效低毒的药剂适期防治。

5 产草量的测定

产草量包括第一次刈割的产量和再生草产量。自然高度达到 30cm 时进行刈割测产。如生长速度差异较大，以生长速度居中的品种自然高度达到 30cm 全部测产。当年最后一次测产应在初霜前 30d 进行。刈割留茬高度 3cm。由于白三叶匍匐生长，镰刀等工具割草难度大且误差很大，建议配备（或借用）带集草袋的小型割草机或草坪修剪车割草。测产时先割去试验小区两侧边行，再将余下的 13 行留足中间 4m，然后割去两头，并移出小区（本部分不计入产量），将余下部分 10.4m^2 刈割测产，按实际面积计算产量。如个别小区有缺苗等特殊情况，本小区的测产面积不得少于 4m^2。要求用感量 0.1kg 的秤称重，记载数据时须保留 2 位小数。产草量测定结果记入表 A.3。

6 取样

6.1 干重

每次刈割测产后，从每小区随机取 3～5 把草样，将 4 个重复的草样混合均匀，取约 1 000g的样品，剪成 3～4cm 长，编号称重，然后在干燥气候条件下，用布袋或尼龙纱袋装好，挂置于通风遮雨处晾干至两次称重之差不超过 2.5g；在潮湿气候条件下，置于烘箱中，60～65℃下烘干 12h，取出放置室内冷却回潮 24h 后称重，然后再放入烘箱在 60～65℃下烘干 8h，取出放置室内冷却回潮 24h 后称重，直至两次称重之差不超过 2.5g 为止。计算各参试品种（系）的干草产量和干鲜比，测定结果记入表 A.3 和表 A.4。

6.2 品质

只在北京试验点取样，由农业农村部全国草业产品质量监督检验测试中心负责检测。将当年第一茬测完干重后的草样保留作为品质测定样品。

7 观测记载项目

按附录 A 和 B 的要求进行田间观察，并记载当日所做的田间工作，整理填写入表。

8 数据整理

各承试单位负责其测试站点内所有测试数据的统计分析，干草产量用新复极差法进行多重比较。

9 总结报告

各承试单位于每年 11 月 10 日之前将填写完整的原始数据调查表及试验总结报告上交省级草原技术推广部门，省级草原技术推广部门于 11 月 20 日之前将汇总结果（纸质及电子版）上交全国畜牧总站。

10 试验报废

各承试单位有下列情形之一的，该点区域试验作全部或部分报废处理：

因不可抗拒因素（如自然灾害等）造成试验不能正常进行；

同品种缺苗率超过 15%的小区有 2 个或 2 个以上；

误差变异系数超过 20%；

其他严重影响试验科学性情况的。

试验期间，因以上原因造成试验报废的，承试单位应及时通过省级草原技术推广部门向全国畜牧总站提供书面报告。

1. 鄂牧 2 号白三叶

鄂牧 2 号白三叶是湖北省农业科学院畜牧兽医研究所申请参加 2012 年国家草品种区域试验的育成新品系。2012—2015 年选用海法白三叶、鄂牧 1 号白三叶作为对照品种，在湖北武汉、四川新津、云南寻甸、北京双桥、贵州独山和湖南邵阳安排了 6 个试验站（点）进行国家草品种区域试验。2016 年通过全国草品种审定委员会审定，育成品种。其区域试验结果见表 2-43。

表 2-43 各试验站（点）各年度干草产量分析表

地 点	年份	品 种	均值 (kg/100m²)	增（减）(%)	显著性 (P 值)
湖北武汉	2013	鄂牧 2 号白三叶	83.00		
		海法白三叶	64.18	29.31	0.483 5
		鄂牧 1 号白三叶	78.86	5.25	0.880 8
	2014	鄂牧 2 号白三叶	83.92		
		海法白三叶	75.43	11.25	0.560 3
		鄂牧 1 号白三叶	79.56	5.48	0.715 4
	2015	鄂牧 2 号白三叶	94.83		
		海法白三叶	80.24	18.19	0.019 2
		鄂牧 1 号白三叶	83.79	13.17	0.010 0
四川新津	2013	鄂牧 2 号白三叶	160.28		
		海法白三叶	146.89	9.11	0.712 8
		鄂牧 1 号白三叶	143.00	12.08	0.592 6
	2014	鄂牧 2 号白三叶	90.32		
		海法白三叶	85.56	5.56	0.731 3
		鄂牧 1 号白三叶	89.23	1.22	0.917 4
	2015	鄂牧 2 号白三叶	135.29		
		海法白三叶	118.07	14.59	0.311 2
		鄂牧 1 号白三叶	129.44	4.52	0.698 4

（续）

地　点	年份	品　种	均值（kg/100m²）	增（减）（%）	显著性（P值）
云南寻甸	2013	鄂牧2号白三叶	116.42		
		海法白三叶	113.99	2.13	0.373 8
		鄂牧1号白三叶	97.03	19.98	0.000 1
	2014	鄂牧2号白三叶	115.28		
		海法白三叶	98.28	17.29	0.269 3
		鄂牧1号白三叶	102.02	13.00	0.383 0
	2015	鄂牧2号白三叶	101.05		
		海法白三叶	75.68	33.51	0.146 8
		鄂牧1号白三叶	78.76	28.30	0.200 0
北京双桥	2013	鄂牧2号白三叶	124.37		
		海法白三叶	121.39	2.46	0.277 4
		鄂牧1号白三叶	119.45	4.12	0.097 5
	2014	鄂牧2号白三叶	73.11		
		海法白三叶	67.82	7.79	0.003 7
		鄂牧1号白三叶	70.87	3.17	0.161 5
	2015	鄂牧2号白三叶	37.46		
		海法白三叶	34.74	7.85	0.296 1
		鄂牧1号白三叶	34.32	9.15	0.158 3
贵州独山	2013	鄂牧2号白三叶	89.17		
		海法白三叶	76.27	16.92	0.084 7
		鄂牧1号白三叶	89.64	−0.52	0.904 3
	2014	鄂牧2号白三叶	72.05		
		海法白三叶	55.67	29.44	0.004 2
		鄂牧1号白三叶	62.72	14.88	0.089 6
	2015	鄂牧2号白三叶	85.37		
		海法白三叶	78.32	9.00	0.353 1
		鄂牧1号白三叶	62.09	37.51	0.018 2

（十四）红三叶品种区域试验实施方案（2015年）

1　试验目的

客观、公正、科学地评价红三叶参试品种的丰产性、适应性和营养价值，为新草品种审定和推广提供科学依据。

2　试验安排

2.1　试验点

安排内蒙古海拉尔、赤峰、托克托，山西清徐等4个试验点。

2.2 参试品种

编号为2015DK01301、2015DK01302和2015DK01303共3个品种。

3 试验设置

3.1 试验地选择

试验地应尽可能代表所在试验区的气候、土壤和栽培条件等。选择地势平整、土壤肥力中等且均匀、前茬作物一致、无严重土传病害、具有良好排灌条件（雨季无积水）、四周无高大建筑物或树木影响的地块。

3.2 试验设计

3.2.1 试验周期

2015年起，试验不少于3个完整的生产周年。

3.2.2 小区面积

小区面积为15m^2（长5m×宽3m）。

3.2.3 小区布置

采用随机区组设计，4次重复，同一区组应放在同一地块，试验点整个试验地四周设1m保护行。建议小区布置按照附录C执行。

4 播种和田间管理

4.1 一般原则

田间操作时，同一项技术措施应在同一天完成。同项技术措施无法在同一天完成时，同一区组的该项措施必须在同一天完成。

4.2 试验地准备

播种前，应对试验地的土质和肥力状况进行调查分析，种床要求精耕细作。

4.3 播种期

5—6月播种。

4.4 播种方法

条播，行距30cm，每小区播种10行，播深1cm，播后镇压。沙性土壤的播种可稍深，黏性土壤的可稍浅。

4.5 播种量

播种量22.5g/小区（1kg/亩，种子用价>80%）。

4.6 田间管理

田间管理水平略高于当地大田生产水平，及时查苗补种或补苗、防除杂草、施肥、排灌并防治病虫害（抗病虫性鉴定的除外），以满足参试品种正常生长发育的水肥需要。建植后注意及时补充磷、钾肥。

4.6.1 查苗补种

尽可能1次播种保全苗，若出现明显的缺苗，应尽快进行补播或移栽补苗。

4.6.2 杂草防除

可人工除草或选用适当的除草剂，以保证参试品种的正常生长，尤其要注意苗期应及时除杂草。

4.6.3 施肥

可根据当地实际情况播前施过磷酸钙（含 P_2O_5 18%）1 500g/小区。每年刈割后，适当追施复合肥，建议用量 180g/小区。

4.6.4 水分管理

根据天气和土壤水分含量，适时适量浇水，浇水原则为少浇深浇，保证每小区均匀灌溉。如遇雨水过量，应及时排涝。

4.6.5 病虫害防治

生长期间根据田间虫害和病害的发生情况，选择高效低毒的药剂适时防治。

4.6.6 越冬管理

各试验点应在入冬前浇足防冻水。海拉尔试验点需要增加覆盖处理，其他试验点不需要覆盖处理。

5 产草量测定

播种当年不刈割测产。播种后第二年起，每年只在第一次初花期进行测产（刈割测产后即使再达到初花期，也不再进行测产），留茬高度 7cm。播种当年有小区出现开花结实情况时，应在种子集中成熟、落粒前将花序刈割掉，留茬高度不得低于 7cm。测产时先去掉小区两侧边行，再将余下的 8 行留中间 4m，然后去掉两头，实测所留 9.6m^2 的鲜草产量。如个别小区因家畜采食、农机碾压等非品种自身特性的特殊原因造成缺苗，应按实际测产面积计算产量，但本小区的测产面积不得少于 4m^2。要求用感量 0.1kg 的秤称重，记录数据时须保留 2 位小数。产草量测定结果记入表 A.3。

6 取样

6.1 干重

每次刈割测产后，从每小区随机取 3～5 把草样，将 4 个重复的草样混合均匀，取约 1 000g的样品，剪成 3～4cm 长，编号称重。将称取鲜重后的样品置于烘箱中，60～65℃烘干 12h，取出放置室内冷却回潮 24h 后称重，然后再放入烘箱在 60～65℃下烘干 8h，取出放置室内冷却回潮 24h 后称重，直至两次称重之差不超过 2.5g 为止。计算各参试品种的干重和干鲜比，测定结果记入表 A.3 和表 A.4。

6.2 营养价值

只在内蒙古托克托试验点取样，农业农村部全国草业产品质量监督检验测试中心负责检测。将播种后第二年刈割收获的干草样品保留作为营养价值测定样品。

安排取样的试验点无法获得营养价值测定样品时，应及时通知全国畜牧总站。

7 观测记载项目

按附录 A 的要求进行田间观察，并记载当日所做的田间工作，整理填写入表。

8 数据分析

8.1 产草量变异系数计算

计算参试品种的全年累计产草量变异系数 CV，记入表 A.6。CV 超过 20%的要进行原因分析，并记录在表 A.6 下方。

$$CV = s/\bar{x} \times 100\%$$

CV——变异系数；s——同品种不同重复的产草量数据标准差；$\bar{x}$——同品种不同重复的产草量数据平均数。

8.2 区组间产草量差异分析

对比不同区组间的全年累计产草量数据，波动较大的要进行原因分析，并记录在表 A.6 下方。

9 总结报告

各试验点于每年 11 月 20 日之前将全部试验数据和填写完整的附录 B 提交本省区项目组织单位审核，项目组织单位于 11 月 30 日之前将以上材料（纸质及电子版）提交全国畜牧总站。

10 试验报废

有下列情形之一的，该试验组做全部或部分报废处理：

因不可抗拒因素（如自然灾害等）造成试验不能正常进行；

同品种缺苗率超过 15%的小区有 2 个或 2 个以上；

同一试验组中，有较多参试品种的产草量变异系数超过 20%；

其他严重影响试验科学性情况的。

试验期间，因以上原因造成试验报废的，试验点应及时通过本省区项目组织单位向全国畜牧总站提供详细的书面报告。

1. 鄂牧 5 号红三叶

鄂牧 5 号红三叶（*Trifolium pratense* L. ‘Emu No. 5’）是湖北省农业科学院畜牧兽医研究所于 2011 年申请参加国家草品种区域试验的育成新品系。2011—2014 年选用巴东红三叶和岷山红三叶作为对照品种，在贵州贵阳、重庆南川、湖北武汉、安徽合肥、山东泰安、北京双桥 6 个试验站（点）进行国家草品种区域试验。2015 年通过全国草品种审定委员会审定，育成品种。其区域试验结果见表 2-44。

表 2-44 各试验站（点）各年度干草产量分析表

地 点	年份	品 种	均值 (kg/100m^2)	增（减）(%)	显著性 (P 值)
贵州贵阳	2012	鄂牧 5 号红三叶	100.03		
		巴东红三叶	53.60	86.62	0.005 5
		岷山红三叶	76.51	30.74	0.067 6
	2013	鄂牧 5 号红三叶	42.55		
		巴东红三叶	8.03	429.89	0.020 7
		岷山红三叶	25.34	67.92	0.115 5
	2014	鄂牧 5 号红三叶	78.50		
		巴东红三叶	51.08	53.68	0.006 8
		岷山红三叶	68.65	14.35	0.164 5

（续）

地　点	年份	品　种	均值 （kg/100m^2）	增（减） （%）	显著性 （P 值）
重庆南川	2012	鄂牧 5 号红三叶	138.00		
		巴东红三叶	77.89	77.17	0.000 1
		岷山红三叶	111.07	24.25	0.002 0
	2013	鄂牧 5 号红三叶	72.05		
		巴东红三叶	32.11	124.38	0.004 2
		岷山红三叶	52.89	36.23	0.104 1
	2014	鄂牧 5 号红三叶	107.65		
		巴东红三叶	49.98	115.39	0.000 1
		岷山红三叶	82.34	30.74	0.004 1
安徽合肥	2012	鄂牧 5 号红三叶	86.43		
		巴东红三叶	56.64	52.60	0.006 0
		岷山红三叶	73.13	18.19	0.145 0
	2013	鄂牧 5 号红三叶	82.42		
		巴东红三叶	68.33	20.62	0.015 0
		岷山红三叶	88.75	−7.13	0.136 3
	2014	鄂牧 5 号红三叶	56.60		
		巴东红三叶	38.73	46.14	0.000 7
		岷山红三叶	50.44	12.21	0.072 8
湖北武汉	2012	鄂牧 5 号红三叶	90.29		
		巴东红三叶	63.60	41.97	0.025 3
		岷山红三叶	78.18	15.49	0.313 3
	2013	鄂牧 5 号红三叶	74.56		
		巴东红三叶	39.93	86.73	0.027 4
		岷山红三叶	73.62	1.28	0.947 3
	2014	鄂牧 5 号红三叶	77.84		
		巴东红三叶	62.06	25.43	0.036 9
		岷山红三叶	57.42	35.56	0.005 4
山东泰安	2012	鄂牧 5 号红三叶	76.74		
		巴东红三叶	64.33	19.29	0.009 1
		岷山红三叶	72.30	6.14	0.580 0
	2013	鄂牧 5 号红三叶	67.71		
		巴东红三叶	62.19	8.88	0.560 6
		岷山红三叶	72.11	−6.10	0.690 9
	2014	鄂牧 5 号红三叶	125.28		
		巴东红三叶	129.00	−2.88	0.792 0
		岷山红三叶	127.57	−1.80	0.861 2

（续）

地　点	年份	品　种	均值 (kg/100m²)	增（减） (%)	显著性 (P值)
北京双桥	2012	鄂牧5号红三叶	55.21		
		巴东红三叶	60.68	−9.01	0.037 6
		岷山红三叶	62.5	−11.66	0.001 6
	2014	鄂牧5号红三叶	76.24		
		巴东红三叶	70.69	7.85	0.021 3
		岷山红三叶	84.05	−9.29	0.000 8

2. 希瑞斯红三叶

希瑞斯红三叶是贵州省畜牧兽医研究所申请参加2013年国家草品种区域试验的新品系。2013—2015年选用巴东红三叶、岷山红三叶作为对照品种，在北京双桥、四川西昌、四川达州、贵州贵阳、湖北武汉安排了5个试验站（点）进行国家草品种区域试验。2016年通过全国草品种审定委员会审定，引进品种。其试验结果见表2-45。

表2-45　各试验站（点）各年度干草产量分析表

地　点	年份	品　种	均值 (kg/100m²)	增（减） (%)	显著性 (P值)
北京双桥	2013	希瑞斯红三叶	74.76		
		巴东红三叶	65.39	14.33	0.004 0
		岷山红三叶	69.71	7.24	0.037 1
	2014	希瑞斯红三叶	66.32		
		巴东红三叶	51.34	29.17	0.000 1
		岷山红三叶	47.37	40.01	0.000 1
	2015	希瑞斯红三叶	39.32		
		巴东红三叶	23.63	66.37	0.000 1
		岷山红三叶	29.07	35.24	0.000 1
四川西昌	2013	希瑞斯红三叶	—	—	—
		巴东红三叶	—	—	—
		岷山红三叶	—	—	—
	2014	希瑞斯红三叶	200.37		
		巴东红三叶	207.69	−3.52	0.647 0
		岷山红三叶	218.77	−8.41	0.265 9
	2015	希瑞斯红三叶	232.80		
		巴东红三叶	113.77	104.62	0.000 1
		岷山红三叶	191.71	21.44	0.009 0

（续）

地　点	年份	品　种	均值 (kg/100m²)	增（减）(%)	显著性 (P值)
四川达州	2013	希瑞斯红三叶	94.82		
		巴东红三叶	80.32	18.05	0.034 0
		岷山红三叶	90.39	4.90	0.388 9
	2014	希瑞斯红三叶	34.59		
		巴东红三叶	29.29	18.08	0.087 8
		岷山红三叶	41.81	−17.29	0.107 3
	2015	希瑞斯红三叶	—	—	—
		巴东红三叶	—	—	—
		岷山红三叶	—	—	—
贵州贵阳	2013	希瑞斯红三叶	88.00		
		巴东红三叶	62.17	41.55	0.009 7
		岷山红三叶	81.30	8.23	0.350 2
	2014	希瑞斯红三叶	69.34		
		巴东红三叶	29.29	136.79	0.000 1
		岷山红三叶	35.34	96.24	0.001 3
	2015	希瑞斯红三叶	6.86		
		巴东红三叶	33.31	−79.40	0.001 3
		岷山红三叶	29.20	−76.50	0.033 9
湖北武汉	2013	希瑞斯红三叶	—	—	—
		巴东红三叶	—	—	—
		岷山红三叶	—	—	—
	2014	希瑞斯红三叶	74.20		
		巴东红三叶	65.25	13.72	0.225 2
		岷山红三叶	78.88	−5.94	0.281 8
	2015	希瑞斯红三叶	65.78		
		巴东红三叶	37.07	77.45	0.001 1
		岷山红三叶	69.28	−5.05	0.576 1

3. 甘红 1 号红三叶

甘红 1 号红三叶（*Triforlium pratense* L. ‘Ganhong No. 1’）是甘肃农业大学于 2013 年申请参加国家草品种区域试验的育成新品系。2013—2016 年，选用岷山红三叶和巴东红三叶为对照品种，在云南小哨、贵州贵阳、陕西延安、甘肃兰州、庆阳五个试验点进行了国家草品种区域试验。由于 5 个试验点播种时间不同，其中云南小哨、贵州贵阳是 2013 年秋播，有三年数据，进行多年多点分析；陕西延安 2014 年春播，有三年数据，故进行一点多年分析；甘肃兰州、庆阳试验站 2014 年秋播，有两年数据，进行两点两年试验分析。2017 年通过全国草品种审定委员会审定，为育成品种。其区域试验结果见表 2-46。

表 2-46 各试验站（点）各年度干草产量分析表

地 点	年份	品 种	均值（kg/100m²）	增（减）（%）	显著性（P值）
云南小哨	2014	甘红1号红三叶	154.45		
		岷山红三叶	119.95	28.77	0.075
		巴东红三叶	98.17	57.34	0.000
	2015	甘红1号红三叶	122.05		
		岷山红三叶	84.99	43.60	0.016
		巴东红三叶	65.67	85.85	0.000
	2016	甘红1号红三叶	20.80		
		岷山红三叶	10.77	93.13	0.123
		巴东红三叶	4.73	339.75	0.028
贵州贵阳	2014	甘红1号红三叶	108.67		
		岷山红三叶	78.72	38.04	0.002
		巴东红三叶	93.84	15.80	0.056
	2015	甘红1号红三叶	62.83		
		岷山红三叶	49.14	27.85	0.045
		巴东红三叶	26.08	140.91	0.000
	2016	甘红1号红三叶	62.04		
		岷山红三叶	41.66	48.94	0.005
		巴东红三叶	26.51	134.03	0.000
陕西延安	2014	甘红1号红三叶	38.30		
		岷山红三叶	53.56	−28.48	0.007
		巴东红三叶	28.49	34.45	0.069
	2015	甘红1号红三叶	120.38		
		岷山红三叶	135.00	−10.83	0.161
		巴东红三叶	99.50	20.98	0.033
	2016	甘红1号红三叶	85.63		
		岷山红三叶	84.04	1.90	0.843
		巴东红三叶	78.86	8.59	0.148
甘肃兰州	2015	甘红1号红三叶	222.16		
		岷山红三叶	196.86	12.85	0.300
		巴东红三叶	202.11	9.92	0.425
	2016	甘红1号红三叶	104.92		
		岷山红三叶	149.30	−29.73	0.298
		巴东红三叶	114.86	−8.65	0.861
甘肃庆阳	2015	甘红1号红三叶	102.60		
		岷山红三叶	87.51	17.25	0.000
		巴东红三叶	64.74	58.49	0.000
	2016	甘红1号红三叶	73.36		
		岷山红三叶	53.36	37.48	0.008
		巴东红三叶	60.84	20.59	0.008

4. 丰瑞德红三叶

丰瑞德红三叶（*Triforlium pratense* L. ‘Freedom’）是百绿（天津）国际草业有限公司和四川省农业科学院土壤肥料研究所申请参加 2013 年国家草品种区域试验的新品系。2013—2015 年，选择巴东红三叶、岷山红三叶作为对照品种，在北京双桥、四川西昌、四川达州、贵州贵阳、湖北武汉安排了 5 个试验点进行国家草品种区域试验。2018 年通过全国草品种审定委员会审定，为引进品种。其区域试验结果见表 2-47。

表 2-47　各试验站（点）各年度干草产量分析表

地　点	年份	品　种	均值（$kg/100m^2$）	增（减）（%）	显著性（P 值）
北京双桥	2013	丰瑞德红三叶	110.33		
		巴东红三叶	65.39	68.72	0.000 1
		岷山红三叶	69.71	58.26	0.000 1
	2014	丰瑞德红三叶	103.11		
		巴东红三叶	51.34	100.83	0.000 1
		岷山红三叶	47.37	117.68	0.000 1
	2015	丰瑞德红三叶	65.01		
		巴东红三叶	23.63	175.10	0.000 1
		岷山红三叶	29.07	123.62	0.000 1
四川西昌	2013	丰瑞德红三叶	—	—	—
		巴东红三叶	—	—	—
		岷山红三叶	—	—	—
	2014	丰瑞德红三叶	250.90		
		巴东红三叶	207.69	20.81	0.014 3
		岷山红三叶	218.77	14.69	0.041 4
	2015	丰瑞德红三叶	257.72		
		巴东红三叶	113.77	126.53	0.000 1
		岷山红三叶	191.71	34.44	0.003 2
四川达州	2013	丰瑞德红三叶	124.08		
		巴东红三叶	80.32	54.49	0.001 2
		岷山红三叶	90.39	37.28	0.003 5
	2014	丰瑞德红三叶	92.88		
		巴东红三叶	29.29	217.10	0.000 2
		岷山红三叶	41.81	122.13	0.001 0
	2015	丰瑞德红三叶	—	—	—
		巴东红三叶	—	—	—
		岷山红三叶	—	—	—

（续）

地　点	年份	品　种	均值（kg/100m²）	增（减）（%）	显著性（P值）
贵州贵阳	2013	丰瑞德红三叶	128.88		
		巴东红三叶	62.17	107.32	0.000 1
		岷山红三叶	81.30	58.52	0.000 4
	2014	丰瑞德红三叶	40.45		
		巴东红三叶	29.29	38.13	0.047 5
		岷山红三叶	35.34	14.48	0.417 4
	2015	丰瑞德红三叶	70.89		
		巴东红三叶	33.31	112.81	0.000 9
		岷山红三叶	29.20	142.78	0.003 8
湖北武汉	2013	丰瑞德红三叶	—	—	—
		巴东红三叶	—	—	—
		岷山红三叶	—	—	—
	2014	丰瑞德红三叶	90.28		
		巴东红三叶	65.25	38.37	0.006 3
		岷山红三叶	78.88	14.45	0.009 2
	2015	丰瑞德红三叶	104.13		
		巴东红三叶	37.07	180.89	0.000 1
		岷山红三叶	69.28	50.30	0.006 5

（十五）圭亚那柱花草品种区域试验实施方案（2011年）

1 试验目的

客观、公正、科学地评价圭亚那柱花草参试品种（系）的产量性状、适应性、品质特性等综合性状，为国家草品种审定和推广应用提供科学依据。

2 试验安排及参试品种

2.1 试验区域与试验点

华南地区，共安排4个试验点。

2.2 参试品种（系）

热研25号圭亚那柱花草、热研20号圭亚那柱花草、热研2号圭亚那柱花草。

3 试验设置

3.1 试验地的选择

试验地应尽可能代表所在试验区的气候、土壤和栽培条件等。选择地势平整、土壤肥力中等且均匀、前茬作物一致、无严重土传病害、具有良好排灌条件（雨季无积水）、四周无高大建筑物或树木影响的地块。

3.2 试验设计

3.2.1 试验组

参试的3个圭亚那柱花草品种（系）设为1个试验组。

3.2.2 试验周期

2011年起，不少于3个生产周年。

3.2.3 小区面积

小区面积为15m²（长5m×宽3m）。

3.2.4 小区设置

采用随机区组设计，4次重复，同一区组应放在同一地块，试验地四周设1m保护行。

4 播种和田间管理

4.1 一般原则

田间操作时，同一项技术措施应在同一天完成。同项技术措施无法在同一天完成时，同一区组的该项措施必须在同一天完成。

4.2 试验地准备

播种前，应对试验地的土质和肥力状况进行调查分析，种床要求精耕细作。

4.3 播种期

4—5月播种或在雨季来临时选择阴雨天播种。

4.4 播种方法

条播，行距60cm，每个小区播种5行，播深1～2cm，播后镇压。播种前用80℃热水浸种2～3min，再用1%多菌灵水溶液浸种10～15min，晾干后播种。

4.5 播种量

播种量12g/小区（0.5kg/亩，指种子用价>80%）。

4.6 田间管理

田间管理水平略高于当地大田生产水平，及时查苗补种或补苗、防除杂草、施肥、排灌并防治病虫害（抗病虫性鉴定的除外），保证满足正常生长发育的水肥需要。

4.6.1 查苗补种

尽可能1次播种保全苗，若出现缺苗断垅，应在出苗期后及时补种或补苗。

4.6.2 杂草防除

可选用适当的除草剂或人工除草，以保证试验材料的正常生长。

4.6.3 施肥

根据试验地土壤肥力状况，可适当施用底肥、追肥，以满足参试品种中等偏上的肥力要求。可根据当地实际情况播前施过磷酸钙1 500g/小区，生长期可适当追施钾肥。

4.6.4 水分管理

根据植株田间生长状况、天气条件及土壤水分含量，适时适量浇水，如遇雨水过量，应及时排涝。

4.6.5 病虫害防治

以防为主，生长期间根据田间虫害和病害的发生情况，选择低毒高效的药剂适期防治。

5 产草量的测定

产草量包括第一次刈割的产量和再生草产量。株高 60cm 时刈割测产，留茬高度 30cm。如果生长速度差异大，以生长速度居中的参试品种株高达到 60cm 时，全部刈割测产。测产时先割去试验小区两侧边行，再将余下的 3 行留足中间 4m，然后割去两头，并移出小区（本部分不计入产量），将余下部分 7.2m^2 刈割测产，按实际面积计算产量。如个别小区有缺苗等特殊情况，本小区的测产面积不得少于 4m^2。要求用感量 0.1kg 的秤称重，记载数据时须保留两位小数。产草量测定结果记入表 A.3。

6 取样

6.1 干重

每次刈割测产后，从每小区随机取 3～5 把草样，将 4 个重复的草样混合均匀，取约 1 000g的样品，剪成 3～4cm 长，编号称重，在干燥气候条件下，用布袋或尼龙纱袋装好，挂置于通风遮雨处晾干至两次称重之差不超过 2.5g；在潮湿气候条件下，置于烘箱中，60～65℃下烘干 12h，取出放置室内冷却回潮 24h 后称重，然后再放入烘箱在 60～65℃下烘干 8h，取出放置室内冷却回潮 24h 后称重，直至两次称重之差不超过 2.5g 为止，测定结果记入表 A.4。

6.2 品质

只在海南儋州试验点取样，由农业农村部全国草业产品质量监督检验测试中心负责检测。将第一茬测完干重后的草样保留作为品质测定样品。

7 观测记载项目

按附录 A 的要求进行田间观察，并记载当日所做的田间工作，整理填写入表。

8 数据整理

各承试单位负责其测试站点内所有测试数据的统计分析，干草产量用新复极差法进行多重比较。

9 总结报告

各承试单位于每年 11 月 10 日之前将填写完整的原始数据调查表及试验总结报告上交省级草原技术推广部门，省级草原技术推广部门于 11 月 20 日之前将汇总结果（包括纸质及电子版）上交全国畜牧总站。

10 试验报废

各承试单位有下列情形之一的，该点区域试验作全部或部分报废处理：

因不可抗拒因素（如自然灾害等）造成试验不能正常进行；

同品种缺苗率超过 15%的小区有 2 个或 2 个以上；

其他严重影响试验科学性情况的。

试验期间，因以上原因造成试验报废的，承试单位应及时通过省级草原技术推广部门向全国畜牧总站提供书面报告。

1. 热研 25 号圭亚那柱花草

热研 25 号圭亚那柱花草是中国热带农业科学院热带作物品种资源研究所申请参加 2013 年国家草品种区域试验的新品系。2012—2015 年选用热研 2 号圭亚那柱花草、热研 5 号圭亚那柱花草作为对照品种，在海南儋州、海南昌江、广东广州、云南元谋、广东湛江安排了 5 个试验站（点）进行国家草品种区域试验。2016 年通过全国草品种审定委员会审定，为育成品种。其区域试验结果见表 2-48。

表 2-48　各试验站（点）各年度干草产量分析表

地　点	年份	品　种	均值 (kg/100m²)	增（减）(%)	显著性 (P 值)
海南儋州	2013	热研 25 号圭亚那柱花草	91.63		
		热研 2 号圭亚那柱花草	82.08	11.63	0.092 6
		热研 5 号圭亚那柱花草	90.1	1.70	0.839 3
	2014	热研 25 号圭亚那柱花草	169.94		
		热研 2 号圭亚那柱花草	132.61	28.15	0.005 2
		热研 5 号圭亚那柱花草	125.95	34.93	0.007 9
	2015	热研 25 号圭亚那柱花草	155.62		
		热研 2 号圭亚那柱花草	139.34	11.68	0.329 1
		热研 5 号圭亚那柱花草	131.74	18.13	0.036 1
海南昌江	2014	热研 25 号圭亚那柱花草	62.34		
		热研 2 号圭亚那柱花草	68.05	−8.39	0.162 5
		热研 5 号圭亚那柱花草	80.48	−22.54	0.019 5
	2015	热研 25 号圭亚那柱花草	148.43		
		热研 2 号圭亚那柱花草	132.55	11.98	0.374 6
		热研 5 号圭亚那柱花草	135.39	9.63	0.271 3
广东广州	2013	热研 25 号圭亚那柱花草	44.43		
		热研 2 号圭亚那柱花草	60.57	−26.65	0.104 0
		热研 5 号圭亚那柱花草	60.34	−26.37	0.049 8
	2014	热研 25 号圭亚那柱花草	167.93		
		热研 2 号圭亚那柱花草	145.21	15.65	0.006 9
		热研 5 号圭亚那柱花草	124.69	34.68	0.000 1
	2015	热研 25 号圭亚那柱花草	185.65		
		热研 2 号圭亚那柱花草	154.05	20.51	0.016 5
		热研 5 号圭亚那柱花草	151.66	22.41	0.022 8
云南元谋	2013	热研 25 号圭亚那柱花草	57.59		
		热研 2 号圭亚那柱花草	56.40	2.11	0.816 9
		热研 5 号圭亚那柱花草	56.18	2.51	0.739 8

（续）

地 点	年份	品 种	均值（kg/100m²）	增（减）（%）	显著性（P值）
云南元谋	2014	热研25号圭亚那柱花草	206.3		
		热研2号圭亚那柱花草	211.72	−2.56	0.645 3
		热研5号圭亚那柱花草	198.6	3.88	0.555 8
	2015	热研25号圭亚那柱花草	173.17		
		热研2号圭亚那柱花草	186.7	−7.25	0.276 2
		热研5号圭亚那柱花草	180.45	−4.03	0.574 4
广东湛江	2013	热研25号圭亚那柱花草	99.08		
		热研2号圭亚那柱花草	127.53	−22.31	0.000 1
		热研5号圭亚那柱花草	131.8	−24.83	0.000 1
	2014	热研25号圭亚那柱花草	180.64		
		热研2号圭亚那柱花草	—		
		热研5号圭亚那柱花草	—		
	2015	热研25号圭亚那柱花草	207.75		
		热研2号圭亚那柱花草	—		
		热研5号圭亚那柱花草	—		

（十六）豌豆品种区域试验实施方案（2013年）

1 试验目的

客观、公正、科学地评价豌豆参试品种（系）的产量性状、适应性、品质特性或某一特殊性状，为国家草品种审定和推广应用提供科学依据。

2 试验安排

2.1 试验区域及布点

华北、西北、华中、华南等地区，共安排6个试验点。

2.2 参试品种

编号为2013DK01001、2013DK01002和2013DK01003共3个品种。

3 试验设置

3.1 试验地的选择

试验地应代表所在试验区的气候、土壤和栽培条件等，并注意试验承担单位的试验条件和技术力量。选择地势平坦、土壤肥力中等且均匀、前茬作物一致、无严重土传病害发生、具有良好排灌条件、四周无高大建筑物或树木影响的地块。豌豆忌连作，不能在同一地块连年种植豌豆。

3.2 试验设计

3.2.1 试验周期

2013 年起，不少于 2 个生产周期。

3.2.2 小区面积

试验小区面积为 15m^2（5m×3m）。

3.2.3 小区设置

采用随机区组设计，4 次重复，同一区组应放在同一地块，试验点整个试验地四周设 1m 保护行（可参见随机区组试验设计小区布置参考图）。

4 播种和田间管理

4.1 一般原则

田间操作时，同一项技术措施应在同一天完成。同项技术措施无法在同一天完成时，同一区组的该项措施必须在同一天完成。

4.2 试验地准备

播种前，应对试验地的土质和肥力状况进行调查分析，种床要求精耕细作。南方雨水较多地区，豌豆应开沟起畦种植。

4.3 播种期

北京、太原、兰州宜春播，在 3 月 10—20 日播种（以土壤化冻能开沟播种时为宜）。南京、南宁、武汉 3 个点的适宜播种期为 8 月中、下旬。

4.4 播种方法

条播，行距 30cm，每个小区播种 10 行，播深 3～5cm，播后踩实。

4.5 播种量

播种量 340g/小区，即每亩 15kg。

4.6 田间管理

田间管理水平略高于当地大田生产水平，及时查苗补种或补苗、防除杂草、施肥、排灌并防治病虫害，保证满足正常生长发育的水肥需要。

4.6.1 查苗补种

尽可能 1 次播种保全苗，若出现缺苗断垅，应在出苗期后及时补种或补苗。

4.6.2 杂草防除

可选用适当的除草剂或人工除草，以保证试验材料的正常生长，一般从苗期至封行前应锄草 2～3 次，以利生长。

4.6.3 施肥

播种时每亩施用磷酸二铵 15kg（即 15m^2 的小区施用 340g）作种肥，条播开沟下种时施用。开花初期，每亩施用 15kg 尿素作追肥，施后灌水。

4.6.4 水分管理

根据植株田间生长状况、天气条件及土壤水分含量，适时适量浇水，如遇雨水过量，应及时排涝。开花结荚期需水较多，应适时灌水，北方干旱地区最好每隔 10～15d 浇水1 次。整个生育期应重点保证浇好 3 次水，即苗出整齐后的幼苗期、开花初期和结荚初期。

4.6.5 病虫害防治

以防为主，生长期间根据田间虫害和病害的发生情况，选择低毒高效的药剂适时防治。豌豆主要病害有白粉病、褐斑病。白粉病的防治方法是在发病初期用 50%托布津可湿性粉剂 800～1 000 倍液喷雾，每隔 7～10d 喷 1 次。褐斑病是在开始发病时喷洒波尔多液（硫酸铜 1∶生石灰 2∶水 200），隔 10～15d 喷 1 次。主要虫害有潜叶蝇，它发生在始花期前，主要危害叶片，防治的方法是：注意清除田间杂草和植株上的老叶，当发现叶片上有细小孔道时，可用高效氯氰菊酯或斑潜净防治。

5 产量的测定

北方地区需测定豆粒产量和豆秧产量。茎叶和荚果变黄后立即收获，宜在早晨露水未干时收运，以防炸荚落粒，上场后及时晾晒脱粒，豆粒晒干后装袋称重。荚果收获完毕时将豆秧起地刈割并称重。

南方地区种子无法完全成熟，需收获并测定青豆荚产量和豆秧产量。待青嫩荚豆粒明显时即可分批采摘测产，青豆荚只测鲜重。最后一批青豆荚采摘完毕后将豆秧起地刈割并称重。

测产时先去除试验小区两侧边行，再将余下的 8 行留足中间 4m，然后去除两头，并移出小区（本部分不计入产量），将余下部分 9.6m² 收获或刈割测产。如个别小区有缺苗等特殊情况，导致测产面积不足 9.6m²，应按实际测产面积计算产量，但本小区的测产面积不得少于 4m²。要求用感量 0.1kg 的秤称重，记载数据时须保留两位小数。豆秧产量测定结果记入表 A.3，青豆荚或豆粒产量测定结果记入表 A.8。

6 取样

6.1 干重

获取豆秧干重测定样品时，从每小区随机取 3～5 把豆秧，将 4 个重复的豆秧混合均匀，取约1 000g的样品，剪成 3～4cm 长，编号称重，在干燥气候条件下，用布袋或尼龙纱袋装好，挂置于通风遮雨处晾干至两次称重之差不超过 2.5g；在潮湿气候条件下，置于烘箱中，60～65℃下烘干 12h，取出放置室内冷却回潮 24h 后称重，然后再放入烘箱在 60～65℃下烘干 8h，取出放置室内冷却回潮 24h 后称重，直至两次称重之差不超过 2.5g 为止。计算各参试品种（系）的干豆秧产量和干鲜比，测定结果记入表 A.3 和表 A.4。

6.2 品质

只在国家草品种区域试验站（北京）取样，由农业农村部全国草业产品质量监督检验测试中心负责检测。将第一个生产周期收获的豆秧样品保留作为品质测定样品。

7 观测记载项目

按附录 A 和 B 的要求进行田间观察，并记载当日所做的田间工作，整理填写入表。

8 数据整理

各承试单位负责其测试站点内所有测试数据的统计分析，产量用新复极差法进行多重比较。

9 总结报告

各承试单位于每年 11 月 10 日之前将填写完整的原始数据调查表及试验总结报告上交省级草原技术推广部门，省级草原技术推广部门于 11 月 20 日之前将汇总结果（纸质及电子版）上交全国畜牧总站。

10 试验报废

各承试单位有下列情形之一的，该点区域试验作全部或部分报废处理：
因不可抗拒因素（如自然灾害等）造成试验不能正常进行；
同品种缺苗率超过 15%的小区有 2 个或 2 个以上；
误差变异系数超过 20%；
其他严重影响试验科学性情况的。
试验期间，因以上原因造成试验报废的，承试单位应及时通过省级草原技术推广部门向全国畜牧总站提供详细的书面报告。

1. 中豌 10 号豌豆

中豌 10 号豌豆是中国农业科学院北京畜牧兽医研究所 2013 年申请参加国家草品种区域试验的育成新品系。于 2013—2015 年选用中豌 4 号和中豌 5 号豌豆作为对照品种，在甘肃兰州、北京、山西太原、湖北武汉、广西南宁和江苏南京共安排 6 个试验站（点）进行国家草品种区域试验。2016 年通过全国草品种审定委员会审定，育成品种。其试验结果见表 2-49、表 2-50。

表 2-49 各试验站（点）各年度干草产量分析表

地点	年份	品种	均值（kg/100m²）	增（减）（%）	显著性（P 值）
甘肃兰州	2014	中豌 10 号豌豆	14.17		
		中豌 4 号豌豆	13.45	5.30	0.742 1
		中豌 5 号豌豆	8.94	58.49	0.019 9
	2015	中豌 10 号豌豆	12.68		
		中豌 4 号豌豆	17.67	−28.24	0.155 5
		中豌 5 号豌豆	2.30	450.26	0.015 2
北京双桥	2013	中豌 10 号豌豆	6.51		
		中豌 4 号豌豆	8.63	−24.55	0.004 5
		中豌 5 号豌豆	6.50	0.08	0.991 2
	2014	中豌 10 号豌豆	8.50		
		中豌 4 号豌豆	8.72	−2.49	0.636 3
		中豌 5 号豌豆	8.81	−3.53	0.321 5
	2015	中豌 10 号豌豆	5.25		
		中豌 4 号豌豆	5.16	1.88	0.869 3
		中豌 5 号豌豆	2.86	83.71	0.002 0

（续）

地　点	年份	品　种	均值（kg/100m²）	增（减）（%）	显著性（P值）
山西太原	2013	中豌10号豌豆	9.68		
		中豌4号豌豆	11.78	−17.82	0.157 1
		中豌5号豌豆	13.28	−27.10	0.034 2
	2014	中豌10号豌豆	20.52		
		中豌4号豌豆	21.59	−4.94	0.027 6
		中豌5号豌豆	18.02	13.87	0.103 7
	2015	中豌10号豌豆	22.84		
		中豌4号豌豆	21.14	8.04	0.145 7
		中豌5号豌豆	18.85	21.21	0.000 6
湖北武汉	2015	中豌10号豌豆	4.96		
		中豌4号豌豆	2.47	100.48	0.003 6
		中豌5号豌豆	1.79	176.92	0.000 9
广西南宁	2014	中豌10号豌豆	8.77		
		中豌4号豌豆	11.25	−22.01	0.327 9
		中豌5号豌豆	10.61	−17.31	0.471 2
	2015	中豌10号豌豆	8.89		
		中豌4号豌豆	8.93	−0.46	0.975 2
		中豌5号豌豆	7.19	23.71	0.103 0
江苏南京	2014	中豌10号豌豆	21.69		
		中豌4号豌豆	27.20	−20.27	0.008 4
		中豌5号豌豆	18.35	18.18	0.098 5

表2-50　各试验点各年度种子产量分析表

地　点	年份	品　种	均值（kg/100m²）	增（减）（%）	显著性（P值）
甘肃兰州	2013	中豌10号豌豆	2.99		
		中豌4号豌豆	6.98	−57.09	0.005 4
		中豌5号豌豆	8.70	−65.57	0.000 1
	2014	中豌10号豌豆	19.17		
		中豌4号豌豆	29.77	−35.61	0.000 3
		中豌5号豌豆	17.16	11.68	0.240 0
	2015	中豌10号豌豆	33.93		
		中豌4号豌豆	53.91	−37.05	0.043 4
		中豌5号豌豆	5.42	526.64	0.016 0

（续）

地　点	年份	品　种	均值（kg/100m²）	增（减）（%）	显著性（P值）
北京双桥	2013	中豌10号豌豆	17.14		
		中豌4号豌豆	20.29	−15.53	0.000 1
		中豌5号豌豆	18.93	−9.49	0.001 9
	2014	中豌10号豌豆	16.46		
		中豌4号豌豆	15.73	4.64	0.346 6
		中豌5号豌豆	16.67	−1.25	0.812 3
	2015	中豌10号豌豆	4.74		
		中豌4号豌豆	3.28	44.72	0.002 0
		中豌5号豌豆	0.90	429.65	0.000 1
山西太原	2013	中豌10号豌豆	11.41		
		中豌4号豌豆	13.06	−12.62	0.221 9
		中豌5号豌豆	16.69	−31.62	0.007 3
	2014	中豌10号豌豆	26.54		
		中豌4号豌豆	28.38	−6.46	0.306 7
		中豌5号豌豆	24.18	9.78	0.139 0
	2015	中豌10号豌豆	27.89		
		中豌4号豌豆	26.35	5.84	0.314 0
		中豌5号豌豆	21.75	28.26	0.000 3
湖北武汉	2015	中豌10号豌豆	12.43		
		中豌4号豌豆	9.28	34.04	0.076 2
		中豌5号豌豆	5.16	141.16	0.003 1
广西南宁	2014	中豌10号豌豆	30.00		
		中豌4号豌豆	37.68	−20.39	0.120 9
		中豌5号豌豆	46.88	−36.01	0.007 2
	2015	中豌10号豌豆	48.37		
		中豌4号豌豆	50.87	−4.91	0.831 4
		中豌5号豌豆	40.53	19.33	0.445 4
江苏南京	2014	中豌10号豌豆	47.03		
		中豌4号豌豆	38.67	21.62	0.000 1
		中豌5号豌豆	30.70	53.18	0.001 8

(十七) 紫云英品种区域试验实施方案（2014年）

1 试验目的

客观、公正、科学地评价紫云英参试品种（系）的丰产性、适应性和营养价值，为新草品种审定和推广应用提供科学依据。

2 试验安排

2.1 试验点

达州、小哨、南昌、建阳、邵阳、南京、合肥等7个试验点。

2.2 参试品种

编号为2014DK02501和2014DK02502共2个品种。

3 试验设置

3.1 试验地的选择

试验地应代表所在试验区的气候、土壤和栽培条件等，并注意试验承担单位的试验条件和技术力量。宜选择水肥条件、土壤条件相对较好、pH 5.5～7.5，且地势平坦、土壤肥力良好且均匀、前茬作物一致、无严重土传病害发生、具有良好排灌条件、四周无高大建筑物或树木影响的田块或地块。

3.2 试验设计

3.2.1 试验周期

2014年起，不少于2个生产周期。

3.2.2 小区面积

试验小区面积为15m^2（5m×3m）。

3.2.3 小区设置

采用随机区组设计，4次重复，同一区组应放在同一地块，试验点整个试验地四周设1m保护行（可参见随机区组试验设计小区布置参考图）。

4 播种和田间管理

4.1 一般原则

田间操作时，同一项技术措施应在同一天完成。同项技术措施无法在同一天完成时，同一区组的该项措施必须在同一天完成。

4.2 试验地准备

播种前，应对试验地的土质和肥力状况进行调查分析，种床要求精耕细作。

4.3 播种期

秋播，最佳播种时间是9月上旬至10月中旬。

4.4 播种方法

条播，行距30cm，每个小区播种10行，播深3～5cm，覆土深度1～2cm，播后踩实；土壤湿润者也可不覆土。

4.5 播种量

45g/小区（2kg/亩，种子用价>80%）。

4.6 田间管理

田间管理水平略高于当地大田生产水平，及时查苗补种或补苗、防除杂草、施肥、排灌并防治病虫害，保证满足正常生长发育的水肥需要。

4.6.1　查苗补种

尽可能1次播种保全苗，若出现缺苗断垅，应在出苗期后及时补种或补苗。

4.6.2　杂草防除

可选用适当的除草剂或人工除草，以保证试验材料的正常生长，一般从苗期至封行前应锄草2～3次，以利生长。

4.6.3　施肥

播种时每亩施用磷酸一铵15kg（含氮11%，磷44%）作底肥，条播开沟下种时施用。每次刈割后，按照每亩施用10kg尿素作追肥，施后灌水。

4.6.4　水分管理

苗期久旱宜及时浇水保苗；不影响牧草生长情况下可不予清除杂草，否则可采用刈割方式除杂。在第一次刈割后视土壤墒情、肥力进行适当灌溉、施肥；牧草生长过程中若干旱较长、叶面萎蔫时应酌情灌溉。适时收割，提高种植效益。

4.6.5　病虫害防治

紫云英一般无病虫害，但在干旱少雨、气温较高的地区早春注意防蚜虫、白粉病等。若发现有病虫害出现可提前刈割，阻止其蔓延，也可采用综合防治措施进行防治；感染白粉病时，用1∶5硫黄石灰粉喷治；对甲虫、蚜虫、潜叶蝇等主要虫害，可用乐果、美曲膦酯（敌百虫）等防治。

5　产量的测定

在植株高度达到40cm时进行测产。测产时先去除试验小区两侧边行，再将余下的8行留足中间4m，然后去除两头，并移出小区（本部分不计入产量），将余下部分9.6m^{2}刈割测产。如个别小区有缺苗等特殊情况，导致测产面积不足9.6m^2，应按实际测产面积计算产量，但本小区的测产面积不得少于4m^2。要求用感量0.1kg的秤称重，记载数据时须保留两位小数。产草量测定结果记入表A.3。

6　取样

6.1　干重

每次刈割测产后，从每小区随机取3～5把草样，将4个重复的草样混合均匀，取约1 000g的样品，剪成3～4cm长，编号称重。将称取鲜重后的样品置于烘箱中，60～65℃下烘干12h，取出放置室内冷却回潮24h后称重，然后再放入烘箱在60～65℃下烘干8h，取出放置室内冷却回潮24h后称重，直至两次称重之差不超过2.5g为止。计算各参试品种（系）的干重和干鲜比，测定结果记入表A.3和表A.4。

6.2　品质

只在江西南昌点取样，由农业农村部全国草业产品质量监督检验测试中心负责检测。将第一个生产周期收获的第一茬样品保留作为品质测定样品。

7　观测记载项目

按附录A和B的要求进行田间观察，并记载当日所做的田间工作，整理填写入表。

8 数据整理

各试验点负责其测试站点内所有测试数据的统计分析，干草产量用 T 测验。

9 总结报告

各试验点于每年 11 月 10 日之前将填写完整的原始数据调查表及试验总结报告上交省级草原技术推广部门，省级草原技术推广部门于 11 月 20 日之前将汇总结果（纸质及电子版）上交全国畜牧总站。

10 试验报废

各试验点有下列情形之一的，该点区域试验作全部或部分报废处理：
因不可抗拒因素（如自然灾害等）造成试验不能正常进行；
同品种缺苗率超过 15%的小区有 2 个或 2 个以上；
误差变异系数超过 20%；
其他严重影响试验科学性情况的。
试验期间，因以上原因造成试验报废的，试验点应及时通过省级草原技术推广部门向全国畜牧总站提供详细的书面报告。

1. 升钟紫云英

升钟紫云英（*Astragalus sinicus* L. ‘Shengzhong’）是四川省农业科学院申请参加 2013 年国家草品种区域试验的地方品种。2014—2016 年，选用南充紫云英作为对照品种，分别在四川达州、云南小哨、江西南昌、福建建阳、湖南邵阳、江苏南京、安徽合肥安排了 7 个试验点进行国家草品种区域试验。2017 年通过全国草品种审定委员会审定，为地方品种。其区域试验结果见表 2-51。

表 2-51 各试验站（点）各年度干草产量分析表

地点	年份	品种	均值 ($kg/100m^2$)	增（减）(%)	显著性 (P 值)
云南昆明	2015	升钟紫云英	61.12		
		南充紫云英	57.80	5.74	0.452 6
	2016	升钟紫云英	38.88		
		南充紫云英	34.69	12.08	0.598 9
湖南邵阳	2015	升钟紫云英	47.15		
		南充紫云英	41.08	14.77	0.003 0
	2016	升钟紫云英	45.67		
		南充紫云英	37.70	21.13	0.000 4
江西南昌	2015	升钟紫云英	38.41		
		南充紫云英	35.32	8.77	0.203 9
	2016	升钟紫云英	41.88		
		南充紫云英	38.57	8.58	0.221 9

（续）

地　点	年份	品　种	均值（kg/100m²）	增（减）（%）	显著性（P值）
江苏南京	2015	升钟紫云英	49.48		
		南充紫云英	59.50	−16.84	0.000 1
	2016	升钟紫云英	20.86		
		南充紫云英	15.60	33.76	0.000 6
福建建阳	2015	升钟紫云英	20.98		
		南充紫云英	17.48	20.04	0.169 1
	2016	升钟紫云英	32.22		
		南充紫云英	26.82	20.11	0.094 6
安徽合肥	2015	升钟紫云英	23.61		
		南充紫云英	29.76	−20.64	0.047 4
	2016	升钟紫云英	30.64		
		南充紫云英	19.26	59.13	0.013 4
四川达州	2015	升钟紫云英	26.80		
		南充紫云英	28.29	−5.26	0.674 1
	2016	升钟紫云英	40.34		
		南充紫云英	25.44	58.60	0.000 1

（十八）多花黑麦草品种区域试验实施方案（2012年）

1　试验目的

客观、公正、科学地评价多花黑麦草参试品种（系）的产量、适应性和品质特性等综合性状，为国家草品种审定和推广提供科学依据。

2　试验安排及参试品种

2.1　试验区域及试验点

长江流域及以南地区，共安排5个试验点。

2.2　参试品种（系）

剑宝、威尼、长江2号、赣选1号。

3　试验设置

3.1　试验地的选择

试验地应尽可能代表所在试验区的气候、土壤和栽培条件等。选择地势平整、土壤肥力中等且均匀、前茬作物一致、无严重土传病害、具有良好排灌条件（雨季无积水）、四周无高大建筑物或树木影响的地块。为保证试验土壤肥力的均匀性，翌年试验不能重茬，需更换试验地块。

3.2　试验设计

3.2.1　试验组

参试的4个多花黑麦草品种（系）设为1个试验组。

3.2.2　试验周期

2012年起，试验不少于2个生产周期。

3.2.3　小区面积

小区面积15m^2（长5m×宽3m）。

3.2.4　小区设置

采用随机区组设计，4次重复，同一区组应放在同一地块，试验点整个试验地四周设1m保护行（可参见随机区组试验设计小区布置参考图）。

4　播种和田间管理

4.1　一般原则

田间操作时，同一项技术措施应在同一天完成。同项技术措施无法在同一天完成时，则同一区组的该项措施必须在同一天完成。

4.2　试验地准备

播种前，应对试验地的土质和肥力状况进行调查分析，种床要求精耕细作。

4.3　播种期

秋季9—10月播种。

4.4　播种方法

条播，行距30cm，每小区10行，播种深度1～2cm，在此范围内沙性土壤的播种深度稍深，黏性土壤的播种深度稍浅。

4.5　播种量

播种量30g/小区（1.3kg/亩，种子用价＞80％）。

4.6　田间管理

管理水平略高于当地大田生产水平，及时查苗补缺、防除杂草、施肥、排灌并防治病虫害（抗病虫性鉴定的除外），以满足参试品种（系）正常生长发育的水肥需要。

4.6.1　补播

尽可能1次播种保全苗，如出现明显的缺苗，应尽快补播。

4.6.2　杂草防除

可人工除草或选用适当的除草剂，以保证试验材料的正常生长。

4.6.3　施肥

根据试验地土壤肥力状况，可适当施用底肥、追肥，满足参试草种中等偏上的需肥要求。

氮肥推荐用量为分蘖期和每次刈割后，每小区追施160g的尿素；磷肥全部用作种肥，每小区施重过磷酸钙260g；根据土壤条件和植物生长状况，确定是否需要追施钾肥。

4.6.4　水分管理

根据天气和土壤水分含量，适时适量浇水，浇水原则为少浇深浇，保证每小区均匀灌溉。如遇雨水过量，应及时排涝。

4.6.5　病虫害防治

以防为主，生长期间根据田间虫害和病害的发生情况，选择高效低毒的药剂适时防治。

5　产草量的测定

产草量包括第一次刈割的产量和再生草产量。第一次测产在绝对株高 40cm 时进行，以后各茬在绝对株高 50cm 时刈割，留茬高度 4cm。测产时先去掉小区两侧边行，再将余下的 8 行留足中间 4m，然后割去两头，并移出小区（本部分不计入产量），将余下部分 9.6m^2 刈割测产，按实际面积计算产量。个别小区如有缺苗等特殊情况，该小区的测产面积至少 4m^2。要求用感量 0.1kg 的秤称重，记载数据时须保留 2 位小数。产草量测定结果记入表 A.3。

6　取样

6.1　干重

每次刈割测产后，从每小区随机取 3～5 把草样，将 4 个重复的草样混合均匀，取约 1 000g的样品，剪成 3～4cm 长，编号称重，然后在干燥气候条件下，用布袋或尼龙纱袋装好，挂置于通风遮雨处晾干至两次称重之差不超过 2.5g；在潮湿气候条件下，置于烘箱中，60～65℃下烘干 12h，取出放置室内冷却回潮 24h 后称重，然后再放入烘箱在 60～65℃下烘干 8h，取出放置室内冷却回潮 24h 后称重，直至两次称重之差不超过 2.5g 为止。计算各参试品种（系）的干草产量和干鲜比，测定结果记入表 A.3 和表 A.4。

6.2　品质

只在四川新津试验点取样，农业农村部全国草业产品质量监督检验测试中心负责检测。将第一茬测完干重后的草样保留作为品质测定样品。

7　观测记载项目

按附录 A 和 B 的要求进行田间观察，并记载当日所做的田间工作，整理填写入表。

8　数据整理

各承试单位负责对其试验点内的数据进行统计分析，并用新复极差法对干草产量进行多重比较。

9　总结报告

各承试单位于每年 11 月 10 日之前将填写完整的原始数据调查表及试验总结报告上交省级草原技术推广部门，省级草原技术推广部门于 11 月 20 日之前将汇总结果（包括纸质及电子版）上交全国畜牧总站。

10　试验报废

各承试单位有下列情形之一的，该点区域试验作全部或部分报废处理：

因不可抗拒因素（如自然灾害等）造成试验不能正常进行；

同品种缺苗率超过 15%的小区有 2 个或 2 个以上；

误差变异系数超过20%；

其他严重影响试验科学性情况的。

试验期间，因以上原因造成试验报废的，承试单位应及时通过省级草原技术推广部门向全国畜牧总站提供详细的书面报告。

1. 达伯瑞多花黑麦草

达伯瑞多花黑麦草（*Lolium multiflorum* Lam. ‘Double Barrel’）是云南省草山饲料工作站和丹麦丹农种子公司中国代表处联合于2009年申请参加国家草品种区域试验的新品系。2010—2011年在华中、华南和西南区安排了5个试验点，并选用四倍体钻石T和二倍体海湾为对照品种。2012年通过全国草品种审定委员会审定，为引进品种。其区域试验结果见表2-52。

表2-52 各试验站（点）各年度干草产量分析表

地点	年份	品种	均值（kg/100m²）	增（减）（%）	显著性（P值）
广州	2010	达伯瑞	81.22		
		海湾	81.88	−0.80	0.800 4
		钻石T	76.93	5.59	0.595 7
	2011	达伯瑞	84.04		
		海湾	93.23	−9.86	0.379 0
		钻石T	79.04	6.32	0.546 0
洪雅	2010	达伯瑞	119.01		
		海湾	121.08	−1.72	0.591 9
		钻石T	123.07	−3.30	0.129 4
	2011	达伯瑞	93.80		
		海湾	94.22	−0.44	0.947 1
		钻石T	86.60	8.32	0.038 8
南京	2010	达伯瑞	76.88		
		海湾	77.65	−0.99	0.639 6
		钻石T	78.35	−1.88	0.429 2
	2011	达伯瑞	87.11		
		海湾	88.07	−1.09	0.752 2
		钻石T	76.51	13.85	0.009 8
贵州	2010	达伯瑞	69.11		
		海湾	75.26	−8.17	0.531 4
		钻石T	65.42	5.65	0.660 1
	2011	达伯瑞	73.85		
		海湾	72.58	1.76	0.892 9
		钻石T	78.80	−6.28	0.592 5

（续）

地点	年份	品种	均值（kg/100m²）	增（减）（%）	显著性（P值）
南昌	2010	达伯瑞	64.90		
		海湾	56.59	14.68	0.258 9
		钻石T	55.70	16.50	0.202 9
	2011	达伯瑞	84.53		
		海湾	80.84	4.57	0.808 3
		钻石T	93.79	−9.87	0.685 9

2. 杰特多花黑麦草

杰特多花黑麦草（*Lolium multiflorum* Lam. 'Jivet'）是云南省草山饲料工作站于2011年申请参加国家草品种区域试验的新品系。2011—2013年选用阿伯德多花黑麦草与特高多花黑麦草作为对照品种，在邵阳、武汉、南昌、南京、广州安排5个试验站（点）进行国家草品种区域试验。2014年通过全国草品种审定委员会审定，为引进品种。其区域试验结果见表2－53。

表2－53　各试验站（点）各年度干草产量分析表

地点	年份	品　种	均值（kg/100m²）	增（减）（%）	显著性（P值）
邵阳	2012	杰特	192.92		
		阿伯德	205.58	−6.2	0.590 8
		特高	185.77	3.85	0.785 7
	2013	杰特	77.35		
		阿伯德	83.29	−7.1	0.201 13
		特高	85.28	−9.30	0.285 1
武汉	2012	杰特	133.52		
		阿伯德	132.94	0.4	0.929 7
		特高	185.77	−3.11	0.733 8
	2013	杰特	87.79		
		阿伯德	105.67	−16.9	0.056 1
		特高	85.88	−21.52	0.036 1
南昌	2012	杰特	168.99		
		阿伯德	170.40	−0.8	0.957 2
		特高	175.80	−3.87	0.800 6
	2013	杰特	89.58		
		阿伯德	84.75	5.7	0.519 7
		特高	101.70	−11.92	0.084 9

（续）

地点	年份	品种	均值 （kg/100m²）	增（减） （%）	显著性 （P 值）
南京	2012	杰特	102.66		
		阿伯德	104.77	−2.0	0.596 9
		特高	121.07	−15.21	0.003 2
	2013	杰特	96.64		
		阿伯德	85.91	12.5	0.042 1
		特高	112.92	−14.42	0.022 3
广州	2012	杰特	65.03		
		阿伯德	58.13	11.9	0.547 1
		特高	62.48	4.08	0.794 3
	2013	杰特	131.11		
		阿伯德	151.86	−13.7	0.059 1
		特高	156.58	−16.27	0.070 8

3. 剑宝多花黑麦草

剑宝多花黑麦草（*Lolium multiflorum* Lam. ‘Jumbo’）是百绿（天津）国际草业有限公司和四川省畜牧科学研究院 2012 年申请参加国家草品种区域试验的引进品种。2013—2014 年选用长江 2 号和赣选 1 号多花黑麦草作为对照品种，在四川新津、湖南邵阳、江西南昌、江苏南京、贵州贵阳共安排 5 个试验站（点）进行国家草品种区域试验。2015 年通过全国草品种审定委员会审定，为引进品种。其区域试验结果见表 2-54。

表 2-54 各试验站（点）各年度干草产量分析表

地 点	年份	品 种	均值 （kg/100m²）	增（减） （%）	显著性 （P 值）
四川新津	2013	剑宝多花黑麦草	124.36		
		长江 2 号多花黑麦草	102.64	21.16	0.148 8
		赣选 1 号黑麦草	84.21	47.69	0.014 2
	2014	剑宝多花黑麦草	175.70		
		长江 2 号多花黑麦草	167.77	4.73	0.220 2
		赣选 1 号黑麦草	178.04	−1.32	0.710 5
湖南邵阳	2013	剑宝多花黑麦草	65.26		
		长江 2 号多花黑麦草	78.00	−16.33	0.058 3
		赣选 1 号黑麦草	73.65	−11.38	0.160 5
	2014	剑宝多花黑麦草	65.91		
		长江 2 号多花黑麦草	64.54	2.14	0.911 5
		赣选 1 号黑麦草	68.00	−3.06	0.829 0

（续）

地　点	年份	品　种	均值 (kg/100m²)	增（减）(%)	显著性 (P值)
江西南昌	2013	剑宝多花黑麦草	77.98		
		长江2号多花黑麦草	72.04	8.24	0.134 0
		赣选1号黑麦草	80.21	-2.78	0.035 0
	2014	剑宝多花黑麦草	75.33		
		长江2号多花黑麦草	72.04	4.55	0.678 7
		赣选1号黑麦草	80.21	-6.09	0.678 9
江苏南京	2013	剑宝多花黑麦草	99.38		
		长江2号多花黑麦草	91.00	9.21	0.087 6
		赣选1号黑麦草	47.64	108.58	0.000 1
	2014	剑宝多花黑麦草	83.37		
		长江2号多花黑麦草	78.69	5.95	0.051 3
		赣选1号黑麦草	68.86	21.08	0.000 2
贵州贵阳	2013	剑宝多花黑麦草	111.44		
		长江2号多花黑麦草	120.64	-7.63	0.634 3
		赣选1号黑麦草	119.99	-7.13	0.679 0
	2014	剑宝多花黑麦草	120.22		
		长江2号多花黑麦草	125.60	-4.28	0.536 8
		赣选1号黑麦草	107.07	12.28	0.131 3

4. 川农1号多花黑麦草

川农1号多花黑麦草（*Lolium multiflorum* Lam. ‘Chuannong No. 1’）是四川农业大学申请参加2010年国家草品种区域试验的新品系。2011—2012年选用赣选1号、安格斯1号多花黑麦草作为对照品种，在南京、南昌、武汉、广州、贵阳、新津、独山和西昌安排了8个试验站（点）进行国家草品种区域试验。2016年通过全国草品种审定委员会审定，育成品种。其区域试验结果见表2-55。

表2-55　各试验站（点）各年度干草产量分析表

地　点	年份	品　种	均值 (kg/100m²)	增（减）(%)	显著性 (P值)
江苏南京	2011	川农1号	74.77		
		赣选1号	72.03	3.80	0.502 5
		安格斯1号	77.22	-3.17	0.468 2
	2012	川农1号	81.09		
		赣选1号	78.19	3.71	0.235 6
		安格斯1号	80.09	1.25	0.723 1

（续）

地 点	年份	品 种	均值（kg/100m²）	增（减）（%）	显著性（P值）
江西南昌	2011	川农1号	76.75		
		赣选1号	86.69	−11.47	0.462 4
		安格斯1号	81.82	−6.20	0.723 9
	2012	川农1号	179.74		
		赣选1号	156.46	14.88	0.022 8
		安格斯1号	185.93	−3.33	0.520 5
湖北武汉	2011	川农1号	117.37		
		赣选1号	103.13	13.81	0.135 5
		安格斯1号	113.54	3.37	0.704 6
	2012	川农1号	146.78		
		赣选1号	136.92	7.20	0.435 1
		安格斯1号	127.70	14.94	0.237 6
广东广州	2011	川农1号	96.10		
		赣选1号	87.45	9.88	0.649 4
		安格斯1号	82.19	16.92	0.276 0
	2012	川农1号	71.43		
		赣选1号	76.09	−6.13	0.420 5
		安格斯1号	60.96	17.17	0.149 7
贵州贵阳	2011	川农1号	78.68		
		赣选1号	69.90	12.57	0.548 0
		安格斯1号	79.69	−1.26	0.948 9
	2012	川农1号	114.81		
		赣选1号	125.45	−8.48	0.285 2
		安格斯1号	123.40	−6.95	0.296 9
四川新津	2011	川农1号	85.32		
		赣选1号	86.83	−1.74	0.741 7
		安格斯1号	92.02	−7.28	0.069 1
	2012	川农1号	105.02		
		赣选1号	104.83	0.17	0.966 5
		安格斯1号	122.35	−14.17	0.010 4
贵州独山	2011	川农1号	93.47		
		赣选1号	101.46	−7.88	0.037 8
		安格斯1号	103.60	−9.78	0.178 4
	2012	川农1号	89.43		
		赣选1号	83.61	6.96	0.421 1
		安格斯1号	87.64	2.04	0.802 7

（续）

地　点	年份	品　种	均值（kg/100m²）	增（减）（%）	显著性（P值）
四川西昌	2011	川农1号	206.58		
		赣选1号	221.74	−6.84	0.296 9
		安格斯1号	207.09	−0.25	0.939 9
	2012	川农1号	219.53		
		赣选1号	203.52	7.86	0.342 8
		安格斯1号	207.48	5.81	0.493 0

（十九）羊茅黑麦草、多年生黑麦草品种区域试验实施方案（2012年）

1　试验目的

客观、公正、科学地评价羊茅黑麦草、多年生黑麦草参试品种（系）的产量、适应性和品质特性等综合性状，为国家草品种审定和推广提供科学依据。

2　试验安排及参试品种

2.1　试验区域及试验点

华北、西南地区，共安排5个试验点。

2.2　参试品种（系）

拜伦羊茅黑麦草、瓦纳拉多年生黑麦草、英雄多年生黑麦草、凯力多年生黑麦草。

3　试验设置

3.1　试验地的选择

试验地应尽可能代表所在试验区的气候、土壤和栽培条件等。选择地势平整、土壤肥力中等且均匀、前茬作物一致、无严重土传病害、具有良好排灌条件（雨季无积水）、四周无高大建筑物或树木影响的地块。

3.2　试验设计

3.2.1　试验组

参试的1个羊茅黑麦草品种（系）和3个多年生黑麦草品种（系）设为1个试验组。

3.2.2　试验周期

2012年起，不少于3个生产周年（观测至2015年底）。

3.2.3　小区面积

小区面积15m²（长5m×宽3m）。

3.2.4　小区设置

采用随机区组设计，4次重复，同一区组应放在同一地块，试验点整个试验地四周设1m保护行（可参见随机区组试验设计小区布置参考图）。

4 播种和田间管理

4.1 一般原则

田间操作时，同一项技术措施应在同一天完成。同项技术措施无法在同一天完成时，同一区组的该项措施必须在同一天完成。

4.2 试验地准备

播种前，应对试验地的土质和肥力状况进行调查分析，种床要求精耕细作。

4.3 播种期

秋播，一般在 9—10 月。

4.4 播种方法

条播，行距 30cm，每小区 10 行，播种深度 1～2cm，在此范围内沙性土壤的播种深度稍深，黏性土壤的播种深度稍浅。

4.5 播种量

播种量 30g/小区（1.3kg/亩，种子用价＞80％）。

4.6 田间管理

管理水平略高于当地大田生产水平，及时查苗补缺、防除杂草、施肥、排灌并防治病虫害（抗病虫性鉴定的除外），以满足参试品种（系）正常生长发育的水肥需要。

4.6.1 补播

尽可能 1 次播种保全苗，如出现明显缺苗，应尽快补播。

4.6.2 杂草防除

可人工除草或选用适当的除草剂，以保证试验材料的正常生长。

4.6.3 施肥

根据试验地土壤肥力状况，可适当施用底肥、追肥，满足参试草种中等偏上的需肥要求。

氮肥推荐用量为分蘖期和每次刈割后，每小区追施 160g 的尿素；磷肥全部用作种肥，每小区施重过磷酸钙 260g。根据土壤条件和植物生长状况，确定是否需要追施钾肥。

4.6.4 水分管理

根据天气和土壤水分含量，适时适量浇水，浇水原则为少浇深浇，保证每小区均匀灌溉。如遇雨水过量，应及时排涝。

4.6.5 病虫害防治

以防为主，生长期间根据田间虫害和病害的发生情况，选择高效低毒的药剂适期防治。

5 产草量的测定

产草量包括第一次刈割的产量和再生草产量。绝对株高 45cm 时刈割，留茬高度 5cm。测产时先去掉小区两侧边行，再将余下的 8 行留足中间 4m，然后割去两头，并移出小区（本部分不计入产量），将余下部分 9.6m^2 刈割测产，按实际面积计算产量。如个别小区有缺苗等特殊情况，本小区的测产面积不得少于 4m^2。要求用感量 0.1kg 的秤称重，记载数据时须保留 2 位小数。产草量测定结果记入表 A.3。

6 取样及测定

6.1 干重

每次刈割测产后，从每小区随机取 3～5 把草样，将 4 个重复的草样混合均匀，取约 1 000g的样品，剪成 3～4cm 长，编号称重，然后在干燥气候条件下，用布袋或尼龙纱袋装好，挂置于通风遮雨处晾干至两次称重之差不超过 2.5g；在潮湿气候条件下，置于烘箱中，60～65℃下烘干 12h，取出放置室内冷却回潮 24h 后称重，然后再放入烘箱在 60～65℃下烘干 8h，取出放置室内冷却回潮 24h 后称重，直至两次称重之差不超过 2.5g 为止。计算各参试品种（系）的干草产量和干鲜比，测定结果记入表 A.3 和表 A.4。

6.2 品质

只在北京试验点取样，由农业农村部全国草业产品质量监督检验测试中心负责检测。将第一茬测完干重后的草样保留作为品质测定样品。

7 观测记载项目

按附录 A 和 B 的要求进行田间观察，并记载当日所做的田间工作，整理填写入表。

8 数据整理

各承试单位负责对其试验点内的数据进行统计分析，并用新复极差法对干草产量进行多重比较。

9 总结报告

各承试单位于每年 11 月 10 日之前将填写完整的原始数据调查表及试验总结报告上交省级草原技术推广部门，省级草原技术推广部门于 11 月 20 日之前将汇总结果（包括纸质及电子版）上交全国畜牧总站。

10 试验报废

各承试单位有下列情形之一的，该点区域试验作全部或部分报废处理：

因不可抗拒因素（如自然灾害等）造成试验不能正常进行；

同品种缺苗率超过 15%的小区有 2 个或 2 个以上；

误差变异系数超过 20%；

其他严重影响试验科学性情况的。

试验期间，因以上原因造成试验报废的，承试单位应及时通过省级草原技术推广部门向全国畜牧总站提供详细的书面报告。

1. 图兰朵多年生黑麦草

图兰朵多年生黑麦草（*Lolium perenne* L. ‘Turandot’）是四川省凉山州畜牧兽医科学研究所和四川金种燎原种业科技有限责任公司申请参加 2011 年国家草品种区域试验的引进新品系。2011—2014 年选用凯力多年生黑麦草作为对照品种，在北京双桥、四川西昌、云南寻甸、贵州贵阳、山东济南安排了 5 个试验站（点）进行国家草品种区域试验。2015 年通过全国草品种审定委员会审定，为引进品种。其区域试验结果见表 2 - 56。

表 2-56 各试验站（点）各年度干草产量分析表

地 点	年份	品 种	均值 (kg/100m²)	增（减） (%)	显著性 (P 值)
北京双桥	2012	图兰朵多年生黑麦草	95.48		
		凯力多年生黑麦草	92.52	3.20	0.159 6
	2013	图兰朵多年生黑麦草	58.98		
		凯力多年生黑麦草	60.41	−2.36	0.289 6
	2014	图兰朵多年生黑麦草	92.51		
		凯力多年生黑麦草	97.82	−5.43	0.013 7
四川西昌	2012	图兰朵多年生黑麦草	213.33		
		凯力多年生黑麦草	249.22	−14.40	0.091 5
	2013	图兰朵多年生黑麦草	215.89		
		凯力多年生黑麦草	234.54	−7.95	0.075 6
	2014	图兰朵多年生黑麦草	229.56		
		凯力多年生黑麦草	241.40	−4.90	0.069 1
云南寻甸	2012	图兰朵多年生黑麦草	116.39		
		凯力多年生黑麦草	83.01	40.21	0.231 9
	2013	图兰朵多年生黑麦草	13.42		
		凯力多年生黑麦草	8.25	62.80	0.300 8
	2014	图兰朵多年生黑麦草	29.43		
		凯力多年生黑麦草	28.93	1.74	0.680 3
贵州贵阳	2012	图兰朵多年生黑麦草	103.63		
		凯力多年生黑麦草	81.99	26.39	0.313 0
	2013	图兰朵多年生黑麦草	39.66		
		凯力多年生黑麦草	38.29	3.60	0.824 4
	2014	图兰朵多年生黑麦草	28.12		
		凯力多年生黑麦草	30.42	−7.58	0.598 2

2. 肯特多年生黑麦草

肯特多年生黑麦草（*Lolium perenne* L. ‘Kentaur’）是贵州省草业研究所申请参加2011年国家草品种区域试验的引进新品系。2011—2014年选用凯力多年生黑麦草作为对照品种，在北京双桥、四川西昌、云南寻甸、贵州贵阳、山东济南安排了5个试验站（点）进行国家草品种区域试验。2015年通过全国草品种审定委员会审定，为引进品种。其区域试验结果见表2-57。

表 2-57 各试验站（点）各年度干草产量分析表

地 点	年份	品 种	均值 (kg/100m²)	增（减） (%)	显著性 (P 值)
北京双桥	2012	肯特多年生黑麦草	108.02		
		凯力多年生黑麦草	92.52	16.75	0.000 1
	2013	肯特多年生黑麦草	69.45		
		凯力多年生黑麦草	60.41	14.97	0.000 0
	2014	肯特多年生黑麦草	114.89		
		凯力多年生黑麦草	97.82	17.46	0.000 1

（续）

地　点	年份	品　种	均值（kg/100m²）	增（减）（%）	显著性（P值）
四川西昌	2012	肯特多年生黑麦草	229.76		
		凯力多年生黑麦草	249.22	−7.81	0.464 5
	2013	肯特多年生黑麦草	224.41		
		凯力多年生黑麦草	234.54	−4.32	0.167 7
	2014	肯特多年生黑麦草	232.91		
		凯力多年生黑麦草	241.40	−3.51	0.176 1
云南寻甸	2012	肯特多年生黑麦草	108.30		
		凯力多年生黑麦草	83.01	30.47	0.229 3
	2013	肯特多年生黑麦草	10.84		
		凯力多年生黑麦草	8.25	31.46	0.159 4
	2014	肯特多年生黑麦草	34.52		
		凯力多年生黑麦草	28.93	19.33	0.072 1
贵州贵阳	2012	肯特多年生黑麦草	105.58		
		凯力多年生黑麦草	81.99	28.76	0.209 8
	2013	肯特多年生黑麦草	36.56		
		凯力多年生黑麦草	38.29	−4.50	0.292 6
	2014	肯特多年生黑麦草	32.24		
		凯力多年生黑麦草	30.42	5.98	0.477 8

3. 格兰丹迪多年生黑麦草

格兰丹迪多年生黑麦草（*Lolium perenne* L. ‘Grand Daddy’）是北京克劳沃草业技术开发中心申请参加2011年国家草品种区域试验的引进新品系。2011—2014年选用凯力多年生黑麦草作为对照品种，在北京双桥、四川西昌、云南寻甸、贵州贵阳、山东济南安排了5个试验站（点）进行国家草品种区域试验。2015年通过全国草品种审定委员会审定，为引进品种。其区域试验结果见表2-58。

表2-58　各试验点各年度干草产量分析表

地　点	年份	品　种	均值（kg/100m²）	增（减）（%）	显著性（P值）
北京双桥	2012	格兰丹迪多年生黑麦草	99.68		
		凯力多年生黑麦草	92.52	7.73	0.008 3
	2013	格兰丹迪多年生黑麦草	63.56		
		凯力多年生黑麦草	60.41	5.22	0.058 4
	2014	格兰丹迪多年生黑麦草	106.06		
		凯力多年生黑麦草	97.82	8.43	0.001 2

（续）

地 点	年份	品 种	均值 (kg/100m²)	增（减） (%)	显著性 (P值)
四川西昌	2012	格兰丹迪多年生黑麦草	239.00		
		凯力多年生黑麦草	249.22	−4.10	0.736 7
	2013	格兰丹迪多年生黑麦草	232.82		
		凯力多年生黑麦草	234.54	−0.73	0.895 2
	2014	格兰丹迪多年生黑麦草	221.73		
		凯力多年生黑麦草	241.40	−8.15	0.013 8
云南寻甸	2012	格兰丹迪多年生黑麦草	93.70		
		凯力多年生黑麦草	83.01	12.88	0.628 5
	2013	格兰丹迪多年生黑麦草	11.52		
		凯力多年生黑麦草	8.25	39.69	0.053 8
	2014	格兰丹迪多年生黑麦草	29.06		
		凯力多年生黑麦草	28.93	0.46	0.891 6
贵州贵阳	2012	格兰丹迪多年生黑麦草	103.74		
		凯力多年生黑麦草	81.99	26.53	0.353 7
	2013	格兰丹迪多年生黑麦草	40.00		
		凯力多年生黑麦草	38.29	4.48	0.709 5
	2014	格兰丹迪多年生黑麦草	35.39		
		凯力多年生黑麦草	30.42	16.33	0.213 1

4. 拜伦羊茅黑麦草

拜伦羊茅黑麦草（*Lolium multiflorum* × *Festuca arundinacea* ‘Perun’）是云南省草山饲料工作站于2012年申请参加国家草品种区域试验引进新品系。2013—2015年选用凯力多年生黑麦草作为对照品种，在四川新津、贵州贵阳、云南寻甸安排3个试验站（点）进行国家草品种区域试验。2016年通过全国草品种审定委员会审定，引进品种。其区域试验结果见表2-59。

表2-59 各试验站（点）各年度干草产量分析表

地 点	年份	品 种	均值 (kg/100m²)	增（减） (%)	显著性 (P值)
四川新津	2013	拜伦羊茅黑麦草	75.86		
		凯力多年生黑麦草	49.74	52.51	0.000 9
	2014	拜伦羊茅黑麦草	160.70		
		凯力多年生黑麦草	117.99	36.19	0.000 3
	2015	拜伦羊茅黑麦草	170.82		
		凯力多年生黑麦草	149.61	14.17	0.005 7

（续）

地　点	年份	品　种	均值（kg/100m²）	增（减）（%）	显著性（P值）
贵州贵阳	2013	拜伦羊茅黑麦草	87.18		
		凯力多年生黑麦草	75.60	15.31	0.408 3
	2014	拜伦羊茅黑麦草	56.87		
		凯力多年生黑麦草	46.50	22.31	0.436 1
	2015	拜伦羊茅黑麦草	45.55		
		凯力多年生黑麦草	26.75	70.27	0.378 1
云南寻甸	2013	拜伦羊茅黑麦草	68.03		
		凯力多年生黑麦草	63.94	6.40	0.554 7
	2014	拜伦羊茅黑麦草	49.32		
		凯力多年生黑麦草	46.16	6.84	0.632 3
	2015	拜伦羊茅黑麦草	28.15		
		凯力多年生黑麦草	26.24	7.31	0.678 5

5. 劳发羊茅黑麦草

劳发羊茅黑麦草（*Lolium multiflorum*×*Festuca arundinacea*'Lofa'）是四川农业大学于2013年申请参加国家草品种区域试验的引进品种新品系。2013—2016年，选用凯力和麦迪多年生黑麦草为对照品种，在四川新津、北京双桥、贵州独山、贵州贵阳和云南小哨5个试验站（点）进行国家草品种区域试验。2017年通过全国草品种审定委员会审定，为引进品种。其区域试验结果见表2-60。

表2-60　各试验站（点）各年度干草产量分析表

地　点	年份	品　种	均值（kg/100m²）	增（减）（%）	显著性（P值）
四川新津	2014	劳发羊茅黑麦草	152.83		
		凯力多年生黑麦草	138.85	10.07	0.30
		麦迪多年生黑麦草	125.85	21.44	0.02
	2015	劳发羊茅黑麦草	142.95		
		凯力多年生黑麦草	132.73	7.70	0.20
		麦迪多年生黑麦草	122.31	16.88	0.03
	2016	劳发羊茅黑麦草	142.17		
		凯力多年生黑麦草	115.67	22.91	0.001
		麦迪多年生黑麦草	123.20	15.40	0.02
北京双桥	2014	劳发羊茅黑麦草	139.12		
		凯力多年生黑麦草	149.27	−6.80	0.090
		麦迪多年生黑麦草	144.56	−3.77	0.007

（续）

地　点	年份	品　种	均值（kg/100m²）	增（减）（%）	显著性（P值）
北京双桥	2015	劳发羊茅黑麦草	74.41		
		凯力多年生黑麦草	56.51	31.68	0.004
		麦迪多年生黑麦草	68.33	8.90	0.18
	2016	劳发羊茅黑麦草	65.00		
		凯力多年生黑麦草	52.07	24.82	0.02
		麦迪多年生黑麦草	55.87	16.34	0.09
贵州独山	2014	劳发羊茅黑麦草	90.52		
		凯力多年生黑麦草	76.32	18.61	0.04
		麦迪多年生黑麦草	78.86	14.78	0.76
	2015	劳发羊茅黑麦草	70.93		
		凯力多年生黑麦草	65.82	7.77	0.56
		麦迪多年生黑麦草	40.81	73.81	0.003
	2016	劳发羊茅黑麦草	87.56		
		凯力多年生黑麦草	101.97	−14.13	0.035
		麦迪多年生黑麦草	84.61	3.49	0.64
贵州贵阳	2014	劳发羊茅黑麦草	90.93		
		凯力多年生黑麦草	96.05	−5.33	0.76
		麦迪多年生黑麦草	94.23	−3.50	0.79
	2015	劳发羊茅黑麦草	33.20		
		凯力多年生黑麦草	37.57	−11.63	0.66
		麦迪多年生黑麦草	38.74	−14.30	0.48
	2016	劳发羊茅黑麦草	113.16		
		凯力多年生黑麦草	94.92	19.22	0.01
		麦迪多年生黑麦草	90.63	24.86	0.002
云南小哨	2014	劳发羊茅黑麦草	203.19		
		凯力多年生黑麦草	201.74	0.72	0.93
		麦迪多年生黑麦草	189.59	7.17	0.51
	2015	劳发羊茅黑麦草	114.37		
		凯力多年生黑麦草	94.16	21.46	0.17
		麦迪多年生黑麦草	94.17	21.45	0.16
	2016	劳发羊茅黑麦草	92.20		
		凯力多年生黑麦草	66.42	38.82	0.02
		麦迪多年生黑麦草	76.57	20.41	0.25

（二十）杂交黑麦草品种区域试验实施方案（2009 年）

1 试验目的

客观、公正、科学地评价杂交黑麦草或多年生黑麦草参试品种（系）的产量、适应性和品质特性等综合性状，为国家草品种审定和推广提供科学依据。

2 试验安排及参试品种

2.1 试验区域及试验点

长江流域及以南地区，试验点 6 个。

2.2 参试品种（系）

泰特 2 号杂交黑麦草、卓越多年生黑麦草、百盛杂交黑麦草。

3 试验设置

3.1 试验地的选择

试验地应尽可能代表所在试验区的气候、土壤和栽培条件等。选择地势平整、土壤肥力中等且均匀、前茬作物一致、无严重土传病害发生、具有良好排灌条件（雨季无积水）、四周无高大建筑物或树木影响的地块。

3.2 试验设计

3.2.1 试验组

参试的 3 个杂交黑麦草品种（系）设为 1 个试验组。

3.2.2 试验周期

2009 年播种，试验不少于 3 个生产周年。

3.2.3 小区面积

小区面积 15m^2（长 5m×宽 3m）。

3.2.4 小区设置

采用随机区组设计，4 次重复，同一试验组的 4 个区组应放在同一地块，四周设 1m 保护行。

4 播种和田间管理

4.1 一般原则

田间操作时，同一项技术措施应在同一天完成。同项技术措施无法在同一天完成时，则同一区组的该项措施必须在同一天完成。

4.2 试验地准备

播种前，应对试验地的土质和肥力状况进行调查分析，种床要求精耕细作。

4.3 播种期

秋季播种，一般在 9—10 月。

4.4 播种方法

条播，行距 30cm，每小区 10 行，播种深度 1～2cm，在此范围内沙性土壤的播种深度稍深，黏性土壤的播种深度稍浅。

4.5 播种量

每小区播种量30g（1.3kg/亩，种子用价>80%）。

4.6 田间管理

管理水平略高于当地大田生产水平，及时查苗补缺、防除杂草、施肥、排灌并防治病虫害（抗病虫性鉴定的除外），以满足参试品种（系）正常生长发育的水肥需要。

4.6.1 补播

尽可能1次播种保全苗，如出现明显缺苗，应尽快补播。

4.6.2 杂草防除

可选用适当的除草剂或人工除草，以保证试验材料的正常生长。

4.6.3 施肥

根据试验地土壤肥力状况，可适当施用底肥、追肥，满足参试草种中等偏上的需肥要求。

氮肥推荐用量为：在分蘖期和每次刈割后，每小区追施160g的尿素（含氮46%）；磷肥全部用作种肥，每小区施重过磷酸钙260g（含P_2O_5 46%）；根据土壤条件和植物生长状况，确定是否需要追施钾肥。

4.6.4 水分管理

根据天气和土壤水分含量，适时适量浇水，浇水原则为少浇深浇，保证每小区均匀灌溉。如遇雨水过量，应及时排涝。

4.6.5 病虫害防治

以防为主，生长期间根据田间虫害和病害的发生情况，选择低毒高效的药剂适期防治。

5 产草量的测定

产草量包括第一次刈割的产量和再生草产量。株高40～50cm时刈割，留茬高度5cm。测产时先去掉小区两侧边行，再将余下的8行留中间4m，然后去掉两头50cm，实测所留9.6m^{2}的鲜草产量。个别小区如有缺苗等特殊情况，该小区的测产面积至少4m^2。要求用感量0.1kg的秤称重。产草量测定结果记入表A.3。

6 取样及测定

6.1 干重

每次刈割测产后，从每小区随机取3～5把草样，将4个重复的草样混合均匀，取约1 000g样品，剪成3～4cm长，编号称重，然后在干燥气候条件下，用布袋或尼龙纱袋装好，挂置于通风遮雨处晾干至两次称重之差不超过2.5g；在潮湿气候条件下，置于烘箱中，60～65℃下烘干12h，取出放置室内冷却回潮24h后称重，然后再放入烘箱在60～65℃下烘干8h，取出放置室内冷却回潮24h后称重，直至两次称重之差不超过2.5g为止。计算各参试品种（系）的干草产量和干鲜比，测定结果记入表A.3和表A.4。

6.2 品质

由四川草原工作总站负责取样，农业农村部全国草业产品质量监督检验测试中心负责检测。将第一茬测完干重后的草样保留作为品质测定样品。

7　观测记载项目

按附录 A 的要求进行田间观察，并记载当日所做的田间工作，整理填写入表。

8　数据整理

各承试单位负责对其试验点内的数据进行统计分析，并用新复极差法对干草产量进行多重比较。

9　总结报告

各承试单位于每年 11 月 10 日之前将填写完整的原始数据调查表及试验总结报告上交省级草原技术推广部门，省级草原技术推广部门于 11 月 20 日之前将汇总结果（包括纸质及电子版）上交全国畜牧总站。

10　试验报废

各承试单位有下列情形之一的，该点区域试验作全部或部分报废处理：
因不可抗拒因素（如自然灾害等）造成试验不能正常进行；
同品种缺苗率超过 15%的小区有 2 个或 2 个以上；
其他严重影响试验科学性情况的。
试验期间，因不可抗拒原因报废的试验点，承试单位应及时向试验主持单位提供详细的书面报告。

1. 泰特 2 号杂交黑麦草

泰特 2 号杂交黑麦草（*Lolium*×*bucheanum*‘Tetrelite Ⅱ’）是四川省金种燎原种业科技有限责任公司申请参加 2009 年国家草品种区域试验的新品系。该参试材料在长江流域及以南地区于 2009—2011 年分别安排了 5 个试验点开展区域试验，在贵阳、独山、西昌、洪雅、邵阳区域试验站（点）以卓越多年生黑麦草和百盛杂交黑麦草为对照品种开展了区域适应性试验。该品种 2013 年通过全国草品种审定委员会审定，为引进品种。其区域试验结果见表 2-61。

表 2-61　各试验站（点）各年度干草产量分析表

地点	年份	品种	均值 (kg/100m²)	增（减）(%)	显著性 (P 值)
贵阳	2010	泰特 2 号	79.82		
		百盛	55.58	43.61	0.005 4
		卓越	60.71	31.48	0.016 8
	2011	泰特 2 号	58.65		
		百盛	—	—	
		卓越	41.15	42.53	0.033 2
	2012	泰特 2 号	49.05		
		百盛	—	—	
		卓越	46.68	5.08	0.633 2

（续）

地点	年份	品种	均值（kg/100m²）	增（减）（%）	显著性（P值）
独山	2010	泰特2号	87.22		
		百盛	84.90	2.73	0.410 1
		卓越	71.67	21.70	0.001 4
	2011	泰特2号	34.56		
		百盛	—	—	
		卓越	32.29	7.03	0.438 3
	2012	泰特2号	38.67		
		百盛	—	—	
		卓越	34.10	13.40	0.038 3
西昌	2010	泰特2号	131.42		
		百盛	137.42	−4.37	0.715 9
		卓越	81.89	60.48	0.003 1
	2011	泰特2号	110.78		
		百盛	72.33	53.16	0.127 7
		卓越	87.67	26.36	0.346 7
	2012	泰特2号	157.71		
		百盛	147.53	6.9	0.577 2
		卓越	112.23	40.52	0.068 8
洪雅	2010	泰特2号	143.97		
		百盛	148.63	−3.14	0.596 6
		卓越	145.15	−0.81	0.852 9
邵阳	2010	泰特2号	45.71		
		百盛	44.95	1.69	0.806 2
		卓越	38.80	17.81	0.134 0

（二十一）鸭茅品种区域试验实施方案（2015年）

1 试验目的

客观、公正、科学地评价鸭茅参试品种的丰产性、适应性和营养价值，为新草品种审定和推广应用提供科学依据。

2 试验安排

2.1 试验点

安排云南小哨、贵州独山、山西清徐、北京双桥、四川新津、西昌等6个试验点。

2.2 参试品种

编号为2015HB10601、2015HB10602和2015HB10603共3个品种。

3 试验设置

3.1 试验地选择

试验地应尽可能代表所在试验区的气候、土壤和栽培条件等。选择地势平整、土壤肥力中等且均匀、前茬作物一致、杂草少、无严重土传病害、具有良好排灌条件（雨季无积水）、四周无高大建筑物或树木影响的地块。

3.2 试验设计

3.2.1 试验周期

2014年起，试验不少于3个完整的生产周年。

3.2.2 小区面积

小区面积15m^2（长5m×宽3m）。

3.2.3 小区布置

采用随机区组设计，4次重复，同一区组应放在同一地块，试验点整个试验地四周设1m保护行。建议小区布置按照附录C执行。

4 播种和田间管理

4.1 一般原则

田间操作时，同一项技术措施应在同一天完成。同项技术措施无法在同一天完成时，同一区组的该项措施必须在同一天完成。

4.2 试验地准备

播种前，应对试验地的土质和肥力状况进行调查分析，种床要求精耕细作。

4.3 播种期

秋季适时播种。

4.4 播种方法

条播，行距30cm，每小区10行，播种深度0.5～1cm，在此范围内沙性土壤的播种深度稍深，黏性土壤的播种深度稍浅。

4.5 播种量

播种量22.5g/小区（1.0kg/亩，种子用价>80%）。

4.6 田间管理

管理水平略高于当地大田生产水平，及时防除杂草、施肥、排灌并防治病虫害，以满足参试品种正常生长发育的水肥需要。

4.6.1 查苗补种

尽可能1次播种保全苗，若出现明显的缺苗，应尽快进行补播或移栽补苗。

4.6.2 杂草防除

可人工除草或选用适当的除草剂，以保证参试品种的正常生长，尤其要注意苗期应及时除杂草。

4.6.3 施肥

根据试验地土壤肥力状况，可适当施用底肥、追肥，满足参试草种中等偏上的需肥要求。

氮肥推荐用量为分蘖期和每次刈割后，每小区分别追施160g的尿素，磷肥全部用作种肥，每小区施重过磷酸钙 260g；根据土壤条件和植物生长状况，确定是否需要追施钾肥。

4.6.4 水分管理

根据天气和土壤水分含量，适时适量浇水，浇水原则为少浇深浇，保证每小区均匀灌溉。如遇雨水过量，应及时排涝。

4.6.5 病虫害防治

生长期间根据田间虫害和病害的发生情况，选择低毒高效的药剂适时防治。

5 产草量测定

产草量包括第一次刈割的产量和再生草产量。每次在绝对株高 40～50cm 时刈割，留茬高度 4cm。当年最后一茬再生草在初霜前 30d 刈割，最后一次刈割留茬高度 5～6cm。测产时先去掉小区两侧边行，再将余下的 8 行留中间 4m，然后去掉两头，实测所留 9.6m^2 的鲜草产量。如个别小区因家畜采食、农机碾压等非品种自身特性的特殊原因造成缺苗，应按实际测产面积计算产量，但本小区的测产面积不得少于 4m^2。要求用感量 0.1kg 的秤称重，记载数据时须保留两位小数。产草量测定结果记入表 A.3。

6 取样

6.1 干重

每次刈割测产后，从每小区随机取 3～5 把草样，将 4 个重复的草样混合均匀，取约 1 000g的样品，剪成 3～4cm 长，编号称重。将称取鲜重后的样品置于烘箱中，60～65℃下烘干 12h，取出放置室内冷却回潮 24h 后称重，然后再放入烘箱在 60～65℃下烘干 8h，取出放置室内冷却回潮 24h 后称重，直至两次称重之差不超过 2.5g 为止。计算各参试品种的干重和干鲜比，测定结果记入表 A.3 和表 A.4。

6.2 营养价值

只在国家草品种区域试验站（独山）取样，农业农村部全国草业产品质量监督检验测试中心负责检测。将第一个完整生产周年第一茬测完干重后的草样保留作为营养价值测定样品。

安排取样的试验点无法获得营养价值测定样品时，应及时通知全国畜牧总站。

7 观测记载项目

按附录 A 的要求进行田间观察，并记载当日所做的田间工作，整理填写入表。

8 数据分析

8.1 产草量变异系数计算

计算参试品种的全年累计产草量变异系数 CV，记入表 A.6。CV 超过 20%的要进行原因分析，并记录在表 A.6 下方。

$$CV = s/\bar{x} \times 100\%$$

CV——变异系数；s——同品种不同重复的产草量数据标准差；$\bar{x}$——同品种不同重复的产草量数据平均数。

8.2 区组间产草量差异分析

对比不同区组间的全年累计产草量数据，波动较大的要进行原因分析，并记录在表 A. 6下方。

9　总结报告

各试验点于每年 11 月 20 日之前将全部试验数据和填写完整的附录 B 提交本省区项目组织单位审核，项目组织单位于 11 月 30 日之前将以上材料（纸质及电子版）提交全国畜牧总站。

10　试验报废

有下列情形之一的，该试验组做全部或部分报废处理：

因不可抗拒因素（如自然灾害等）造成试验不能正常进行；

同品种缺苗率超过 15%的小区有 2 个或 2 个以上；

同一试验组中，有较多参试品种的产草量变异系数超过 20%；

其他严重影响试验科学性情况的。

试验期间，因以上原因造成试验报废的，试验点应及时通过本省区项目组织单位向全国畜牧总站提供详细的书面报告。

1. 滇北鸭茅

滇北鸭茅（*Dactylis glomerata* L. 'Dianbei'）是云南省草地动物科学研究院于 2010 年申请参加国家草品种区域试验的新品系。2011—2012 年选用川东鸭茅和安巴鸭茅为对照品种，在北京、新津、伊犁、寻甸、重庆、贵阳、邵阳、延边共安排 8 个试验站（点）进行国家草品种区域试验。2014 年通过全国草品种审定委员会审定，为野生栽培品种。其区域试验结果见表 2－62。

表 2－62　各试验站（点）各年度干草产量分析表

地点	年份	品　种	均值 (kg/100m²)	增（减）(%)	显著性 (P 值)
北京	2011	滇北鸭茅	125.26		
		川东鸭茅	146.09	－14.59	0.000 0
		安巴鸭茅	—	—	
	2012	滇北鸭茅	113.18		
		川东鸭茅	134.91	－16.10	0.000 0
		安巴鸭茅	—	—	
新津	2011	滇北鸭茅	91.02		
		川东鸭茅	103.30	－11.89	0.087 7
		安巴鸭茅	96.07	－5.26	0.255 9
	2012	滇北鸭茅	135.88		
		川东鸭茅	131.99	2.95	0.418 1
		安巴鸭茅	126.02	7.82	0.039 6
	2013	滇北鸭茅	114.16		
		川东鸭茅	123.09	－7.25	0.537 9
		安巴鸭茅	94.40	20.94	0.161 5

（续）

地点	年份	品 种	均值（kg/100m²）	增（减）（%）	显著性（P值）
伊犁	2012	滇北鸭茅	37.02		
		川东鸭茅	43.63	−15.15	0.069 9
		安巴鸭茅	35.28	4.93	0.599 5
	2013	滇北鸭茅	3.07		
		川东鸭茅	16.46	−81.33	0.014 2
		安巴鸭茅	9.77	—	
寻甸	2011	滇北鸭茅	65.94		
		川东鸭茅	65.71	0.35	0.979 9
		安巴鸭茅	84.69	−22.14	0.074 1
	2012	滇北鸭茅	24.13		
		川东鸭茅	37.21	−35.15	0.064 0
		安巴鸭茅	27.41	−11.95	0.725 2
重庆	2011	滇北鸭茅	60.20		
		川东鸭茅	61.33	−1.84	0.824 6
		安巴鸭茅	40.12	50.06	0.000 9
	2012	滇北鸭茅	134.65		
		川东鸭茅	152.83	−11.89	0.014 0
		安巴鸭茅	125.72	7.10	0.128 3
	2013	滇北鸭茅	110.33		
		川东鸭茅	102.84	7.28	0.442 5
		安巴鸭茅	86.19	28.00	0.033 1
贵阳	2011	滇北鸭茅	81.69		
		川东鸭茅	78.02	4.71	0.679 0
		安巴鸭茅	83.05	−1.63	0.908 1
	2012	滇北鸭茅	62.82		
		川东鸭茅	63.53	−1.12	0.947 8
		安巴鸭茅	64.26	−2.24	0.914 5
	2013	滇北鸭茅	66.52		
		川东鸭茅	74.11	−10.25	0.386 1
		安巴鸭茅	76.03	−12.50	0.448 4
邵阳	2011	滇北鸭茅	50.32		
		川东鸭茅	23.99	109.74	0.003 8
		安巴鸭茅	30.99	62.40	0.002 2
	2012	滇北鸭茅	62.51		
		川东鸭茅	46.51	34.40	0.003 7
		安巴鸭茅	47.59	31.34	0.001 4
	2013	滇北鸭茅	73.37		
		川东鸭茅	50.18	46.20	0.014 0
		安巴鸭茅	54.34	35.02	0.030 2

2. 阿索斯鸭茅

阿索斯鸭茅（*Dactylis glomerata* L. ‘Athos’）是贵州省草业研究所于2011年申请参加国家草品种区域试验的引进品种。2011—2014年选用安巴鸭茅和德纳塔鸭茅作为对照品种，在北京双桥、贵州独山、贵州贵阳、江西南昌、四川新津、新疆伊犁、安徽合肥安排了7个试验站（点）进行国家草品种区域试验。2015年通过全国草品种审定委员会审定，为引进品种。其区域试验结果见表2-63。

表2-63　各试验站（点）各年度干草产量分析表

地　点	年份	品　种	均值 (kg/100m²)	增（减）(%)	显著性 (P值)
北京双桥	2012	阿索斯鸭茅	131.72		
		安巴鸭茅	115.81	13.74	0.000 2
		德纳塔鸭茅	128.46	2.54	0.189 5
	2013	阿索斯鸭茅	105.95		
		安巴鸭茅	115.03	−7.89	0.001 2
		德纳塔鸭茅	117.27	−9.65	0.001 5
	2014	阿索斯鸭茅	134.95		
		安巴鸭茅	138.76	2.75	0.127 3
		德纳塔鸭茅	144.09	−6.34	0.009 6
贵州独山	2012	阿索斯鸭茅	92.24		
		安巴鸭茅	75.02	22.95	0.115 3
		德纳塔鸭茅	79.86	15.51	0.173 8
	2013	阿索斯鸭茅	45.79		
		安巴鸭茅	43.71	4.76	0.725 1
		德纳塔鸭茅	41.11	11.38	0.455 3
	2014	阿索斯鸭茅	101.83		
		安巴鸭茅	94.59	7.65	0.332 4
		德纳塔鸭茅	86.99	17.06	0.245 2
贵州贵阳	2012	阿索斯鸭茅	108.30		
		安巴鸭茅	84.26	28.54	0.032 9
		德纳塔鸭茅	94.75	14.30	0.233 8
	2013	阿索斯鸭茅	87.89		
		安巴鸭茅	76.47	14.95	0.174 5
		德纳塔鸭茅	88.54	−0.74	0.934 1
	2014	阿索斯鸭茅	55.90		
		安巴鸭茅	51.13	9.33	0.273 5
		德纳塔鸭茅	52.90	5.69	0.578 5

（续）

地 点	年份	品 种	均值（kg/100m²）	增（减）（%）	显著性（P值）
江西南昌	2012	阿索斯鸭茅	79.05		
		安巴鸭茅	85.42	−7.45	0.043 7
		德纳塔鸭茅	72.53	9.00	0.351 4
	2013	阿索斯鸭茅	31.37		
		安巴鸭茅	26.72	17.41	0.669 2
		德纳塔鸭茅	22.62	38.71	0.470 8
	2014	阿索斯鸭茅	—		
		安巴鸭茅	—	—	—
		德纳塔鸭茅	—	—	—
四川新津	2012	阿索斯鸭茅	120.65		
		安巴鸭茅	95.40	26.47	0.000 3
		德纳塔鸭茅	101.37	19.02	0.000 1
	2013	阿索斯鸭茅	75.54		
		安巴鸭茅	55.67	35.68	0.003 4
		德纳塔鸭茅	73.69	2.51	0.662 7
	2014	阿索斯鸭茅	105.96		
		安巴鸭茅	79.50	33.28	0.139 3
		德纳塔鸭茅	100.12	5.83	0.759 7
新疆伊犁	2012	阿索斯鸭茅	33.27		
		安巴鸭茅	25.55	30.22	0.002 1
		德纳塔鸭茅	28.83	15.39	0.026 0
	2013	阿索斯鸭茅	18.13		
		安巴鸭茅	11.67	55.32	0.002 1
		德纳塔鸭茅	13.34	35.93	0.001 5
	2014	阿索斯鸭茅	19.27		
		安巴鸭茅	13.01	48.11	0.006 9
		德纳塔鸭茅	14.51	32.82	0.006 1
安徽合肥	2012	阿索斯鸭茅	38.33		
		安巴鸭茅	23.34	64.25	0.003 7
		德纳塔鸭茅	24.00	59.73	0.003 8
	2013	阿索斯鸭茅	29.38		
		安巴鸭茅	17.58	67.09	0.000 8
		德纳塔鸭茅	23.45	25.28	0.031 6
	2014	阿索斯鸭茅	30.05		
		安巴鸭茅	20.74	44.87	0.001 0
		德纳塔鸭茅	25.62	17.30	0.045 3

3. 皇冠鸭茅

皇冠鸭茅（*Dactylis glomerata* L. ‘Crown Royale’）是北京克劳沃草业技术开发中心于2011年申请参加国家草品种区域试验的引进品种。2011—2014年选用安巴鸭茅和德纳塔鸭茅作为对照品种，在北京双桥、贵州独山、贵州贵阳、江西南昌、四川新津、新疆伊犁、安徽合肥安排了7个试验站（点）进行国家草品种区域试验。2015年通过全国草品种审定委员会审定，引进品种。其区域试验结果见表2-64。

表2-64　各试验站（点）各年度干草产量分析表

地　点	年份	品　种	均值（kg/100m²）	增（减）（%）	显著性（P值）
北京	2012	皇冠鸭茅	133.51		
		安巴鸭茅	115.81	15.28	0.000 1
		德纳塔鸭茅	128.46	3.93	0.042 7
	2013	皇冠鸭茅	123.88		
		安巴鸭茅	115.03	7.70	0.006 0
		德纳塔鸭茅	117.27	5.63	0.039 1
	2014	皇冠鸭茅	140.99		
		安巴鸭茅	138.76	1.61	0.319 2
		德纳塔鸭茅	144.09	−2.15	0.237 0
贵州独山	2012	皇冠鸭茅	79.77		
		安巴鸭茅	75.02	6.32	0.514 1
		德纳塔鸭茅	79.86	−0.11	0.985 9
	2013	皇冠鸭茅	43.31		
		安巴鸭茅	43.71	−0.91	0.916 5
		德纳塔鸭茅	41.11	5.35	0.598 6
	2014	皇冠鸭茅	91.34		
		安巴鸭茅	94.59	−3.44	0.708 0
		德纳塔鸭茅	86.99	5.00	0.738 4
贵州贵阳	2012	皇冠鸭茅	85.73		
		安巴鸭茅	84.26	1.74	0.910 9
		德纳塔鸭茅	94.75	−9.53	0.533 9
	2013	皇冠鸭茅	73.49		
		安巴鸭茅	76.47	−3.89	0.723 5
		德纳塔鸭茅	88.54	−17.00	0.114 8
	2014	皇冠鸭茅	56.08		
		安巴鸭茅	51.13	9.68	0.641 8
		德纳塔鸭茅	52.90	6.03	0.774 2

（续）

地点	年份	品种	均值（kg/100m²）	增（减）（%）	显著性（P值）
江西南昌	2012	皇冠鸭茅	90.62		
		安巴鸭茅	85.42	6.09	0.329 5
		德纳塔鸭茅	72.53	24.95	0.057 5
	2013	皇冠鸭茅	25.73		
		安巴鸭茅	26.72	−3.71	0.891 9
		德纳塔鸭茅	22.62	13.76	0.724 3
	2014	皇冠鸭茅	—		
		安巴鸭茅	—	—	—
		德纳塔鸭茅	—	—	—
四川新津	2012	皇冠鸭茅	101.97		
		安巴鸭茅	95.40	6.89	0.110 8
		德纳塔鸭茅	101.37	0.59	0.803 1
	2013	皇冠鸭茅	59.22		
		安巴鸭茅	55.67	6.37	0.464 2
		德纳塔鸭茅	73.69	−19.64	0.015 5
	2014	皇冠鸭茅	80.33		
		安巴鸭茅	79.50	1.05	0.954 4
		德纳塔鸭茅	100.12	−19.77	0.286 6
新疆伊犁	2012	皇冠鸭茅	28.75		
		安巴鸭茅	25.55	12.52	0.061 7
		德纳塔鸭茅	28.83	−0.29	0.953 7
	2013	皇冠鸭茅	13.58		
		安巴鸭茅	11.67	16.36	0.379 0
		德纳塔鸭茅	13.34	1.84	0.896 2
	2014	皇冠鸭茅	15.57		
		安巴鸭茅	13.01	19.67	0.320 8
		德纳塔鸭茅	14.51	7.32	0.634 8
安徽合肥	2012	皇冠鸭茅	32.39		
		安巴鸭茅	23.34	38.79	0.043 4
		德纳塔鸭茅	24.00	34.98	0.050 6
	2013	皇冠鸭茅	21.14		
		安巴鸭茅	17.58	20.25	0.060 9
		德纳塔鸭茅	23.45	−9.84	0.250 0
	2014	皇冠鸭茅	23.51		
		安巴鸭茅	20.74	13.33	0.144 5
		德纳塔鸭茅	25.62	−8.24	0.292 7

4. 英都仕鸭茅

英都仕鸭茅（*Dactylis glomerata* L. ‘Endurance’）是云南农业大学于 2011 年申请参加国家草品种区北京双桥、贵州独山、贵州贵阳、江西南昌、四川新津、新疆伊犁、安徽合肥安排 7 个试验站（点）进行国家草品种区域试验。2015 年通过全国草品种审定委员会审定，为引进品种。其区域试验结果见表 2-65。

表 2-65　各试验站（点）各年度干草产量分析表

地　点	年份	品　种	均值（kg/100m²）	增（减）（%）	显著性（P 值）
北京双桥	2012	英都仕鸭茅	133.62		
		安巴鸭茅	115.81	15.38	0.000 2
		德纳塔鸭茅	128.46	4.02	0.075 5
	2013	英都仕鸭茅	125.11		
		安巴鸭茅	115.03	8.76	0.001 3
		德纳塔鸭茅	117.27	6.68	0.012 7
	2014	英都仕鸭茅	146.06		
		安巴鸭茅	138.76	5.26	0.006 5
		德纳塔鸭茅	144.09	1.36	0.392 9
贵州独山	2012	英都仕鸭茅	97.53		
		安巴鸭茅	75.02	30.00	0.042 0
		德纳塔鸭茅	79.86	22.13	0.051 8
	2013	英都仕鸭茅	41.79		
		安巴鸭茅	43.71	−4.38	0.225 9
		德纳塔鸭茅	41.11	1.66	0.758 2
	2014	英都仕鸭茅	97.84		
		安巴鸭茅	94.59	3.43	0.745 2
		德纳塔鸭茅	86.99	12.48	0.445 5
贵州贵阳	2012	英都仕鸭茅	104.75		
		安巴鸭茅	84.26	24.32	0.107 9
		德纳塔鸭茅	94.75	10.56	0.440 4
	2013	英都仕鸭茅	86.67		
		安巴鸭茅	76.47	13.34	0.150 3
		德纳塔鸭茅	88.54	−2.12	0.778 0
	2014	英都仕鸭茅	52.39		
		安巴鸭茅	51.13	2.46	0.722 4
		德纳塔鸭茅	52.90	−0.95	0.918 2

（续）

地　点	年份	品　种	均值（kg/100m²）	增（减）（%）	显著性（P值）
江西南昌	2012	英都仕鸭茅	77.81		
		安巴鸭茅	85.42	−8.90	0.061 0
		德纳塔鸭茅	72.53	7.28	0.467 6
	2013	英都仕鸭茅	26.76		
		安巴鸭茅	26.72	0.17	0.995 1
		德纳塔鸭茅	22.62	18.34	0.643 4
	2014	英都仕鸭茅	—		
		安巴鸭茅	—	—	—
		德纳塔鸭茅	—	—	—
四川新津	2012	英都仕鸭茅	107.76		
		安巴鸭茅	95.40	12.96	0.031 4
		德纳塔鸭茅	101.37	6.30	0.120 4
	2013	英都仕鸭茅	79.37		
		安巴鸭茅	55.67	42.56	0.010 8
		德纳塔鸭茅	73.69	7.70	0.406 5
	2014	英都仕鸭茅	120.43		
		安巴鸭茅	79.50	51.48	0.060 0
		德纳塔鸭茅	100.12	20.28	0.351 6
新疆伊犁	2012	英都仕鸭茅	33.15		
		安巴鸭茅	25.55	29.74	0.003 0
		德纳塔鸭茅	28.83	14.95	0.035 4
	2013	英都仕鸭茅	14.96		
		安巴鸭茅	11.67	28.14	0.067 0
		德纳塔鸭茅	13.34	12.15	0.214 1
	2014	英都仕鸭茅	16.80		
		安巴鸭茅	13.01	29.07	0.081 9
		德纳塔鸭茅	14.51	15.75	0.174 4
安徽合肥	2012	英都仕鸭茅	32.31		
		安巴鸭茅	23.34	38.45	0.026 2
		德纳塔鸭茅	24.00	34.64	0.030 0
	2013	英都仕鸭茅	31.25		
		安巴鸭茅	17.58	77.73	0.000 9
		德纳塔鸭茅	23.45	33.26	0.018 7
	2014	英都仕鸭茅	33.93		
		安巴鸭茅	20.74	63.59	0.000 2
		德纳塔鸭茅	25.62	32.46	0.003 2

5. 阿鲁巴鸭茅

阿鲁巴鸭茅是四川农业大学、丹麦丹农种子股份公司北京办事处于2012年申请参加国家草品种区域试验的引进品种。2013—2015年选用安巴鸭茅和德纳塔鸭茅作为对照品种，在北京双桥、贵州独山、四川新津、云南寻甸、安徽合肥安排5个试验站（点）进行国家草品种区域试验。2016年通过全国草品种审定委员会审定，为引进品种。其区域试验结果见表2-66。

表2-66 各试验站（点）各年度干草产量分析表

地 点	年份	品 种	均值 (kg/100m²)	增（减）(%)	显著性 (P值)
北京双桥	2012	阿鲁巴鸭茅	36.15		
		安巴鸭茅	37.35	−3.21	0.307 0
		德纳塔鸭茅	31.23	15.75	0.011 6
	2013	阿鲁巴鸭茅	111.00		
		安巴鸭茅	103.66	7.08	0.003 9
		德纳塔鸭茅	97.43	13.93	0.000 1
	2014	阿鲁巴鸭茅	124.47		
		安巴鸭茅	122.24	1.82	0.193 4
		德纳塔鸭茅	108.53	14.69	0.000 1
	2015	阿鲁巴鸭茅	94.72		
		安巴鸭茅	83.73	13.13	0.109 0
		德纳塔鸭茅	79.70	18.85	0.092 1
贵州独山	2013	阿鲁巴鸭茅	76.71		
		安巴鸭茅	70.72	8.47	0.524 9
		德纳塔鸭茅	77.50	−1.02	0.948 7
	2014	阿鲁巴鸭茅	122.77		
		安巴鸭茅	102.10	20.24	0.188 5
		德纳塔鸭茅	93.53	31.26	0.010 1
	2015	阿鲁巴鸭茅	64.57		
		安巴鸭茅	61.51	4.97	0.683 6
		德纳塔鸭茅	60.18	7.29	0.608 7
四川新津	2013	阿鲁巴鸭茅	47.88		
		安巴鸭茅	42.42	12.87	0.321 2
		德纳塔鸭茅	35.03	36.68	0.000 9
	2014	阿鲁巴鸭茅	112.14		
		安巴鸭茅	108.11	3.73	0.722 2
		德纳塔鸭茅	101.39	10.60	0.391 1
	2015	阿鲁巴鸭茅	152.24		
		安巴鸭茅	126.67	20.19	0.021 1
		德纳塔鸭茅	147.16	3.45	0.557 6

（续）

地 点	年份	品 种	均值（kg/100m²）	增（减）（%）	显著性（P 值）
云南寻甸	2012	阿鲁巴鸭茅	9.10		
		安巴鸭茅	5.97	52.43	0.433 4
		德纳塔鸭茅	7.51	21.17	0.761 1
	2013	阿鲁巴鸭茅	46.17		
		安巴鸭茅	46.89	−1.54	0.920 8
		德纳塔鸭茅	45.73	0.96	0.931 6
	2014	阿鲁巴鸭茅	61.45		
		安巴鸭茅	67.87	−9.46	0.089 1
		德纳塔鸭茅	64.79	−5.16	0.425 7
	2015	阿鲁巴鸭茅	59.45		
		安巴鸭茅	61.68	−3.62	0.613 6
		德纳塔鸭茅	56.56	5.11	0.553 7
安徽合肥	2013	阿鲁巴鸭茅	34.82		
		安巴鸭茅	23.81	46.24	0.025 9
		德纳塔鸭茅	22.35	55.79	0.015 0
	2014	阿鲁巴鸭茅	31.20		
		安巴鸭茅	—	—	—
		德纳塔鸭茅	—	—	—
	2015	阿鲁巴鸭茅	29.29		
		安巴鸭茅	—	—	—
		德纳塔鸭茅	—	—	—

6. 斯巴达鸭茅

斯巴达鸭茅是云南省草山饲料工作站于 2012 年申请参加国家草品种区域试验的引进品种。2013—2015 年选用安巴鸭茅和德纳塔鸭茅作为对照品种，在北京双桥、贵州独山、四川新津、云南寻甸、安徽合肥安排 5 个试验站（点）进行国家草品种区域试验。2016 年通过全国草品种审定委员会审定，引进品种。其区域试验结果见表 2－67。

表 2－67 各试验站（点）各年度干草产量分析表

地 点	年份	品 种	均值（kg/100m²）	增（减）（%）	显著性（P 值）
北京双桥	2012	斯巴达鸭茅	30.65		
		安巴鸭茅	37.35	−17.94	0.000 8
		德纳塔鸭茅	31.23	−1.86	0.692 0
	2013	斯巴达鸭茅	112.59		
		安巴鸭茅	103.66	8.61	0.000 1
		德纳塔鸭茅	97.43	15.56	0.000 1

（续）

地　点	年份	品　种	均值（kg/100m²）	增（减）（%）	显著性（P值）
北京双桥	2014	斯巴达鸭茅	122.50		
		安巴鸭茅	122.24	0.21	0.903 6
		德纳塔鸭茅	108.53	12.87	0.000 3
	2015	斯巴达鸭茅	94.32		
		安巴鸭茅	83.73	12.65	0.101 2
		德纳塔鸭茅	79.70	18.34	0.089 2
贵州独山	2013	斯巴达鸭茅	71.65		
		安巴鸭茅	70.72	1.32	0.904 6
		德纳塔鸭茅	77.50	−7.55	0.609 0
	2014	斯巴达鸭茅	83.35		
		安巴鸭茅	102.10	−18.36	0.209 4
		德纳塔鸭茅	93.53	−10.88	0.185 1
	2015	斯巴达鸭茅	63.98		
		安巴鸭茅	61.51	4.02	0.719 5
		德纳塔鸭茅	60.18	6.31	0.635 8
四川新津	2013	斯巴达鸭茅	42.22		
		安巴鸭茅	42.42	−0.47	0.976 8
		德纳塔鸭茅	35.03	20.53	0.197 3
	2014	斯巴达鸭茅	107.11		
		安巴鸭茅	108.11	−0.92	0.949 1
		德纳塔鸭茅	101.39	5.64	0.725 4
	2015	斯巴达鸭茅	150.84		
		安巴鸭茅	126.67	19.08	0.000 4
		德纳塔鸭茅	147.16	2.50	0.302 7
云南寻甸	2012	斯巴达鸭茅	9.57		
		安巴鸭茅	5.97	60.30	0.212 6
		德纳塔鸭茅	7.51	27.43	0.641 4
	2013	斯巴达鸭茅	34.76		
		安巴鸭茅	46.89	−25.87	0.074 8
		德纳塔鸭茅	45.73	−23.99	0.009 8
	2014	斯巴达鸭茅	63.38		
		安巴鸭茅	67.87	−6.62	0.158 4
		德纳塔鸭茅	64.79	−2.18	0.709 6
	2015	斯巴达鸭茅	58.49		
		安巴鸭茅	61.68	−5.17	0.280 7
		德纳塔鸭茅	56.56	3.41	0.580 4

（续）

地　点	年份	品　种	均值（kg/100m²）	增（减）（%）	显著性（P值）
安徽合肥	2013	斯巴达鸭茅	29.18		
		安巴鸭茅	23.81	22.55	0.172 8
		德纳塔鸭茅	22.35	30.56	0.093 1
	2014	斯巴达鸭茅	32.05		
		安巴鸭茅	—	—	—
		德纳塔鸭茅	—	—	—
	2015	斯巴达鸭茅	31.21		
		安巴鸭茅	—	—	—
		德纳塔鸭茅	—	—	—

7. 滇中鸭茅

滇中鸭茅（*Dactylis glomerata* 'Dianzhong'）是云南省草地动物科学研究院于2010年申请参加国家草品种区域试验的新品系。相关申报材料通过专家审核，符合参加国家区域试验的条件。2010—2013选用川东鸭茅和安巴鸭茅作为对照品种，在北京、新津、伊犁、寻甸、重庆、贵阳、邵阳、延边共安排8个试验点，其中延边试验点因参试材料越冬困难试验报废。2017年通过全国草品种审定委员会审定，为地方品种。其区域试验结果见表2-68。

表2-68　各试验站（点）各年度干草产量分析表

地点	年份	品　种	均值（kg/100m²）	增（减）（%）	显著性（P值）
北京	2011	滇中鸭茅	125.26		
		川东鸭茅	146.09	−14.59	0.000 0
		安巴鸭茅	—	—	—
	2012	滇中鸭茅	113.18		
		川东鸭茅	134.91	−16.10	0.000 0
		安巴鸭茅	—	—	—
新津	2011	滇中鸭茅	91.02		
		川东鸭茅	103.30	−11.89	0.087 7
		安巴鸭茅	96.07	−5.26	0.255 9
	2012	滇中鸭茅	135.88		
		川东鸭茅	131.99	2.95	0.418 1
		安巴鸭茅	126.02	7.82	0.039 6
	2013	滇中鸭茅	114.16		
		川东鸭茅	123.09	−7.25	0.537 9
		安巴鸭茅	94.40	20.94	0.161 5

（续）

地点	年份	品　种	均值（kg/100m²）	增（减）（%）	显著性（P 值）
伊犁	2012	滇中鸭茅	37.02		
		川东鸭茅	43.63	−15.15	0.069 9
		安巴鸭茅	35.28	4.93	0.599 5
	2013	滇中鸭茅	3.07		
		川东鸭茅	16.46	−81.33	0.014 2
		安巴鸭茅	9.77	—	—
寻甸	2011	滇中鸭茅	65.94		
		川东鸭茅	65.71	0.35	0.979 9
		安巴鸭茅	84.69	−22.14	0.074 1
	2012	滇中鸭茅	24.13		
		川东鸭茅	37.21	−35.15	0.064 0
		安巴鸭茅	27.41	−11.95	0.725 2
重庆	2011	滇中鸭茅	60.20		
		川东鸭茅	61.33	−1.84	0.824 6
		安巴鸭茅	40.12	50.06	0.000 9
	2012	滇中鸭茅	134.65		
		川东鸭茅	152.83	−11.89	0.014 0
		安巴鸭茅	125.72	7.10	0.128 3
	2013	滇中鸭茅	110.33		
		川东鸭茅	102.84	7.28	0.442 5
		安巴鸭茅	86.19	28.00	0.033 1
贵阳	2011	滇中鸭茅	81.69		
		川东鸭茅	78.02	4.71	0.679 0
		安巴鸭茅	83.05	−1.63	0.908 1
	2012	滇中鸭茅	62.82		
		川东鸭茅	63.53	−1.12	0.947 8
		安巴鸭茅	64.26	−2.24	0.914 5
	2013	滇中鸭茅	66.52		
		川东鸭茅	74.11	−10.25	0.386 1
		安巴鸭茅	76.03	−12.50	0.448 4
邵阳	2011	滇中鸭茅	50.32		
		川东鸭茅	23.99	109.74	0.003 8
		安巴鸭茅	30.99	62.40	0.002 2
	2012	滇中鸭茅	62.51		
		川东鸭茅	46.51	34.40	0.003 7
		安巴鸭茅	47.59	31.34	0.001 4
	2013	滇中鸭茅	73.37		
		川东鸭茅	50.18	46.20	0.014 0
		安巴鸭茅	54.34	35.02	0.030 2

8. 英特思鸭茅

英特思鸭茅（*Dactylis glomerata* L. ‘Intensiv’）是北京草业与环境研究发展中心和百绿（天津）国际草业有限公司联合申请参加 2014 年国家草品种区域试验的新品系（引进品种）。2014—2017 年，选用滇北鸭茅和安巴鸭茅为对照品种，分别在四川新津、四川西昌、贵州独山、云南小哨、山西太原和北京双桥 6 个试验点进行了国家草品种区域试验。2018 年通过全国草品种审定委员会审定，为引进品种。其区域试验结果见表 2-69。

表 2-69 各试验站（点）各年度干草产量分析表

地 点	年份	品种名称	均值 (kg/100m²)	增（减）(%)	显著性 (P 值)
四川新津	2015	英特思鸭茅	172.76		
		安巴鸭茅	161.47	6.99	0.160 0
		滇北鸭茅	190.14	−9.14	0.150 0
	2016	英特思鸭茅	133.34		
		安巴鸭茅	137.95	−3.34	0.474 8
		滇北鸭茅	146.64	−9.07	0.056 9
	2017	英特思鸭茅	125.26		
		安巴鸭茅	122.19	2.51	0.702 1
		滇北鸭茅	122.40	2.34	0.732 3
四川西昌	2015	英特思鸭茅	178.71		
		安巴鸭茅	148.78	20.12	0.190 1
		滇北鸭茅	211.98	−15.69	0.091 5
	2016	英特思鸭茅	110.68		
		安巴鸭茅	77.29	43.21	0.025 3
		滇北鸭茅	139.24	−20.51	0.049 2
	2017	英特思鸭茅	137.03		
		安巴鸭茅	100.95	35.75	0.006 6
		滇北鸭茅	151.75	−9.70	0.076
贵州独山	2015	英特思鸭茅	89.64		
		安巴鸭茅	75.88	18.14	0.170 6
		滇北鸭茅	92.42	−3.01	0.647 4
	2016	英特思鸭茅	77.12		
		安巴鸭茅	77.87	−0.97	0.826 6
		滇北鸭茅	77.03	0.11	0.980 7
	2017	英特思鸭茅	72.22		
		安巴鸭茅	71.58	0.90	0.844 8
		滇北鸭茅	88.64	−18.52	0.005 2

（续）

地　点	年份	品种名称	均值（kg/100m²）	增（减）（%）	显著性（P值）
北京双桥	2015	英特思鸭茅	96.75		
		安巴鸭茅	127.06	−23.86	0.007 7
		滇北鸭茅	128.23	−24.55	0.051 7
	2016	英特思鸭茅	63.73		
		安巴鸭茅	77.84	−18.12	0.034 5
		滇北鸭茅	71.18	−10.47	0.098 8
	2017	英特思鸭茅	48.49		
		安巴鸭茅	72.74	−33.34	0.000 4
		滇北鸭茅	73.85	−34.33	0.001 5
云南小哨	2015	英特思鸭茅	217.69		
		安巴鸭茅	200.55	8.55	0.145 6
		滇北鸭茅	243.62	−10.65	0.136 1
	2016	英特思鸭茅	133.51		
		安巴鸭茅	92.40	44.50	0.068 8
		滇北鸭茅	96.66	38.13	0.066 6
	2017	英特思鸭茅	135.83		
		安巴鸭茅	86.32	57.36	0.030 4
		滇北鸭茅	109.83	23.67	0.197 5
山西太原	2015	英特思鸭茅	32.68		
		安巴鸭茅	48.40	−32.48	0.002 9
		滇北鸭茅	56.52	−42.18	0.000 1
	2016	英特思鸭茅	106.04		
		安巴鸭茅	89.51	18.48	0.084 8
		滇北鸭茅	88.28	20.12	0.118 6
	2017	英特思鸭茅	54.63		
		安巴鸭茅	46.06	18.60	0.014 2
		滇北鸭茅	58.45	−6.54	0.253 4

（二十二）高粱—苏丹草杂交种品种区域试验实施方案（2016年）

1 试验目的

客观、公正、科学地评价高粱—苏丹草杂交种参试品种的丰产性、适应性和营养价值，为新草品种审定和推广应用提供科学依据。

2 试验安排

2.1 试验点

安排北京双桥、河南郑州、新疆乌苏、湖南邵阳、江西南昌、江苏南京、重庆南川、辽宁沈阳、山西榆次等9个试验点。

2.2 参试品种

编号为2016HB10101、2016HB10102、2016HB10103、2016HB10104、2016HB10105、2016HB10106、2016HB10107共7个品种。

3 试验设置

3.1 试验地选择

试验地应尽可能代表所在试验区的气候、土壤和栽培条件等。选择地势平整、土壤肥力中等且均匀、前茬作物一致、杂草少、无严重土传病害、具有良好排灌条件（雨季无积水）、四周无高大建筑物或树木影响的地块。

3.2 试验设计

3.2.1 试验周期

2016年起，试验不少于2个完整的生产周期。

3.2.2 小区面积

小区面积28.8m^2（长6m×宽4.8m）。

3.2.3 小区布置

采用随机区组设计，4次重复，同一区组应放在同一地块，试验点整个试验地四周设1m保护行。建议小区布置按照附录C执行。

4 播种和田间管理

4.1 一般原则

田间操作时，同一项技术措施应在同一天完成。同项技术措施无法在同一天完成时，同一区组的该项措施必须在同一天完成。

4.2 试验地准备

播种前，应对试验地的土质和肥力状况进行调查分析，种床要求精耕细作。

4.3 栽植期

要求地温稳定在10℃以上播种，北方地区一般在4—5月，南方地区在3—4月播种。

4.4 播种方法

条播，行距30cm，每小区播种16行，播种深度2～3cm，在此范围内沙性土壤的播种深度稍深，黏性土壤的播种深度稍浅。

4.5 播种量

播种量86g/小区（2kg/亩，种子用价＞80％）。

4.6 田间管理

管理水平略高于当地大田生产水平，及时防除杂草、施肥、排灌并防治病虫害，以满足参试品种正常生长发育的水肥需要。

4.6.1 查苗补种

尽可能1次播种保全苗，若出现明显的缺苗，应尽快进行补播或移栽补苗。

4.6.2 杂草防除

可人工除草或选用适当的除草剂，以保证参试品种的正常生长，尤其要注意苗期应及时除杂草。

4.6.3 施肥

根据试验地土壤肥力状况，可适当施用底肥、追肥，满足参试草种中等偏上的需肥要求。

结合整地时施足有机肥，施腐熟的厩肥20 000～30 000kg/hm^2，或者施用45%复混肥（N：P：K=15：15：15）400～600kg/hm^2（根据刈割次数、田间生长天数长短确定）。每次刈割后追施225kg/hm^2的尿素。

4.6.4 水分管理

根据天气和土壤水分含量，适时适量浇水，浇水原则为少浇深浇，保证每小区均匀灌溉。如遇雨水过量，应及时排涝。

4.6.5 病虫害防治

生长期间根据田间虫害和病害的发生情况，选择低毒高效的药剂适时防治。

5 产草量测定

产草量包括第一次刈割的产量和再生草产量。当参试品种生育期差异不大时，生育期居中品种进入抽穗期（即目测每小区有50%以上植株的穗全部抽出）时，全部品种同时刈割测产。当参试品种生育期差异较大时，3～4个品种达到抽穗期时全部刈割测产。如参试品种株高超过2m、或生长天数达70d时仍未进入抽穗期，应及时进行刈割测产。刈割留茬高度10cm。测产时先去掉小区两侧边行，再将余下的14行留足中间5m，然后去掉两头，实测所留21m^2的鲜草产量。要求用感量0.1kg的秤称重，记载数据时须保留两位小数。产草量测定结果记入表A.3。

6 取样

6.1 干重

每次刈割测产后，从每小区随机取3～5把草样，将4个重复的草样混合均匀，取约1 000g的样品，剪成3～4cm长，编号称重。将称取鲜重后的样品置于烘箱中，60～65℃下烘干12h，取出放置室内冷却回潮24h后称重，然后再放入烘箱在60～65℃下烘干8h，取出放置室内冷却回潮24h后称重，直至两次称重之差不超过2.5g为止。计算各参试品种的干重和干鲜比，测定结果记入表A.3和表A.4。

6.2 营养价值

6.2.1 只在国家草品种区域试验站（北京）取样，农业农村部全国草业产品质量监督检验测试中心负责检测。

6.2.2 本试验组需重点测定参试品种在抽穗期的酸性洗涤木质素（ADL）含量。每个生产周期第一次刈割测产时，从每小区取有代表性的植株5株，切碎后混合均匀，采用四分法，随机取约300g鲜样，置于105℃的烘箱中杀青1h。将杀青后的样品在60～65℃下烘干

12h，取出放置室内冷却回潮 24h 后称重，然后再放入烘箱在 60～65℃下烘干 8h，取出放置室内冷却回潮 24h 后称重，直至两次称重之差不超过 2.5g 为止。每个小区均需获取 1 份样品，即每个参试品种获取 4 份样品。同一品种不同小区的样品要有唯一编号。

6.2.3 安排取样的试验点无法获得营养价值测定样品时，应及时通知全国畜牧总站。

7 观测记载项目

按附录 A 的要求进行田间观察，并记载当日所做的田间工作，整理填写入表。

8 数据分析

8.1 产草量变异系数计算

计算参试品种的全年累计产草量变异系数 CV，记入表 A.6。CV 超过 20%的要进行原因分析，并记录在表 A.6 下方。

$$CV = s/\bar{x} \times 100\%$$

CV——变异系数；s——同品种不同重复的产草量数据标准差；$\bar{x}$——同品种不同重复的产草量数据平均数。

8.2 区组间产草量差异分析

对比不同区组间的全年累计产草量数据，波动较大的要进行原因分析，并记录在表 A.6 下方。

9 总结报告

各试验点于每年 11 月 20 日之前将全部试验数据和填写完整的附录 B 提交本省区项目组织单位审核，项目组织单位于 11 月 30 日之前将以上材料（纸质及电子版）提交全国畜牧总站。

10 试验报废

有下列情形之一的，该试验组做全部或部分报废处理：

因不可抗拒因素（如自然灾害等）造成试验不能正常进行；

同品种缺苗率超过 15%的小区有 2 个或 2 个以上；

同一试验组中，有较多参试品种的产草量变异系数超过 20%；

其他严重影响试验科学性情况的。

试验期间，因以上原因造成试验报废的，试验点应及时通过本省区项目组织单位向全国畜牧总站提供详细的书面报告。

1. 冀草 2 号高粱—苏丹草杂交种

冀草 2 号高粱—苏丹草杂交种（*Sorghum bicolor* × *S. sudanense* ‘Jicao. No. 2’）是河北省旱作所于 2007 年申请参加国家草品种区域试验的新品系。2008—2009 年分别安排了 10 个和 11 个试验点，在北京双桥、天津滨海、新疆呼图壁、黑龙江杜尔伯特、四川洪雅、贵州花溪、安徽滁州、广东宁西、内蒙古鄂尔多斯、云南嵩明、山西大同区域试验站（点）以皖草 3 号 高粱—苏丹草杂交种和乐食高粱—苏丹草杂交种为对照品种开展了区域适应性试验。2009 年通过全国草品种审定委员会审定，为育成品种。其区域试验结果见表 2-70。

表 2-70　各试验站（点）各年度干草产量分析表

地　点	年份	品　种	均值 (kg/100m²)	增（减）(%)
北京双桥	2008	冀草2号	128.06	
		皖草3号	136.60	−6.25
		乐食	110.63	15.76
	2009	冀草2号	107.01	
		皖草3号	94.63	13.08
		乐食	92.51	15.67
新疆呼图壁	2008	冀草2号	203.53	
		皖草3号	190.33	6.94
		乐食	216.37	−5.93
	2009	冀草2号	138.00	
		皖草3号	147.22	−6.26
		乐食	120.45	14.57
黑龙江杜尔伯特	2008	冀草2号	144.77	
		皖草3号	229.59	−36.94
		乐食	125.69	15.18
	2009	冀草2号	60.33	
		皖草3号	58.61	2.93
		乐食	38.38	57.19
四川洪雅	2008	冀草2号	91.35	
		皖草3号	96.94	−5.77
		乐食	103.39	−11.65
	2009	冀草2号	86.53	
		皖草3号	79.00	9.53
		乐食	74.65	15.91
贵州花溪市	2008	冀草2号	37.78	
		皖草3号	40.45	−6.60
		乐食	43.19	−12.53
	2009	冀草2号	119.48	
		皖草3号	104.70	14.12
		乐食	121.29	−1.49
安徽滁州	2008	冀草2号	68.95	
		皖草3号	68.55	0.58
		乐食	77.83	−11.41
	2009	冀草2号	66.23	
		皖草3号	64.01	3.47
		乐食	64.41	2.83

（续）

地　点	年份	品　种	均值（kg/100m²）	增（减）（%）
广东宁西	2008	冀草 2 号	74.33	
		皖草 3 号	64.96	14.42
		乐食	68.48	8.54
	2009	冀草 2 号	97.78	
		皖草 3 号	76.11	28.47
		乐食	89.12	9.72
山西大同	2009	冀草 2 号	190.40	
		皖草 3 号	175.73	8.35
		乐食	166.92	14.07

2. 晋牧 1 号高粱—苏丹草杂交种

晋牧 1 号高粱—苏丹草杂交种（*Sorghum bicolor*×*S. Sudanense* ‘Jinmu No. 1’）是山西省农业科学院高粱研究所于 2008 年申请参加国家草品种区域试验的新品系。该参试材料在华北、东北、华南、西南、华东区于 2009—2010 年安排了 11 个试验点，在北京双桥、天津大港、新疆呼图壁、黑龙江杜尔伯特、四川洪雅、贵州花溪市、安徽滁州、广东宁西、山西大同、内蒙古鄂尔多斯、云南嵩明区域试验站（点）以皖草 3 号和乐食高粱—苏丹草杂交种为对照品种开展了区域适应性试验。2012 年通过全国草品种审定委员会审定，为育成品种。其区域试验结果见表 2－71。

表 2－71　各试验站（点）各年度干草产量分析表

地　点	年份	品　种	均值（kg/100m²）	增（减）（%）	显著性（P 值）
北京双桥	2009	晋牧 1 号	106.75		
		皖草 3 号	94.63	12.80	0.004 9
		乐食	92.51	15.39	0.000 1
	2010	晋牧 1 号	108.81		
		皖草 3 号	122.50	−11.18	0.000 5
		乐食	101.43	7.28	0.002 7
天津大港	2009	晋牧 1 号	119.93		
		皖草 3 号	122.09	−1.77	0.900 4
		乐食	85.07	40.98	0.104 8
	2010	晋牧 1 号	106.36		
		皖草 3 号	122.60	−13.25	0.118 4
		乐食	83.08	28.01	0.040 6

（续）

地　点	年份	品　种	均值（kg/100m²）	增（减）（%）	显著性（P值）
新疆呼图壁	2009	晋牧1号	148.68		
		皖草3号	147.22	0.99	0.926 8
		乐食	120.45	23.44	0.069 1
	2010	晋牧1号	192.58		
		皖草3号	180.00	6.99	0.700 0
		乐食（CK）	150.29	28.14	0.133 8
黑龙江杜尔伯特	2009	晋牧1号	55.86		
		皖草3号	58.61	−4.69	0.306 9
		乐食	38.38	45.54	0.000 4
	2010	晋牧1号	115.96		
		皖草3号	78.36	47.98	0.007 3
		乐食	54.13	114.22	0.000 2
四川洪雅	2009	晋牧1号	72.04		
		皖草3号	79	−8.81	0.369 1
		乐食	74.65	−3.50	0.768 6
	2010	晋牧1号	99.63		
		皖草3号	97.00	2.72	0.463 9
		乐食	84.91	17.35	0.010
贵州花溪市	2009	晋牧1号	103.35		
		皖草3号	104.7	−1.29	0.839 4
		乐食	121.29	−14.79	0.057 6
	2010	晋牧1号	79.57		
		皖草3号	71.63	11.09	0.674 6
		乐食	72.86	9.22	0.780 5
安徽滁州	2009	晋牧1号	63.39		
		皖草3号	64.01	−0.97	0.779 9
		乐食	64.41	−1.58	0.628 2
	2010	晋牧1号	64.71		
		皖草3号	64.17	0.85	0.906 8
		乐食	56.24	15.07	0.118 5
广东宁西	2009	晋牧1号	59.97		
		皖草3号	76.11	−21.21	0.271 7
		乐食	89.12	−32.71	0.166 0
	2010	晋牧1号	86.36		
		皖草3号	58.91	46.62	0.056 9
		乐食	52.72	63.81	0.002 8

（续）

地　点	年份	品　种	均值（kg/100m²）	增（减）（%）	显著性（P值）
山西大同	2009	晋牧1号	193.53		
		皖草3号	175.73	10.13	0.020 3
		乐食	166.92	15.94	0.002 0
	2010	晋牧1号	105.86		
		皖草3号	118.21	−10.45	0.007 6
		乐食	95.90	10.39	0.297 0
内蒙古鄂尔多斯	2009	晋牧1号	90.36		
		皖草3号	29.77	203.52	0.035 3
		乐食	176.8	−48.89	0.003 9
	2010	晋牧1号	61.12		
		皖草3号	68.01	−10.13	0.359 1
		乐食	67.89	−9.98	0.481 1
云南嵩明	2009	晋牧1号	74.5		
		皖草3号	78.85	−5.52	0.625 0
		乐食	73.35	1.57	0.942 6
	2010	晋牧1号	95.08		
		皖草3号	69.77	36.27	0.000 7
		乐食	68.11	39.61	0.000 7

3. 蜀草1号高粱—苏丹草杂交种

蜀草1号高粱苏丹草杂交种是四川省农业科学研究院土壤肥料研究所申请参加2016年国家草品种区域试验的新品系（育成品种）。该材料通过专家审核，符合参加国家草品种区域实验的条件。2016—2017年，选用冀草2号高粱苏丹草杂交种和晋牧1号高粱苏丹草杂交种为对照品种，分别在新疆乌苏、辽宁沈阳、北京、山西太原、河南郑州、江西南昌、湖南邵阳、江苏南京和重庆南川安排了9个试验点进行国家草品种区域试验。2018年通过全国草品种审定委员会审定，为育成品种。其区域试验结果见表2-72。

表2-72　各试验站（点）各年度干草产量分析表

地点	年份	品　种	均值（kg/100m²）	增（减）（%）	显著性（P值）
乌苏	2016	蜀草1号	107.12		
		冀草2号	104.68	2.33	0.888 4
		晋牧1号	137.01	−21.82	0.127 3
	2017	蜀草1号	232.71		
		冀草2号	283.69	−17.97	0.056 5
		晋牧1号	312.31	−25.49	0.010 0

（续）

地点	年份	品　种	均值（kg/100m²）	增（减）（%）	显著性（P值）
沈阳	2016	蜀草1号	222.10		
		冀草2号	222.76	−0.30	0.897 6
		晋牧1号	242.21	−8.30	0.006 6
	2017	蜀草1号	236.69		
		冀草2号	223.23	6.03	0.005 4
		晋牧1号	208.08	13.75	0.000 1
北京	2016	蜀草1号	131.14		
		冀草2号	104.57	25.40	0.082 1
		晋牧1号	162.37	−19.23	0.038 4
	2017	蜀草1号	137.40		
		冀草2号	135.00	1.77	0.819 9
		晋牧1号	187.61	−26.76	0.013 1
太原	2016	蜀草1号	216.62		
		冀草2号	200.42	8.08	0.276 3
		晋牧1号	236.38	−8.36	0.244 6
	2017	蜀草1号	234.06		
		冀草2号	235.65	−0.67	0.862 9
		晋牧1号	212.75	10.02	0.029 2

(二十三) 苏丹草品种区域试验实施方案（2012年）

1　试验目的

客观、公正、科学地评价苏丹草参试品种（系）的产量、适应性和品质特性等综合性状，为国家草品种审定和推广提供科学依据。

2　试验安排及参试品种

2.1　试验区域及试验点

华北、华东、西北等地区，共安排5个试验点。

2.2　参试品种（系）

新苏3号苏丹草、蒙农青饲2号苏丹草、新苏2号苏丹草。

3　试验设置

3.1　试验地的选择

试验地应尽可能代表所在试验区的气候、土壤和栽培条件等。选择地势平整、土壤肥力中等且均匀、前茬作物一致、无严重土传病害、具有良好排灌条件（雨季无积水）、四周无高大建筑物或树木影响的地块。为保证试验土壤肥力的均匀性，翌年试验不能重茬，需更换试验地块。

3.2 试验设计

3.2.1 试验组

参试的3个苏丹草品种（系）设为1个试验组。

3.2.2 试验周期

2012年起，试验不少于2个生产周期。

3.2.3 小区面积

小区面积28.8m^2（长6m×宽4.8m）。

3.2.4 小区设置

采用随机区组设计，4次重复，同一区组应放在同一地块，试验点整个试验地四周设1m保护行（可参见随机区组试验设计小区布置参考图）。

4 播种和田间管理

4.1 一般原则

田间操作时，同一项技术措施应在同一天完成。同项技术措施无法在同一天完成时，则同一区组的该项措施必须在同一天完成。

4.2 试验地准备

播种前，应对试验地的土质和肥力状况进行调查分析，种床要求精耕细作。

4.3 播种期

要求地温稳定在10℃以上播种，北方地区一般在4—5月，南方地区在3—4月播种。

4.4 播种方法

条播，行距30cm，每小区播种16行，播种深度2～3cm，在此范围内沙性土壤的播种深度稍深，黏性土壤的播种深度稍浅。

4.5 播种量

播种量86g/小区（2kg/亩，种子用价>80%）。

4.6 田间管理

管理水平略高于当地大田生产水平，及时查苗补缺、防除杂草、施肥、排灌并防治病虫害（抗病虫性鉴定的除外），以满足参试品种（系）正常生长发育的水肥需要。

4.6.1 补播

尽可能1次播种保全苗，如出现明显的缺苗，应尽快补播。

4.6.2 杂草防除

可人工除草或选用适当的除草剂，以保证试验材料的正常生长。

4.6.3 施肥

根据试验地土壤肥力状况，可适当施用底肥、追肥，满足参试草种中等偏上的需肥要求。氮肥推荐用量为每小区在拔节期及每次刈割后各追施300g的尿素；磷肥全部作种肥用，每小区施重过磷酸钙780g；根据土壤条件和植物生长状况，确定是否需要追施钾肥。

4.6.4 水分管理

根据天气和土壤水分含量，适时适量浇水，浇水原则为少浇深浇，保证每小区均匀灌溉。如遇雨水过量，应及时排涝。

4.6.5　病虫害防治

以防为主，生长期间根据田间虫害和病害的发生情况，选择低毒高效的药剂适时防治。

5　产草量的测定

产草量包括第一次刈割的产量和再生草产量。株高 100～120cm 时刈割测产，留茬高度 15cm。如果生长速度差异大，不同参试品种（系）可不在同一天刈割测产，株高先达到 100～120cm的品种先行刈割。如果生长速度差异不太大，以生长速度居中的品种为标准，在其高度达到 110cm 时，所有品种同时刈割。测产时先去掉小区两侧边行，再将余下的 14 行留足中间 5m，然后割去两头，并移出小区（本部分不计入产量），实测所留 $21m^2$ 的鲜草产量。个别小区如有缺苗等特殊情况，该小区的测产面积至少 $4m^2$。要求用感量 0.1kg 的秤称重，记载数据时须保留 2 位小数。产草量测定结果记入表 A.3。

6　取样

6.1　干重

每次刈割测产后，从每小区随机取 2～3 株，剪成 3～4cm 长，将 4 个重复的草样混合均匀，取约1 000g的样品，编号称重，然后在干燥气候条件下，用布袋或尼龙纱袋装好，挂置于通风遮雨处晾干至两次称重之差不超过 2.5g；在潮湿气候条件下，置于烘箱中，60～65℃下烘干 12h，取出放置室内冷却回潮 24h 后称重，然后再放入烘箱在 60～65℃下烘干 8h，取出放置室内冷却回潮 24h 后称重，直至两次称重之差不超过 2.5g 为止。计算各参试品种（系）的干草产量和干鲜比，测定结果记入表 A.3 和表 A.4。

6.2　品质

只在北京试验点取样，农业农村部全国草业产品质量监督检验测试中心负责检测。将第一茬测完干重后的草样保留作为品质测定样品。

7　观测记载项目

按附录 A 和 B 的要求进行田间观察，并记载当日所做的田间工作，整理填写入表。

8　数据整理

各承试单位负责对其试验点内的数据进行统计分析，并用新复极差法对干草产量进行多重比较。

9　总结报告

各承试单位于每年 11 月 10 日之前将填写完整的原始数据调查表及试验总结报告上交省级草原技术推广部门，省级草原技术推广部门于 11 月 20 日之前将汇总结果（包括纸质及电子版）上交全国畜牧总站。

10　试验报废

各承试单位有下列情形之一的，该点区域试验作全部或部分报废处理：

因不可抗拒因素（如自然灾害等）造成试验不能正常进行；

同品种缺苗率超过15%的小区有2个或2个以上；

误差变异系数超过20%；

其他严重影响试验科学性情况的。

试验期间，因以上原因造成试验报废的，承试单位应及时通过省级草原技术推广部门向全国畜牧总站提供详细的书面报告。

1. 新苏3号苏丹草

新苏3号苏丹草（*Sorghum sudanense*（Piper）Stapf. ‘Xinsu No. 3’）是新疆农业大学申请参加2012年国家草品种区域试验的新品系。2012—2013年新苏2号、蒙农青饲2号苏丹草作为对照品种，在北京、南京、南昌、呼图壁、太原安排5个试验站（点）进行国家草品种区域试验。2014年通过全国草品种审定委员会审定，为育成品种。其试验结果见表2-73。

表2-73 各试验站（点）各年度干草产量分析表

地点	年份	品 种	均值（kg/100m²）	增（减）（%）	显著性（P值）
北京	2012	新苏3号	120.83		
		新苏2号	104.88	15.21	0.000 1
		蒙农青饲2号	100.95	19.69	0.000 0
	2013	新苏3号	103.40		
		新苏2号	92.49	11.79	0.000 0
		蒙农青饲2号	90.20	14.63	0.000 0
南京	2012	新苏3号	178.17		
		新苏2号	179.21	−0.58	0.891 5
		蒙农青饲2号	182.20	−2.21	0.665 6
	2013	新苏3号	86.60		
		新苏2号	78.44	10.40	0.001 2
		蒙农青饲2号	72.75	19.03	0.000 1
南昌	2012	新苏3号	114.08		
		新苏2号	110.57	3.18	0.737 2
		蒙农青饲2号	117.07	−2.55	0.771 8
	2013	新苏3号	145.19		
		新苏2号	155.42	−6.58	0.599 4
		蒙农青饲2号	127.02	14.30	0.264 2
呼图壁	2012	新苏3号	89.34		
		新苏2号	69.68	28.21	0.350 6
		蒙农青饲2号	58.40	52.98	0.051 1
	2013	新苏3号	248.36		
		新苏2号	171.86	44.51	0.000 0
		蒙农青饲2号	—	—	

（续）

地点	年份	品　种	均值（kg/100m²）	增（减）（%）	显著性（P值）
太原	2012	新苏3号	142.38		
		新苏2号	137.01	3.92	0.175 0
		蒙农青饲2号	120.76	17.91	0.000 7
	2013	新苏3号	133.08		
		新苏2号	130.20	2.21	0.800 8
		蒙农青饲2号	129.15	3.05	0.752 8

（二十四）小黑麦品种区域试验实施方案（2015年）

1　试验目的

客观、公正、科学地评价小黑麦参试品种的丰产性、适应性和营养价值，为新草品种审定和推广应用提供科学依据。

2　试验安排

2.1　试验点

安排山东济南、河北衡水、山西清徐、新疆乌苏、陕西延安、云南小哨等6个试验点。

2.2　参试品种

编号为2015HB10401和2015HB10402共2个品种。

3　试验设置

3.1　试验地选择

试验地应尽可能代表所在试验区的气候、土壤和栽培条件等。选择地势平整、土壤肥力中等且均匀、前茬作物一致、杂草少、无严重土传病害、具有良好排灌条件（雨季无积水）、四周无高大建筑物或树木影响的地块。

3.2　试验设计

3.2.1　试验周期

2014年起，试验不少于2个生产周期。

3.2.2　小区面积

小区面积15m²（长5m×宽3m）。

3.2.3　小区布置

采用随机区组设计，4次重复，同一区组应放在同一地块，试验点整个试验地四周设1m保护行。建议小区布置按照附录C执行。

4　播种和田间管理

4.1　一般原则

田间操作时，同一项技术措施应在同一天完成。同项技术措施无法在同一天完成时，同一区组的该项措施必须在同一天完成。

4.2 试验地准备

播种前，应对试验地的土质和肥力状况进行调查分析，种床要求精耕细作。

4.3 播种期

秋播，播种时间与当地冬小麦同期或秋季作物收获后及时播种，一般在10月份。

4.4 播种方法

条播，行距30cm，每小区10行，播种深度3～5cm，在此范围内沙性土壤的播种深度稍深，黏性土壤的播种深度稍浅。

4.5 播种量

播种量225g/小区（10kg/亩，种子用价＞80%）。

4.6 田间管理

管理水平略高于当地大田生产水平，及时防除杂草、施肥、排灌并防治病虫害，以满足参试品种正常生长发育的水肥需要。

4.6.1 查苗补种

尽可能1次播种保全苗，若出现明显的缺苗，应尽快进行补播或移栽补苗。

4.6.2 杂草防除

可人工除草或选用适当的除草剂，以保证参试品种的正常生长，尤其要注意苗期应及时除杂草。除草剂的选择可参照当地冬小麦田适宜的除草剂选择使用（除草剂使用方法参照有关除草剂使用说明）。

4.6.3 施肥

根据试验地土壤肥力状况，可适当施用底肥、追肥，满足参试草种中等偏上的需肥要求。

氮肥推荐用量为分蘖期和返青后，每小区分别追施160g的尿素，磷肥全部用作种肥，每小区施重过磷酸钙390g，根据土壤条件和植物生长状况，确定是否需要追施钾肥。

4.6.4 水分管理

根据天气和土壤水分含量，适时适量浇水，浇水原则为少浇深浇，保证每小区均匀灌溉。如遇雨水过量，应及时排涝。

4.6.5 病虫害防治

生长期间根据田间虫害和病害的发生情况，选择低毒高效的药剂适时防治。

5 产草量测定

只在乳熟期刈割测产1次。如果参试品种生育期差异较大，不同参试品种可不在同一天刈割测产，先达到刈割标准的品种先行刈割测产。如个别品种出现严重倒伏现象，所有参试品种立即同时刈割测产。测产时先去掉小区两侧边行，再将余下的8行留中间4m，然后去掉两头，实测所留9.6m^2的鲜草产量。如个别小区因家畜采食、农机碾压等非品种自身特性的特殊原因造成缺苗，应按实际测产面积计算产量，但本小区的测产面积不得少于4m^2。要求用感量0.1kg的秤称重，记载数据时须保留两位小数。产草量测定结果记入表A.3。

6 取样

6.1 干重

每次刈割测产后，从每小区随机取 3～5 把草样，将 4 个重复的草样混合均匀，取约 1 000g的样品，剪成 3～4cm 长，编号称重。将称取鲜重后的样品置于烘箱中，60～65℃下烘干 12h，取出放置室内冷却回潮 24h 后称重，然后再放入烘箱在 60～65℃下烘干 8h，取出放置室内冷却回潮 24h 后称重，直至两次称重之差不超过 2.5g 为止。计算各参试品种的干重和干鲜比，测定结果记入表 A.3 和表 A.4。

6.2 营养价值

只在国家草品种区域试验站（济南）取样，农业农村部全国草业产品质量监督检验测试中心负责检测。将第一个生产周期刈割测产后的干草样保留作为营养价值测定样品。

安排取样的试验点无法获得营养价值测定样品时，应及时通知全国畜牧总站。

7 观测记载项目

按附录 A 的要求进行田间观察，并记载当日所做的田间工作，整理填写入表。

8 数据分析

8.1 产草量变异系数计算

计算参试品种的全年累计产草量变异系数 CV，记入表 A.6。CV 超过 20%的要进行原因分析，并记录在表 A.6 下方。

$$CV = s/\bar{x} \times 100\%$$

CV——变异系数；s——同品种不同重复的产草量数据标准差；$\bar{x}$——同品种不同重复的产草量数据平均数。

8.2 区组间产草量差异分析

对比不同区组间的全年累计产草量数据，波动较大的要进行原因分析，并记录在表 A.6 下方。

9 总结报告

各试验点于每年 11 月 20 日之前将全部试验数据和填写完整的附录 B 提交本省区项目组织单位审核，项目组织单位于 11 月 30 日之前将以上材料（纸质及电子版）提交全国畜牧总站。

10 试验报废

有下列情形之一的，该试验组做全部或部分报废处理：

因不可抗拒因素（如自然灾害等）造成试验不能正常进行；

同品种缺苗率超过 15%的小区有 2 个或 2 个以上；

同一试验组中，有较多参试品种的产草量变异系数超过 20%；

其他严重影响试验科学性情况的。

试验期间，因以上原因造成试验报废的，试验点应及时通过本省区项目组织单位向全国畜牧总站提供详细的书面报告。

1. 冀饲3号小黑麦

冀饲3号小黑麦是河北省农林科学院旱作农业研究所申请参加2016年国家草品种区域试验的新品系。该材料通过专家审核，符合参加国家草品种区域试验的条件。2016—2017年，选用中饲828小黑麦和石大1号小黑麦为对照品种，分别在北京双桥、天津大港、河北衡水、山东泰安和河南郑州安排了5个试验点进行国家草品种区域试验。2018年通过全国草品种审定委员会审定，为育成品种。其区域试验结果见表2-74。

表2-74 各试验点各年度干草产量分析表

地 点	年份	品 种	均值（kg/100m²）	增（减）（%）	显著性（P值）
北京双桥	2016	冀饲3号	89.67		
		中饲828	81.11	10.54	0.164 9
		石大1号	74.10	21.01	0.030 1
	2017	冀饲3号	135.78		
		中饲828	144.37	−5.95	0.498 2
		石大1号	136.56	−0.57	0.949 1
天津大港	2016	冀饲3号	124.59		
		中饲828	133.56	−6.72	0.499 3
		石大1号	107.89	15.47	0.178 3
	2017	冀饲3号	136.99		
		中饲828	103.09	32.89	0.000 5
		石大1号	119.94	14.22	0.042 7
河北衡水	2016	冀饲3号	207.79		
		中饲828	186.92	11.16	0.026 9
		石大1号	186.90	11.18	0.000 4
	2017	冀饲3号	148.46		
		中饲828	158.83	−6.53	0.295 3
		石大1号	132.41	12.12	0.158 0
山东泰安	2016	冀饲3号	141.33		
		中饲828	124.20	13.80	0.427 6
		石大1号	129.49	9.15	0.524 5
	2017	冀饲3号	136.70		
		中饲828	116.84	17.00	0.001 3
		石大1号	139.52	−2.02	0.553 0
河南郑州	2016	冀饲3号	152.37		
		中饲828	158.92	−4.12	0.660 6
		石大1号	151.28	0.72	0.913 9
	2017	冀饲3号	120.00		
		中饲828	117.24	2.36	0.774 9
		石大1号	124.30	−3.46	0.500 0

2. 牧乐3000小黑麦

牧乐3000小黑麦是克劳沃（北京）生态科技有限公司申请参加2015年国家草品种区域试验的新品系。2016—2017年，选用中饲828小黑麦为对照品种，分别在河北衡水、山西太原、山东济南、新疆乌苏、云南小哨和陕西延安6个试验点进行了国家草品种区域试验。2018年通过全国草品种审定委员会审定，为育成品种。其区域试验结果见表2-75。

表2-75 各试验点各年度干草产量分析表

地点	年份	品种	均值（kg/100m²）	增（减）（%）	显著性（P值）
河北衡水	2016	牧乐3000	198.05		
		中饲828	200.64	−1.29	0.6142
	2017	牧乐3000	143.02		
		中饲828	123.72	15.60	0.1898
山西太原	2016	牧乐3000	134.92		
		中饲828	98.13	37.50	0.0079
	2017	牧乐3000	156.71		
		中饲828	134.19	16.79	0.0931
山东济南	2016	牧乐3000	72.55		
		中饲828	70.68	2.64	0.7298
	2017	牧乐3000	42.57		
		中饲828	37.81	12.59	0.1872
新疆乌苏	2016	牧乐3000	104.22		
		中饲828	118.36	−11.95	0.1748
	2017	牧乐3000	74.48		
		中饲828	67.55	10.27	0.3952
云南小哨	2016	牧乐3000	63.55		
		中饲828	57.89	9.79	0.3356
	2017	牧乐3000	143.77		
		中饲828	139.10	3.36	0.7217
陕西延安	2016	牧乐3000	113.06		
		中饲828	76.89	47.05	0.0084
	2017	牧乐3000	117.43		
		中饲828	91.68	28.09	0.0269

3. 甘农2号小黑麦

甘农2号小黑麦是甘肃农业大学申请参加2016年国家草品种区域试验的新品系。2016—2017年，选用石大1号小黑麦和中饲828小黑麦为对照品种，分别在甘肃合作、青海铁卜加、青海同德、四川红原和四川道孚5个试验点进行了国家草品种区域试验。2018年通过全国草品种审定委员会审定，为育成品种。其区域试验结果见表2-76。

表 2-76 各试验站（点）各年度干草产量分析表

地点	年份	品 种	均值（kg/100m²）	增（减）（%）	显著性（P值）
道孚	2016	甘农 2 号	115.15		
		中饲 828	91.86	25.35	0.009 0
		石大 1 号	120.31	−4.29	0.498 8
	2017	甘农 2 号	108.83		
		中饲 828	93.68	16.17	0.033 2
		石大 1 号	104.68	3.96	0.354 9
红原	2016	甘农 2 号	98.18		
		中饲 828	90.11	8.96	0.238 0
		石大 1 号	85.84	14.38	0.248 9
	2017	甘农 2 号	101.86		
		中饲 828	102.54	−0.67	0.964 9
		石大 1 号	101.86	−0.01	0.999 6
合作	2016	甘农 2 号	69.09		
		中饲 828	74.35	−7.08	0.588 2
		石大 1 号	46.78	47.68	0.095 2
	2017	甘农 2 号	71.08		
		中饲 828	61.88	14.88	0.405 5
		石大 1 号	57.19	24.30	0.044 9
铁卜加	2016	甘农 2 号	113.43		
		中饲 828	113.55	−0.11	0.971 9
		石大 1 号	109.98	3.14	0.293 4
	2017	甘农 2 号	72.99		
		中饲 828	87.48	−16.56	0.024 8
		石大 1 号	69.56	4.94	0.370 6
同德	2016	甘农 2 号	154.12		
		中饲 828	135.00	14.17	0.034 9
		石大 1 号	110.68	39.25	0.000 1
	2017	甘农 2 号	153.66		
		中饲 828	146.59	4.82	0.413 9
		石大 1 号	137.29	11.92	0.039 9

（二十五）扁穗雀麦品种区域试验实施方案（2009 年）

1 试验目的

客观、公正、科学地评价扁穗雀麦参试品种（系）的产量、适应性和品质特性等综合性状，为国家草品种审定和推广提供科学依据。

2 试验安排及参试品种

2.1 试验区域及试验点

长江中下游和北方地区，试验点 7 个。

2.2 参试品种（系）

鄂牧 1 号、滇饲。

3 试验设置

3.1 试验地的选择

试验地应尽可能代表所在试验区的气候、土壤和栽培条件等。选择地势平整、土壤肥力中等且均匀、前茬作物一致、无严重土传病害发生、具有良好排灌条件（雨季无积水）、四周无高大建筑物或树木影响的地块。

3.2 试验设计

3.2.1 试验组

参试的 2 个扁穗雀麦品种（系）设为 1 个试验组。

3.2.2 试验周期

试验不少于 3 个生产周年（南方地区已于 2008 年秋播，北方地区 2009 年春播）。

3.2.3 小区面积

试验小区面积为 $15m^2$（5m×3m）。

3.2.4 小区排列

采用随机区组设计，4 次重复，同一试验组的 4 个区组应放在同一地块，四周设 1m 保护行。

4 播种和田间管理

4.1 一般原则

田间操作时，同一项技术措施应在同一天完成。同项技术措施无法在同一天完成时，则同一区组的该项措施必须在同一天完成。

4.2 试验地准备

播种前，应对试验地的土质和肥力状况进行调查分析，种床要求精耕细作。

4.3 播种期

根据当地气候条件适时播种，南方地区适宜秋播（9—11 月），北京及其以北地区可春播也可秋播。

4.4 播种方法

条播，行距 30cm，每小区 10 行，播种深度 1～2cm，在此范围内沙性土壤的播种深度稍深，黏性土壤的播种深度稍浅。

4.5 播种量

每小区的播种量北方 45g（2kg/亩），南方 34g（1.5kg/亩），种子用价＞80％。

4.6 田间管理

管理水平略高于当地大田生产水平，及时查苗补缺、防除杂草、施肥、排灌并防治病虫害（抗病虫性鉴定的除外），以满足参试品种（系）正常生长发育的水肥需要。

4.6.1 补播

尽可能1次播种保全苗，如出现明显的缺苗，应尽快补播。

4.6.2 杂草防除

可选用适当的除草剂或人工除草，以保证试验材料的正常生长。

4.6.3 施肥

根据试验地土壤肥力状况，可适当施用底肥、追肥，满足参试草种中等偏上的需肥要求。

氮肥推荐用量为：在分蘖期和每次刈割后，每小区追施320g的尿素（含N 46%），磷肥全部用作种肥，每小区施重过磷酸钙260g（含 P_2O_5 46%）；根据土壤条件和植物生长状况，确定是否需要追施钾肥。

4.6.4 水分管理

根据天气和土壤水分含量，适时适量浇水，浇水原则为少浇深浇，保证每小区均匀灌溉。如遇雨水过量，应及时排涝。

4.6.5 病虫害防治

以防为主，生长期间根据田间虫害和病害的发生情况，选择低毒高效的药剂适期防治。

5 产草量的测定

产草量包括第一次刈割的产量和再生草产量。株高40cm时刈割，留茬高度4cm。测产时先去掉小区两侧边行，再将余下的8行留中间4m，然后去掉两头50cm，实测所留9.6m^2的鲜草产量。个别小区如有缺苗等特殊情况，该小区的测产面积至少4m^2。要求用感量0.1kg的秤称重。产草量测定结果记入表A.3。

6 取样及测定

6.1 干重

每次刈割测产后，从每小区随机取3～5把草样，将4个重复的草样混合均匀，取约1 000g的样品，剪成3～4cm长，编号称重，然后在干燥气候条件下，用布袋或尼龙纱袋装好，挂置于通风遮雨处晾干至两次称重之差不超过2.5g；在潮湿气候条件下，置于烘箱中，60～65℃下烘干12h，取出放置室内冷却回潮24h后称重，然后再放入烘箱在60～65℃下烘干8h，取出放置室内冷却回潮24h后称重，直至两次称重之差不超过2.5g为止。计算各参试品种（系）的干草产量和干鲜比，测定结果记入表A.3和表A.4。

6.2 品质

由北京克劳沃草业技术开发中心负责取样，农业农村部全国草业产品质量监督检验测试中心负责检测。将第一茬测完干重后的草样保留作为品质测定样品。

7 观测记载项目

按附录A的要求进行田间观察，并记载当日所做的田间工作，整理填写入表。

8 数据整理

各承试单位负责对其试验点内的数据进行统计分析，并用T测验对干草产量进行比较。

9 总结报告

各承试单位于每年 11 月 10 日之前将填写完整的原始数据调查表及试验总结报告上交省级草原技术推广部门，省级草原技术推广部门于 11 月 20 日之前将汇总结果（包括纸质及电子版）上交全国畜牧总站。

10 试验报废

各承试单位有下列情形之一的，该点区域试验作全部或部分报废处理：

因不可抗拒因素（如自然灾害等）造成试验不能正常进行；

同品种缺苗率超过 15%的小区有 2 个或 2 个以上；

其他严重影响试验科学性情况的。

试验期间，因以上原因造成试验报废的，承试单位应及时通过省级草原技术推广部门向全国畜牧总站提供详细的书面报告。

1. 江夏扁穗雀麦

江夏扁穗雀麦（*Bromus catharticus* Vahl ‘Jiangxia’）是湖北省农业科学院畜牧兽医研究所于 2008 年申请参加国家草品种区域试验的新品系。2008—2011 年共安排 7 个试验点，在安徽滁州、内蒙古多伦、内蒙古海拉尔、北京双桥、湖南邵阳、湖北武汉、江西南昌区域试验站（点）以滇饲扁穗雀麦为对照品种开展了区域适应性试验。2012 年通过全国草品种审定委员会审定，为野生栽培品种。其区域试验结果见表 2－77。

表 2－77 各试验点各年度干草产量分析表

地 点	年份	品 种	均值 (kg/100m²)	增（减）(%)	显著性 (P 值)
安徽滁州	2009	江夏扁穗雀麦	36.12		
		滇饲	38.70	−6.67	0.566 7
	2010	江夏扁穗雀麦	110.64		
		滇饲	93.87	17.87	0.043 7
	2011	江夏扁穗雀麦	51.57		
		滇饲	49.97	3.20	0.449 4
北京双桥	2009	江夏扁穗雀麦	63.25		
		滇饲	69.65	−9.19	0.722 2
	2010	江夏扁穗雀麦	81.24		
		滇饲	82.30	−1.29	0.569 2
湖南邵阳	2009	江夏扁穗雀麦	30.96		
		滇饲	27.27	13.53	0.373 4
	2010	江夏扁穗雀麦	36.17		
		滇饲	39.39	−8.17	0.403 1

（续）

地 点	年份	品 种	均值（kg/100m²）	增（减）（%）	显著性（P值）
湖北武汉	2009	江夏扁穗雀麦	92.01		
		滇饲	90.84	1.29	0.663 1
	2010	江夏扁穗雀麦	78.31		
		滇饲	76.36	2.55	0.443 6
江西南昌	2009	江夏扁穗雀麦	37.35		
		滇饲	34.99	6.74	0.42
	2010	江夏扁穗雀麦	105.34		
		滇饲	120.53	−12.60	0.063 4
内蒙古多伦	2009	江夏扁穗雀麦	10.86		
		滇饲	12.38	−12.28	0.621 6
内蒙古海拉尔	2009	江夏扁穗雀麦	25.81		
		滇饲	25.34	1.85	0.917 3

(二十六) 谷稗品种区域试验实施方案（2011年）

1 试验目的

客观、公正、科学地评价谷稗参试品种（系）的产量、适应性和品质特性等综合性状，为国家草品种审定和推广提供科学依据。

2 试验安排及参试品种

2.1 试验区域及试验点

华北、东北、华东、西南等地区，共安排5个试验点。

2.2 参试品种（系）

公农谷稗、宁夏无芒稗。

3 试验设置

3.1 试验地的选择

试验地应尽可能代表所在试验区的气候、土壤和栽培条件等。选择地势平整、土壤肥力中等且均匀、前茬作物一致、无严重土传病害、四周无高大建筑物或树木影响的地块。为保证试验土壤肥力的均匀性，翌年试验不能重茬，需更换试验地块。

3.2 试验设计

3.2.1 试验组

参试的2个品种设为1个试验组。

3.2.2 试验周期

2011年起，试验不少于2个生产周期。

3.2.3 小区面积

小区面积 28.8m^2（长 6m×宽 4.8m）。

3.2.4 小区设置

采用随机区组设计，4 次重复，同一区组应放在同一地块，试验地四周设 1m 保护行。

4 播种和田间管理

4.1 一般原则

田间操作时，同一项技术措施应在同一天完成。同项技术措施无法在同一天完成时，则同一区组的该项措施必须在同一天完成。

4.2 试验地准备

播种前，应对试验地的土质和肥力状况进行调查分析，种床要求精耕细作。

4.3 播种期

地温稳定在 10℃以上播种，北方地区一般在 4—5 月，南方地区在 3—4 月播种。

4.4 播种方法

条播，行距 30cm，每小区播种 16 行，播种深度 2～3cm，播后镇压。

4.5 播种量

播种量 65g/小区（1.5kg/亩，种子用价>80%）。

4.6 田间管理

管理水平略高于当地大田生产水平，及时查苗补缺、防除杂草、施肥、排灌并防治病虫害（抗病虫性鉴定的除外），以满足参试品种（系）正常生长发育的水肥需要。

4.6.1 补播

尽可能 1 次播种保全苗，如出现明显的缺苗，应尽快补播。

4.6.2 杂草防除

可选用适当的除草剂或人工除草，以保证试验材料的正常生长。

4.6.3 施肥

根据试验地土壤肥力状况，可适当施用底肥、追肥，满足参试草种中等偏上的需肥要求。氮肥推荐用量为每小区在拔节期及每次刈割后各追施 300g 的尿素；磷肥全部作基肥用，每小区施重过磷酸钙 780g；根据土壤条件和植物生长状况，确定是否需要追施钾肥。

4.6.4 水分管理

根据天气和土壤水分含量，适时适量浇水，浇水原则为少浇深浇，保证每小区均匀灌溉。如遇雨水过量，应及时排涝。

4.6.5 病虫害防治

以防为主，生长期间根据田间虫害和病害的发生情况，选择低毒高效的药剂适时防治。

5 产草量的测定

产草量包括第一次刈割的产量和再生草产量。抽穗前株高 110cm 时刈割测产，留茬高度 15cm。当参试品种生长期不一致时，只要有一个品种株高达到 110cm，即可全部刈割测产。测产时先去掉小区两侧边行，再将余下的 14 行留中间 5m，然后去掉两头，实测所留

21m² 的鲜草产量。个别小区如有缺苗等特殊情况，该小区的测产面积至少 4m²。要求用感量 0.1kg 的秤称重，记载数据时须保留两位小数。产草量测定结果记入表 A.3。

6 取样

6.1 干重

每次刈割测产后，从每小区随机取 2～3 株，剪成 3～4cm 长，将 4 个重复的草样混合均匀，取约1 000g的样品，编号称重，然后在干燥气候条件下，用布袋或尼龙纱袋装好，挂置于通风遮雨处晾干至两次称重之差不超过 2.5g；在潮湿气候条件下，置于烘箱中，60～65℃下烘干 12h，取出放置室内冷却回潮 24h 后称重，然后再放入烘箱在 60～65℃下烘干 8h，取出放置室内冷却回潮 24h 后称重，直至两次称重之差不超过 2.5g 为止。计算各参试品种（系）的干草产量和干鲜比，测定结果记入表 A.3 和表 A.4。

6.2 品质

只在黑龙江杜尔伯特试验点取样，农业农村部全国草业产品质量监督检验测试中心负责检测。将第一茬测完干重后的草样保留作为品质测定样品。

7 观测记载项目

按附录 A 的要求进行田间观察，并记载当日所做的田间工作，整理填写入表。

8 数据整理

各承试单位负责对其试验点内的数据进行统计分析，并用新复极差法对干草产量进行多重比较。

9 总结报告

各承试单位于每年 11 月 10 日之前将填写完整的原始数据调查表及试验总结报告上交省级草原技术推广部门，省级草原技术推广部门于 11 月 20 日之前将汇总结果（包括纸质及电子版）上交全国畜牧总站。

10 试验报废

各承试单位有下列情形之一的，该点区域试验作全部或部分报废处理：

因不可抗拒因素（如自然灾害等）造成试验不能正常进行；

同品种缺苗率超过 15%的小区有 2 个或 2 个以上；

其他严重影响试验科学性情况的。

试验期间，因以上原因造成试验报废的，承试单位应及时通过省级草原技术推广部门向全国畜牧总站提供详细的书面报告。

1. 长白稗

长白稗（*Echinochloa crusgalli* L. Beauv. ‘Changbai’）是吉林省农业科学院申请参加 2011 年国家草品种区域试验的新品系。该参试材料在黄淮海、长江中下游地区以及东北地区共安排 5 个试验点开展区域试验。在以宁夏无芒稗为对照品种开展了区域适应性试验。该品种 2013 年通过全国草品种审定委员会审定，为野生栽培品种。其区域试验结果见表 2-78。

表 2-78 各试验站（点）各年度干草产量试验结果

地点	年份	品　种	均值 (kg/100m²)	增（减）(%)	显著性 (P值)
天津	2011	长白稗	82.09		
		宁夏无芒稗	89.97	−8.76	0.060 2
	2012	长白稗	62.80		
		宁夏无芒稗	64.92	−3.26	0.723 9
合肥	2011	长白稗	17.99		
		宁夏无芒稗	17.52	2.68	0.827 6
	2012	长白稗	—		
		宁夏无芒稗	—	—	—
双辽	2011	长白稗	97.38		
		宁夏无芒稗	103.41	−5.83	0.001 6
	2012	长白稗	135.22		
		宁夏无芒稗	154.12	−12.26	0.000 2
重庆	2011	长白稗	49.10		
		宁夏无芒稗	33.79	45.31	0.000 1
	2012	长白稗	31.22		
		宁夏无芒稗	25.41	22.86	0.002 7
杜尔伯特蒙	2011	长白稗	88.44		
		宁夏无芒稗	83.99	5.30	0.904 5
	2012	长白稗	63.40		
		宁夏无芒稗	60.19	5.33	0.399 7

(二十七) 老芒麦品种区域试验实施方案 (2011 年)

1 试验目的

客观、公正、科学地评价老芒麦参试品种（系）的产量、适应性和品质特性等综合性状，为国家草品种审定和推广提供科学依据。

2 试验安排及参试品种

2.1 试验区域及试验点

青藏高原、西北地区，共安排 5 个试验点。

2.2 参试品种（系）

雅江老芒麦、红原老芒麦、青牧 2 号老芒麦、阿坝老芒麦、同德老芒麦。

3 试验设置

3.1 试验地的选择

试验地应尽可能代表所在试验区的气候、土壤和栽培条件等。选择地势平整、土壤肥力中等且均匀、前茬作物一致、无严重土传病害、具有良好排灌条件（雨季无积水）、四周无高大建筑物或树木影响的地块。

3.2 试验设计

3.2.1 试验组

参试的5个老芒麦品种（系）设为1个试验组。

3.2.2 试验周期

2011年起，试验不少于3个生产周年。

3.2.3 小区面积

小区面积15m²（长5m×宽3m）。

3.2.4 小区设置

采用随机区组设计，4次重复，同一区组应放在同一地块，试验地四周设1m保护行。

4 播种和田间管理

4.1 一般原则

田间操作时，同一项技术措施应在同一天完成。同项技术措施无法在同一天完成时，则同一区组的该项措施必须在同一天完成。

4.2 试验地准备

播种前，应对试验地的土质和肥力状况进行调查分析，种床要求精耕细作。

4.3 播种期

要求5cm土层地温稳定在10℃以上时播种。高海拔牧区在4—5月播种。

4.4 播种方法

条播，行距30cm，每小区10行，播种深度1.5～2cm，在此范围内沙性土壤的播种深度稍深，黏性土壤的播种深度稍浅。

4.5 播种量

每小区播种量38g（1.7kg/亩，种子用价>80%）。

4.6 田间管理

管理水平略高于当地大田生产水平，及时查苗补缺、防除杂草、施肥、排灌并防治病虫害（抗病虫性鉴定的除外），以满足参试品种（系）正常生长发育的水肥需要。

4.6.1 补播

尽可能1次播种保全苗，若出现明显的缺苗，应尽快进行补播或移栽补苗。

4.6.2 杂草防除

可选用适当的除草剂或人工除草，以保证试验材料的正常生长。

4.6.3 施肥

根据试验地土壤肥力状况，适当施用底肥、追肥，满足参试草种中等偏上的需肥要求。氮肥推荐用量为分蘖期和每次刈割后，每小区追施160g的尿素；磷肥全部用作基肥，每小区施重过磷酸钙260g；根据土壤条件和植物生长状况，确定是否需要追施钾肥。

4.6.4 水分管理

根据天气和土壤水分含量，适时适量浇水，浇水原则为少浇深浇，保证每小区均匀灌溉。如遇雨水过量，应及时排涝。

4.6.5 病虫害防治

以防为主，生长期间根据田间虫害和病害的发生情况，选择低毒高效的药剂适时防治。

5 产草量的测定

产草量包括第一次刈割的产量和再生草产量。抽穗期刈割测产，留茬高度5cm；当年最后一茬再生草在初霜前30d刈割。测产时先去掉小区两侧边行，再将余下的8行留中间4m，然后去掉两头，实测所留9.6m^{2}的鲜草产量。个别小区如有缺苗等特殊情况，该小区的测产面积至少4m^2。要求用感量0.1kg的秤称重，记载数据时须保留两位小数。产草量测定结果记入表A.3。

6 取样

6.1 干重

每次刈割测产后，从每小区随机取3～5把草样，将4个重复的草样混合均匀，取约1 000g的样品，剪成3～4cm长，编号称重，然后在干燥气候条件下，用布袋或尼龙纱袋装好，挂置于通风遮雨处晾干至两次称重之差不超过2.5g；在潮湿气候条件下，置于烘箱中，60～65℃下烘干12h，取出放置室内冷却回潮24h后称重，然后再放入烘箱在60～65℃下烘干8h，取出放置室内冷却回潮24h后称重，直至两次称重之差不超过2.5g为止。计算各参试品种（系）的干草产量和干鲜比，测定结果记入表A.3和表A.4。

6.2 品质

只在四川红原试验点取样，农业农村部全国草业产品质量监督检验测试中心负责检测。将第一茬测完干重后的草样保留作为品质测定样品。

7 观测记载项目

按附录A的要求进行田间观察，并记载当日所做的田间工作，整理填写入表。

8 数据整理

各承试单位负责对其试验点内的数据进行统计分析，并用新复极差法对干草产量进行多重比较。

9 总结报告

各承试单位于每年11月10日之前将填写完整的原始数据调查表及试验总结报告上交省级草原技术推广部门，省级草原技术推广部门于11月20日之前将汇总结果（包括纸质及电子版）上交全国畜牧总站。

10 试验报废

各承试单位有下列情形之一的，该点区域试验作全部或部分报废处理：

因不可抗拒因素（如自然灾害等）造成试验不能正常进行；

同品种缺苗率超过15%的小区有2个或2个以上；

其他严重影响试验科学性情况的。

试验期间，因以上原因造成试验报废的，承试单位应及时通过省级草原技术推广部门向全国畜牧总站提供详细的书面报告。

1. 康巴老芒麦

康巴老芒麦（*Elymus sibiricus* L. 'Kangba'）是甘孜藏族自治州畜牧业科学研究所于2009年申请参加国家草品种区域试验的新品系。该材料在青藏高原、蒙古高原和东北地区于2009—2011年分别安排了6个试验点，在内蒙古海拉尔、内蒙古多伦、青海海晏、青海哈德令、甘肃甘南、四川红原区域试验站（点）以川草1号和青牧1号为对照品种开展了区域适应性试验。该品种2013年通过全国草品种审定委员会审定，为野生栽培品种。其区域试验结果见表2-79。

表2-79 各试验站（点）各年度干草产量分析表

地点	年份	品　种	均值（kg/100m²）	增（减）（%）	显著性（P值）
海拉尔	2009	康巴老芒麦	28.48		
		川草2号老芒麦	22.44	26.92	0.018 9
		青牧1号老芒麦	16.55	72.08	0.000 1
	2010	康巴老芒麦	68.76		
		川草2号老芒麦	37.95	81.19	0.000 8
		青牧1号老芒麦	57.58	19.42	0.172 2
	2011	康巴老芒麦	24.61		
		川草2号老芒麦	8.19	200.49	0.054 9
		青牧1号老芒麦	26.17	−5.96	0.997 6
多伦	2009	康巴老芒麦	19.91		
		川草2号老芒麦	15.44	28.95	0.106 2
		青牧1号老芒麦	9.48	110.02	0.000 8
	2010	康巴老芒麦	52.40		
		川草2号老芒麦	33.10	58.31	0.161 1
		青牧1号老芒麦	40.48	29.45	0.682 1
	2011	康巴老芒麦	66.19		
		川草2号老芒麦	76.24	−13.18	0.365 0
		青牧1号老芒麦	92.67	−28.57	0.361 6
红原	2009	康巴老芒麦	18.34		
		川草2号老芒麦	24.84	−26.17	0.091 6
		青牧1号老芒麦	9.16	100.22	0.000 5
	2010	康巴老芒麦	71.83		
		川草2号老芒麦	60.74	18.26	0.000 6
		青牧1号老芒麦	59.25	21.23	0.000 1
	2011	康巴老芒麦	22.15		
		川草2号老芒麦	20.79	6.54	0.070 3
		青牧1号老芒麦	17.41	27.23	0.000 1

（续）

地点	年份	品　种	均值（kg/100m²）	增（减）（%）	显著性（P值）
甘南	2009	康巴老芒麦	65.02		
		川草2号老芒麦	60.71	7.10	0.446 2
		青牧1号老芒麦	69.07	−5.86	0.573 5
	2010	康巴老芒麦	72.49		
		川草2号老芒麦	65.00	11.52	0.364 2
		青牧1号老芒麦	73.32	−1.13	0.500 8
	2011	康巴老芒麦	27.60		
		川草2号老芒麦	29.71	−7.10	0.921 5
		青牧1号老芒麦	32.71	−15.62	0.819 1
德令哈	2009	康巴老芒麦	49.92		
		川草2号老芒麦	46.56	7.22	0.281 5
		青牧1号老芒麦	—	—	—
	2010	康巴老芒麦	72.85		
		川草2号老芒麦	60.01	21.40	0.190 5
		青牧1号老芒麦	65.95	10.4	0.572 4
	2011	康巴老芒麦	28.56		
		川草2号老芒麦	33.27	−14.16	0.333 5
		青牧1号老芒麦	26.54	7.61	0.785 6
海晏	2009	康巴老芒麦	16.72		
		川草2号老芒麦	30.41	−45.02	0.832 0
		青牧1号老芒麦	27.41	−39.00	0.388 4
	2010	康巴老芒麦	95.38		
		川草2号老芒麦	72.10	32.29	0.160 1
		青牧1号老芒麦	112.36	−15.11	0.167 5
	2011	康巴老芒麦	47.93		
		川草2号老芒麦	58.27	−17.74	0.781 8
		青牧1号老芒麦	46.38	3.34	0.525 1

（二十八）羊草品种区域试验实施方案（2011年）

1　试验目的

客观、公正、科学地评价羊草参试品种的产量、适应性和品质特性等综合性状，为国家草品种审定和推广提供科学依据。

2　试验安排及参试品种

2.1　试验区域及试验点

华北、东北地区，共安排5个试验点。

2.2 参试品种

中科1号羊草、农牧1号羊草、吉生1号羊草。

3 试验设置

3.1 试验地的选择

试验地应尽可能代表所在试验区的气候、土壤和栽培条件等。选择地势平整、土壤肥力中等且均匀、前茬作物一致、杂草少、无严重土传病害、具有良好排灌条件（雨季无积水）、四周无高大建筑物或树木影响的地块。

3.2 试验设计

3.2.1 试验组

参试的3个羊草品种设为1个试验组。

3.2.2 试验周期

2011年起，试验不少于3个生产周年。

3.2.3 小区面积

小区面积15m^2（长5m×宽3m）。

3.2.4 小区设置

采用随机区组设计，4次重复，同一区组应放在同一地块，试验地四周设1m保护行。因羊草的根茎较为发达，应采取适当的措施（人工切断或隔板处理等）防止根茎于各小区间互串。

4 播种和田间管理

4.1 一般原则

田间操作时，同一项技术措施应在同一天完成。同项技术措施无法在同一天完成时，则同一区组的该项措施必须在同一天完成。

4.2 试验地准备

播种前，应对试验地的土质和肥力状况进行调查分析，种床要求精耕细作。

4.3 播种期

东北及华北坝上地区在5月底至6月中旬播种，华北平原地区在3月下旬至4月中旬播种。

4.4 播种方法

条播，行距50cm，每小区播种6行，播深1.5～2cm，播后镇压。

4.5 播种量

播种量35g/小区（1.5kg/亩，种子用价＞80％）。

4.6 田间管理

管理水平略高于当地大田生产水平，及时防除杂草、施肥、排灌并防治病虫害，以满足参试品种正常生长发育的水肥需要。

4.6.1 补播

尽可能1次播种保全苗，若出现明显的缺苗，应尽快进行补播或移栽补苗。

4.6.2 杂草防除

可选用适当的除草剂或人工除草，以保证试验材料的正常生长。

4.6.3 施肥

根据试验地土壤肥力状况，适当施用底肥、追肥，满足参试品种中等偏上的需肥要求。每小区施磷酸二铵 350g，全部用作基肥。在每次刈割后，每小区追施尿素 160g。根据土壤条件和植物生长状况，确定是否需要追施钾肥。

4.6.4 水分管理

根据天气和土壤水分含量，适时适量浇水，浇水原则为少浇深浇，保证每小区均匀灌溉。如遇雨水过量，应及时排涝。

4.6.5 病虫害防治

以防为主，生长期间根据田间虫害和病害的发生情况，选择低毒高效的药剂适时防治。

5 产草量的测定

产草量包括第一次刈割的产量和再生草产量。抽穗期刈割测产，留茬高度 5cm，当年最后一茬再生草在初霜前 30d 刈割。全小区测产。个别小区如有缺苗等特殊情况，该小区的测产面积至少 $4m^2$。要求用感量 0.1kg 的秤称重，记载数据时须保留两位小数。产草量测定结果记入表 A.3。

6 取样

6.1 干重

每次刈割测产后，从每小区随机取 3～5 把草样，将 4 个重复的草样混合均匀，取约 1 000g的样品，剪成 3～4cm 长，编号称重，然后在干燥气候条件下，用布袋或尼龙纱袋装好，挂置于通风遮雨处晾干至两次称重之差不超过 2.5g；在潮湿气候条件下，置于烘箱中，60～65℃下烘干 12h，取出放置室内冷却回潮 24h 后称重，然后再放入烘箱在 60～65℃下烘干 8h，取出放置室内冷却回潮 24h 后称重，直至两次称重之差不超过 2.5g 为止。计算各参试品种（系）的干草产量和干鲜比，测定结果记入表 A.3 和表 A.4。

6.2 品质

只在国家草品种区域试验站（北京）取样，农业农村部全国草业产品质量监督检验测试中心负责检测。将测完干重后的草样保留作为品质测定样品。

7 观测记载项目

按附录 A 的要求进行田间观察，并记载当日所做的田间工作，整理填写入表。

8 数据整理

各承试单位负责对其试验点内的数据进行统计分析，并用新复极差法对干草产量进行多重比较。

9 总结报告

各承试单位于每年 11 月 10 日之前将填写完整的原始数据调查表及试验总结报告上交省级草原技术推广部门，省级草原技术推广部门于 11 月 20 日之前将汇总结果（包括纸质及电子版）上交全国畜牧总站。

10 试验报废

各承试单位有下列情形之一的，该点区域试验作全部或部分报废处理：

因不可抗拒因素（如自然灾害等）造成试验不能正常进行；

同品种缺苗率超过15%的小区有2个或2个以上；

其他严重影响试验科学性情况的。

试验期间，因以上原因造成试验报废的，承试单位应及时通过省级草原技术推广部门向全国畜牧总站提供详细的书面报告。

1. 中科1号羊草

中科1号羊草（*Leymus chinensis*（Trin.）Tzvel. ‘Zhongke No. 1’）是中国科学院植物研究所申请参加2011年国家草品种区域试验的新品系。2011—2013年选用农牧1号和吉生1号羊草作为对照品种，在北京、天津、宝清、多伦和海拉尔安排5个试验站（点）进行国家草品种区域试验。2014年通过全国草品种审定委员会审定，为育成品种。其区域试验结果见表2-80。

表2-80 各试验站（点）各年度干草产量分析表

地点	年份	品 种	均值（kg/100m²）	增（减）（%）	显著性（P值）
北京	2011	中科1号	64.57		
		农牧1号	55.85	8.32	0.149 7
		吉生1号	74.66	−13.51	0.151 9
	2012	中科1号	120.16		
		农牧1号	135.17	−11.10	0.029 6
		吉生1号	128.60	−6.56	0.001 5
	2013	中科1号	113.62		
		农牧1号	116.68	−2.62	0.759 7
		吉生1号	106.80	6.38	0.505 8
天津	2011	中科1号	46.76		
		农牧1号	45.42	2.95	0.895 4
		吉生1号	49.32	−5.19	0.722 6
	2012	中科1号	76.95		
		农牧1号	88.19	−12.74	0.290 6
		吉生1号	77.43	−0.62	0.946 3
	2013	中科1号	79.90		
		农牧1号	80.18	−0.35	0.965 5
		吉生1号	81.48	−1.94	0.820 4

（续）

地点	年份	品　种	均值（kg/100m²）	增（减）（%）	显著性（P值）
多伦	2011	中科1号	9.78		
		农牧1号	5.88	66.33	0.004 0
		吉生1号	10.22	−4.30	0.785 0
	2012	中科1号	18.15		
		农牧1号	18.91	−4.02	0.690 8
		吉生1号	21.00	−13.57	0.233 1
	2013	中科1号	41.51		
		农牧1号	42.40	−2.10	0.770 8
		吉生1号	40.97	1.32	0.877 7
宝清	2012	中科1号	52.48		
		吉生1号	60.36	−13.06	0.274 9
	2013	中科1号	145.37		
		吉生1号	136.10	6.81	0.316 6
海拉尔	2013	中科1号	35.84		
		吉生1号	34.64	5.38	0.692 1

（二十九）象草品种区域试验实施方案（2011年）

1　试验目的

客观、公正、科学地评价象草参试品种（系）的产量、适应性和品质特性等综合性状，为国家草品种审定和推广提供科学依据。

2　试验安排及参试品种

2.1　试验区域及试验点

华南、华中等地，共安排6个试验点。

2.2　参试品种（系）

紫色象草、桂闽引象草、热研4号王草。

3　试验设置

3.1　试验地的选择

试验地应尽可能代表所在试验区的气候、土壤和栽培条件等。选择地势平整、土壤肥力中等且均匀、前茬作物一致、无严重土传病害、具有良好排灌条件（雨季无积水）、四周无高大建筑物或树木影响的地块。

3.2　试验设计

3.2.1　试验组

参试的2个象草品种和1个王草品种设为1个试验组。

3.2.2 试验周期

2011年起，试验不少于3个生产周年。

3.2.3 小区面积

小区面积28.8m^2（长6m×宽4.8m）。

3.2.4 小区设置

采用随机区组设计，4次重复，同一区组应放在同一地块，试验地四周设1m保护行。

4 播种和田间管理

4.1 一般原则

田间操作时，同一项技术措施应在同一天完成。同项技术措施无法在同一天完成时，则同一区组的该项措施必须在同一天完成。

4.2 试验地准备

宜选择在土层深厚、疏松肥沃、水分充足、排水良好的土壤种植，整地宜深耕，一犁一耙，深度25～30cm，起畦，长6m，宽4.8m。

4.3 播种期

以4—6月份种植最佳。平均气温15℃时即可种植。

4.4 选种及种茎处理

选粗壮无病无损伤的成熟茎作种茎，将种茎砍成2节一段，即每段含有效芽2个，断口斜砍成45°，尽量平整，减少损伤。剩余种茎另选地种植，用作补苗。

4.5 播种方法及播种量

按行距40cm（每小区12行）、深10cm开沟，按株距30cm（每行20株）将种茎芽尖向上斜插入沟，覆薄土3～4cm，露顶1～2cm，压实，浇定根水。每小区用种茎约240段。播种时如遇干旱（半月以上），需将种茎平摆于沟中种植。

播种前先施基肥，施人畜粪130kg/小区或复合肥9kg/小区作基肥。

4.6 田间管理

种植后如缺苗，要及时补栽。封行前或种植次年3—4月结合中耕除草施肥和灌溉一次（天气干旱时），可追施尿素0.65kg/小区、钙镁磷肥0.5kg/小区、氯化钾0.2kg/小区，以后每次刈割利用后追施尿素0.65kg/小区，并除杂和灌溉各1次。

4.7 病虫害防治

象草地易遭鼠害，宜铲除种茎田四周杂草，如发现鼠害，应及时采取有效灭鼠措施。

5 产草量的测定

产草量包括第一次刈割的产量和再生草产量。株高90cm时刈割测产，留茬超过高度5cm。如果品种间生长速度差异大，以生长速度居中的品种为标准，在其高度达到90cm时，所有品种同时刈割。测产时先去掉小区两侧边行及两端各一列，再将余下的10行留中间5.4m，然后去掉两头，实测所留21.6m^{2}的鲜草产量。个别小区如有缺苗等特殊情况，该小区的测产面积至少4m^2。要求用感量0.1kg的秤称重，记载数据时须保留两位小数。产草量测定结果记入表A.3。

6 取样

6.1 干重

每次刈割测产后，从每小区随机取2～3株，剪成3～4cm长，将3个或4个重复的草样混合均匀，取约1 000g的样品，编号称重，然后在干燥气候条件下，用布袋或尼龙纱袋装好，挂置于通风遮雨处晾干至两次称重之差不超过2.5g；在潮湿气候条件下，置于烘箱中，60～65℃下烘干12h，取出放置室内冷却回潮24h后称重，然后再放入烘箱在60～65℃下烘干8h，取出放置室内冷却回潮24h后称重，直至两次称重之差不超过2.5g为止。计算各参试品种（系）的干草产量和干鲜比，测定结果记入表中。

6.2 品质

只在广西南宁试验点取样，由农业农村部全国草业产品质量监督检验测试中心负责检测。将第一茬测完干重后的草样保留作为品质测定样品。

7 观测记载项目

按附录A的要求进行田间观察，并记载当日所做的田间工作，整理填写入表。

8 数据整理

各承试单位负责对其试验点内的数据进行统计分析，并用新复极差法对干草产量进行多重比较。

9 总结报告

各承试单位于每年11月10日之前将填写完整的原始数据调查表及试验总结报告上交省级草原技术推广部门，省级草原技术推广部门于11月20日之前将汇总结果（包括纸质及电子版）上交全国畜牧总站。

10 试验报废

各承试单位有下列情形之一的，该点区域试验作全部或部分报废处理：

因不可抗拒因素（如自然灾害等）造成试验不能正常进行；

同品种缺苗率超过15%的小区有2个或2个以上；

其他严重影响试验科学性情况的。

试验期间，因以上原因造成试验报废的，承试单位应及时通过省级草原技术推广部门向全国畜牧总站提供详细的书面报告。

1. 紫色象草

紫色象草（*Pennisetum purpureum* Schum. ‘Zise’）是广西壮族自治区畜牧研究所申请参加2011年国家草品种区域试验的新品系。2011—2013年选用桂闽引象草和热研4号王草作为对照品种，在儋州、福州、湛江和南宁安排了4个试验站（点）进行国家草品种区域试验。2014年通过全国草品种审定委员会审定，为引进品种。其区域试验结果见表2-81。

表 2-81 各试验点各年度干草产量分析表

地点	年份	品 种	均值 (kg/100m²)	增（减）(%)	显著性 (P值)
儋州	2011	紫色象草	153.37		
		热研4号王草	152.88	0.32	0.968 6
		桂闽引象草	137.85	11.26	0.153 4
	2012	紫色象草	246.09		
		热研4号王草	285.85	−13.91	0.239 2
		桂闽引象草	273.45	−10.00	0.382 3
	2013	紫色象草	272.88		
		热研4号王草	325.66	−16.21	0.161 5
		桂闽引象草	341.26	−20.04	0.110 4
福州	2011	紫色象草	174.09		
		热研4号王草	149.79	16.22	0.005 1
		桂闽引象草	149.62	16.35	0.069 5
	2012	紫色象草	210.32		
		热研4号王草	243.92	−13.78	0.023 2
		桂闽引象草	229.78	−8.47	0.006 1
	2013	紫色象草	370.76		
		热研4号王草	401.03	−7.55	0.399 4
		桂闽引象草	513.51	−27.80	0.000 6
湛江	2011	紫色象草	223.04		
		热研4号王草	252.07	−11.52	0.042 1
		桂闽引象草	245.31	−9.08	0.084 7
	2012	紫色象草	226.66		
		热研4号王草	248.99	−8.97	0.192 2
		桂闽引象草	248.52	−8.80	0.229 4
	2013	紫色象草	138.37		
		热研4号王草	142.11	−2.63	0.547 1
		桂闽引象草	165.65	−16.47	0.003 4
南宁	2011	紫色象草	99.38		
		热研4号王草	86.74	14.57	0.001 1
		桂闽引象草	100.23	−0.84	0.725 5
	2012	紫色象草	184.31		
		热研4号王草	218.88	−15.79	0.067 6
		桂闽引象草	208.18	−11.47	0.319
	2013	紫色象草	121.50		
		热研4号王草	130.19	−6.67	0.455 3
		桂闽引象草	122.37	−0.71	0.951 8

（三十）鹅观草、披碱草品种区域试验实施方案（2010年）

1 试验目的

客观、公正、科学地评价鹅观草、披碱草参试品种（系）的产量、适应性和品质特性等综合性状，为国家草品种审定和推广提供科学依据。

2 试验安排及参试品种

2.1 试验区域及试验点

青藏高原、蒙古高原、华北和东北等地区，共设8个试验点。

2.2 参试品种（系）

同引贫花鹅观草、同德无芒披碱草、同德老芒麦、同德短芒披碱草。

3 试验设置

3.1 试验地的选择

试验地应尽可能代表所在试验区的气候、土壤和栽培条件等。选择地势平整、土壤肥力中等且均匀、前茬作物一致、无严重土传病害、具有良好排灌条件（雨季无积水）、四周无高大建筑物或树木影响的地块。

3.2 试验设计

3.2.1 试验组

参试的1个鹅观草、1个老芒麦、2个披碱草（品种、品系）设为1个试验组。

3.2.2 试验周期

2010年起，试验不少于3个生产周年。

3.2.3 小区面积

小区面积15m^2（长5m×宽3m）。

3.2.4 小区设置

采用随机区组设计，4次重复，同一区组应放在同一地块，试验地四周设1m保护行。

4 播种和田间管理

4.1 一般原则

田间操作时，同一项技术措施应在同一天完成。同项技术措施无法在同一天完成时，则同一区组的该项措施必须在同一天完成。

4.2 试验地准备

播种前，应对试验地的土质和肥力状况进行调查分析，种床要求精耕细作。

4.3 播种期

要求5cm土层地温稳定在10℃以上时播种，海拔不太高的半农半牧区，可于3月下旬至4月中下旬春播，高海拔牧区在4—5月份播种。

4.4 播种方法

条播，行距 30cm，每小区 10 行，播种深度 1.5～2cm，在此范围内沙性土壤的播种深度稍深，黏性土壤的播种深度稍浅。

4.5 播种量

每小区播种量 38g（1.7kg/亩，种子用价>80%）。

4.6 田间管理

管理水平略高于当地大田生产水平，及时查苗补缺、防除杂草、施肥、排灌并防治病虫害（抗病虫性鉴定的除外），以满足参试品种（系）正常生长发育的水肥需要。

4.6.1 补播

尽可能 1 次播种保全苗，若出现明显的缺苗，应尽快进行补播或移栽补苗。

4.6.2 杂草防除

可选用适当的除草剂或人工除草，以保证试验材料的正常生长。

4.6.3 施肥

根据试验地土壤肥力状况，适当施用底肥、追肥，满足参试草种中等偏上的需肥要求。氮肥推荐用量为：在分蘖期和每次刈割后，每小区追施 160g 的尿素（含氮 46%），磷肥全部用作种肥，每小区施重过磷酸钙 260g（含 P_2O_5 46%）；根据土壤条件和植物生长状况，确定是否需要追施钾肥。

4.6.4 水分管理

根据天气和土壤水分含量，适时适量浇水，浇水原则为少浇深浇，保证每小区均匀灌溉。如遇雨水过量，应及时排涝。

4.6.5 病虫害防治

以防为主，生长期间根据田间虫害和病害的发生情况，选择低毒高效的药剂适时防治。

5 产草量的测定

产草量包括第一次刈割的产量和再生草产量。抽穗期刈割测产，留茬高度 5cm；最后一次再生草在初霜来临前 30d 刈割。测产时先去掉小区两侧边行，再将余下的 8 行留中间 4m，然后去掉两头 50cm，实测所留 9.6m^2 的鲜草产量。个别小区如有缺苗等特殊情况，该小区的测产面积至少 4m^2。要求用感量 0.1kg 的秤秤重，记载数据时须保留一位小数。产草量测定结果记入表 A.3。

6 取样

6.1 干重

每次刈割测产后，从每小区随机取 3～5 把草样，将 4 个重复的草样混合均匀，取约 1 000g的样品，剪成 3～4cm 长，编号称重，然后在干燥气候条件下，用布袋或尼龙纱袋装好，挂置于通风遮雨处晾干至两次称重之差不超过 2.5g；在潮湿气候条件下，置于烘箱中，60～65℃下烘干 12h，取出放置室内冷却回潮 24h 后称重，然后再放入烘箱在 60～65℃下烘干 8h，取出放置室内冷却回潮 24h 后称重，直至两次称重之差不超过 2.5g 为止。计算各参试品种（系）的干草产量和干鲜比，测定结果记入表 A.3 和表 A.4。

6.2 品质

只在国家草品种区域试验站（北京）取样，农业农村部全国草业产品质量监督检验测试中心负责检测。将第一茬测完干重后的草样保留作为品质测定样品。

7 观测记载项目

按附录 A 的要求进行田间观察，并记载当日所做的田间工作，整理填写入表。

8 数据整理

各承试单位负责对其试验点内的数据进行统计分析，并用新复极差法对干草产量进行多重比较。

9 总结报告

各承试单位于每年 11 月 10 日之前将填写完整的原始数据调查表及试验总结报告上交省级草原技术推广部门，省级草原技术推广部门于 11 月 20 日之前将汇总结果（包括纸质及电子版）上交全国畜牧总站。

10 试验报废

各承试单位有下列情形之一的，该点区域试验作全部或部分报废处理：

因不可抗拒因素（如自然灾害等）造成试验不能正常进行；

同品种缺苗率超过 15%的小区有 2 个或 2 个以上；

其他严重影响试验科学性情况的。

试验期间，因以上原因造成试验报废的，承试单位应及时通过省级草原技术推广部门向全国畜牧总站提供详细的书面报告。

1. 同德无芒披碱草

同德无芒披碱草（*Elymus submuticus* Keng f. ‘Tongde’）是青海省牧草良种繁殖场、中国科学院西北高原生物研究所和青海省草原总站联合申请参加 2010 年国家草品种区域试验的新品系。2010—2013 年选用同德短芒披碱草和同德老芒麦作为对照品种，在北京、海拉尔、宝清、五大连池、红原、甘南、德令哈和海晏安排了 8 个试验站（点）进行国家草品种区域试验。2014 年通过全国草品种审定委员会审定，为野生栽培品种。其区域试验结果见表 2-82。

表 2-82 各试验站（点）各年度干草产量分析表

地点	年份	品 种	均值 (kg/100m²)	增（减） (%)	显著性 (P 值)
北京	2010	同德无芒披碱草	11.70		
		同德老芒麦	13.54	−13.58	0.011 9
		同德短芒披碱草	11.62	0.74	0.827 1
	2011	同德无芒披碱草	50.45		
		同德老芒麦	41.12	22.68	0.000 6
		同德短芒披碱草	56.28	−10.36	0.004 4
	2012	同德无芒披碱草	34.04		
		同德老芒麦	7.40	360.15	0.001 4
		同德短芒披碱草	18.00	89.08	0.000 8

（续）

地点	年份	品　种	均值 (kg/100m²)	增（减） (%)	显著性 (P值)
海拉尔	2011	同德无芒披碱草	47.19		
		同德老芒麦	35.99	31.11	0.232 1
		同德短芒披碱草	32.11	46.96	0.076 9
	2012	同德无芒披碱草	18.91		
		同德老芒麦	9.61	96.75	0.177 4
		同德短芒披碱草	9.40	101.11	0.195 2
	2013	同德无芒披碱草	12.65		
		同德老芒麦	7.60	66.44	0.315 9
		同德短芒披碱草	7.14	77.16	0.234 0
宝清	2010	同德无芒披碱草	11.41		
		同德老芒麦	14.30	−20.22	0.178 6
		同德短芒披碱草	15.65	−27.12	0.134 2
	2011	同德无芒披碱草	100.05		
		同德老芒麦	94.32	6.07	0.430 1
		同德短芒披碱草	86.09	16.22	0.143 5
	2012	同德无芒披碱草	66.78		
		同德老芒麦	68.27	−2.18	0.574 1
		同德短芒披碱草	61.79	8.08	0.097 4
	2013	同德无芒披碱草	89.08		
		同德老芒麦	95.89	−7.10	0.326 8
		同德短芒披碱草	88.89	0.22	0.975 1
红原	2011	同德无芒披碱草	59.64		
		同德老芒麦	42.54	40.19	0.049 7
		同德短芒披碱草	49.25	21.09	0.161 6
	2012	同德无芒披碱草	71.34		
		同德老芒麦	55.03	29.64	0.026 6
		同德短芒披碱草	59.70	19.51	0.114 6
甘南	2011	同德无芒披碱草	51.85		
		同德老芒麦	53.85	−3.70	0.769 0
		同德短芒披碱草	53.74	−3.51	0.529 9
德令哈	2010	同德无芒披碱草	39.70		
		同德老芒麦	61.29	−35.23	0.133 5
		同德短芒披碱草	52.90	−24.96	0.214 4
	2011	同德无芒披碱草	59.95		
		同德老芒麦	60.69	−1.22	0.915 9
		同德短芒披碱草	64.19	−6.62	0.501 9

（续）

地点	年份	品　种	均值 (kg/100m²)	增（减）(%)	显著性 (P 值)
海晏	2011	同德无芒披碱草	60.65		
		同德老芒麦	55.96	8.38	0.337 4
		同德短芒披碱草	58.62	3.48	0.758 9
	2012	同德无芒披碱草	48.00		
		同德老芒麦	40.00	20.02	0.014 6
		同德短芒披碱草	57.20	−16.07	0.020 7
	2013	同德无芒披碱草	22.43		
		同德老芒麦	16.28	37.77	0.056 9
		同德短芒披碱草	15.75	42.35	0.032 3

2. 同德贫花鹅观草

同德贫花鹅观草（*Roegneria pauciflora*（Schwein.）Hylander 'Tongde'）青海省牧草良种繁殖场、中国科学院西北高原生物研究所和青海省草原总站联合申请参加 2010 年国家草品种区域试验的新品系。2010—2013 年选用同德老芒麦与同德短芒披碱草作为对照品种，在北京、宝清、海拉尔、红原、海晏、甘南和德令哈等 7 个试验站（点）进行国家草品种区域试验。2015 年通过全国草品种审定委员会审定，为地方品种。其区域试验结果见表 2 - 83。

表 2 - 83　各试验站（点）各年度干草产量分析表

地点	年份	品　种	均值 (kg/100m²)	增（减）(%)	显著性 (P 值)
北京	2010	同德贫花鹅观草	13.41		
		同德老芒麦	13.54	−0.98	0.857 4
		同德短芒披碱草	11.62	15.42	0.025 7
	2011	同德贫花鹅观草	52.16		
		同德老芒麦	41.12	26.83	0.000 7
		同德短芒披碱草	56.28	−7.32	0.045 2
	2012	同德贫花鹅观草	33.23		
		同德老芒麦	7.40	349.18	0.000 1
		同德短芒披碱草	18.00	84.57	0.000 1
海拉尔	2011	同德贫花鹅观草	54.16		
		同德老芒麦	35.99	50.50	0.082 5
		同德短芒披碱草	32.11	68.68	0.025 0
	2012	同德贫花鹅观草	15.13		
		同德老芒麦	9.61	57.45	0.216 7
		同德短芒披碱草	9.40	60.94	0.170 5
	2013	同德贫花鹅观草	11.45		
		同德老芒麦	7.60	50.64	0.314 8
		同德短芒披碱草	7.14	60.35	0.104 4

（续）

地点	年份	品　种	均值（kg/100m²）	增（减）（%）	显著性（P值）
宝清	2010	同德贫花鹅观草	8.83		
		同德老芒麦	14.30	−38.25	0.032 6
		同德短芒披碱草	15.65	−43.59	0.034 9
	2011	同德贫花鹅观草	100.08		
		同德老芒麦	94.32	6.10	0.345 7
		同德短芒披碱草	86.09	16.24	0.107 3
	2012	同德贫花鹅观草	63.90		
		同德老芒麦	68.27	−6.40	0.046 9
		同德短芒披碱草	61.79	3.42	0.285 3
	2013	同德贫花鹅观草	89.75		
		同德老芒麦	95.89	−6.41	0.347 8
		同德短芒披碱草	88.89	0.97	0.883 2
红原	2011	同德贫花鹅观草	51.20		
		同德老芒麦	42.54	20.34	0.172 2
		同德短芒披碱草	49.25	3.95	0.710 4
	2012	同德贫花鹅观草	69.59		
		同德老芒麦	55.03	26.46	0.004 9
		同德短芒披碱草	59.70	16.58	0.037 7
甘南	2011	同德贫花鹅观草	54.82		
		同德老芒麦	53.85	1.80	
		同德短芒披碱草	53.74	2.00	0.821 9
德令哈	2011	同德贫花鹅观草	63.99		
		同德老芒麦	60.69	5.44	0.621 7
		同德短芒披碱草	64.19	−0.32	0.971 6
海晏	2011	同德贫花鹅观草	52.60		
		同德老芒麦	55.96	−6.01	0.366 0
		同德短芒披碱草	58.62	−10.26	0.326 6
	2012	同德贫花鹅观草	35.91		
		同德老芒麦	40.00	−10.22	0.043 4
		同德短芒披碱草	57.20	−37.22	0.000 1

(三十一) 无芒雀麦品种区域试验实施方案（2011 年）

1　试验目的

为了科学地评价无芒雀麦参试品种（系）的产量、适应性和品质特性等综合性状，为国家草品种审定和推广提供科学依据。

2 试验安排及参试品种

2.1 试验区域

华北、东北地区，共安排5个试验点。

2.2 参试品种（系）

龙江无芒雀麦、公农无芒雀麦。

3 试验设置

3.1 试验地的选择

试验地应尽可能代表所在试验区的气候、土壤和栽培条件等。选择地势平整、土壤肥力中等且均匀、前茬作物一致、无严重土传病害、具有良好排灌条件（雨季无积水）、四周无高大建筑物或树木影响的地块。

3.2 试验设计

3.2.1 试验组

参试的2个无芒雀麦品种设为1个试验组。

3.2.2 试验周期

2011年起，试验不少于3个生产周年。

3.2.3 小区面积

小区面积15m^2（长5m×宽3m）。

3.2.4 小区设置

采用随机区组设计，4次重复，同一试验组的4个区组应放在同一地块，四周设1m保护行，区组间设过道1m。

4 播种和田间管理

4.1 一般原则

田间操作时，同一项技术措施应在同一天完成。同项技术措施无法在同一天完成时，则同一区组的该项措施必须在同一天完成。

4.2 试验地准备

播种前，应对试验地的土质和肥力状况进行调查分析，种床要求精耕细作。

4.3 播种期

华北地区4月底至5月初播种，东北寒冷地区宜在5月中旬播种。

4.4 播种方法

条播，行距30cm，每小区播种10行，播种深度2～3cm，播后镇压。

4.5 播种量

播种量45g/小区（2kg/亩，种子用价＞80%）。

4.6 田间管理

管理水平略高于当地大田生产水平，及时查苗补缺、防除杂草、施肥、排灌并防治病虫害，以满足参试品种（系）正常生长发育的水肥需要。

4.6.1 补播

尽可能1次播种保全苗，若出现明显的缺苗，应尽快进行补播或移栽补苗。

4.6.2 杂草防除

可人工除草或选用适当的除草剂，以保证试验材料的正常生长。

4.6.3 施肥

根据试验地土壤肥力状况，适当施用底肥、追肥，满足参试草种中等偏上的需肥要求。每小区施磷酸二铵350g，全部用作基肥。每次刈割后，每小区追施尿素160g。根据土壤条件和植物生长状况，确定是否需要追施钾肥。

4.6.4 水分管理

根据天气和土壤水分含量，适时适量浇水，浇水原则为少浇深浇，保证每小区均匀灌溉。如遇雨水过量，应及时排涝。

4.6.5 病虫害防治

以防为主，生长期间根据田间虫害和病害的发生情况，选择低毒高效的药剂适时防治。

5 产草量的测定

产草量包括第一次刈割的产量和再生草产量。抽穗期刈割测产，留茬高度6cm，当年最后一茬再生草在初霜前30d刈割。测产时先去掉小区两侧边行，再将余下的8行留中间4m，然后去掉两头，实测所留9.6m^{2}的鲜草产量。个别小区如有缺苗等特殊情况，该小区的测产面积至少4m^2。要求用感量0.1kg的秤称重，记载数据时须保留两位小数。产草量测定结果记入表A.3。

6 取样

6.1 干重

每次刈割测产后，从每小区随机取3～5把草样，将4个重复的草样混合均匀，取约1 000g的样品，剪成3～4cm长，编号称重，然后在干燥气候条件下，用布袋或尼龙纱袋装好，挂置于通风遮雨处晾干至两次称重之差不超过2.5g；在潮湿气候条件下，置于烘箱中，60～65℃下烘干12h，取出放置室内冷却回潮24h后称重，然后再放入烘箱在60～65℃下烘干8h，取出放置室内冷却回潮24h后称重，直至两次称重之差不超过2.5g为止。计算各参试品种（系）的干草产量和干鲜比，测定结果记入表A.3和表A.4。

6.2 品质

只在国家草品种区域试验站（北京）取样，农业农村部全国草业产品质量监督检验测试中心负责检测。将第一茬测完干重后的草样保留作为品质测定样品。

7 观测记载项目

按附录A的要求进行田间观察，并记载当日所做的田间工作，整理填写入表。

8 数据整理

各承试单位负责对其试验点内的数据进行统计分析，并用T测验对产草量进行统计分析。

9 总结报告

各承试单位于每年 11 月 10 日之前将填写完整的原始数据调查表及试验总结报告上交省级草原技术推广部门，省级草原技术推广部门于 11 月 20 日之前将汇总结果（包括纸质及电子版）上交全国畜牧总站。

10 试验报废

各承试单位有下列情形之一的，该点区域试验作全部或部分报废处理：

因不可抗拒因素（如自然灾害等）造成试验不能正常进行；

同品种缺苗率超过 15%的小区有 2 个或 2 个以上；

其他严重影响试验科学性情况的。

试验期间，因以上原因造成试验报废的，承试单位应及时通过省级草原技术推广部门向全国畜牧总站提供详细的书面报告。

1. 龙江无芒雀麦

龙江无芒雀麦（*Bromus inermis* Leyss. ‘Longjiang’）是黑龙江省畜牧研究所于 2011 年申请参加国家草品种区域试验的新品系。2011—2013 年选用公农无芒雀麦作为对照品种，在北京、海拉尔、延吉和双辽安排了 4 个试验站（点）进行国家草品种区域试验。2014 年通过全国草品种审定委员会审定，为野生栽培品种。其区域试验结果见表 2 - 84。

表 2 - 84 各试验站（点）各年度干草产量分析表

地点	年份	品 种	均值 (kg/100m²)	增（减）(%)	显著性 (P 值)
延吉	2011	龙江无芒雀麦	26.46		
		公农无芒雀麦	30.26	−12.56	0.133 0
	2012	龙江无芒雀麦	32.94		
		公农无芒雀麦	28.91	13.96	0.002 2
	2013	龙江无芒雀麦	33.23		
		公农无芒雀麦	31.83	4.41	0.270 8
双辽	2011	龙江无芒雀麦	32.19		
		公农无芒雀麦	32.58	−1.21	0.858 3
	2012	龙江无芒雀麦	46.43		
		公农无芒雀麦	36.17	28.37	0.000 1
	2013	龙江无芒雀麦	25.78		
		公农无芒雀麦	21.71	18.77	0.001 0
北京	2011	龙江无芒雀麦	121.18		
		公农无芒雀麦	122.23	−0.86	0.606 0
	2012	龙江无芒雀麦	133.33		
		公农无芒雀麦	131.77	1.19	0.477 2
	2013	龙江无芒雀麦	127.76		
		公农无芒雀麦	124.10	2.95	0.121 8

（续）

地点	年份	品　种	均值（kg/100m²）	增（减）（%）	显著性（P值）
海拉尔	2012	龙江无芒雀麦	31.72		
		公农无芒雀麦	35.03	−9.44	0.574 6
	2013	龙江无芒雀麦	29.90		
		公农无芒雀麦	30.91	−3.28	0.836 4

（三十二）鹅观草品种区域试验实施方案（2011年）

1　试验目的

客观、公正、科学地评价鹅观草参试品种（系）的产量、适应性和品质特性等综合性状，为国家草品种审定和推广提供科学依据。

2　试验安排及参试品种

2.1　试验区域及试验点

华中、西南地区，共安排5个试验点。

2.2　参试品种（系）

都江堰鹅观草、林西直穗鹅观草、赣饲1号纤毛鹅观草。

3　试验设置

3.1　试验地的选择

试验地应尽可能代表所在试验区的气候、土壤和栽培条件等。选择地势平整、土壤肥力中等且均匀、前茬作物一致、无严重土传病害、具有良好排灌条件（雨季无积水）、四周无高大建筑物或树木影响的地块。

3.2　试验设计

3.2.1　试验组

参试的3个鹅观草品种（系）设为1个试验组。

3.2.2　试验周期

2011年起，试验不少于3个生产周年（观测至2014年底）。

3.2.3　小区面积

小区面积15m^2（长5m×宽3m）。

3.2.4　小区设置

采用随机区组设计，4次重复，同一区组应放在同一地块，试验地四周设1m保护行。

4　播种和田间管理

4.1　一般原则

田间操作时，同一项技术措施应在同一天完成。同项技术措施无法在同一天完成时，则同一区组的该项措施必须在同一天完成。

4.2　试验地准备

播种前，应对试验地的土质和肥力状况进行调查分析，种床要求精耕细作。

4.3　播种期

9月中旬至10月中旬播种。

4.4　播种方法

条播，行距30cm，每小区10行，播种深度1.5～2cm，在此范围内沙性土壤的播种深度稍深，黏性土壤的播种深度稍浅。

4.5　播种量

每小区播种量38g（1.7kg/亩，种子用价>80%）。

4.6　田间管理

管理水平略高于当地大田生产水平，及时查苗补缺、防除杂草、施肥、排灌并防治病虫害（抗病虫性鉴定的除外），以满足参试品种（系）正常生长发育的水肥需要。

4.6.1　补播

尽可能1次播种保全苗，若出现明显的缺苗，应尽快进行补播或移栽补苗。

4.6.2　杂草防除

可选用适当的除草剂或人工除草，以保证试验材料的正常生长。

4.6.3　施肥

根据试验地土壤肥力状况，适当施用底肥、追肥，满足参试草种中等偏上的需肥要求。氮肥推荐用量为分蘖期和每次刈割后，每小区追施160g的尿素；磷肥全部用作基肥，每小区施重过磷酸钙260g；根据土壤条件和植物生长状况，确定是否需要追施钾肥。

4.6.4　水分管理

根据天气和土壤水分含量，适时适量浇水，浇水原则为少浇深浇，保证每小区均匀灌溉。如遇雨水过量，应及时排涝。

4.6.5　病虫害防治

以防为主，生长期间根据田间虫害和病害的发生情况，选择低毒高效的药剂适时防治。

5　产草量的测定

产草量包括第一次刈割的产量和再生草产量。抽穗期刈割测产，留茬高度5cm；当年最后一茬再生草在初霜前30d刈割。测产时先去掉小区两侧边行，再将余下的8行留中间4m，然后去掉两头，实测所留9.6m^{2}的鲜草产量。个别小区如有缺苗等特殊情况，该小区的测产面积至少4m^2。要求用感量0.1kg的秤称重，记载数据时须保留两位小数。产草量测定结果记入表A.3。

6　取样

6.1　干重

每次刈割测产后，从每小区随机取3～5把草样，将4个重复的草样混合均匀，取约1 000g的样品，剪成3～4cm长，编号称重，然后在干燥气候条件下，用布袋或尼龙纱袋装好，挂置于通风遮雨处晾干至两次称重之差不超过2.5g；在潮湿气候条件下，置于烘箱中，

60～65℃下烘干 12h，取出放置室内冷却回潮 24h 后称重，然后再放入烘箱在 60～65℃下烘干 8h，取出放置室内冷却回潮 24h 后称重，直至两次称重之差不超过 2.5g 为止。计算各参试品种（系）的干草产量和干鲜比，测定结果记入表 A.3 和表 A.4。

6.2 品质

只在四川新津试验点取样，农业农村部全国草业产品质量监督检验测试中心负责检测，将第一茬测完干重后的草样保留作为品质测定样品。

7 观测记载项目

按附录 A 的要求进行田间观察，并记载当日所做的田间工作，整理填写入表。

8 数据整理

各承试单位负责对其试验点内的数据进行统计分析，并用新复极差法对干草产量进行多重比较。

9 总结报告

各承试单位于每年 11 月 10 日之前将填写完整的原始数据调查表及试验总结报告上交省级草原技术推广部门，省级草原技术推广部门于 11 月 20 日之前将汇总结果（包括纸质及电子版）上交全国畜牧总站。

10 试验报废

各承试单位有下列情形之一的，该点区域试验作全部或部分报废处理：

因不可抗拒因素（如自然灾害等）造成试验不能正常进行；

同品种缺苗率超过 15%的小区有 2 个或 2 个以上；

其他严重影响试验科学性情况的。

试验期间，因以上原因造成试验报废的，承试单位应及时通过省级草原技术推广部门向全国畜牧总站提供详细的书面报告。

1. 川中鹅观草

川中鹅观草（*Roegneria kamoji* Keng ‘ChuanZhong’）是四川农业大学于 2013 年申请参加国家草品种区域试验野生驯化新品系。2014—2016 年选用赣饲 1 号纤毛鹅观草作为对照品种，在四川新津、四川达州、贵州贵阳、江西南昌、湖南邵阳和云南小哨安排 6 个试验站（点）进行国家草品种区域试验。2015 年通过全国草品种审定委员会审定，为野生栽培品种。其区域试验结果见表 2-85。

表 2-85 各试验站（点）各年度干草产量分析表

地 点	年份	品种名称	均值 (kg/100m²)	增（减） (%)	显著性 (P 值)
四川新津	2014	赣饲 1 号纤毛鹅观草	129.21	−13.85	0.108 3
		川中鹅观草	111.31		

（续）

地　点	年份	品种名称	均值（kg/100m²）	增（减）（%）	显著性（P值）
四川新津	2015	赣饲1号纤毛鹅观草	110.66	−1.25	0.779 1
		川中鹅观草	109.28		
	2016	赣饲1号纤毛鹅观草	138.28	−3.22	0.585 2
		川中鹅观草	133.83		
四川达州	2014	赣饲1号纤毛鹅观草	40.60	−5.37	0.633 6
		川中鹅观草	38.42		
	2015	赣饲1号纤毛鹅观草	81.47	2.80	0.634 5
		川中鹅观草	83.75		
	2016	赣饲1号纤毛鹅观草	114.33	2.19	0.672 7
		川中鹅观草	116.84		
贵州贵阳	2014	赣饲1号纤毛鹅观草	75.57	9.95	0.429 9
		川中鹅观草	83.09		
	2015	赣饲1号纤毛鹅观草	35.62	23.76	0.113 4
		川中鹅观草	44.09		
	2016	赣饲1号纤毛鹅观草	63.23	36.94	0.001 9
		川中鹅观草	86.59		
江西南昌	2014	赣饲1号纤毛鹅观草	50.90	3.68	0.833 8
		川中鹅观草	52.77		
	2015	赣饲1号纤毛鹅观草	74.86	−16.48	0.138 7
		川中鹅观草	62.53		
	2016	赣饲1号纤毛鹅观草	37.43	−2.78	0.816 2
		川中鹅观草	36.39		
湖南邵阳	2014	赣饲1号纤毛鹅观草	55.56	27.32	0.204 9
		川中鹅观草	70.74		
	2015	赣饲1号纤毛鹅观草	39.25	22.35	0.037 9
		川中鹅观草	48.02		
	2016	赣饲1号纤毛鹅观草	47.95	15.80	0.035 3
		川中鹅观草	55.52		
云南小哨	2014	赣饲1号纤毛鹅观草	184.99	13.15	0.052 4
		川中鹅观草	209.31		
	2015	赣饲1号纤毛鹅观草	97.35	−3.17	0.731 2
		川中鹅观草	94.26		
	2016	赣饲1号纤毛鹅观草	67.85	−8.45	0.699 7
		川中鹅观草	62.12		

2. 川引鹅观草

川引鹅观草（*Roegneria kamoji* Ohwi ‘Chuanyin’）是四川农业大学于2013年申请参加国家草品种区域试验野生驯化新品系。2014—2016年，选用赣饲1号纤毛鹅观草为对照品种，在四川新津、四川达州、贵州贵阳、江西南昌、湖南邵阳和云南小哨共安排6个试验点进行国家草品种区域试验。2017年通过全国草品种审定委员会审定，为引进品种。其区域试验结果见表2-86。

表2-86 各试验站（点）各年度干草产量分析表

地　点	年份	品种名称	均值（kg/100m²）	增（减）（%）	显著性（P值）
四川新津	2014	赣饲1号纤毛鹅观草	129.21	−13.85	0.108 3
		川引鹅观草	111.31		
	2015	赣饲1号纤毛鹅观草	110.66	−1.25	0.779 1
		川引鹅观草	109.28		
	2016	赣饲1号纤毛鹅观草	138.28	−3.22	0.585 2
		川引鹅观草	133.83		
四川达州	2014	赣饲1号纤毛鹅观草	40.60	−5.37	0.633 6
		川引鹅观草	38.42		
	2015	赣饲1号纤毛鹅观草	81.47	2.80	0.634 5
		川引鹅观草	83.75		
	2016	赣饲1号纤毛鹅观草	114.33	2.19	0.672 7
		川引鹅观草	116.84		
贵州贵阳	2014	赣饲1号纤毛鹅观草	75.57	9.95	0.429 9
		川引鹅观草	83.09		
	2015	赣饲1号纤毛鹅观草	35.62	23.76	0.113 4
		川引鹅观草	44.09		
	2016	赣饲1号纤毛鹅观草	63.23	36.94	0.001 9
		川引鹅观草	86.59		
江西南昌	2014	赣饲1号纤毛鹅观草	50.90	3.68	0.833 8
		川引鹅观草	52.77		
	2015	赣饲1号纤毛鹅观草	74.86	−16.48	0.138 7
		川引鹅观草	62.53		
	2016	赣饲1号纤毛鹅观草	37.43	−2.78	0.816 2
		川引鹅观草	36.39		
湖南邵阳	2014	赣饲1号纤毛鹅观草	55.56	27.32	0.204 9
		川引鹅观草	70.74		
	2015	赣饲1号纤毛鹅观草	39.25	22.35	0.037 9
		川引鹅观草	48.02		
	2016	赣饲1号纤毛鹅观草	47.95	15.80	0.035 3
		川引鹅观草	55.52		

（续）

地　点	年份	品种名称	均值（$kg/100m^2$）	增（减）（%）	显著性（P 值）
云南小哨	2014	赣饲 1 号纤毛鹅观草	184.99	13.15	0.052 4
		川引鹅观草	209.31		
	2015	赣饲 1 号纤毛鹅观草	97.35	−3.17	0.731 2
		川引鹅观草	94.26		
	2016	赣饲 1 号纤毛鹅观草	67.85	−8.45	0.699 7
		川引鹅观草	62.12		

（三十三）朝鲜碱茅品种区域试验实施方案（2012 年）

1　试验目的

客观、公正、科学地评价吉农 2 号朝鲜碱茅参试品种（系）的产量、适应性和品质特性等综合性状，为国家草品种审定和推广提供科学依据。

2　试验安排及参试品种

2.1　试验区域及试验点

东北、西北、华北等地区。

2.2　参试品种（系）

吉农 2 号朝鲜碱茅、吉农朝鲜碱茅。

3　试验设置

3.1　试验地的选择

试验地应尽可能代表所在试验区的气候、土壤和栽培条件等。选择含盐量小于 1.4%、pH<9 的低湿平坦硝碱地播种，无长期积水，无严重土传病害的地块。

3.2　试验设计

3.2.1　试验组

参试的吉农 2 号朝鲜碱茅、吉农朝鲜碱茅设为同一试验组，共设 2 个试验组，一个测定刈割利用下的产草量，另一个测定籽实和牧草兼用的产量，每个试验组 4 次重复。

3.2.2　试验周期

2012 年起，试验不少于 3 个生产周期。

3.2.3　小区面积

小区面积 $15m^2$（长 5m×宽 3m）。

3.2.4　小区设置

采用随机区组设计，4 次重复，同一区组应放在同一地块，试验地四周设 1m 保护行。

4 播种和田间管理

4.1 一般原则

田间操作时，同一项技术措施应在同一天完成。同项技术措施无法在同一天完成时，则同一区组的该项措施必须在同一天完成。

4.2 试验地准备

播种前，应对试验地的土质和肥力状况进行调查分析，种床要求精耕细作。

4.3 播种期

要求地温稳定在10℃以上播种，北方地区一般在4—5月。

4.4 播种方法

条播，行距30cm，每小区10行，播种深度以0.5cm以下至种子不露在地面上为准。

4.5 播种量

每小区播种量15g（30kg/hm^2，种子用价>80%）。

4.6 田间管理

管理水平略高于当地大田生产水平，及时查苗补缺、防除杂草、施肥、排灌并防治病虫害（抗病虫性鉴定的除外），以满足参试品种（系）正常生长发育的水肥需要。

4.6.1 补播

尽可能1次播种保全苗，如出现明显的缺苗，应尽快补播。

4.6.2 杂草防除

可选用适当的除草剂或人工除草，以保证试验材料的正常生长。

4.6.3 施肥

根据试验地土壤肥力状况，可适当施用底肥、追肥，满足参试草种中等偏上的需肥要求。氮肥推荐用量为每小区在拔节期及每次刈割后各追施207g的尿素（含氮46%）；磷肥全部作种肥用，每小区施重过磷酸钙400g（含P_2O_5 46%）；根据土壤条件和植物生长状况，确定是否需要追施钾肥。

4.6.4 水分管理

根据天气和土壤水分含量，适时适量浇水，浇水原则为少浇深浇，保证每小区均匀灌溉。如遇雨水过量，应及时排涝。

4.6.5 病虫害防治

以防为主，生长期间根据田间虫害和病害的发生情况，选择低毒高效的药剂适时防治。

5 产草量的测定

5.1 刈割利用组

产草量包括第一次刈割的产量和再生草产量。初花期时刈割测产，留茬高度5cm。如果生长速度差异大，不同参试品种（系）可不在同一天刈割测产，先达到初花期的品种先行刈割。测产时先去掉小区两侧边行，再将余下的8行留中间3m，然后去掉两头50cm，实测所留6m^2的鲜草产量。个别小区如有缺苗等特殊情况，该小区的测产面积至少4m^2。要求用感量0.1kg的秤秤重，记载数据时须保留两位小数。产草量测定结果记入表A.3。

5.2 籽实、干草利用组

在籽实完熟后进行测产。测产时先去掉小区两侧边行，再将余下的 8 行留中间 3m，然后去掉两头 50cm，实测所留 6m^2 的鲜草产量。个别小区如有缺苗等特殊情况，该小区的测产面积至少 4m^2。要求用感量 0.1kg 的秤秤重，记载数据时须保留两位小数，分离穗和草秸，并分别称重计量。

6 取样

6.1 干重

每次刈割测产后，从每小区随机取样 1m，剪成 3～4cm 长，将 4 个重复的草样混合均匀，取约1 000g的样品，编号称重，然后在干燥气候条件下，用布袋或尼龙纱袋装好，挂置于通风遮雨处晾干至两次称重之差不超过 2.5g；在潮湿气候条件下，置于烘箱中，60～65℃烘干 12h，取出放置室内冷却回潮 24h 后称重，然后再放入烘箱在 60～65℃下烘干 8h，取出放置室内冷却回潮 24h 后称重，直至两次称重之差不超过 2.5g 为止。计算各参试品种（系）的干草产量和干鲜比，测定结果记入表 A.3 和表 A.4。

6.2 品质

只在国家草品种区域试验站（北京）取样，农业农村部全国草业产品质量监督检验测试中心负责检测。将第一茬测完干重后的草样保留作为品质测定样品。

7 观测记载项目

按附录 A 的要求进行田间观察，并记载当日所做的田间工作，整理填写入表。

8 数据整理

各承试单位负责对其试验点内的数据进行统计分析，并用新复极差法对干草产量进行多重比较。

9 总结报告

各承试单位于每年 11 月 10 日之前将填写完整的原始数据调查表及试验总结报告上交省级草原技术推广部门，省级草原技术推广部门于 11 月 20 日之前将汇总结果（包括纸质及电子版）上交全国畜牧总站。

10 试验报废

各承试单位有下列情形之一的，该点区域试验作全部或部分报废处理：

因不可抗拒因素（如自然灾害等）造成试验不能正常进行；

同品种缺苗率超过 15%的小区有 2 个或 2 个以上；

其他严重影响试验科学性情况的。

试验期间，因以上原因造成试验报废的，承试单位应及时通过省级草原技术推广部门向全国畜牧总站提供详细的书面报告。

1. 吉农 2 号朝鲜碱茅

吉农 2 号 朝鲜碱茅（*Puccinellia distans* ‘JiNong No. 2’）是吉林省农业科院申请参加

2011 年国家草品种区域试验的新品系。2012—2014 年选用吉农朝鲜碱茅和同德小花碱茅作为对照品种，在吉林白城、吉林延吉、青海同德、新疆呼图壁和新疆察布查尔安排了 5 个试验站（点）进行国家草品种区域试验。2015 年通过全国草品种审定委员会审定，为育成品种。其区域试验结果见表 2-87。

表 2-87 各试验点各年度干草产量分析表

地　点	年份	品　种	均值 (kg/100m²)	增（减）(%)	显著性 (P 值)
青海同德	2013	吉农 2 号朝鲜碱茅	46.18		
		吉农朝鲜碱茅	—	—	—
		同德小花碱茅	43.64	5.82	0.471 4
	2014	吉农 2 号朝鲜碱茅	28.15		
		吉农朝鲜碱茅	—	—	—
		同德小花碱茅	24.63	14.29	0.113 4
新疆呼图壁	2012	吉农 2 号朝鲜碱茅	68.24		
		吉农朝鲜碱茅	80.25	−14.97	0.243 2
		同德小花碱茅	69.85	−2.3	0.881 0
	2013	吉农 2 号朝鲜碱茅	57.57		
		吉农朝鲜碱茅	71.43	−19.4	0.239 6
		同德小花碱茅	60.70	−5.16	0.720 2
	2014	吉农 2 号朝鲜碱茅	28.39		
		吉农朝鲜碱茅	6.94	309.1	0.020 4
		同德小花碱茅	18.97	49.66	0.315 0
新疆察布查尔	2012	吉农 2 号朝鲜碱茅	30.05		
		吉农朝鲜碱茅	8.23	265.1	0.000 0
		同德小花碱茅	20.08	49.65	0.000 1
	2013	吉农 2 号朝鲜碱茅	46.72		
		吉农朝鲜碱茅	41.75	11.9	0.178 8
		同德小花碱茅	30.11	55.16	0.003 1
	2014	吉农 2 号朝鲜碱茅	33.70		
		吉农朝鲜碱茅	27.34	23.26	0.294 0
		同德小花碱茅	21.56	56.31	0.051 6

(三十四) 垂穗披碱草、麦宾草、异燕麦品种区域试验实施方案（2011 年）

1 试验目的

客观、公正、科学地评价垂穗披碱草、麦宾草、异燕麦参试品种（系）的产量、适应性和品质特性等综合性状，为国家草品种审定和推广提供科学依据。

2 试验安排及参试品种

2.1 试验区域及试验点

青藏高原地区，共安排4个试验点。

2.2 参试品种（系）

炉霍垂穗披碱草、青海麦宾草、甘孜异燕麦、阿坝垂穗披碱草、康巴垂穗披碱草、川草2号老芒麦。

3 试验设置

3.1 试验地的选择

试验地应尽可能代表所在试验区的气候、土壤和栽培条件等。选择地势平整、土壤肥力中等且均匀、前茬作物一致、无严重土传病害、具有良好排灌条件（雨季无积水）、四周无高大建筑物或树木影响的地块。

3.2 试验设计

3.2.1 试验组

参试的3个垂穗披碱草、1个麦宾草、1个异燕麦和1个老芒麦品种（系）设为1个试验组。

3.2.2 试验周期

2011年起，试验不少于3个生产周年。

3.2.3 小区面积

小区面积15m^2（长5m×宽3m）。

3.2.4 小区设置

采用随机区组设计，4次重复，同一区组应放在同一地块，试验地四周设1m保护行。

4 播种和田间管理

4.1 一般原则

田间操作时，同一项技术措施应在同一天完成。同项技术措施无法在同一天完成时，则同一区组的该项措施必须在同一天完成。

4.2 试验地准备

播种前，应对试验地的土质和肥力状况进行调查分析，种床要求精耕细作。

4.3 播种期

要求5cm土层地温稳定在10℃以上时播种。高海拔牧区可在4—5月播种。

4.4 播种方法

条播，行距30cm，每小区10行，播种深度1.5～2cm，在此范围内沙性土壤的播种深度稍深，黏性土壤的播种深度稍浅。

4.5 播种量

每小区播种量38g（1.7kg/亩，种子用价>80%）。

4.6 田间管理

管理水平略高于当地大田生产水平，及时查苗补缺、防除杂草、施肥、排灌并防治病虫害（抗病虫性鉴定的除外），以满足参试品种（系）正常生长发育的水肥需要。

4.6.1 补播

尽可能1次播种保全苗，若出现明显的缺苗，应尽快进行补播或移栽补苗。

4.6.2 杂草防除

可选用适当的除草剂或人工除草，以保证试验材料的正常生长。

4.6.3 施肥

根据试验地土壤肥力状况，适当施用底肥、追肥，满足参试草种中等偏上的需肥要求。氮肥推荐用量为分蘖期和每次刈割后，每小区追施160g的尿素；磷肥全部用作基肥，每小区施重过磷酸钙260g；根据土壤条件和植物生长状况，确定是否需要追施钾肥。

4.6.4 水分管理

根据天气和土壤水分含量，适时适量浇水，浇水原则为少浇深浇，保证每小区均匀灌溉。如遇雨水过量，应及时排涝。

4.6.5 病虫害防治

以防为主，生长期间根据田间虫害和病害的发生情况，选择低毒高效的药剂适时防治。

5 产草量的测定

产草量包括第一次刈割的产量和再生草产量。抽穗期刈割测产，留茬高度5cm；当年最后一次再生草在初霜前30d刈割。测产时先去掉小区两侧边行，再将余下的8行留中间4m，然后去掉两头，实测所留9.6m^2的鲜草产量。个别小区如有缺苗等特殊情况，该小区的测产面积至少4m^2。要求用感量0.1kg的秤称重，记载数据时须保留两位小数。产草量测定结果记入表A.3。

6 取样

6.1 干重

每次刈割测产后，从每小区随机取3～5把草样，将4个重复的草样混合均匀，取约1 000g的样品，剪成3～4cm长，编号称重，然后在干燥气候条件下，用布袋或尼龙纱袋装好，挂置于通风遮雨处晾干至两次称重之差不超过2.5g；在潮湿气候条件下，置于烘箱中，60～65℃下烘干12h，取出放置室内冷却回潮24h后称重，然后再放入烘箱在60～65℃下烘干8h，取出放置室内冷却回潮24h后称重，直至两次称重之差不超过2.5g为止。计算各参试品种（系）的干草产量和干鲜比，测定结果记入表A.3和表A.4。

6.2 品质

只在四川红原试验点取样，农业农村部全国草业产品质量监督检验测试中心负责检测。将第一茬测完干重后的草样保留作为品质测定样品。

7 观测记载项目

按附录A的要求进行田间观察，并记载当日所做的田间工作，整理填写入表。

8 数据整理

各承试单位负责对其试验点内的数据进行统计分析，并用新复极差法对干草产量进行多重比较。

9 总结报告

各承试单位于每年11月10日之前将填写完整的原始数据调查表及试验总结报告上交省级草原技术推广部门，省级草原技术推广部门于11月20日之前将汇总结果（包括纸质及电子版）上交全国畜牧总站。

10 试验报废

各承试单位有下列情形之一的，该点区域试验作全部或部分报废处理：

因不可抗拒因素（如自然灾害等）造成试验不能正常进行；

同品种缺苗率超过15%的小区有2个或2个以上；

其他严重影响试验科学性情况的。

试验期间，因以上原因造成试验报废的，承试单位应及时通过省级草原技术推广部门向全国畜牧总站提供详细的书面报告。

1. 康巴变绿异燕麦

康巴变绿异燕麦（*Helictotrichon virescens*（Nees ex Steud.）'Kangba'）四川省草原工作总站于2011年申请参加国家草品种区域试验的新品系。2011—2014年，选用阿坝垂穗披碱草、康巴垂穗披碱草和川草2号老芒麦为对照品种，在四川红原、青海海晏、青海德令哈、甘肃甘南安排4个试验点，对参试品种的形状进行区域试验。2015年通过全国草品种审定委员会审定，为野生栽培品种。其区域试验结果见表2-88。

表2-88 各试验站（点）各年度干草产量分析表

地 点	年份	品 种	均值（kg/100m²）	增（减）（%）	显著性（P值）
四川红原	2012	康巴变绿异燕麦	56.37		
		阿坝垂穗披碱草	68.36	−17.54	0.011 9
		康巴垂穗披碱草	78.2	−27.92	0.000 4
		川草2号老芒麦	84.66	−33.42	0.000 1
	2013	康巴变绿异燕麦	46.48		
		阿坝垂穗披碱草	63.33	−26.61	0.001 0
		康巴垂穗披碱草	64.5	−27.94	0.000 7
		川草2号老芒麦	60.37	−23.01	0.002 7
	2014	康巴变绿异燕麦	14.78		
		阿坝垂穗披碱草	41.98	−64.79	0.000 1
		康巴垂穗披碱草	53.23	−72.23	0.000 1
		川草2号老芒麦	53.17	−72.20	0.000 1
青海德令哈	2011	康巴变绿异燕麦	33.66		
		阿坝垂穗披碱草	20.15	67.07	0.000 5
		康巴垂穗披碱草	17.67	90.57	0.000 1
		川草2号老芒麦	22.65	48.62	0.000 1

（续）

地　点	年份	品　种	均值（kg/100m²）	增（减）（%）	显著性（P值）
青海海晏	2012	康巴变绿异燕麦	39.92		
		阿坝垂穗披碱草	69.85	−42.85	0.000 1
		康巴垂穗披碱草	48.19	−17.16	0.035 9
		川草2号老芒麦	49.54	−19.42	0.022 5

2. 康北垂穗披碱草

康北垂穗披碱草（*Elymus nutans* Griseb. ‘Kangbei’）是四川农业大学于2011年申请参加国家草品种区域试验的野生栽培新品系。2011—2014年，选用阿坝垂穗披碱草、康巴垂穗披碱草和川草2号老芒麦为对照品种，在四川红原、青海海晏、青海德令哈、甘肃甘南安排4个试验点，对参试品种的形状进行区域试验。2017年通过全国草品种审定委员会审定，为野生栽培品种品种。其区域试验结果见表2-89。

表2-89　各试验站（点）各年度干草产量分析表

地　点	年份	品　种	均值（kg/100m²）	增（减）（%）	显著性（P值）
四川红原	2012	康北垂穗披碱草	75.74		
		阿坝垂穗披碱草	68.36	10.80	0.230 4
		康巴垂穗披碱草	78.2	−3.15	0.729 1
		川草2号老芒麦	84.66	−10.54	0.097 2
	2013	康北垂穗披碱草	59.3		
		阿坝垂穗披碱草	63.33	−6.36	0.352 2
		康巴垂穗披碱草	64.5	−8.06	0.312 5
		川草2号老芒麦	60.37	−1.77	0.697 4
	2014	康北垂穗披碱草	51.07		
		阿坝垂穗披碱草	41.98	21.65	0.016 9
		康巴垂穗披碱草	53.23	−4.06	0.612 1
		川草2号老芒麦	53.17	−3.95	0.587 2
青海海晏	2012	康北垂穗披碱草	58.79		
		阿坝垂穗披碱草	69.85	−15.83	0.030 5
		康巴垂穗披碱草	48.19	22.00	0.011 4
		川草2号老芒麦	49.54	18.67	0.022 8
	2013	康北垂穗披碱草	15.68		
		阿坝垂穗披碱草	40.17	−60.97	0.002 8
		康巴垂穗披碱草	25.37	−38.19	0.009 3
		川草2号老芒麦	19.07	−17.78	0.157 3
	2014	康北垂穗披碱草	34.8		
		阿坝垂穗披碱草	64.66	−46.18	0.074 6
		康巴垂穗披碱草	51.04	−31.82	0.000 8
		川草2号老芒麦	39.54	−11.99	0.354 3

（续）

地　点	年份	品　种	均值 (kg/100m²)	增（减） (%)	显著性 (P值)
青海德令哈	2011	康北垂穗披碱草	24.66		
		阿坝垂穗披碱草	20.15	22.3	0.077 1
		康巴垂穗披碱草	17.67	39.6	0.008 6
		川草2号老芒麦	22.65	8.87	0.313 4

（三十五）猫尾草品种区域试验实施方案（2013年）

1　试验目的

客观、公正、科学地评价猫尾草参试品种（系）的产量、适应性和品质特性等综合性状，为国家草品种审定和推广提供科学依据。

2　试验安排及参试品种

2.1　试验区域及试验点

青藏高原、西北地区，共安排7个试验点。

2.2　参试品种（系）

编号为2013HB12401和2013HB12402共2个品种。

3　试验设置

3.1　试验地的选择

试验地应尽可能代表所在试验区的气候、土壤和栽培条件等。选择地势平整、土壤肥力中等且均匀、前茬作物一致、无严重土传病害、具有良好排灌条件（雨季无积水）、四周无高大建筑物或树木影响的地块。

3.2　试验设计

3.2.1　试验周期

2013年起，试验不少于3个生产周年。

3.2.2　小区面积

小区面积15m²（长5m×宽3m）。

3.2.3　小区设置

采用随机区组设计，4次重复，同一区组应放在同一地块，试验点整个试验地四周设1m保护行（可参见随机区组试验设计小区布置参考图）。

4　播种和田间管理

4.1　一般原则

田间操作时，同一项技术措施应在同一天完成。同项技术措施无法在同一天完成时，则同一区组的该项措施必须在同一天完成。

4.2 试验地准备

播种前，应对试验地的土质和肥力状况进行调查分析，种床要求精耕细作。

4.3 播种期

5cm 土层地温稳定在 10℃以上时播种。高海拔牧区 4—5 月播种。

4.4 播种方法

条播，行距 30cm，每小区 10 行，播种深度 1.5～2cm，在此范围内沙性土壤的播种深度稍深，黏性土壤的播种深度稍浅。

4.5 播种量

每小区播种量 30g（1.3kg/亩，种子用价＞80％）。

4.6 田间管理

管理水平略高于当地大田生产水平，及时查苗补缺、防除杂草、施肥、排灌并防治病虫害（抗病虫性鉴定的除外），以满足参试品种（系）正常生长发育的水肥需要。

4.6.1 查苗补种

尽可能 1 次播种保全苗，如出现明显的缺苗，应尽快补播。

4.6.2 杂草防除

可人工除草或选用适当的除草剂，以保证田间无杂草，试验材料的正常生长。

4.6.3 施肥

根据试验地土壤肥力状况，适当施用底肥、追肥，满足参试草种中等偏上的需肥要求。氮肥推荐用量为分蘖期和每次刈割后，每小区追施 160g 的尿素；磷肥全部用作基肥，每小区施重过磷酸钙 260g；根据土壤条件和植物生长状况，确定是否需要追施钾肥。

4.6.4 水分管理

根据天气和土壤水分含量，适时适量浇水，浇水原则为少浇深浇，保证每小区均匀灌溉。如遇雨水过量，应及时排涝。

4.6.5 病虫害防治

以防为主，生长期间根据田间虫害和病害的发生情况，选择低毒高效的药剂适时防治。

5 产草量的测定

产草量包括第一次刈割的产量和再生草产量。抽穗期刈割测产，留茬高度 5cm；当年最后一茬再生草在初霜前 30d 刈割。测产时先去掉小区两侧边行，再将余下的 8 行留中间 4m，然后去掉两头，实测所留 9.6m^2 的鲜草产量。个别小区如有缺苗等特殊情况，该小区的测产面积至少 4m^2。要求用感量 0.1kg 的秤称重，记载数据时须保留 2 位小数。产草量测定结果记入表 A.3。

6 取样

6.1 干重

每次刈割测产后，从每小区随机取 3～5 把草样，将 4 个重复的草样混合均匀，取约 1 000g的样品，剪成 3～4cm 长，编号称重，然后在干燥气候条件下，用布袋或尼龙纱袋装好，挂置于通风遮雨处晾干至两次称重之差不超过 2.5g；在潮湿气候条件下，置于烘箱中，60～65℃下烘干 12h，取出放置室内冷却回潮 24h 后称重，然后再放入烘箱在 60～65℃下烘干 8h，取出放置室内冷却回潮 24h 后称重，直至两次称重之差不超过 2.5g 为止。计算各参试品种（系）的干草产量和干鲜比，测定结果记入表 A.3 和表 A.4。

6.2　品质

只在国家草品种区域试验站（红原）取样，农业农村部全国草业产品质量监督检验测试中心负责检测。将第一个生产周年第一茬测完干重后的草样保留作为品质测定样品。

7　观测记载项目

按附录 A 的要求进行田间观察，并记载当日所做的田间工作，整理填写入表。

8　数据整理

各承试单位负责对其试验点内的数据进行统计分析，干草产量用 T 测验进行统计分析。

9　总结报告

各承试单位于每年 11 月 10 日之前将填写完整的原始数据调查表及试验总结报告上交省级草原技术推广部门，省级草原技术推广部门于 11 月 20 日之前将汇总结果（包括纸质及电子版）上交全国畜牧总站。

10　试验报废

各承试单位有下列情形之一的，该点区域试验作全部或部分报废处理：

因不可抗拒因素（如自然灾害等）造成试验不能正常进行；

同品种缺苗率超过 15%的小区有 2 个或 2 个以上；

误差变异系数超过 20%；

其他严重影响试验科学性情况的。

试验期间，因以上原因造成试验报废的，承试单位应及时通过省级草原技术推广部门向全国畜牧总站提供详细的书面报告。

1. 川西猫尾草

川西猫尾草（*Uraria crinita*（L.）Desv. ex DC‘Chuanxi’）是四川省草原工作总站、甘孜州草原工作站、四川省金种燎原种业科技有限责任公司于 2013 年参加国家草品种区域试验的野生栽培品种新品系。2013—2016 年选用岷山猫尾草为对照品种，在甘肃甘南、四川甘孜、四川红原、黑龙江宝清、内蒙古海拉尔、青海海晏、青海同德安排 7 个进行国家草品种区域试验，其中 2014 年青海海晏、青海同德、内蒙古海拉尔 3 个试验点申请试验报废。甘肃甘南点 2016 年 8 月遭受冰雹灾害，无产量数据。2017 年通过全国草品种审定委员会审定，为野生栽培品种。其区域试验结果见表 2-90。

表 2-90　各试验点各年度干草产量分析表

地　点	年份	品　种	均值 (kg/100m²)	增（减）(%)	显著性 (P 值)
甘肃甘南	2014	川西猫尾草	37.24		
		岷山猫尾草	36.57	1.82	0.013 9

（续）

地 点	年份	品 种	均值（kg/100m²）	增（减）（%）	显著性（P值）
甘肃甘南	2015	川西猫尾草	60.07		
		岷山猫尾草	59.40	1.12	0.808 8
	2016	川西猫尾草	—		
		岷山猫尾草	—	—	—
四川甘孜	2014	川西猫尾草	138.94		
		岷山猫尾草	127.40	9.05	0.160 4
	2015	川西猫尾草	170.22		
		岷山猫尾草	166.94	1.96	0.618 1
	2016	川西猫尾草	101.86		
		岷山猫尾草	86.25	18.10	0.043 2
四川红原	2014	川西猫尾草	101.28		
		岷山猫尾草	89.48	13.19	0.203 0
	2015	川西猫尾草	59.95		
		岷山猫尾草	55.75	7.53	0.490 6
	2016	川西猫尾草	66.53		
		岷山猫尾草	58.37	10.55	0.213 8
黑龙江宝清	2014	川西猫尾草	107.96		
		岷山猫尾草	95.01	13.63	0.231 5
	2015	川西猫尾草	43.08		
		岷山猫尾草	64.17	−32.86	0.000 1
	2016	川西猫尾草	48.91		
		岷山猫尾草	40.54	20.65	0.000 1

（三十六）苇状羊茅品种区域试验实施方案（2015年）

1 试验目的

客观、公正、科学地评价苇状羊茅参试品种的丰产性、适应性和营养价值，为新草品种审定和推广应用提供科学依据。

2 试验安排

2.1 试验点

安排云南小哨、元谋、重庆南川、贵州贵阳、独山等5个试验点。

2.2 参试品种

编号为2015HB11701和2015HB11702共2个品种。

3 试验设置

3.1 试验地选择

试验地应尽可能代表所在试验区的气候、土壤和栽培条件等。选择地势平整、土壤肥力中等且均匀、前茬作物一致、杂草少、无严重土传病害、具有良好排灌条件（雨季无积水）、四周无高大建筑物或树木影响的地块。

3.2 试验设计

3.2.1 试验周期

2014 年起，试验不少于 3 个完整的生产周年。

3.2.2 小区面积

小区面积 15m^2（长 5m×宽 3m）。

3.2.3 小区布置

采用随机区组设计，4 次重复，同一区组应放在同一地块，试验点整个试验地四周设 1m 保护行。建议小区布置按照附录 C 执行。

4 播种和田间管理

4.1 一般原则

田间操作时，同一项技术措施应在同一天完成。同项技术措施无法在同一天完成时，同一区组的该项措施必须在同一天完成。

4.2 试验地准备

播种前，应对试验地的土质和肥力状况进行调查分析，种床要求精耕细作。

4.3 播种期

秋季适时播种。

4.4 播种方法

条播，行距 30cm，每小区 10 行，播种深度 1～2cm，在此范围内沙性土壤的播种深度稍深，黏性土壤的播种深度稍浅。播后镇压。

4.5 播种量

播种量 34g/小区（1.5kg/亩，种子用价＞80％）。

4.6 田间管理

管理水平略高于当地大田生产水平，及时防除杂草、施肥、排灌并防治病虫害，以满足参试品种正常生长发育的水肥需要。

4.6.1 查苗补种

尽可能 1 次播种保全苗，若出现明显的缺苗，应尽快进行补播或移栽补苗。

4.6.2 杂草防除

可人工除草或选用适当的除草剂，以保证参试品种的正常生长，尤其要注意苗期应及时除杂草。

4.6.3 施肥

根据试验地土壤肥力状况，可适当施用底肥、追肥，满足参试草种中等偏上的需肥要求。

氮肥推荐用量：在分蘖期和每次刈割后，每小区分别追施 150g 的尿素。磷肥推荐用量：磷肥全部用作基肥，每小区施重过磷酸钙 300g。根据土壤条件和植物生长状况，确定是否需要追施钾肥。

4.6.4 水分管理

根据天气和土壤水分含量，适时适量浇水，浇水原则为少浇深浇，保证每小区均匀灌溉。如遇雨水过量，应及时排涝。

4.6.5 病虫害防治

生长期间根据田间虫害和病害的发生情况，选择低毒高效的药剂适时防治。

5 产草量测定

产草量包括第一次刈割的产量和再生草产量。第一次在抽穗期刈割，以后在植株绝对高度达到 40cm 时刈割，留茬高度 5cm。当年最后一茬再生草在初霜前 30d 刈割。测产时先去掉小区两侧边行，再将余下的 8 行留中间 4m，然后去掉两头，实测所留 9.6m^2 的鲜草产量。如个别小区因家畜采食、农机碾压等非品种自身特性的特殊原因造成缺苗，应按实际测产面积计算产量，但本小区的测产面积不得少于 4m^2。要求用感量 0.1kg 的秤称重，记载数据时须保留两位小数。产草量测定结果记入表 A.3。

6 取样

6.1 干重

每次刈割测产后，从每小区随机取 3～5 把草样，将 4 个重复的草样混合均匀，取约 1 000g的样品，剪成 3～4cm 长，编号称重。将称取鲜重后的样品置于烘箱中，60～65℃下烘干 12h，取出放置室内冷却回潮 24h 后称重，然后再放入烘箱在 60～65℃下烘干 8h，取出放置室内冷却回潮 24h 后称重，直至两次称重之差不超过 2.5g 为止。计算各参试品种的干重和干鲜比，测定结果记入表 A.3 和表 A.4。

6.2 营养价值

只在国家草品种区域试验站（独山）取样，农业农村部全国草业产品质量监督检验测试中心负责检测。将第一个完整生产周年第一茬测完干重后的草样保留作为营养价值测定样品。

安排取样的试验点无法获得营养价值测定样品时，应及时通知全国畜牧总站。

7 观测记载项目

按附录 A 的要求进行田间观察，并记载当日所做的田间工作，整理填写入表。

8 数据分析

8.1 产草量变异系数计算

计算参试品种的全年累计产草量变异系数 CV，记入表 A.6。CV 超过 20%的要进行原因分析，并记录在表 A.6 下方。

$$CV = s/\bar{x} \times 100\%$$

CV——变异系数；s——同品种不同重复的产草量数据标准差；$\bar{x}$——同品种不同重复的产草量数据平均数。

8.2 区组间产草量差异分析

对比不同区组间的全年累计产草量数据，波动较大的要进行原因分析，并记录在表 A.6 下方。

9 总结报告

各试验点于每年 11 月 20 日之前将全部试验数据和填写完整的附录 B 提交本省区项目组织单位审核，项目组织单位于 11 月 30 日之前将以上材料（纸质及电子版）提交全国畜牧总站。

10 试验报废

有下列情形之一的，该试验组做全部或部分报废处理：

因不可抗拒因素（如自然灾害等）造成试验不能正常进行；

同品种缺苗率超过 15%的小区有 2 个或 2 个以上；

同一试验组中，有较多参试品种的产草量变异系数超过 20%；

其他严重影响试验科学性情况的。

试验期间，因以上原因造成试验报废的，试验点应及时通过本省区项目组织单位向全国畜牧总站提供详细的书面报告。

1. 特沃苇状羊茅

特沃（Tower）苇状羊茅是云南省草山饲料工作站和四川农业大学联合申请参加 2015 年国家草品种区域试验的新品系。2015—2017 年，选用约翰斯顿苇状羊茅为对照品种，分别在云南小哨、贵州独山、贵州贵阳、云南元谋和重庆南川 5 个试验点进行了国家草品种区域试验。其中元谋试验点因种子保存不当 2014 年秋季未能播种，于 2015 年秋季重新获得种子进行播种，由此只有 2 年的数据。重庆南川试验点 2017 年因缺苗严重申请试验报废，也仅有 2 年的数据。2018 年通过全国草品种审定委员会审定，为引进品种。其区域试验结果见表 2-91。

表 2-91 各试验站（点）各年度干草产量分析表

地 点	年份	品 种	均值 (kg/100m²)	增（减）(%)	显著性 (P 值)
云南小哨	2015	特沃苇状羊茅	248.30		
		约翰斯顿苇状羊茅	234.02	6.10	0.156 4
	2016	特沃苇状羊茅	163.62		
		约翰斯顿苇状羊茅	132.52	23.47	0.203 3
	2017	特沃苇状羊茅	128.90		
		约翰斯顿苇状羊茅	129.55	−0.50	0.963 7
贵州独山	2015	特沃苇状羊茅	84.15		
		约翰斯顿苇状羊茅	83.59	0.67	0.941 9
	2016	特沃苇状羊茅	89.08		
		约翰斯顿苇状羊茅	103.04	−13.55	0.052 2
	2017	特沃苇状羊茅	79.23		
		约翰斯顿苇状羊茅	67.82	16.82	0.026 1

（续）

地　点	年份	品　种	均值 （kg/100m²）	增（减） （%）	显著性 （P值）
贵州贵阳	2015	特沃苇状羊茅	180.45		
		约翰斯顿苇状羊茅	165.71	8.90	0.455 8
	2016	特沃苇状羊茅	146.72		
		约翰斯顿苇状羊茅	163.14	−10.06	0.022 7
	2017	特沃苇状羊茅	114.91		
		约翰斯顿苇状羊茅	110.66	3.84	0.471
云南元谋	2015	特沃苇状羊茅	—		
		约翰斯顿苇状羊茅	—	—	—
	2016	特沃苇状羊茅	189.31		
		约翰斯顿苇状羊茅	131.03	44.48	0.000 4
	2017	特沃苇状羊茅	218.69		
		约翰斯顿苇状羊茅	175.26	24.78	0.000 2
重庆南川	2015	特沃苇状羊茅	58.58		
		约翰斯顿苇状羊茅	61.02	−4.00	0.452 3
	2016	特沃苇状羊茅	50.23		
		约翰斯顿苇状羊茅	46.79	7.35	0.686 9
	2017	特沃苇状羊茅	—		
		约翰斯顿苇状羊茅	—	—	—

（三十七）野大麦品种区域试验实施方案（2015年）

1　试验目的

客观、公正、科学地评价野大麦参试品种的丰产性、适应性和营养价值，为新草品种审定和推广提供科学依据。

2　试验安排

2.1　试验点

安排内蒙古海拉尔、多伦、赤峰、吉林白城、延吉、黑龙江齐齐哈尔等6个试验点。

2.2　参试品种

编号为2015HB12601和2015HB12602共2个品种。

3　试验设置

3.1　试验地选择

试验地应尽可能代表所在试验区的气候、土壤和栽培条件等。选择地势平整、土壤肥力中等且均匀、前茬作物一致、无严重土传病害、具有良好排灌条件（雨季无积水）、四周无高大建筑物或树木影响的地块。

3.2　试验设计

3.2.1　试验周期

2014 年播种，试验不少于 3 个完整的生产周年。

3.2.2　小区面积

小区面积 15m^2（长 5m×宽 3m）。

3.2.3　小区布置

采用随机区组设计，4 次重复，同一区组应放在同一地块，试验点整个试验地四周设 1m 保护行。建议小区布置按照附录 C 执行。

4　播种和田间管理

4.1　一般原则

田间操作时，同一项技术措施应在同一天完成。同项技术措施无法在同一天完成时，同一区组的该项措施必须在同一天完成。

4.2　试验地准备

适宜在排水良好，土壤 pH 7.0～9.5 盐碱地种植，最适宜在土壤 pH 7.5～9.0 生长。在土质疏松肥沃，有机质丰富的黑钙土和壤土生长良好。

在重度退化盐碱地种植时，忌深翻，宜在雨季浅翻轻耙后直接播种。在黑钙土和壤土地块种植时，宜秋季整地，为来年播种出苗创造条件。

4.3　播种期

6 月上旬—7 月中旬播种。

4.4　播种方法

条播，行距 30cm，每小区播种 10 行，覆土深度 2～3cm，播后镇压。

4.5　播种量

播种量 90g/小区（4kg/亩，种子用价>80%）。

4.6　田间管理

田间管理水平略高于当地大田生产水平，及时查苗补种或补苗、防除杂草、施肥、排灌并防治病虫害（抗病虫性鉴定的除外），以满足参试品种正常生长发育的水肥需要。

4.6.1　补播

尽可能 1 次播种保全苗，若出现明显的缺苗，应尽快进行补播或移栽补苗。

4.6.2　杂草防除

野大麦易受杂草危害，应提高防除杂草的重视程度。可人工除草或选用适当的除草剂，以保证参试品种的正常生长。

4.6.3　施肥

根据试验地土壤肥力状况，可适当施用底肥（磷酸二铵 150kg/hm^2＋尿素 75kg/hm^2）、追肥，满足参试草种中等偏上的需肥要求。

4.6.4　水分管理

根据天气和土壤水分含量，适时适量浇水，浇水原则为少浇深浇，保证每小区均匀灌溉。如遇雨水过量，应及时排涝。

4.6.5 病虫害防治

生长期间，根据田间虫害和病害的发生情况，选择高效低毒的药剂适时防治。

5 产草量测定

产草量包括第一次刈割的产量和再生草产量。开花期刈割测产，留茬高度 5cm。如果参试品种生育期差异较大，不同参试品种可不在同一天刈割测产，先达到开花期的品种先行刈割。当年最后一次再生草在初霜前 30d 刈割。测产时先去掉小区两侧边行，再将余下的 8 行留中间 4m，然后去掉两头，实测所留 9.6m² 的鲜草产量。如个别小区因家畜采食、农机碾压等非品种自身特性的特殊原因造成缺苗，应按实际测产面积计算产量，但本小区的测产面积不得少于 4m²。要求用感量 0.1kg 的秤称重，记载数据时须保留 2 位小数。产草量测定结果记入表 A.3。

6 取样

6.1 干重

每次刈割测产后，从每小区随机取 3～5 把草样，将 4 个重复的草样混合均匀，取约 1 000g的样品，剪成 3～4cm 长，编号称重。将称取鲜重后的样品置于烘箱中，60～65℃下烘干 12h，取出放置室内冷却回潮 24h 后称重，然后再放入烘箱在 60～65℃下烘干 8h，取出放置室内冷却回潮 24h 后称重，直至两次称重之差不超过 2.5g 为止。计算各参试品种的干重和干鲜比，测定结果记入表 A.3 和表 A.4。

6.2 营养价值

只在黑龙江省齐齐哈尔试验点取样，农业农村部全国草业产品质量监督检验测试中心负责检测。将第一个完整生产周年第一茬测完干重后的草样保留作为营养价值测定样品。

安排取样的试验点无法获得营养价值测定样品时，应及时通知全国畜牧总站。

7 观测记载项目

按附录 A 的要求进行田间观察，并记载当日所做的田间工作，整理填写入表。

8 数据分析

8.1 产草量变异系数计算

计算参试品种的全年累计产草量变异系数 CV，记入表 A.6。CV 超过 20%的要进行原因分析，并记录在表 A.6 下方。

$$CV = s/\bar{x} \times 100\%$$

CV——变异系数；s——同品种不同重复的产草量数据标准差；$\bar{x}$——同品种不同重复的产草量数据平均数。

8.2 区组间产草量差异分析

对比不同区组间的全年累计产草量数据，波动较大的要进行原因分析，并记录在表 A.6 下方。

9 总结报告

各试验点于每年 11 月 20 日之前将全部试验数据和填写完整的附录 B 提交本省区项目组

织单位审核，项目组织单位于 11 月 30 日之前将以上材料（纸质及电子版）提交全国畜牧总站。

10 试验报废

有下列情形之一的，该试验组做全部或部分报废处理：

因不可抗拒因素（如自然灾害等）造成试验不能正常进行；

同品种缺苗率超过 15%的小区有 2 个或 2 个以上；

同一试验组中，有较多参试品种的产草量变异系数超过 20%；

其他严重影响试验科学性情况的。

试验期间，因以上原因造成试验报废的，试验点应及时通过本省区项目组织单位向全国畜牧总站提供详细的书面报告。

1. 萨尔图野大麦

萨尔图野大麦是东北农业大学申请参加 2014 年国家草品种区域试验的新品系（野生栽培品种）。2015—2017 年，选用野生种为对照品种，在黑龙江齐齐哈尔、吉林延边、吉林白城、内蒙古海拉尔、内蒙古多伦和内蒙古赤峰共安排了 6 个试验点进行国家草品种区域试验，其中内蒙古赤峰点因试验地改滴灌造成试验报废。2018 年通过全国草品种审定委员会审定，为野生栽培品种。其区域试验结果见表 2-92。

表 2-92　各试验站（点）各年度干草产量分析表

地　点	年份	品　种	均值 (kg/100m²)	增（减）(%)	显著性 (P 值)
黑龙江齐齐哈尔	2015	萨尔图野大麦	152.92		
		野生种	158.33	−3.41	0.356 7
	2016	萨尔图野大麦	55.79		
		野生种	54.92	1.58	0.828 6
	2017	萨尔图野大麦	57.82		
		野生种	51.89	11.43	0.240 3
内蒙古多伦	2015	萨尔图野大麦	50.95		
		野生种	49.82	2.27	0.811 8
	2016	萨尔图野大麦	61.45		
		野生种	55.76	10.20	0.321 4
	2017	萨尔图野大麦	52.18		
		野生种	51.53	1.28	0.881 5
内蒙古海拉尔	2015	萨尔图野大麦	35.03		
		野生种	26.41	32.64	0.121 5
	2016	萨尔图野大麦	19.95		
		野生种	16.20	23.13	0.143 8
	2017	萨尔图野大麦	20.68		
		野生种	14.43	43.32	0.011 6

（续）

地 点	年份	品 种	均值（kg/100m²）	增（减）（%）	显著性（P值）
吉林延边	2015	萨尔图野大麦	133.67		
		野生种	162.06	−17.52	0.006 1
	2016	萨尔图野大麦	132.69		
		野生种	141.28	−6.08	0.146 8
	2017	萨尔图野大麦	141.85		
		野生种	143.26	−0.98	0.783
吉林白城	2015	萨尔图野大麦	64.32		
		野生种	54.17	18.75	0.009 4
	2016	萨尔图野大麦	88.47		
		野生种	76.10	16.26	0.002 7
	2017	萨尔图野大麦	84.80		
		野生种	70.15	20.89	0.000 0

（三十八）翅果菊品种区域试验实施方案（2014年）

1 试验目的

客观、公正、科学地评价翅果菊参试品种（系）的丰产性、适应性和营养价值，为新草品种审定和推广应用提供科学依据。

2 试验安排

2.1 试验点

安排北京、独山、邵阳、南昌、达州、南宁、建阳等7个试验点。

2.2 参试品种

编号为2014QT40401和2014QT40402共2个品种。

3 试验设置

3.1 试验地的选择

应尽可能代表所在试验区的气候、土壤和栽培条件等。选择地势平整、土壤肥力中等且均匀、前茬作物一致、无严重土传病害、具有良好排灌条件（雨季无积水）、四周无高大建筑物或树木影响的地块。

3.2 试验设计

3.2.1 试验周期

2014年起，不少于2个生产周期。

3.2.2 小区面积

试验小区面积为15m²（长5m×宽3m）。

3.2.3　小区设置

采用随机区组设计，4 次重复，同一区组应放在同一地块，试验地四周设 1m 保护行。

4　播种和田间管理

4.1　一般原则

田间操作时，同一项技术措施应在同一天完成。同项技术措施无法在同一天完成时，同一区组的该项措施必须在同一天完成。

4.2　试验地准备

播种前，应对试验地的土质和肥力状况进行调查分析，种床要求精耕细作。

4.3　播种期

长江以南一般在 9 月下旬至 10 月初播种；华北地区应在在 5cm 土层地温稳定在 10℃以上时播种（清明节前后）。

4.4　播种方法

德宏翅果菊种子细小，宜采用苗床育苗移栽。苗床整细，将种子拌上细土，均匀撒播于苗床上，用耙轻翻使种子与土接触，上面用秸秆覆盖并浇足水。

出苗后 30 天，4～5 片叶时，选健壮苗移栽至试验小区中。每小区 10 行，行距 30cm。株距 20cm，每穴一苗。移苗前剪掉过长的根系，苗床用水浇透，移苗后浇足定根水。

4.5　田间管理

田间管理水平略高于当地大田生产水平，及时查苗补苗、防除杂草、施肥、排灌并防治病虫害（抗病虫性鉴定的除外），保证满足正常生长发育的水肥需要。

4.5.1　查苗补种

尽可能 1 次移栽后保全苗，若出现缺苗断垅，应及时从苗床移苗补栽。

4.5.2　杂草防除

可选用适当的除草剂或人工除草，以保证试验材料的正常生长。

4.5.3　施肥

根据试验地土壤肥力状况，适当施用底肥、追肥，以满足参试品种中等偏上的肥力要求。

氮肥：苗期、每次刈割后每小区追施尿素（含氮 46%）225g；磷肥：全部用作种肥，每小区施重过磷酸钙 450g（含 P_2O_5 46%）；钾肥：根据土壤条件和植物生长状况，确定是否需要追施钾肥。

4.5.4　水分管理

根据植株田间生长状况、天气条件及土壤水分含量，适时适量浇水，如遇雨水过量，应及时排涝。

4.5.5　病虫害防治

以防为主，生长期间根据田间虫害和病害的发生情况，选择低毒高效的药剂适期防治。

5　产草量的测定

苗高 50cm 左右，第一次刈割。以后各次刈割以间隔 30d 左右为宜。第 1 次刈割留茬高度 3cm，以后各次刈割留茬高度宜在 5cm 以上，最后一次齐地刈割。刈割测产时先割去试验小区两侧边行，再割去两头各两行植株（本部分不计入产量），将余下部分 10.08m^2(168 株)刈割测产。如个别小区有缺苗等特殊情况，导致测产面积不足 10.08m^2，应按实际测产面积计算产量，但本小区的测产面积不得少于 4m^2。要求用感量 0.1kg 的秤秤重，记载数据时须保留两位小数。产草量测定结果记入表 A.3。

6 取样

6.1 干重

每次刈割测产后，从每小区随机取 3～5 把草样，将 4 个重复的草样混合均匀，取约 1 000g的样品，剪成 3～4cm 长，编号称重。将称取鲜重后的样品置于烘箱中，60～65℃下烘干 12h，取出放置室内冷却回潮 24h 后称重，然后再放入烘箱在 60～65℃下烘干 8h，取出放置室内冷却回潮 24h 后称重，直至两次称重之差不超过 2.5g 为止。计算各参试品种（系）的干重和干鲜比，测定结果记入表 A.3 和表 A.4。

6.2 品质

只在国家草品种区域试验站（北京）取样，农业农村部全国草业产品质量监督检验测试中心负责检测。将第一个生产周期收获的第一茬样品保留作为品质测定样品。

7 观测记载项目

按附录 A 和 B 的要求进行田间观察，并记载当日所做的田间工作，整理填写入表。

8 数据整理

各试验点负责其测试站点内所有测试数据的统计分析，干草产量用 T 测验。

9 总结报告

各试验点于每年 11 月 10 日之前将填写完整的原始数据调查表及试验总结报告上交省级草原技术推广部门，省级草原技术推广部门于 11 月 20 日之前将汇总结果（纸质及电子版）上交全国畜牧总站。

10 试验报废

各试验点有下列情形之一的，该点区域试验作全部或部分报废处理：
因不可抗拒因素（如自然灾害等）造成试验不能正常进行；
同品种缺苗率超过 15%的小区有 2 个或 2 个以上；
误差变异系数超过 20%；
其他严重影响试验科学性情况的。
试验期间，因以上原因造成试验报废的，试验点应及时通过省级草原技术推广部门向全国畜牧总站提供详细的书面报告。

1. 滇西翅果菊

滇西翅果菊（*Pterocypsela indica*（L.）Shih‘Dianxi’）是云南省草地动物科学研究院 2013 年申请参加国家草品种区域试验的地方品种新品系。2015—2016 选用蒙早苦荬菜作为对照品种，在四川达州、北京双桥、贵州独山、福建建阳、江西南昌、湖南邵阳共安排6个国家草品种区域试验点进行试验。2015年春季开始试验，其中四川达州、北京双桥、贵州独山3个试验点数据不全，仅作为参考，不做差异显著性分析。2017年通过全国草品种审定委员会审定，为地方品种。其区域试验结果见表2-93。

表2-93 各试验站（点）各年度干草产量分析表

地点	年份	品种	均值（kg/100m²）	增（减）（%）	显著性（P值）
四川达州	2015	滇西翅果菊	110.65		
		蒙早苦荬菜	128.13	−13.64	0.0045
北京双桥	2015	滇西翅果菊	134.90		
贵州独山	2016	滇西翅果菊	128.56		
		蒙早苦荬菜	51.74	148.49	0.0001
福建建阳	2015	滇西翅果菊	61.93		
		蒙早苦荬菜	51.42	20.44	0.0014
	2016	滇西翅果菊	37.59		
		蒙早苦荬菜	43.00	−12.57	0.3158
江西南昌	2015	滇西翅果菊	53.66		
		蒙早苦荬菜	33.55	59.91	0.0033
	2016	滇西翅果菊	34.37		
		蒙早苦荬菜	36.75	−6.50	0.5832
湖南邵阳	2015	滇西翅果菊	26.42		
		蒙早苦荬菜	15.23	73.46	0.0009
	2016	滇西翅果菊	41.80		
		蒙早苦荬菜	37.43	11.66	0.1322

（三十九）苦荬菜品种区域试验实施方案（2015年）

1 试验目的

客观、公正、科学地评价苦荬菜参试品种的丰产性、适应性和营养价值，为新草品种审定和推广应用提供科学依据。

2 试验安排

2.1 试验点

安排四川新津、湖北武汉、重庆南川、安徽合肥、江苏南京、湖南邵阳等6个试验点。

2.2 参试品种

编号为2015QT40401、2015QT40402和2015QT40403共3个品种。

3 试验设置

3.1 试验地选择

应尽可能代表所在试验区的气候、土壤和栽培条件等。选择地势平整、土壤肥力中等且均匀、前茬作物一致、无严重土传病害、具有良好排灌条件（雨季无积水）、四周无高大建筑物或树木影响的地块。土壤 pH 5.5～7.5 为宜。

3.2 试验设计

3.2.1 试验周期

2015 年起，试验不少于 2 个生产周期。

3.2.2 小区面积

试验小区面积为 $15m^2$（5m×3m）。

3.2.3 小区布置

采用随机区组设计，4 次重复，同一区组应放在同一地块，试验点整个试验地四周设 1m 保护行。建议小区布置按照附录 C 执行。

4 播种和田间管理

4.1 一般原则

田间操作时，同一项技术措施应在同一天完成。同项技术措施无法在同一天完成时，同一区组的该项措施必须在同一天完成。

4.2 试验地准备

播种前，应对试验地的土质和肥力状况进行调查分析。如试验地杂草较严重，应选择晴天喷施灭生性除草剂除杂。用药 1 周后翻耕，耕深 20～25cm，打碎土块，耙平地面。

4.3 播种期

春播，最佳播种时间为 2 月下旬至 3 月中旬。

4.4 播种方法

采用育苗移栽法。幼苗长到 3～5 片叶时即可移栽，行距 30cm，株距 10cm，每穴保证 1 苗成活。

阴天移栽有利提高成活率，如遇晴天太阳直射强烈需用遮阳网遮阴 12～24h。幼苗要随拔随栽，移栽后浇定根水。

4.5 田间管理

田间管理水平略高于当地大田生产水平，及时查苗补种或补苗、防除杂草、施肥、排灌并防治病虫害（抗病虫性鉴定的除外），以满足参试品种正常生长发育的水肥需要。

4.5.1 查苗补种

尽可能 1 次移栽后保全苗，若出现缺苗断垅，应及时从苗床移苗补栽。

4.5.2 杂草防除

可人工除草或选用适当的除草剂，以保证参试品种的正常生长，尤其要注意苗期应及时除杂草。

4.5.3 施肥

视土壤肥力情况，每亩施农家肥 2 000～3 000kg 或尿素 25～35kg 加过磷酸钙 20～30kg

作基肥。根据苗情，在苗期以及每次刈割之后宜追肥，追肥以氮肥为主，每亩苗期追施尿素5kg为宜，每次刈割后追施尿素10～20kg为宜。

4.5.4 水分管理

苗期遇干旱应及时浇水保苗。在低洼易涝地区以及南方雨水较多的季节，1d以上的短期积水就会造成根部腐烂、植株死亡，因此必须确保小区可及时排水，应在相邻小区间开设30～40cm深排水沟，相邻区组间开设50cm深排水沟，并要定期疏通排水沟，确保排水效果。

4.5.5 病虫害防治

苦荬菜常见病害为白粉病、霜霉病和叶斑病，可参照防治真菌性病害的方法进行处理，施用国家允许使用的药剂防治，如百菌清、多菌灵、代森锰锌等，同时注意合理的施肥和灌溉措施。苦荬菜花期的主要害虫为蚜虫，一般采取喷撒杀灭地上害虫的药剂进行防治。

5 产草量测定

产草量包括第一次刈割的产量和再生草产量。每当植株自然高度达到40cm时进行刈割测产，留茬高度8cm，最后一次刈割时间为8月初。测产时先去掉小区两侧边行，再将余下的8行留中间4m（40株），然后去掉两头，实测所留9.6m^2（320株）的鲜草产量。如个别小区因家畜采食、农机碾压等非品种自身特性的特殊原因造成缺苗，导致测产面积不足9.6m^2，应按实际测产面积计算产量，但本小区的测产面积不得少于4m^2。要求用感量0.1kg的秤称重，记载数据时须保留两位小数。产草量测定结果记入表A.3。

6 取样

6.1 干重

每次刈割测产后，从每小区随机取3～5把草样，将4个重复的草样混合均匀，取约1 000g的样品，剪成3～4cm长，编号称重。将称取鲜重后的样品置于烘箱中，60～65℃下烘干12h，取出放置室内冷却回潮24h后称重，然后再放入烘箱在60～65℃下烘干8h，取出放置室内冷却回潮24h后称重，直至两次称重之差不超过2.5g为止。计算各参试品种的干重和干鲜比，测定结果记入表A.3和表A.4。

6.2 营养价值

只在国家草品种区域试验站（新津）取样，由农业农村部全国草业产品质量监督检验测试中心负责检测。将第一个生产周期收获的第一茬样品干燥后保留作为营养价值测定样品。

安排取样的试验点无法获得营养价值测定样品时，应及时通知全国畜牧总站。

7 观测记载项目

按附录A的要求进行田间观察，并记载当日所做的田间工作，整理填写入表。

8 数据分析

8.1 产草量变异系数计算

计算参试品种的全年累计产草量变异系数*CV*，记入表A.6。*CV*超过20%的要进行原因分析，并记录在表A.6下方。

$$CV = s/\bar{x} \times 100\%$$

CV——变异系数；s——同品种不同重复的产草量数据标准差；$\bar{x}$——同品种不同重复的产草量数据平均数。

8.2 区组间产草量差异分析

对比不同区组间的全年累计产草量数据，波动较大的要进行原因分析，并记录在表 A.6 下方。

9 总结报告

各试验点于每年 11 月 20 日之前将全部试验数据和填写完整的附录 B 提交本省区项目组织单位审核，项目组织单位于 11 月 30 日之前将以上材料（纸质及电子版）提交全国畜牧总站。

10 试验报废

有下列情形之一的，该试验组做全部或部分报废处理：

因不可抗拒因素（如自然灾害等）造成试验不能正常进行；

同品种缺苗率超过 15%的小区有 2 个或 2 个以上；

同一试验组中，有较多参试品种的产草量变异系数超过 20%；

其他严重影响试验科学性情况的。

试验期间，因以上原因造成试验报废的，试验点应及时通过本省区项目组织单位向全国畜牧总站提供详细的书面报告。

1. 川选 1 号苦荬菜

川选 1 号苦荬菜是四川农业大学、四川省畜牧科学研究院于 2014 年申请参加国家草品种区域试验的育成新品系。2015—2016 年，选用龙牧苦荬菜和蒙早苦荬菜为对照品种，在湖北武汉、重庆南川、安徽合肥、江苏南京和湖南邵阳 5 个试验站（点）进行国家草品种区域试验，由于播种后蒙早苦荬菜未出苗，试验中只剩龙牧苦荬菜作为对照品种。2018 年通过全国草品种审定委员会审定，为育成品种。其区域试验结果见表 2-94。

表 2-94 各试验点各年度干草产量分析表

地 点	年份	品 种	均值 ($kg/100m^2$)	增（减）(%)	显著性（P 值）
湖北武汉	2015	川选 1 号苦荬菜	40.65		
		龙牧苦荬菜	14.73	175.97	0.000 1
	2016	川选 1 号苦荬菜	47.78		
		龙牧苦荬菜	35.11	36.09	0.012 9
重庆南川	2015	川选 1 号苦荬菜	34.19		
		龙牧苦荬菜	18.92	80.71	0.014 8
	2016	川选 1 号苦荬菜	44.29		
		龙牧苦荬菜	36.91	19.99	0.134 1

（续）

地　点	年份	品　种	均值（kg/100m²）	增（减）（%）	显著性（P值）
安徽合肥	2015	川选1号苦荬菜	74.44		
		龙牧苦荬菜	39.71	87.46	0.009 4
	2016	川选1号苦荬菜	22.25		
		龙牧苦荬菜	23.02	−3.34	0.757 7
江苏南京	2015	川选1号苦荬菜	84.64		
		龙牧苦荬菜	15.27	454.29	0.000 1
	2016	川选1号苦荬菜	77.14		
湖南邵阳	2015	川选1号苦荬菜	26.91		
		龙牧苦荬菜	35.75	−24.73	0.019
	2016	川选1号苦荬菜	30.50		
		龙牧苦荬菜	37.94	−19.61	0.008 3

（四十）芜菁甘蓝品种区域试验实施方案（2011年）

1　试验目的

客观、公正、科学地评价鉴定芜菁甘蓝参试品种（系）的产量、适应性和品质特性等综合性状，为国家草品种审定和推广提供科学依据。

2　试验安排及参试品种

2.1　试验区域及试验点

云贵川冷凉山区，共安排4个试验点。

2.2　参试品种（系）

花溪芜菁甘蓝、威宁芜菁甘蓝、凉山芜菁甘蓝。

3　试验设置

3.1　试验地的选择

试验地应尽可能代表所在试验区的气候、土壤和栽培条件等。选择地势平整、土壤肥力中等且均匀、前茬作物一致、无严重土传病害、具有良好排灌条件（雨季无积水）、四周无高大建筑物或树木影响的地块。

3.2　试验设计

3.2.1　试验组

参试的3个芜菁甘蓝品种设为1个试验组。

3.2.2　试验周期

2011年起，不少于2个生产周期。

3.2.3　小区面积

小区面积15m²（长5m×宽3m）。

3.2.4 小区设置

采用随机区组设计，4 次重复，同一区组应放在同一地块，试验地四周设 1m 保护行。

4 播种和田间管理

4.1 一般原则

田间操作时，同一项技术措施应在同一天完成。同项技术措施无法在同一天完成时，则同一区组的该项措施必须在同一天完成。

4.2 试验地准备

播种前，应对试验地的土质和肥力状况进行调查分析，种床要求精耕细作。

4.3 播种期

海拔 1 800m 以上地区春季播种；海拔 1 800 米以下地区秋季播种。

4.4 播种方法

穴播，行距 50cm，穴距 40cm，每小区 6 行，播种深度 0.5～1cm，在此范围内沙性土壤的播种深度稍深，黏性土壤的播种深度稍浅。

4.5 播种量

每穴 3～5 粒，出苗后间苗（留 2～3 苗），定株 1 株。

4.6 田间管理

管理水平略高于当地大田生产水平，及时查苗补缺、防除杂草、施肥、排灌并防治病虫害（抗病虫性鉴定的除外），以满足参试品种（系）正常生长发育的水肥需要。

4.6.1 补播

尽可能 1 次播种保全苗，若出现明显的缺苗，应尽快补栽（补播）。

4.6.2 杂草防除

可选用适当的除草剂或人工除草，以保证试验材料的正常生长。

4.6.3 施肥

根据试验地土壤肥力状况，可适当施用底肥、追肥，满足参试草种中等偏上的需肥要求。

氮肥推荐用量 3 叶期至 5 叶期每小区追施尿素 120g。有机肥和磷肥全部用作种肥，每小区施重过磷酸钙 500g。根据土壤条件和植物生长状况，确定是否需要追施钾肥。

4.6.4 水分管理

根据天气和土壤水分含量，适时适量浇水，浇水原则为少浇深浇，保证每小区均匀灌溉。如遇雨水过量，应及时排涝。

4.6.5 病虫害防治

以防为主，生长期间根据田间虫害和病害的发生情况，选择低毒高效的药剂适时防治。

5 产草量的测定

产草量包括茎叶的鲜重产量和块根产量。生长期内，只测叶片产量。第一次叶片测产为 8～10 叶时，人工掰取外侧叶 3～5 片测产；以后每到 8～10 叶时测产（方法同前）。植株停止生长时，分开测定块根产量和全部茎叶产量。测产时去除四周边行，保留中间面积 8.4m^2

(40 株) 测定块根及叶片鲜重。要求用感量 0.1kg 的秤称重，记载数据时须保留两位小数。产草量测定结果记入表 A.3 和表 A.4。

6 品质测定

只在四川西昌试验点取样，农业农村部全国草业产品质量监督检验测试中心负责检测。将块根和第一次测产时掰取的叶片送样。

7 观测记载项目

按附录 A 的要求进行田间观察，并记载当日所做的田间工作，整理填写入表。

8 数据整理

各承试单位负责对其试验点内的数据进行统计分析，并用新复极差法对产草量进行多重比较。

9 总结报告

各承试单位于每年 11 月 10 日之前将填写完整的原始数据调查表及试验总结报告上交省级草原技术推广部门，省级草原技术推广部门于 11 月 20 日之前将汇总结果（包括纸质及电子版）上交全国畜牧总站。

10 试验报废

各承试单位有下列情形之一的，该点区域试验作全部或部分报废处理：

因不可抗拒因素（如自然灾害等）造成试验不能正常进行；

同品种缺苗率超过 15%的小区有 2 个或 2 个以上；

其他严重影响试验科学性情况的。

试验期间，因以上原因造成试验报废的，承试单位应及时通过省级草原技术推广部门向全国畜牧总站提供详细的书面报告。

1. 花溪芜菁甘蓝

花溪芜菁甘蓝（*Brassica napobrassica* Mill. (Rutabaga) 'Huaxi'）是贵州省草业研究所于 2011 年申请参加国家草品种区域试验的新品系。2011—2013 年选用威宁芜菁甘蓝与凉山芜菁甘蓝作为对照品种，在贵阳、独山、西昌、耿马共安排 4 个试验站（点）进行国家草品种区域试验。2014 年通过全国草品种审定委员会审定，为地方品种。其区域试验结果见表 2-95。

表 2-95 试验点（站）各年度茎叶产量分析表

地点	年份	品 种	均值 (kg/100m²)	增（减）(%)	显著性 (P 值)
贵阳	2012	花溪芜菁甘蓝	262.50		
		威宁芜菁甘蓝	241.37	8.75	0.168 9
		凉山芜菁甘蓝	150.42	74.52	0.000 1

（续）

地点	年份	品种	均值（kg/100m²）	增（减）（%）	显著性（P值）
贵阳	2013	花溪芜菁甘蓝	187.50		
		威宁芜菁甘蓝	122.62	52.91	0.007
		凉山芜菁甘蓝	105.36	77.97	0.005 6
独山	2012	花溪芜菁甘蓝	285.57		
		威宁芜菁甘蓝	287.50	−0.67	0.944 3
		凉山芜菁甘蓝	120.24	137.50	0.000 6
	2013	花溪芜菁甘蓝	37.80		
		威宁芜菁甘蓝	35.86	5.39	0.663 9
		凉山芜菁甘蓝	45.24	−16.45	0.123 1
西昌	2012	花溪芜菁甘蓝	271.04		
		威宁芜菁甘蓝	221.40	22.42	0.349 8
		凉山芜菁甘蓝	178.93	51.48	0.073 7
	2013	花溪芜菁甘蓝	163.39		
		威宁芜菁甘蓝	121.73	34.23	0.125 1
		凉山芜菁甘蓝	98.81	65.36	0.036 7

表 2-96 试验点（站）各年度块根产量分析表

地点	年份	品种	均值（kg/100m²）	增（减）（%）	显著性（P值）
贵阳	2012	花溪芜菁甘蓝	39.58		
		威宁芜菁甘蓝	41.67	−5.00	0.568 3
		凉山芜菁甘蓝	40.77	−2.92	0.839 4
	2013	花溪芜菁甘蓝	113.09		
		威宁芜菁甘蓝	113.99	−0.79	0.951 6
		凉山芜菁甘蓝	140.77	−19.66	0.316 2
独山	2012	花溪芜菁甘蓝	66.96		
		威宁芜菁甘蓝	72.92	−8.16	0.633 1
		凉山芜菁甘蓝	125.74	−46.75	0.160 5
	2013	花溪芜菁甘蓝	201.64		
		威宁芜菁甘蓝	72.17	179.38	0.010 3
		凉山芜菁甘蓝	78.13	158.10	0.002 6
西昌	2012	花溪芜菁甘蓝	210.71		
		威宁芜菁甘蓝	218.75	−3.67	0.820 4
		凉山芜菁甘蓝	438.39	−51.93	0.035 4
	2013	花溪芜菁甘蓝	107.14		
		威宁芜菁甘蓝	101.19	5.88	0.745 2
		凉山芜菁甘蓝	305.65	−64.95	0.001 2

（四十二）川西庭菖蒲品种区域试验实施方案（2012年）

1 试验目的

客观、公正、科学地评价川西庭菖蒲参试品种的观赏性、适应性、抗性及其利用价值，为国家观赏草品种审定提供依据。

2 试验安排及参试品种

2.1 试验区域及试验点

区域试验在西南地区开展，试验点3个。

2.2 参试品种（系）

川西庭菖蒲、进口马蹄金、麦冬。

3 试验设置

3.1 试验地的选择

应尽可能代表所在试验区的气候、土壤和栽培条件等，选择地势平整、土壤肥力中等且均匀、具有良好排灌条件、四周无高大建筑物或树木影响的地块。无严重的杂草及土传病害发生。

3.2 试验设计

3.2.1 试验小区面积

庭菖蒲试验小区面积为$4m^2$（2m×2m），小区间距0.5m，试验地四周设0.5m保护行。

3.2.2 小区设置

采用随机区组试验设计，4次重复，试验区应设置在同一地块。

3.3 试验期

2012年起，不少于3个生产周年。

4 播种（栽植）及养护管理

4.1 时间

3月下旬到5月上旬播种（栽植）。

4.2 栽植方法

采用分栽法种植。庭菖蒲和麦冬穴栽，株行距为10cm×10cm，深度为5～7cm，栽后覆土，压紧踏实；马蹄金将$1m^2$草皮分成小草丛，均匀分栽于$4m^2$的小区内，栽后立即浇透水一次，并保持土壤湿润，直到植株成活为止。

庭菖蒲和马蹄金也可以用种子播种，庭菖蒲播种量为$10g/m^2$（$6.7kg/667m^2$，种子用价＞80%），马蹄金为$15g/m^2$（包衣种子$10kg/667m^2$，种子用价＞80%）。

4.3 种植后的养护管理

庭菖蒲管理较粗放，喜湿润环境。除了在移栽后浇透水，还需根据气候状况适时浇水。可适当施肥，在种植当年，可在6—7月追施过磷酸钙（P_2O_5含量14%～16%）和硫酸钾

(K_2O 含量 50%～54%) 一次，比例为 6∶4，施肥量为 $75g/m^2$。养护管理应达到当地中等水肥管理水平，以保证参试材料能够正常生长。种子成熟后修剪一次。

5　记载项目和标准

5.1　田间物候期观测

5.1.1　返青期

越冬后，50%的植株返青的日期。

5.1.2　花葶出现期

10%的植株花葶出现的日期。

5.1.3　开花盛期

80%的植株花序展开的日期。

5.1.4　枯黄期

50%的植株枯黄的日期。

5.1.5　绿色期

用天数表示，在正常养护管理条件下测定品种从 50%的植株萌芽（返青）到 50%的植株枯黄的持续天数。

5.2　形态特征观测

评价项目包括观赏性、适应性和质量综合评分 3 个方面。目测打分时，观测人员不少于 3 人，每人独立打分，最后采用多人观测值的平均数。评分时，9 分为最优，1 分为最差。

5.2.1　株高

开花盛期时的叶层自然高度。每个小区随机测定 10 株，以 cm 计。

5.2.2　冠幅

开花盛期时植株冠幅大小。用米尺测定植株株丛在空间的最大宽度。每个小区随机测定 10 株，以厘米计。

5.2.3　花葶高度

开花盛期时的花葶自然高度。每个小区随机测定 10 株，以厘米计。

5.2.4　叶色

采用目测打分法，每季度测定 1 次，评分标准见《叶色分级表》。

叶色分级表

等级	评分	指标
1	9～8	墨绿
2	6～7	深绿
3	4～5	绿
4	2～3	浅绿
5	1	黄绿

5.2.5 叶宽

采用实测法，测量叶片最宽处的宽度，每个小区测定样本数 30 个，计算平均值，生长季节 4、5 和 6 月每月测定 1 次。

5.2.6 一致性

采用目测打分法。每季度测定 1 次，评分标准如下：

一致性分级表

等级	评分	指标
1	9～8	很均匀整齐一致
2	6～7	较均匀整齐一致
3	4～5	基本均匀整齐一致
4	2～3	不均匀整齐一致
5	1	极不均匀整齐一致

5.2.7 盖度

采用目测打分法。每季度测定 1 次。具体评分标准如下：

盖度分级表

等级	评分	评分依据（盖度）
1	9～8	75％以上
2	6～7	55％～75％
3	4～5	20％～54％
4	2～3	20％以下
5	1	植株个体甚少或者几乎无覆盖

5.2.8 花序美观度

采用目测打分法。盛花期测定 1 次，评分标准如下：

花序美观度分级表

等级	评分	指标（每株花序数）
1	8～9	多且很美
2	6～7	多且美
3	4～5	适中
4	2～3	略少
5	1	少

5.3 质量综合评价方法

5.3.1 抗性评价方法与标准

抗性评价包括：抗旱性、越冬性、抗病性以及抗虫性。具体观测标准如下：

5.3.1.1 抗旱性

采用目测打分法。在自然干旱季节进行，抗旱性分级标准如下：

抗旱性分级表

等级	评分	指标
1	9～8	强
2	6～7	较强
3	4～5	中等
4	2～3	较弱
5	1	弱

5.3.1.2 越夏性

采用实测法，用越夏率表示。在当地最炎热的季节之前与之后，分别调查记载小区内的存活植株数，并计算越夏率。

越夏率＝越夏后植株数/越夏前植株数×100％

5.3.1.3 越冬性

采用实测法，用越冬率表示。在入冬前及次年返青后分别调查记载小区中存活植株数。

越冬率＝次年返青后存活植株数/入冬前存活植株数×100％

5.3.1.4 抗病性

采用目测打分法，在病害发生较严重的时期目测庭菖蒲和对照品种的病害发生情况。抗病性分级标准见如下：

抗病性分级表

等级	评分	指标
1	9～8	高抗
2	6～7	中抗
3	4～5	感病
4	2～3	中感
5	1	高感

5.3.1.5 抗虫性

采用目测打分法，在虫害发生较严重的时期目测庭菖蒲与对照品种虫害发生情况。抗虫性分级标准如下：

抗虫性分级表

等级	评分	指标
1	9～8	高抗
2	6～7	中抗
3	4～5	低感
4	2～3	中感
5	1	高感

5.4 观赏性状评价方法与标准

将叶色、质地、一致性、盖度、绿色期、花序美观度等得分平均得到观赏价值总评分。并根据参试品种（系）是否具有独特的观赏性状表现及特点进行文字描述。

6 数据整理

各承试单位负责其测试点内所有测试数据的统计分析。

7 总结报告

各承试单位于每年11月10日之前将填写完整的原始数据记录表及试验总结报告上交省级草原技术推广部门，各省级草原技术推广部门于当年11月20日之前将汇总结果（纸质版和电子版）上交全国畜牧总站。

8 试验报废

各承试单位有下列情形之一的，该点区域试验作全部或部分报废处理：

因不可抗拒因素（如自然灾害等）造成试验不能正常进行；

其他严重影响试验科学性的。

因以上原因造成试验报废，承试单位应及时通过省级草原技术推广部门向全国畜牧总站提供书面报告。

1. 川西庭菖蒲

川西庭菖蒲是四川省草原工作总站2012年申请参加国家草品种区域试验的野生栽培驯化新品系。该申报材料通过草品种专家审核，符合参加国家区域试验的条件，但作为稀少种，全国畜牧总站备案，选育单位自行安排试验点。2012—2015年，选用生产上常用的马蹄金和麦冬（沿阶草）为参照种，在四川达州、新津、西昌和贵州独山等4个试验点进行区域试验。2016年通过全国草品种审定委员会审定，野生栽培品种。其试验结果见表2-97。

表 2-97 各试验点形态特征观测

地点	年度	品种	株高高度（cm）	花葶高度（cm）	叶宽（mm）			叶色（整数）				一致性（整数）				盖度（整数）				花序美观度	平均分级
					4月	5月	6月	3月	4月	5月	6月	3月	4月	5月	6月	3月	4月	5月	6月		
贵州独山	2012	马蹄金	3.0			15.2	11.8	6	7	7	6	7	8	8	8	7	9	9	9		中
		川西庭菖蒲	14.0	20.0		3.5	3.9	6	6	6	6	7	8	8	8	7	7	8	7	9	良
四川新津	2012	马蹄金	7.6			15.6		7	8	8	7	9	9	9	9	9	9	9	9		中
		麦冬	23.5			3.4		9	9	9	9	8	8	8	8	8	8	8	8		良
		川西庭菖蒲	14.5	14.2		4.2		8	8	6	6	8	9	6	6	9	9	7	6	8	良
	2013	马蹄金	7.4		14.3	14.6		7	8	8	7	8	8	8	8	8	8	8	8		良
		麦冬	24.0		3.7	3.5		8	8	8	8	8	8	8	8	8	8	8	8		良
		川西庭菖蒲	13.9	15.7	2.9	4.2		8	8	8	8	8	8	8	8	6	7	8	8	7	良
	2014	马蹄金	4.4		16.2	11.6		7	8	8	7	8	8	8	8	9	9	9	9		良
		麦冬	34.1		3.4	13.4		8	8	8	8	8	8	8	8	9	9	9	9		良
		川西庭菖蒲	19.0	11.1	3.5	13.9		8	8	5	6	8	8	5	5	8	8	7	6	8	良
	2015	马蹄金	7.4		13.5	15.5		7	8	8	8	8	8	8	8	9	8	9	9		中
		麦冬	24.0		3.3	4.4		7	8	8	8	8	8	7	8	9	9	9	9		良
		川西庭菖蒲	19.0	15.5	3.3	4.0		8	7	5	6	8	8	8	5	8	8	7	6	8	良
四川达州	2012	马蹄金	3.2		16.9	20.2	17.0	4	5	5	5	4	5	6	8	5	6	8	9	1	中
		沿阶草	13.0	20.0	4.7	4.1	3.3	5	7	8	8	4	6	7	8	6	7	8	9	2	良
		川西庭菖蒲	15.0	16.0	3.7	3.6	3.8	4	3	4	4	7	8	6	3	4	7	8	8	7	良
	2013	马蹄金	3.0	2.0	13.8	13.5	16.6	6	5	6	6	8	7	8	7	8	8	8	8		良
		沿阶草			3.6	3.8	3.9	5	5	8	8	7	7	7	8	8	8	8	9		良
		川西庭菖蒲	15.0	15.0	3.5	3.2	3.3	4	5	4	4	5	5	3	3	8	6	2	1	7	良
	2014	马蹄金	5.0	2.0	11.3	16.0	16.9	6	5	6	6	8	7	7	6	9	9	9	9		中
		沿阶草	30.0	16.0	3.3	3.7	3.7	5	5	8	8	7	8	8	8	9	9	9	9	4	优
		川西庭菖蒲	33.0	28.0	3.9	3.7	3.6	5	5	4	5	5	5	4	4	8	8	5	8	8	良

（续）

地点	年度	品种	株高高度（cm）	花葶高度（cm）	叶宽（mm）			叶色（整数）				一致性（整数）				盖度（整数）				花序美观度	平均分级
					4月	5月	6月	3月	4月	5月	6月	3月	4月	5月	6月	3月	4月	5月	6月		
四川达州	2015	马蹄金	4.8	2.1	12.9	11.4	13.2	6	6	6	6	7	8	8	7	8	9	9	9		良
		沿阶草	30.3	16.7	3.3	3.2	3.4	5	5	5	5	5	5	4	4	8	8	7	8	4	良
		川西庭菖蒲	32.1	29.5	3.6	3.8	3.7	6	6	8	8	7	8	8	8	9	9	9	9	7	良
四川西昌	2012	马蹄金			13.5	15.8	16.6			7	7			7	8			6	7		中
		沿阶草			3.0	3.7	3.7			5	5			8	8			7	9		良
		川西庭菖蒲	12.9	9.9	2.1	3.2	3.4			4	3			5	6			6	8		良
	2013	马蹄金			19.0	18.7	19.1	3	3	4	5	7	4	5	6	9	6	7	7		中
		沿阶草	26.3	10.6	4.7	3.5	3.7	7	2	3	4	8	7	8	9	8	9	9	9	3	良
		川西庭菖蒲	20.9	10.0	4.6	3.5	3.2	3	2	3	3	6	6	6	6	8	7	7	8	6	良
	2014	马蹄金			12.6	18.1	20.0	6	4	6	7	7	2	5	7	7	5	7	8		良
		沿阶草	13.5	11.8	3.5	4.5	4.3	7	3	6	8	8	8	8	8	9	8	9	9	4	良
		川西庭菖蒲	16.3	15.7	3.0	3.3	/	2	2	2	4	3	4	3	3	4	5	4	5	7	中
	2015	马蹄金			11.4	13.7	9.4	2	3	4	5	3	3	4	5	5	3	5	6		中
		沿阶草			2.7	3.5	3.3	1	1	2	6	9	9	9	9	9	9	9	9	4	良
		川西庭菖蒲	15.5	15.6	2.8	2.6	/	2	3	3	2	6	6	5	6	8	8	8	7	6	中

(四十六) 草坪型杂交狗牙根品种区域试验实施方案（2009年）

1 试验目的

客观、公正、科学地评价草坪型杂交狗牙根参试品种的坪用性状、适应性、抗性及其利用价值，为国家草坪草品种审定提供依据。

2 试验安排及参试品种

2.1 试验区域及试验点

区域试验在长江流域及华南地区开展，试验点3个。

2.2 参试品种（系）

苏植1号、Tifgreen、Tifway。

3 试验设置

3.1 试验地的选择

应尽可能代表所在试验区的气候、土壤和栽培条件等，选择地势平整、土壤肥力中等且均匀、具有良好排灌条件、四周无高大建筑物或树木影响的地块。无严重的杂草及土传病害发生。

3.2 试验设计

3.2.1 试验小区面积与保护行

试验小区面积为4m^2（2m×2m），小区间距0.5m，试验地四周设0.5m的保护行。

3.2.2 小区设置

采用随机区组设计，4次重复，试验组的4个区组应放在同一地块。

3.2.3 试验期

2008年起，不少于3个生产周年。本年度为第2个周年。

4 坪床准备

4.1 翻耕与粗平整

选择确定试验地后，应进行彻底清理，翻耕与粗平整。栽植前，应充分灌溉坪床，湿润层保持在10cm以上。

4.2 精细平整

待坪床表面稍干后，浅耙，打碎土块，使土粒不超过黄豆粒大小，并进行细平整。

5 播种与田间管理

5.1 栽种方法

采用营养体条栽，行距10cm，将具芽的茎段均匀地排列，按行撒播在坪床表面，覆土深度1cm。镇压，及时喷灌，保证种床湿润。

5.2 栽种时间

根据各试验点气候条件适时栽种。

5.3 苗期管理

及时清除杂草。草坪出苗后，在盖度达到70%～80%时进行第一次修剪，之后严格遵循1/3原则，直至完全覆盖成坪。

5.4 补栽

栽种后未正常成坪的小区，应及时进行补栽。

6 成坪后的养护管理

同一试验的养护管理措施要求及时、一致，每一项养护管理操作应在同一天内完成。养护管理应达到当地中等水肥管理水平，以保证参试材料能够正常生长。

6.1 施肥

6.1.1 施肥时间

在草坪生长季节，追施尿素，选择在早春和初秋进行，夏季不施尿素。

6.1.2 施肥量与次数

综合土壤肥力、生长季长短、草坪草种、修剪等因素平衡施肥，避免参试品种（系）出现草坪草营养元素缺乏症状。生长季内施尿素（含氮46%）氮肥量30g/m²，一次施尿素10g/m²，施肥次数不少于3次。

6.1.3 施肥方法

人工撒施，应在草坪草叶面干燥时进行，肥料撒施应均匀，施肥后应及时灌水。

6.2 喷灌

6.2.1 水源

应采用清洁的地下水和地表水，不应使用未经处理的污水灌溉。

6.2.2 灌水时期

盛夏高温季节，以早晨凉爽之时灌溉，而温度较低的早春和秋冬季，在中午灌溉。生长期灌溉不宜在傍晚进行。应在春季返青前后和冬季土壤封冻前进行灌溉。

6.2.3 灌水量

根据草坪草种、土壤、气候等因素确定，应避免参试品种（系）出现明显的干旱胁迫症状。当土壤出现裂痕或叶片轻度萎蔫时应及时喷灌，灌水量以10cm左右土层达到湿润为宜。干旱、高温季节适当增加灌水次数，降水量高的地区适当减少灌溉次数。

6.3 修剪

参试品种（系）在生长季内的修剪频率取决于草坪草的生长速度，修剪应遵照1/3原则，一般草高2～3cm时修剪。修剪高度0.8～1.5cm。修剪应在草坪草叶片和地表土干爽时进行。每次修剪后，应及时清除残留在坪面上的草屑，保持坪面清洁。

6.4 病虫害防治

5月初至10月底，注意观测草坪是否发生病虫害，如发现病虫害，应及时喷施高效低毒药剂防治。

6.5 杂草防除

应及时防除小区中的杂草，可人工拔除或采用高效低毒的药剂防除。

7 观察记载项目和标准

评价项目包括坪用质量、适应性和质量综合评分3个方面。目测打分时，观测人员不少于3人，每人独立打分，最后采用多人观测值的平均数。评分时，9分为最优，1分为最差。

7.1 坪用质量指标

建植成坪后6月和9月各测1次。观测时间应选在2次修剪之间。

7.1.1 密度

采用实测法。测定10cm×10cm样方内的草坪植株枝条数，每个小区重复测定3次。

7.1.2 盖度

采用目测法估计。

7.1.3 均一性

均一性是指整个草坪的外貌均匀程度，是草坪密度、颜色、质地、整齐性等差异程度的综合反映。采用目测打分法，分级及评价标准如下：

均一性分级表

等级	评分	指标	说　明
1	9～8	很均匀	草坪的密度、颜色、质地、整齐性差异极小
2	6～7	较均匀	草坪的密度、颜色、质地、整齐性差异不明显
3	4～5	均匀	草坪的密度、颜色、质地、整齐性略有差异
4	2～3	不均匀	草坪的密度、颜色、质地、整齐性差异较大
5	1	极不均匀	草坪的密度、颜色、质地、整齐性差异很大

7.1.4 颜色

采用目测打分法。分级及评分标准如下：

颜色分级表

等级	评分	指标
1	9～8	深绿
2	7～6	绿
3	5～4	浅绿
4	3～2	黄绿
5	1	黄

7.1.5 质地（叶宽）

采用实测法。测量叶片最宽处的宽度，每个小区随机测定样本30个，计算平均值。

7.2 适应性指标

7.2.1 出苗期（返青期）

采用目测法，记载50%的植株出苗（返青）的日期。

7.2.2 成坪天数

采用目测法。在正常养护管理条件下测定品种从种子播种或营养体建植到草坪盖度达到80%的天数。

7.2.3 绿色期

采用目测法，用天数表示。在正常养护管理条件下品种从50%的植株返青变绿到50%的植株枯黄的持续天数。

7.2.4　越夏率

采用目测法。根据当地最炎热的季节之前与之后估测的草坪盖度，计算越夏率。

越夏率（%）＝越夏后存活盖度×100/越夏前盖度（注意2次测定时植株高度应相近）

7.2.5　越冬率

采用目测法。在入冬前及次年早春完全返青后分别估测草坪盖度，计算越冬率。

越冬率（%）＝越冬后存活盖度×100/越冬前盖度（注意2次测定时植株高度应相近）

7.2.6　抗病性

采用目测打分法，在病害发生较严重的季节，目测草坪草病害发生情况，抗病性分级和评分标准如下：

抗病性分级表

等级	评分	指标
1	9～8	高抗
2	6～7	中抗
3	4～5	感病
4	2～3	中感
5	1	高感

7.2.7　抗虫性

采用目测打分法，在虫害发生较严重的季节目测草坪草的虫害发生情况。抗虫性分级和评分标准如下：

抗虫性分级表

等级	评分	指标
1	9～8	高抗
2	6～7	中抗
3	4～5	低感
4	2～3	中感
5	1	高感

7.3　质量综合评分

采用目测打分法。建植成坪后逐月进行。观测人员不少于3人，每人独立打分，最后采用多人观测值的平均数。评分时，9分为最优，1分为最差。根据参试品种（系）的坪用性状（密度、颜色、均一性和叶宽等）和适应性（抗逆性、抗病虫性等）观感的综合表现进行评分。质量综合评分标准如下：

综合质量分级表

等级	评分	指标
1	9～8	优
2	6～7	良

（续）

等级	评分	指标
3	4～5	中
4	2～3	差
5	1	劣

8 数据整理

各承试单位负责其测试点内所有测试数据的统计分析。

9 总结报告

各承试单位于每年11月10日之前将填写完整的原始数据记录表及试验总结报告上交省级草原技术推广部门，各省级草原技术推广部门于当年11月20日之前将汇总结果（纸质版和电子版）上交全国畜牧总站。

10 试验报废

各承试单位有下列情形之一的，该点区域试验作全部或部分报废处理：

因不可抗拒因素（如自然灾害等）造成试验不能正常进行；

其他严重影响试验科学性的因素造成试验结果与客观事实不符的试验。

因不可抗拒原因报废的试验点，承试单位应及时通过省级草原技术推广部门向全国畜牧总站提供书面报告。

1. 苏植2号杂交狗牙根

苏植2号杂交狗牙根（*Cynodon transvaalensis*×*C. dactylon* ‘Suzhi No. 2’）是江苏省中国科学院植物研究所于2007年申请参加国家草品种区域试验的新品系。该参试材料在长江中下游和华南地区于2008—2010年安排3个试验点，在江苏南京、广东广州、湖北武汉区域试验站（点）以Tifgreen和Tifway狗牙根为对照品种开展了区域适应性试验。2012年通过全国草品种审定委员会审定，为育成品种。其区域试验结果见表2-98。

2. 关中狗牙根

关中狗牙根（*Cynodon dactylon*（L.）Pers. ‘Guanzhong’）是江苏省中国科学院植物研究所于2013年申请参加国家草品种区域试验的野生栽培品种新品系。2014—2016年，选用保定狗牙根、南京狗牙根为对照品种，在北京、天津大港、江苏南京、广东广州、湖北武汉及山东泰安安排6个试验点进行国家草品种区域试验。2017年通过全国草品种审定委员会审定，为野生栽培品种品种。其区域试验结果见表2-99。

3. 川西狗牙根

川西狗牙根（*Cynodon dactylon*（L.）Pers. ‘Chuanxi’）是四川农业大学于2013年参加国家草品种区域试验的野生栽培品种新品系。2013—2015年，选用‘Tifway’杂交狗牙根、‘南京’狗牙根为对照品种，在湖北武汉、江苏南京、四川新津、广东增城、海南儋州安排5个试验点进行国家草品种区域试验。2017年通过全国草品种审定委员会审定，为野生栽培品种。其区域试验结果见表2-100。

表 2-98 参试品种（系）草坪质量表

地点	年份	参试品种（系）	密度（分蘖枝条/cm²）		质地（mm）		盖度（%）		颜色（分）		均一性（分）		越夏性（%）	越冬性（%）	抗病性（分）	抗虫性（分）
			6月	9月	6月	9月	6月	9月	6月	9月	6月	9月				
南京	2008	苏植2号	2.41（8月）	3.28	1.18（8月）	1.16			7（8月）	6	7（8月）	7	100.0	95.0	无明显病害发生	无虫害发生
		Tifgreen	1.27	2.11	1.23	1.23			6	5	5	6	100.0	80.0	无明显病害发生	无虫害发生
		Tifway	1.42	2.08	1.81	1.38			5	5	6	4	100.0	78.8	无明显病害发生	无虫害发生
	2009	苏植2号	5.37	4.25	1.12	1.15	91.4	85.0	6	5	7	6	100.0	95.0	无明显病害发生	8—9月草地螟危害，但刚发生就喷药防治，故未做评价
		Tifgreen	3.68	3.14	1.16	1.22	87.9	87.5	6	6	7	5	100.0	87.5		
		Tifway	2.35	2.42	1.48	1.50	80.0	81.3	6	6	6	6	100.0	73.3		
	2010	苏植2号	4.56	3.98	1.15	1.18	86.3	81.7	6	6	7	6	100.0		5	8月底有轻微草地螟危害，刚发生就喷药防治，故未做评价
		Tifgreen	2.64	2.48	1.21	1.23	79.2	80.0	6	6	6	6	100.0		4	
		Tifway	2.22	2.25	1.46	1.46	76.7	80.4	6	6	6	6	100.0		3	
广州	2008	苏植2号	0.33	4.28	1.45	1.77			3	8	2	7	100.0		9	9
		Tifgreen	0.19	4.20	1.42	1.93			2	8	1	7	100.0		9	9
		Tifway	0.17	2.20	1.65	2.30			2	8	1	7	100.0		9	9
	2009	苏植2号	6.04	6.98	1.44	1.42	86.5	94.0	5	7	5	6	100.0	99.9	9	8
		Tifgreen	7.02	6.67	1.43	1.52	90.3	95.0	5	7	5	7	100.0	99.6	9	8
		Tifway	4.06	4.96	1.82	1.72	74.8	93.8	4	5	5	6	100.0	98.7	9	8

（续）

地点	年份	参试品种（系）	密度（分蘖枝条/cm²）		质地（mm）		盖度（%）		颜色（分）		均一性（分）		越夏性（%）	越冬性（%）	抗病性（分）	抗虫性（分）
			6月	9月	6月	9月	6月	9月	6月	9月	6月	9月				
广州	2010	苏植2号	5.81	6.27	1.47	1.46	85.5	95.8	6	7	7	7	100.0	98.3	9	3
		Tifgreen	6.58	7.13	1.55	1.59	91.5	98.3	7	8	7	8	100.0	98.4	9	2
		Tifway	4.26	5.63	1.78	1.73	82.0	94.0	6	7	7	7	100.0	98.0	9	5
武汉	2008	苏植2号	1.60（9月）	1.55（10月）	1.20（9月）	1.24（10月）			5（9月）	6（10月）	6（9月）	7（10月）	100.0	98.8	无病害	基本无虫害
		Tifgreen	1.88	0.78	1.85	1.84			5	6	5	6	100.0	95.3	无病害	基本无虫害
		Tifway	0.42	0.45	2.02	2.01			5	5	4	6	100.0	93.5	无病害	基本无虫害
	2009	苏植2号	1.96（7月）	2.41	2.83（7月）	2.61			6（7月）	6	6（7月）	8	100.0	99.0	9	无虫害发生
		Tifgreen	2.05	2.44	2.90	2.70			5	5	6	7	100.0	95.8	8	无虫害发生
		Tifway	2.00	2.34	2.94	2.75			6	4	5	7	100.0	94.5	7	无虫害发生
	2010	苏植2号	5.11	5.42	1.63	1.78			6	5	6	6	100.0		9	7—8月份飞虱危害严重，但该点未做评价
		Tifgreen	4.67	5.13	1.68	1.85			6	4	6	6	100.0		9	
		Tifway	4.27	4.63	1.73	1.95			5	3	65	5	100.0		8	

注：2008年该点的质地、密度、均一性和颜色四个指标测定值为8月和9月。

表 2-99　参试品种（系）草坪质量表

地点	年份	参试品种	密度（分蘖枝条/cm²）		质地（叶宽）（mm）		均一性（分）		颜色（分）		盖度（%）		越夏性（%）	越冬性（%）	抗病性（分）	抗虫性（分）
			6月	9月	6月	9月	6月	9月	6月	9月	6月	9月				
北京	2014	关中狗牙根	—	0.64	—	1.92	—	6.17	—	6.67	—	100	100	—	9.00	9.00
		保定狗牙根	—	0.61	—	1.45	—	6.58	—	6.83	—	100	100	—	9.00	9.00
		南京狗牙根	—	0.61	—	1.93	—	6.50	—	6.83	—	100	100	—	9.00	9.00
	2015	关中狗牙根	0.70	0.70	1.77	2.13	6.67	7.17	6.75	7.00	100	100	100	78.75	9.00	9.00
		保定狗牙根	0.52	0.59	2.22	2.74	7.00	7.00	6.75	6.58	100	100	100	73.75	9.00	9.00
		南京狗牙根	0.67	0.66	1.51	2.14	6.92	7.00	7.00	7.00	100	100	100	83.75	9.00	9.00
	2016	关中狗牙根	0.77	0.73	3.01	2.80	6.75	7.50	6.75	6.67	100	100	100	75.00	9.00	9.00
		保定狗牙根	—	—	—	—	—	—	—	—	—	—	—	—	—	—
		南京狗牙根	0.78	0.74	3.00	3.05	6.67	7.67	6.50	6.92	100	100	100	76.25	9.00	9.00
天津大港	2014	关中狗牙根	—	0.71	—	2.43	—	7.00	—	7.00	—	100	—	—	9.00	9.00
		保定狗牙根	—	0.66	—	2.04	—	4.67	—	3.00	—	100	—	—	9.00	9.00
		南京狗牙根	—	0.76	—	2.43	—	7.00	—	6.33	—	100	—	—	9.00	9.00
	2015	关中狗牙根	0.66	0.90	2.24	1.84	6.58	7.17	6.92	5.00	100	100	100	100	9.00	9.00
		保定狗牙根	0.51	0.67	2.10	1.84	4.83	4.67	5.67	4.75	100	100	100	100	9.00	9.00
		南京狗牙根	0.74	0.82	2.20	1.78	6.67	7.50	6.42	4.58	100	100	100	100	9.00	9.00
	2016	关中狗牙根	0.93	1.08	2.88	2.10	5.00	6.00	5.08	4.17	100.00	100.00	100.00	100.00	9.00	9.00
		保定狗牙根	0.67	0.73	2.57	2.28	2.33	2.17	4.50	3.17	66.25	58.75	82.50	43.75	9.00	9.00
		南京狗牙根	0.87	1.11	2.79	2.04	5.92	6.00	5.42	4.08	100.00	100.00	100.00	100.00	9.00	9.00

（续）

地点	年份	参试品种	密度（分蘖枝条/cm^2）		质地（叶宽）（mm）		均一性（分）		颜色（分）		盖度（%）		越夏性（%）	越冬性（%）	抗病性（分）	抗虫性（分）
			6月	9月	6月	9月	6月	9月	6月	9月	6月	9月				
江苏南京	2014	关中狗牙根	—	1.27	—	2.36	—	6.25	—	6.08	—	87.50	100	—	9.00	9.00
		保定狗牙根	—	1.06	—	2.11	—	6.58	—	6.42	—	89.58	100	—	9.00	9.00
		南京狗牙根	—	1.17	—	2.27	—	6.25	—	6.00	—	89.17	100	—	9.00	9.00
	2015	关中狗牙根	2.28	2.22	2.28	2.36	7.08	6.79	6.38	7.04	100	100	100	100	9.00	9.00
		保定狗牙根	2.18	2.09	2.31	2.08	7.33	7.25	7.00	6.38	100	100	100	100	6.24	9.00
		南京狗牙根	2.30	2.16	2.34	2.25	7.17	6.88	6.54	6.96	100	100	100	100	9.00	9.00
	2016	关中狗牙根	1.80	1.79	2.17	2.01	6.71	6.58	6.67	6.75	100	100	100	97.92	9.00	9.00
		保定狗牙根	1.84	1.55	2.14	1.84	6.46	6.21	6.50	6.67	100	100	100	99.17	9.00	9.00
		南京狗牙根	1.68	1.56	2.20	1.88	6.54	6.54	6.67	6.71	100	100	100	96.25	9.00	9.00
广东广州	2014	关中狗牙根	—	0.78	—	2.05	—	7.88	—	7.13	—	96.00	100	—	8.33	8.38
		保定狗牙根	—	0.90	—	2.10	—	7.92	—	6.71	—	95.50	100	—	8.50	8.46
		南京狗牙根	—	0.69	—	2.52	—	8.17	—	7.88	—	95.50	100	—	8.33	8.38
	2015	关中狗牙根	0.71	1.15	2.40	2.42	7.21	8.00	7.17	8.00	89.25	96.50	100	98.00	8.33	8.38
		保定狗牙根	0.80	1.10	2.58	2.38	7.08	7.17	7.58	7.29	93.00	96.50	100	97.00	7.82	8.46
		南京狗牙根	0.76	1.08	2.25	2.53	7.50	8.04	7.50	7.92	90.50	97.00	100	99.00	8.33	8.38
	2016	关中狗牙根	0.94	1.24	2.41	2.85	6.88	7.42	6.88	7.17	85.73	85.73	100	100	7.42	7.21
		保定狗牙根	0.66	1.31	2.41	2.45	6.67	6.50	7.42	7.75	80.00	90.00	100	100	6.31	6.46
		南京狗牙根	0.84	1.27	2.53	2.72	7.13	7.54	6.79	7.38	88.60	84.30	100	100	7.44	6.63

（续）

地点	年份	参试品种	密度（分蘖枝条/cm²）		质地（叶宽）（mm）		均一性（分）		颜色（分）		盖度（%）		越夏性（%）	越冬性（%）	抗病性（分）	抗虫性（分）
			6月	9月	6月	9月	6月	9月	6月	9月	6月	9月				
湖北武汉	2014	关中狗牙根	—	0.74	—	2.30	—	8.67	—	7.96	—	100	100	—	3.00	8.00
		保定狗牙根	—	0.67	—	2.06	—	8.21	—	8.63	—	100	100	—	1.00	8.00
		南京狗牙根	—	0.75	—	2.24	—	8.67	—	7.92	—	100	100	—	2.00	8.00
	2015	关中狗牙根	2.25	1.42	2.01	2.28	7.83	7.92	7.75	7.00	100	100	100	—	8.00	8.00
		保定狗牙根	2.04	1.44	1.96	1.86	8.21	7.92	8.33	7.25	100	100	100	—	8.00	8.00
		南京狗牙根	1.71	1.41	2.02	2.13	7.86	7.88	7.67	7.17	100	100	100	—	8.00	8.00
	2016	关中狗牙根	0.98	1.23	1.89	2.09	7.58	5.83	7.71	7.04	100	100	100	—	8.00	8.00
		保定狗牙根	1.02	1.08	1.92	1.88	7.63	6.50	8.08	7.58	100	100	100	—	8.00	8.00
		南京狗牙根	0.93	1.04	1.89	2.15	7.58	5.88	7.67	7.00	100	100	100	—	8.00	8.00
山东泰安	2014	关中狗牙根	—	1.83	—	2.12	—	6.67	—	8.42	—	100.00	—	—	9.00	9.00
		保定狗牙根	—	1.80	—	2.04	—	4.58	—	7.50	—	95.00	—	—	4.75	9.00
		南京狗牙根	—	1.82	—	2.14	—	6.58	—	8.50	—	99.25	—	—	9.00	9.00
	2015	关中狗牙根	1.95	2.08	2.32	1.84	8.83	8.00	7.96	8.54	98.00	97.75	97.58	99.17	9.00	9.00
		保定狗牙根	2.42	2.53	2.19	1.80	7.96	7.46	5.58	5.92	96.50	95.25	96.83	95.33	9.00	9.00
		南京狗牙根	2.29	2.46	2.30	1.76	8.92	8.08	7.63	8.33	98.25	98.25	95.17	99.50	9.00	9.00
	2016	关中狗牙根	1.17	1.57	2.26	2.39	8.04	8.33	8.46	8.67	97.00	97.75	97.42	97.83	9.00	9.00
		保定狗牙根	1.20	1.47	2.11	2.18	7.63	7.83	8.33	7.96	98.25	95.25	96.25	95.25	9.00	9.00
		南京狗牙根	1.23	1.39	2.25	2.37	8.63	8.58	8.67	8.54	98.00	98.25	96.67	99.33	9.00	9.00

表 2-100 参试品种（系）草坪质量表

地点	年份	参试品种	密度（分蘖枝条/cm²）		质地（叶宽）（mm）		均一性（分）		颜色（分）		盖度（%）		越夏性（%）	越冬性（%）	抗病性（分）	抗虫性（分）
			6月	9月	6月	9月	6月	9月	6月	9月	6月	9月				
湖北武汉	2013	Tifway 杂交狗牙根	—	2.38	—	1.31	—	8.00	—	8.00	—	100.0	—	100.00	8.00	8.00
		川西狗牙根	—	2.40	—	1.54	—	7.00	—	8.00	—	100.0	—	100.00	8.00	8.00
		南京狗牙根	—	1.77	—	2.01	—	8.00	—	9.00	—	100.0	—	100.00	8.00	8.00
	2014	Tifway 杂交狗牙根	2.21	1.63	1.38	1.32	7.25	7.38	6.92	7.21	100.00	100.00	100.00	100.00	8.00	8.00
		川西狗牙根	1.80	1.45	1.64	1.55	7.42	7.25	6.96	7.25	100.00	100.00	100.00	100.00	8.00	8.00
		南京狗牙根	1.73	1.12	2.10	1.92	7.29	8.08	7.33	8.13	100.00	100.00	100.00	100.00	8.00	8.00
	2015	Tifway 杂交狗牙根	2.86	2.49	1.30	1.64	7.46	6.79	7	5.96	100.00	100.00	100.00	—	9.00	8.00
		川西狗牙根	2.85	1.75	1.73	1.72	6.96	7.13	6.96	6.75	100.00	100.00	100.00	—	9.00	8.00
		南京狗牙根	2.91	1.67	1.63	1.97	7.79	8.13	7.96	8.25	100.00	100.00	100.00	—	9.00	8.00
江苏南京	2013	Tifway 杂交狗牙根	—	2.48	—	1.27	—	5.29	—	6.09	—	90.42	100.00	—	9.00	9.00
		川西狗牙根	—	2.03	—	1.41	—	5.42	—	6.00	—	86.25	100.00	—	9.00	9.00
		南京狗牙根	—	1.88	—	2.04	—	6.08	—	7.04	—	96.67	100.00	—	9.00	9.00
	2014	Tifway 杂交狗牙根	2.61	3.16	1.51	1.20	6.58	6.38	6.46	6.79	95.84	96.25	100.00	84.94	9.00	9.00
		川西狗牙根	1.83	2.91	1.67	1.42	7.17	6.58	6.46	6.59	98.33	96.67	100.00	91.51	9.00	9.00
		南京狗牙根	1.95	2.53	2.20	1.81	7.54	6.92	7.79	7.50	100.00	98.75	100.00	96.06	9.00	9.00
	2015	Tifway 杂交狗牙根	3.09	3.13	1.73	1.58	5.3	5.9	6.5	6.0	90.4	100.00	100.00	100.00	9.00	9.00
		川西狗牙根	2.83	3.45	1.78	1.77	6.5	5.6	6.4	6.4	99.2	100.00	100.00	100.00	9.00	9.00
		南京狗牙根	2.33	2.11	2.36	2.25	6.8	6.3	7.2	7.3	99.2	100.00	100.00	100.00	9.00	9.00
四川新津	2013	Tifway 杂交狗牙根	—	0.97	—	2.2	—	9	—	8	—	100.00	100.00	—	9.00	9.00
		川西狗牙根	—	1.03	—	1.1	—	7	—	7	—	100.00	100.00	—	9.00	9.00
		南京狗牙根	—	1.47	—	1.9	—	8	—	6	—	100.00	100.00	—	9.00	9.00

（续）

地点	年份	参试品种	密度（分蘖枝条/cm²）		质地（叶宽）（mm）		均一性（分）		颜色（分）		盖度（%）		越夏性（%）	越冬性（%）	抗病性（分）	抗虫性（分）
			6月	9月	6月	9月	6月	9月	6月	9月	6月	9月				
四川新津	2014	Tifway 杂交狗牙根	1.12	1.60	1.86	1.84	7.5	7.75	6	7	100.00	100.00	100.00	100.00	9.00	9.00
		川西狗牙根	1.16	1.13	1.79	1.75	6	9	8	5	100.00	100.00	100.00	100.00	9.00	9.00
		南京狗牙根	0.85	1.03	2.34	2.31	7.5	8.75	7	9	100.00	100.00	100.00	100.00	9.00	9.00
	2015	Tifway 杂交狗牙根	1.85	1.24	2.03	2.01	7	8.25	7	7	100.00	100.00	100.00	100.00	9.00	9.00
		川西狗牙根	1.95	1.24	1.90	1.88	7.5	8.25	6	6	100.00	100.00	100.00	100.00	9.00	9.00
		南京狗牙根	1.71	1.11	1.92	1.91	8	8.5	8	8	100.00	100.00	100.00	100.00	9.00	9.00
广东增城	2013	Tifway 杂交狗牙根	—	0.73	—	1.74	—	7.4	—	7.43	—	85.13	100.00	—	7.15	7.88
		川西狗牙根	—	0.61	—	1.94	—	7.33	—	7.63	—	84.25	100.00	—	7.4	7.1
		南京狗牙根	—	0.48	—	2.70	—	6.4	—	7.63	—	78.5	100.00	—	6.88	7.05
	2014	Tifway 杂交狗牙根	0.785	0.77	1.33	1.35	7.79	7.83	7.13	6.83	93.75	96	100.00	100.00	9.00	8.00
		川西狗牙根	1.034	0.99	1.65	1.67	7.33	9.29	6.71	7.00	96.75	97.25	100.00	100.00	9.00	8.00
		南京狗牙根	0.71	0.70	2.59	2.65	7.71	7.67	7.83	7.75	91.75	93.75	100.00	100.00	9.00	8.00
	2015	Tifway 杂交狗牙根	0.54	0.86	1.39	1.47	5.57	7.5	5.45	6.8	67	80.0	100.00	98.8	7.6	7.3
		川西狗牙根	0.45	0.93	1.54	1.6	5.25	7.5	5.45	6.7	57.25	77.5	100.00	97.5	7.7	6.5
		南京狗牙根	0.55	0.63	1.87	2.39	5.33	7.5	5.05	6.9	65.5	75.0	100.00	96.0	7.5	6.5
海南儋州	2013	Tifway 杂交狗牙根	—	87.5	—	1.57	—	8.0	—	7.5	—	100.00	100.00	—	9.00	9.00
		川西狗牙根	—	86.7	—	2.12	—	8.9	—	7.9	—	100.00	100.00	—	9.00	9.00
		南京狗牙根	—	49.2	—	2.56	—	7.9	—	8.1	—	100.00	100.00	—	9.00	9.00
	2014	Tifway 杂交狗牙根	0.48	1.33	1.90	1.81	8.4	8.6	8.0	8.6	100.00	100.00	100.00	100.00	9.00	9.00
		川西狗牙根	0.37	1.04	2.30	2.19	8.0	8.5	8.4	8.5	100.00	100.00	100.00	100.00	9.00	9.00
		南京狗牙根	0.38	0.66	2.80	2.77	8.9	8.1	9.0	8.6	100.00	100.00	100.00	100.00	9.00	9.00
	2015	Tifway 杂交狗牙根	1.0	0.97	2.12	1.87	8.7	8.6	8.1	8.3	100.00	97.50	100.00	100.00	9.00	9.00
		川西狗牙根	0.85	0.7	2.48	2.12	7.3	8.2	7.8	7.7	93.75	92.50	100.00	100.00	9.00	9.00
		南京狗牙根	0.63	0.57	2.74	2.46	8.0	7.9	8.4	7.9	99.50	91.50	100.00	100.00	9.00	9.00

（四十七）假俭草品种区域试验实施方案（2012年）

1 试验目的

客观、公正、科学地评价假俭草、狗牙根参试品种的坪用性状、适应性、抗性及其利用价值，为国家草坪草品种审定提供依据。

2 试验安排及参试品种

2.1 试验区域及试验点

华东、华南、华中等地区，共安排5个试验点。

2.2 参试品种（系）

22-3绿茎抗冷假俭草、普通假俭草、日本假俭草。

3 试验设置

3.1 试验地的选择

应尽可能代表所在试验区的气候、土壤和栽培条件。选择地势平整，土壤肥力中等、均匀，无严重的杂草及土传病害，具有良好排灌条件且四周无高大建筑物或树木影响的地块。

3.2 试验设计

3.2.1 试验小区面积与保护行

试验小区面积为$4m^2$（2.0m×2.0m），小区间距0.5m，试验地四周设0.5m的保护行。

3.2.2 小区设置

采用随机区组设计，4次重复，同一区组应放在同一地块。

3.2.3 试验期

2012年起，不少于3个生产周年。

4 坪床准备

4.1 翻耕与粗平整

选择确定试验地后，应进行彻底清理，翻耕与粗平整。栽植前，应充分灌溉坪床，湿润层保持在10cm以上。

4.2 精细平整

待坪床表面稍干后，浅耙，打碎土块，使土粒不超过黄豆粒大小，并进行细平整。

5 播种与田间管理

5.1 栽种方法

采用营养体条栽，将种茎剪成3～5cm长的具芽茎段，以行距10cm，株距10cm播在坪床表面，覆土深度1cm。镇压，及时喷灌，保证种床湿润（播种量约为0.3～0.5kg/m^2种茎）。

5.2 栽种时间

根据各试验点气候条件，于春末、夏初适时栽种。

5.3　苗期管理

栽种后及时清除杂草，未正常成坪的小区，应及时进行补栽。草坪出苗后，苗高达到4～5cm时进行修剪，留茬高度3cm，直至完全覆盖成坪。

6　成坪后的养护管理

同一试验的养护管理措施要求及时、一致，每一项养护管理操作应在同一天内完成。养护管理应达到当地中等水肥管理水平，以保证参试材料能够正常生长。

6.1　施肥

6.1.1　施肥时间

在草坪生长季节，根据土壤及草坪生长情况适时施肥。

6.1.2　施肥量与次数

综合土壤肥力、生长季长短、草坪草种、修剪等因素平衡施肥，避免参试品种（系）出现草坪草营养元素缺乏症状。对于肥力中等的土壤，全年施肥6次，春季返青肥1次（尿素：10g/m^2），夏肥6月和8月追肥4次（尿素：10g/m^2/次），最后1次剪草后施用秋肥1次，施用复合肥（N、P、K比例为25∶25∶25），用量为40g/m^2。

6.1.3　施肥方法

人工撒施，应在草坪草叶面干燥时进行，肥料撒施应均匀，施肥后应及时灌水。

6.2　喷灌

6.2.1　水源

应采用清洁的地下水或地表水，不应使用未经处理的污水灌溉。

6.2.2　灌水时期

盛夏高温季节，宜早晨凉爽时灌溉，而温度较低的早春和秋冬季，在中午灌溉。应注意在春季返青后和冬季休眠前根据降水情况进行灌溉。

6.2.3　灌水量

根据草坪草种、土壤、气候等因素确定，应避免参试品种（系）出现明显的干旱胁迫症状。当土壤出现裂痕或叶片轻度萎蔫时应及时喷灌，灌水量以10cm左右土层达到湿润为宜。干旱、高温季节适当增加灌水次数，降水量高的地区适当减少灌溉次数。

6.3　修剪

参试品种（系）在生长季内的修剪频率取决于草坪草的生长速度，修剪应遵照1/3原则，植株高度达到4～5cm时进行修剪，修剪（留茬）高度3cm。修剪应在草坪草叶片和地表土干爽时进行。每次修剪后，应及时清除残留在坪面上的草屑，保持坪面清洁。

6.4　病虫害防治

注意观测草坪是否发生病虫害，如发现病虫害，应及时喷施高效低毒药剂防治。

6.5　杂草防除

应及时防除小区中的杂草，可人工拔除或采用高效低毒的药剂防除。

7　观察记载项目和标准

评价项目包括坪用质量、适应性和质量综合评分3个方面。目测打分时，观测人员不少于3人，每人独立打分，最后采用多人观测值的平均数。评分时，9分为最优，1分为最差。

7.1 坪用质量指标

成坪后在6月份和9月份各测1次。观测时间应选在两次修剪之间。

7.1.1 密度

采用实测法。测定10cm×10cm样方内的草坪植株枝条数，每个小区重复测定3次。

7.1.2 盖度

采用目测法估计。

7.1.3 均一性

均一性是指整个草坪的外貌均匀程度，是草坪密度、颜色、质地、整齐性等差异程度的综合反映。采用目测打分法，分级及评价标准如下：

均一性分级表

等级	评分	指标	说　明
1	9～8	很均匀	草坪的密度、颜色、质地、整齐性差异极小
2	6～7	均匀	草坪的密度、颜色、质地、整齐性差异不明显
3	4～5	较均匀	草坪的密度、颜色、质地、整齐性略有差异
4	2～3	不均匀	草坪的密度、颜色、质地、整齐性差异较大
5	1	极不均匀	草坪的密度、颜色、质地、整齐性差异很大

7.1.4 颜色

采用目测打分法。分级及评分标准如下：

颜色分级表

等级	评分	指标
1	9～8	深绿
2	7～6	绿
3	5～4	浅绿
4	3～2	黄绿
5	1	黄

注：建议在阴天或光线不强时进行观测。

7.1.5 质地（叶宽）

采用实测法。测量叶片最宽处的宽度，每个小区随机测定样本30个，计算平均值（用游标卡尺测定，精确到0.1mm）。

7.2 适应性指标

7.2.1 出苗期（返青期）

采用目测法，记载50%的植株出苗（返青）的日期。

7.2.2　成坪天数

采用目测法。在正常养护管理条件下测定品种从种子播种或营养体建植到草坪盖度达到80%的天数。

7.2.3　绿色期

采用目测法，用天数表示。在正常养护管理条件下品种从50%的植株返青变绿到50%的植株枯黄的持续天数。

7.2.4　越夏率

采用目测法。根据当地最炎热的季节之前与之后估测的草坪盖度，计算越夏率。

越夏率（%）＝越夏后存活盖度/越夏前盖度×100%（注意两次测定时植株高度应相近）

7.2.5　越冬率

采用目测法。在入冬前及次年早春完全返青后分别估测草坪盖度，计算越冬率。

越冬率（%）＝越冬后存活盖度/越冬前盖度×100%（注意两次测定时植株高度应相近）

7.2.6　抗病性

采用目测打分法，在病害发生较严重的季节，目测草坪草病害发生情况，抗病性分级和评分标准如下：

抗病性分级表

等级	评分	指标（感病面积%）
1	9～8	高抗（0～10）
2	6～7	中抗（11～20）
3	4～5	感病（21～30）
4	2～3	中感（31～40）
5	1	高感（>41）

7.2.7　抗虫性

采用目测打分法，在虫害发生较严重的季节目测草坪草的虫害发生情况。抗虫性分级和评分标准如下：

抗虫性分级表

等级	评分	指标（受害面积%）
1	9～8	高抗（0～10）
2	6～7	中抗（11～20）
3	4～5	低感（21～30）
4	2～3	中感（31～40）
5	1	高感（>41）

7.3 质量综合评分

采用目测打分法。建植成坪后逐月进行。观测人员不少于 3 人，每人独立打分，最后采用多人观测值的平均数。评分时，9 分为最优，1 分为最差。根据参试品种（系）的坪用性状（密度、颜色、均一性和叶宽等）和适应性（抗逆性、抗病虫性等）观感的综合表现进行评分。质量综合评分标准如下：

综合质量分级表

等级	评分	指标
1	9～8	优
2	6～7	良
3	4～5	中
4	2～3	差
5	1	劣

8 数据整理

各承试单位负责其测试点内所有测试数据的统计分析。

9 总结报告

各承试单位于每年 11 月 10 日之前将填写完整的原始数据记录表及试验总结报告上交省级草原技术推广部门，各省级草原技术推广部门于当年 11 月 20 日之前将汇总结果（纸质版和电子版）上交全国畜牧总站。

10 试验报废

各承试单位有下列情形之一的，该点区域试验作全部或部分报废处理：

因不可抗拒因素（如自然灾害等）造成试验不能正常进行；

其他严重影响试验科学性的因素造成试验结果与客观事实不符的试验。

因不可抗拒原因报废的试验点，承试单位应及时通过省级草原技术推广部门向全国畜牧总站提供书面报告。

1. 华南假俭草

华南假俭草（*Eremochloa ophiuroides*（Munro）Hack.‘Huanan’）是华南农业大学和佛山市园林管理处于 2011 年申请参加国家草品种区域试验的草坪新品系。2011—2013 年选用 Tifway 和天堂 328 狗牙根作为对照品种，在武汉、建阳、南京、湛江、广州安排 5 个试验站（点）进行国家草品种区域试验。2014 年通过全国草品种审定委员会审定，为野生栽培品种。其试验结果见表 2-101。

表 2-101　参试品种（系）草坪质量表

地点	年份	参试品种（系）	密度（分蘖枝条/cm^2）		质地（mm）		均一性（分）		颜色（分）		盖度（%）		综合质量		越夏性（%）	越冬性（%）	抗病性（分）	抗虫性（分）
			6月	9月	6月	9月	6月	9月	6月	9月	6月	9月	6月	9月				
湖北武汉	2011	华南假俭草	—	0.93	—	3.50	—	7	—	7	—	100.0	—	7	100.0	—	9	9
		Tifway	—	1.67	—	1.62	—	7	—	6	—	100.0	—	7	100.0	—	9	5
		天堂 328	—	2.32	—	1.66	—	7	—	6	—	100.0	—	7	100.0	—	9	7
	2012	华南假俭草	0.91	0.80	4.15	4.15	9	9	8	8	100.0	100.0	7	7	98.0	—	9	9
		Tifway	2.09	1.34	1.68	1.67	8	8	8	7	98.0	100.0	6	6	92.0	—	9	7
		天堂 328	2.33	2.22	1.73	1.73	9	8	8	8	99.0	100.0	6	6	95.0	—	9	7
	2013	华南假俭草	0.90	1.32	3.55	3.43	8	8	8	8	100.0	100.0	8	9	100.0	—	9	9
		Tifway	1.97	2.49	1.53	1.39	6	8	6	8	100.0	100.0	6	8	100.0	—	9	8
		天堂 328	2.26	3.08	1.27	1.34	6	8	7	8	100.0	100.0	6	9	100.0	—	9	8
福建建阳	2011	华南假俭草	—	1.10	—	3.35	—	7	—	9	—	99.0	—	8	—	—	9	9
		Tifway	—	1.33	—	1.85	—	7	—	6	—	96.0	—	7	—	—	9	9
		天堂 328	—	1.30	—	1.84	—	6	—	6	—	91.0	—	6	—	—	9	9
	2012	华南假俭草	0.7	0.9	3.86	3.52	6	7	5	7	93.0	98.0	6	7	98.0	99.0	9	9
		Tifway	1.2	0.9	1.91	2.01	8	7	7	6	95.0	96.0	8	7	90.0	95.0	9	9
		天堂 328	1.0	1.1	1.20	2.16	7	8	7	7	96.0	100	7	8	94.0	97.0	9	9
	2013	华南假俭草	0.75	1.08	3.86	3.57	7	7	7	7	100.0	100.0	7	7	100.0	99.0	9	9
		Tifway	0.97	0.72	1.92	2.05	7	8	8	8	99.0	99.0	8	8	100.0	96.0	9	9
		天堂 328	0.98	0.88	2.11	2.14	8	8	8	8	100.0	100.0	8	8	100.0	95.0	9	9
江苏南京	2011	华南假俭草	—	0.54	—	3.79	—	5	—	6	—	66.3	—	4	100.0	—	9	9
		Tifway	—	0.93	—	1.78	—	6	—	5	—	87.9	—	6	100.0	—	9	9
		天堂 328	—	1.19	—	1.78	—	6	—	6	—	94.2	—	6	100.0	—	9	9

（续）

地点	年份	参试品种（系）	密度（分蘖枝条/cm²）		质地（mm）		均一性（分）		颜色（分）		盖度（%）		综合质量		越夏性（%）	越冬性（%）	抗病性（分）	抗虫性（分）
			6月	9月	6月	9月	6月	9月	6月	9月	6月	9月	6月	9月				
江苏南京	2012	华南假俭草	1.29	1.69	4.16	3.80	6	7	6	6	89.6	97.5	6	6	100.0	73.0	9	9
		Tifway	4.68	5.28	1.72	1.58	7	6	6	6	98.3	94.2	7	6	100.0	98.8	9	9
		天堂 328	3.84	5.00	1.93	1.95	7	6	7	6	100.0	90.4	7	5	100.0	93.8	9	9
	2013	华南假俭草	1.55	1.63	2.81	3.50	6	7	6	6	80.8	97.9	6	6	100.0	没有进入冬天	9	9
		Tifway	3.16	3.15	2.54	1.54	6	6	6	6	89.6	92.9	6	5	100.0	没有进入冬天	9	9
		天堂 328	2.89	3.39	2.36	1.66	7	5	7	6	96.3	93.7	6	5	100.0	没有进入冬天	9	9
广东湛江	2011	华南假俭草	—	0.14	—	7.53	8	7	8	7	86.0	98.0	7（7月）	7（10月）	100.0	—	8	9
		Tifway	—	0.13	—	9.55	6	6	7	7	94.0	94.0	7（7月）	6（10月）	100.0	—	8	8
		天堂 328	—	0.14	—	4.48	6	6	8	7	94.0	94.0	7（7月）	7（10月）	100.0	—	8	8
	2012	华南假俭草	1	1	3	3	7	7	7	6	91.0	98.0	7	8	100.0	100.0	8	8
		Tifway	1	1	2	2	5	3	4	4	85.0	65.0	4	5	100.0	85.0	4	6
		天堂 328	1	1	2	2	6	8	6	8	90.0	94.0	6	8	100.0	95.0	7	7
	2013	华南假俭草	0.40	0.34	3.85	3.89	8	9	6	8	94.6	86.6	8（7月）	9（10月）	100.0	100.0	8	9
		Tifway	0.39	0.24	2.19	1.95	6	5	8	6	74.8	80.0	6（7月）	5（10月）	100.0	100.0	7	7
		天堂 328	0.56	0.35	2.26	1.89	8	8	8	8	91.8	84.3	9（7月）	8（10月）	100.0	100.0	9	9
广东广州	2011	华南假俭草	0.94	1.63	2.2	3.09	5	8	8	8	80.0	100.0	4	8	100.0	—	9	8
		Tifway	0.75	1.44	1.3	1.49	3	7	7	5	81.0	91.0	3	6	100.0	—	9	8
		天堂 328	1.20	1.25	1.7	1.34	3	8	7	6	82.0	94.0	3	8	100.0	—	9	8
	2012	华南假俭草	1.04	1.73	3.42	3.33	5	7	7	8	81.0	99.0	7	8	100.0	—	9	8
		Tifway	0.88	1.50	1.38	1.47	3	7	6	8	80.0	94.0	5	7	100.0	—	9	8
		天堂 328	1.33	1.32	1.75	1.67	3	8	7	7	83.0	94.0	5	7	100.0	—	9	8
	2013	华南假俭草	0.98	1.21	3.21	3.32	8	8	8	8	93.0	92.0	8	7	100.0	100.0	9	8
		Tifway	0.83	0.94	1.28	1.31	7	7	7	7	90.0	90.0	7	7	100.0	100.0	9	8
		天堂 328	1.14	1.32	1.53	1.65	8	8	7	7	92.0	92.0	8	7	100.0	100.0	9	8

(四十八) 草坪型偃麦草品种区域试验实施方案（2011 年）

1 试验目的

客观、公正、科学地评价偃麦草参试品种（系）的坪用性、生物学特性、适应性及抗逆性等综合性状，为国家草品种审定和推广提供科学依据。

2 试验安排及参试品种

2.1 试验区域及试验点

华北、西北等地区，共安排 5 个试验点。

2.2 参试品种（系）

新偃 1 号偃麦草、京草 2 号偃麦草、新农 1 号狗牙根、京草 1 号偃麦草、凌志高羊茅。

3 试验设置

3.1 试验地的选择

应尽可能代表所在试验区的气候、土壤和栽培条件。选择地势平整，土壤肥力中等、均匀，无严重的杂草及土传病害，具有良好排灌条件且四周无高大建筑物或树木影响的地块。

3.2 试验设计

3.2.1 试验小区面积与保护行

试验小区面积为 $4m^2$（2.0m×2.0m），小区间距 0.5m，试验地四周设 0.5m 的保护行。

3.2.2 小区设置

采用随机区组设计，4 次重复，同一区组应放在同一地块。

3.2.3 试验期

2011 年起，不少于 3 个生产周年。

4 坪床准备

4.1 翻耕与粗平整

选择确定试验地后，应进行彻底清理，翻耕与粗平整。栽植前，应充分灌溉坪床，湿润层保持在 10cm 以上。

4.2 精细平整

待坪床表面稍干后，浅耙，打碎土块，使土粒不超过黄豆粒大小，并进行细平整。

5 播种与田间管理

5.1 播种方法及播种量

5.1.1 种茎栽植（偃麦草、狗牙根）

条播，行距 10cm，每小区 20 行。将种茎均匀播入沟内，覆土深度 1cm。镇压，及时喷灌，保证种床湿润（播种量约为 500g/小区种茎）。修剪高度 5～8cm。

5.1.2 种子直播（高羊茅）

撒播，播种量 120g/小区。将各小区待播的种子平均分为 3 份，分次均匀撒播。播种后轻轻耙平，种子入土深度 0.5cm 左右。播种后适度镇压，及时喷灌，保证种床湿润。

5.2 播种期

4 月下旬至 5 月上旬播种。

5.3 苗期管理

栽种后及时清除杂草，未正常成坪的小区，应及时进行补栽。株高达到 12～15cm 进行第一次修剪，修剪高度为 8～10cm。之后，严格遵循 1/3 规则修剪，直至完全覆盖成坪。

6 成坪后的养护管理

同一试验的养护管理措施要求及时、一致，每一项养护管理操作应在同一天内完成。养护管理应达到当地中等水肥管理水平，以保证参试材料能够正常生长。

6.1 施肥

秋末和早春各施 60g/小区的尿素或磷酸二铵。人工撒施，应在草坪草叶面干燥时进行，肥料撒施应均匀，施肥后应及时灌水。

6.2 喷灌

应避免参试品种（系）出现明显的干旱胁迫症状。当土壤出现裂痕或叶片轻度萎蔫时应及时喷灌，灌水量以 10cm 左右土层达到湿润为宜。

6.3 修剪

当株高达到 10～15cm 时，开始进行修剪，修剪遵循 1/3 法则，留茬高度 8～10cm。最后一次修剪在停止生长前 30d 进行。

6.4 病虫害防治

注意观测草坪是否发生病虫害，如发现病虫害，应及时喷施高效低毒药剂防治。

6.5 杂草防除

应及时防除小区中的杂草，可人工拔除或采用高效低毒的药剂防除。

7 观察记载项目和标准

评价项目包括：坪用质量、适应性和质量综合评分 3 个方面。目测打分时，观测人员不少于 3 人，每人独立打分，最后采用多人观测值的平均数。评分时，9 分为最优，1 分为最差。

7.1 坪用质量指标

成坪后，在 6 月份和 9 月份各测 1 次。观测时间应选在两次修剪之间。

7.1.1 密度

采用实测法。测定 10cm×10cm 样方内的草坪植株枝条数，每个小区重复测定 3 次。

7.1.2 盖度

采用目测法估计。

7.1.3 均一性

均一性是指整个草坪的外貌均匀程度，是草坪密度、颜色、质地、整齐性等差异程度的综合反映。采用目测打分法，分级及评价标准如下：

均一性分级表

等级	评分	指标	说　明
1	9～8	很均匀	草坪的密度、颜色、质地、整齐性差异极小
2	6～7	均匀	草坪的密度、颜色、质地、整齐性差异不明显
3	4～5	较均匀	草坪的密度、颜色、质地、整齐性略有差异
4	2～3	不均匀	草坪的密度、颜色、质地、整齐性差异较大
5	1	极不均匀	草坪的密度、颜色、质地、整齐性差异很大

7.1.4　颜色

采用目测打分法。分级及评分标准如下：

颜色分级表

等级	评分	指标
1	9～8	深绿
2	7～6	绿
3	5～4	浅绿
4	3～2	黄绿
5	1	黄

注：建议在阴天或光线不强时进行观测。

7.1.5　质地（叶宽）

采用实测法。测量叶片最宽处的宽度，每个小区随机测定样本 30 个，计算平均值（用游标卡尺测定，精确到 0.1mm）。

7.2　适应性指标

7.2.1　出苗期（返青期）

采用目测法，记载 50%的植株出苗（返青）的日期。

7.2.2　成坪天数

采用目测法。在正常养护管理条件下测定品种从种子播种或营养体建植到草坪盖度达到 80%的天数。

7.2.3　绿色期

采用目测法，用天数表示。在正常养护管理条件下品种从 50%的植株返青变绿到 50%的植株枯黄的持续天数。

7.2.4　越夏率

采用目测法。根据当地最炎热的季节之前与之后估测的草坪盖度，计算越夏率。

越夏率（%）＝越夏后存活盖度/越夏前盖度×100%（注意两次测定时植株高度应相近）

7.2.5 越冬率

采用目测法。在入冬前及次年早春完全返青后分别估测草坪盖度，计算越冬率。

越冬率（%）＝越冬后存活盖度/越冬前盖度×100%（注意两次测定时植株高度应相近）

7.2.6 抗病性

采用目测打分法，在病害发生较严重的季节，目测草坪草病害发生情况，抗病性分级和评分标准如下：

抗病性分级表

等级	评分	指标（感病面积%）
1	9～8	高抗（0～10）
2	6～7	中抗（11～20）
3	4～5	感病（21～30）
4	2～3	中感（31～40）
5	1	高感（>41）

7.2.7 抗虫性

采用目测打分法，在虫害发生较严重的季节目测草坪草的虫害发生情况。抗虫性分级和评分标准如下：

抗虫性分级表

等级	评分	指标（受害面积%）
1	9～8	高抗（0～10）
2	6～7	中抗（11～20）
3	4～5	低感（21～30）
4	2～3	中感（31～40）
5	1	高感（>41）

7.3 质量综合评分

采用目测打分法。建植成坪后逐月进行。观测人员不少于3人，每人独立打分，最后采用多人观测值的平均数。评分时，9分为最优，1分为最差。根据参试品种（系）的坪用性状（密度、颜色、均一性和叶宽等）和适应性（抗逆性、抗病虫性等）观感的综合表现进行评分。质量综合评分标准如下：

综合质量分级表

等级	评分	指标
1	9～8	优
2	6～7	良
3	4～5	中
4	2～3	差
5	1	劣

8 数据整理

各承试单位负责其测试点内所有测试数据的统计分析。

9 总结报告

各承试单位于每年 11 月 10 日之前将填写完整的原始数据记录表及试验总结报告上交省级草原技术推广部门，各省级草原技术推广部门于当年 11 月 20 日之前将汇总结果（纸质版和电子版）上交全国畜牧总站。

10 试验报废

各承试单位有下列情形之一的，该点区域试验作全部或部分报废处理：

因不可抗拒因素（如自然灾害等）造成试验不能正常进行；

其他严重影响试验科学性的因素造成试验结果与客观事实不符的试验。

因不可抗拒原因报废的试验点，承试单位应及时通过省级草原技术推广部门向全国畜牧总站提供书面报告。

1. 新偃 1 号偃麦草

新偃 1 号偃麦草（*Elytrigia repens*（Linn.） Nevski ‘Xinyan No. 1’）是新疆农业大学于 2011 年申请参加国家草品种区域试验的草坪新品系。2011—2013 年选用京草 1 号偃麦草、新农 1 号狗牙根和凌志高羊茅作为对照品种，在北京、海拉尔、太原、伊犁和呼图壁安排 5 个试验站（点）进行国家草品种区域试验。2014 年通过全国草品种审定委员会审定，为育成品种。其试验结果见表 2 - 102。

2. 京草 2 号偃麦草

京草 2 号偃麦草（*Elytrigia repens*（L.） Nevski ‘Jingcao No. 2’）是北京草业与环境研究发展中心于 2011 年申请参加国家草品种区域试验的草坪新品系。2011—2013 年选用京草 1 号偃麦草、新农 1 号狗牙根和凌志高羊茅作为对照品种，在内蒙古、新疆、山西和北京安排 5 个试验站（点）进行国家草品种区域试验。2014 年通过全国草品种审定委员会审定，为育成品种。其试验结果见表 2 - 103。

表 2-102 参试品种（系）草坪质量表

地点	年份	参试品种（系）	密度（分蘖枝条/cm^2）		质地（mm）		均一性（分）		颜色（分）		盖度（%）		综合质量		越夏性（%）	越冬性（%）	抗病性（分）	抗虫性（分）
			6月	9月	6月	9月	6月	9月	6月	9月	6月	9月	6月	9月				
北京	2011	新偃1号	—	0.53	—	4.50	—	7	—	7	—	100.0	—	7	100.0	—	9	9
		京草1号	—	0.55	—	6.32	—	6	—	8	—	100.0	—	6	100.0	—	9	9
		新农1号	—	0.30	—	3.19	—	7	—	6	—	100.0	—	7	100.0	—	9	9
		凌志高羊茅	—	1.10	—	4.44	—	8	—	8	—	100.0	—	8	100.0	—	9	9
	2012	新偃1号	0.5	0.6	3.64	3.63	7	7	7	7	100.0	100.0	7	7	100.0	100.0	9	9
		京草1号	0.4	0.5	5.36	5.33	6	6	8	8	100.0	100.0	6	6	100.0	100.0	9	9
		新农1号	0.2	0.3	3.99	4.07	6	7	6	6	80.0	100.0	6	6	100.0	71.3	9	9
		凌志高羊茅	1.0	1.0	4.40	4.43	8	8	8	8	100.0	100.0	8	8	100.0	100.0	9	9
	2013	新偃1号	0.7	0.7	3.34	3.43	7	7	7	7	100.0	100.0	7	7	100.0	100.0	9	9
		京草1号	0.4	0.4	4.86	5.27	6	6	8	8	100.0	100.0	6	6	100.0	100.0	9	9
		新农1号	0.3	0.3	3.50	3.82	6	4	6	6	85.0	100.0	6	6	100.0	70.0	9	9
		凌志高羊茅	1.2	1.1	4.15	4.39	8	8	8	8	100.0	100.0	8	8	100.0	100.0	9	9
海拉尔	2011	新偃1号	没成坪	0.10	—	5.40	—	7	—	6	—	66.0	—	2	—	—	9	9
		京草1号	没成坪	0.12	—	6.10	—	7	—	6	—	62.0	—	2	—	—	9	9
		新农1号	没成坪	0.10	—	6.00	—	6	—	5	—	63.0	—	3	—	—	9	9
		凌志高羊茅	没成坪	0.36	—	5.40	—	8	—	8	—	87.0	—	6	—	—	9	9
	2012	新偃1号	0.21	0.10	7.07	6.17	7	7	9	7	57.5	57.1	5	6	—	86.4	9	9
		京草1号	0.15	0.09	6.89	6.17	6	6	8	7	50.0	42.9	5	5	—	83.9	9	9
		新农1号	0.17	0.06	7.07	7.11	6	6	8	7	52.0	43.8	5	5	—	59.8	9	9
		凌志高羊茅	0.07	0.04	7.32	6.05	2	3	6	8	26.3	15.4	2	2	—	9.0	9	9

（续）

地点	年份	参试品种（系）	密度（分蘖枝条/cm²）		质地（mm）		均一性（分）		颜色（分）		盖度（%）		综合质量		越夏性（%）	越冬性（%）	抗病性（分）	抗虫性（分）
			6月	9月	6月	9月	6月	9月	6月	9月	6月	9月	6月	9月				
海拉尔	2013	新偃1号	0.09	水灾死亡	7.0	—	6	—	7	—	43.4	—	5	—	—	81.4	水灾死亡	水灾死亡
		京草1号	0.07	水灾死亡	7.9	—	5	—	7	—	30.0	—	4	—	—	78.9	水灾死亡	水灾死亡
		新农1号	0.07	水灾死亡	8.3	—	4	—	6	—	29.4	—	5	—	—	61.1	水灾死亡	水灾死亡
		凌志高羊茅	0.07	水灾死亡	7.8	—	12	—	5	—	5.0	—	2	—	—	69.4	水灾死亡	水灾死亡
太原	2011	新偃1号	—	0.19	—	4.35	—	6	—	6	—	95.5	—	6	100.0	—	9	9
		京草1号	—	0.18	—	5.48	—	6	—	6	—	96.0	—	6	100.0	—	9	9
		新农1号	—	0.11	—	3.48	—	7	—	5	—	100.0	—	7	100.0	—	9	9
		凌志高羊茅	—	0.50	—	3.45	—	7	—	7	—	100.0	—	7	100.0	—	9	9
	2012	新偃1号	0.65	0.64	5.37	4.47	7	7	6	7	100.0	100.0	7	7	100.0	100.0	9	9
		京草1号	0.54	0.54	7.06	5.91	6	6	6	7	100.0	100.0	6	6	100.0	100.0	9	9
		新农1号	0.40	0.40	4.39	3.57	5	4	5	5	100.0	100.0	5	5	100.0	100.0	9	9
		凌志高羊茅	0.95	0.92	5.15	5.23	7	9	8	9	100.0	100.0	8	9	100.0	100.0	9	9
	2013	新偃1号	0.38	0.40	4.09	3.24	7	7	6	7	100.0	100.0	7	7	100.0	100.0	9	9
		京草1号	0.25	0.28	5.72	4.19	6	6	6	7	100.0	99.5	5	6	99.5	100.0	9	9
		新农1号	0.16	0.22	3.45	2.90	4	4	4	4	81.0	93.8	3	4	100.0	81.3	9	9
		凌志高羊茅	0.52	0.52	4.10	5.10	7	7	7	8	100.0	100.0	7	8	100.0	100.0	9	9
伊犁	2011	新偃1号	—	0.13	—	7.14	—	7	—	8	—	55.0	—	5	100.0	—	9	9
		京草1号	—	0.13	—	9.55	—	7	—	9	—	53.8	—	5	100.0	—	9	9
		新农1号	—	0.14	—	4.48	—	4	—	6	—	66.3	—	6	100.0	—	9	9
		凌志高羊茅	—	0.09	—	5.87	—	8	—	9	—	46.3	—	5	100.0	—	9	9

（续）

地点	年份	参试品种（系）	密度（分蘖枝条/cm²）		质地（mm）		均一性（分）		颜色（分）		盖度（%）		综合质量		越夏性（%）	越冬性（%）	抗病性（分）	抗虫性（分）
			6月	9月	6月	9月	6月	9月	6月	9月	6月	9月	6月	9月				
伊犁	2012	新偃1号	0.17	0.19	5.14	5.24	7	7	7	7	64.2	71.7	7	6	100.0	100.0	9	9
		京草1号	0.17	0.19	6.30	6.4	7	7	7	7	58.8	63.3	7	6	100.0	100.0	9	9
		新农1号	0.19	0.22	5.07	5.17	8	9	7	8	96.5	98.8	8	9	100.0	100.0	9	9
		凌志高羊茅	0.14	0.17	6.60	6.68	8	8	8	7	89.2	92.3	8	8	100.0	100.0	9	9
	2013	新偃1号	0.17	0.33	4.18	4.19	7	7	7	6	81.9	80.0	7	7	100.0	100.0	9	9
		京草1号	0.14	0.28	4.68	4.66	7	7	7	7	73.2	86.3	7	7	100.0	100.0	9	9
		新农1号	0.14	0.28	4.56	4.60	8	9	8	7	94.9	98.9	8	8	100.0	100.0	9	9
		凌志高羊茅	0.36	0.72	5.51	5.56	9	8	9	8	96.3	99.5	8	8	100.0	100.0	9	9
新疆呼图壁	2011	新偃1号	保苗	—	—	—	—	—	—	—	—	—	—	—	—	—	—	—
		京草1号	保苗	—	—	—	—	—	—	—	—	—	—	—	—	—	—	—
		新农1号	保苗	—	—	—	—	—	—	—	—	—	—	—	—	—	—	—
		凌志高羊茅	保苗	—	—	—	—	—	—	—	—	—	—	—	—	—	—	—
	2012	新偃1号	—	0.15	—	5.28	—	7	—	6	—	58.8	—	6	100.0	92.5	9	9
		京草1号	—	0.15	—	4.92	—	6	—	6	—	60.3	—	6	100.0	93.8	9	9
		新农1号	—	0.10	—	4.87	—	5	—	3	—	55.8	—	5	100.0	87.5	9	9
		凌志高羊茅	—	0.20	—	5.60	—	9	—	9	—	87.5	—	8	100.0	95.0	9	9
	2013	新偃1号	0.17	0.16	5.46	5.20	7	8	7	7	84.5	86.3	8	8	83.6	67.2	9	9
		京草1号	0.19	0.17	6.13	6.02	8	9	7	6	82.3	88.3	8	8	85.6	62.4	9	9
		新农1号	0.18	0.17	6.63	6.43	7	6	7	6	82.5	75.0	7	6	81.5	66.8	9	9
		凌志高羊茅	0.19	0.17	6.26	6.45	9	8	9	9	97.3	96.0	9	9	100.0	75.7	9	9

表 2 - 103　参试品种（系）草坪质量表

地点	年份	参试品种（系）	密度（分蘖枝条/cm²）		质地（mm）		均一性（分）		颜色（分）		盖度（%）		综合质量		越夏性（%）	越冬性（%）	抗病性（分）	抗虫性（分）
			6月	9月	6月	9月	6月	9月	6月	9月	6月	9月	6月	9月				
北京	2011	京草2号	—	0.65	—	4.45	—	7	—	7	—	100.0	—	7	100.0	—	9	9
		京草1号	—	0.55	—	6.32	—	6	—	8	—	100.0	—	6	100.0	—	9	9
		新农1号	—	0.30	—	3.19	—	7	—	6	—	100.0	—	7	100.0	—	9	9
		凌志高羊茅	—	1.10	—	4.44	—	8	—	8	—	100.0	—	8	100.0	—	9	9
	2012	京草2号	0.5	0.6	4.36	4.39	7	7	7	7	100.0	100.0	7	7	100.0	100.0	9	9
		京草1号	0.4	0.5	5.36	5.33	6	6	8	8	100.0	100.0	6	6	100.0	100.0	9	9
		新农1号	0.2	0.3	3.99	4.07	6	7	6	6	80.0	100.0	6	6	100.0	71.3	9	9
		凌志高羊茅	1.0	1.0	4.40	4.43	8	8	8	8	100.0	100.0	8	8	100.0	100.0	9	9
	2013	京草2号	0.6	0.6	4.26	4.29	7	7	7	7	100.0	100.0	7	7	100.0	100.0	9	9
		京草1号	0.4	0.4	4.86	5.27	6	6	8	8	100.0	100.0	6	6	100.0	100.0	9	9
		新农1号	0.3	0.3	3.50	3.82	6	4	6	6	85.0	100.0	6	6	100.0	70.0	9	9
		凌志高羊茅	1.2	1.1	4.15	4.39	8	8	8	8	100.0	100.0	8	8	100.0	100.0	9	9
海拉尔	2011	京草2号	没成坪	0.11	—	5.30	—	7	—	5	—	67.0	—	2	—	—	9	9
		京草1号	没成坪	0.12	—	6.10	—	7	—	6	—	62.0	—	2	—	—	9	9
		新农1号	没成坪	0.10	—	6.00	—	6	—	5	—	63.0	—	3	—	—	9	9
		凌志高羊茅	没成坪	0.36	—	5.40	—	8	—	8	—	87.0	—	6	—	—	9	9
	2012	京草2号	0.18	0.11	6.02	5.88	5	7	9	7	60.0	58.6	5	6	—	93.7	9	9
		京草1号	0.15	0.09	6.89	6.17	6	6	8	7	50.0	42.9	5	5	—	83.9	9	9
		新农1号	0.17	0.06	7.07	7.11	6	6	8	7	52.0	43.8	5	5	—	59.8	9	9
		凌志高羊茅	0.07	0.04	7.32	6.05	2	3	6	8	26.3	15.4	2	2	—	9.0	9	9

（续）

地点	年份	参试品种（系）	密度（分蘖枝条/cm²）		质地（mm）		均一性（分）		颜色（分）		盖度（%）		综合质量		越夏性（%）	越冬性（%）	抗病性（分）	抗虫性（分）
			6月	9月	6月	9月	6月	9月	6月	9月	6月	9月	6月	9月				
海拉尔	2013	京草2号	0.12	水灾死亡	6.53	—	5	—	6	—	36.9	—	4	—	—	86.9	水灾死亡	水灾死亡
		京草1号	0.07	水灾死亡	7.9	—	5	—	7	—	30.0	—	4	—	—	78.9	水灾死亡	水灾死亡
		新农1号	0.07	水灾死亡	8.3	—	4	—	6	—	29.4	—	5	—	—	61.1	水灾死亡	水灾死亡
		凌志高羊茅	0.07	水灾死亡	7.8	—	12	—	5	—	5.0	—	2	—	—	69.4	水灾死亡	水灾死亡
太原	2011	京草2号	—	0.21	—	4.58	—	6	—	6	—	98.3	—	6	100.0	—	9	9
		京草1号	—	0.18	—	5.48	—	6	—	6	—	96.0	—	6	100.0	—	9	9
		新农1号	—	0.11	—	3.48	—	7	—	5	—	100.0	—	7	100.0	—	9	9
		凌志高羊茅	—	0.50	—	3.45	—	7	—	7	—	100.0	—	7	100.0	—	9	9
	2012	京草2号	0.71	0.72	5.46	4.08	7	6	7	6	100.0	100.0	8	7	100.0	100.0	8	9
		京草1号	0.54	0.54	7.06	5.91	6	6	6	7	100.0	100.0	6	6	100.0	100.0	9	9
		新农1号	0.40	0.40	4.39	3.57	5	4	5	5	100.0	100.0	5	5	100.0	100.0	9	9
		凌志高羊茅	0.95	0.92	5.15	5.23	7	9	8	9	100.0	100.0	8	9	100.0	100.0	9	9
	2013	京草2号	0.36	0.34	4.38	3.15	7	6	5	7	100.0	97.5	6	7	97.5	100.0	7	9
		京草1号	0.25	0.28	5.72	4.19	6	6	6	7	100.0	99.5	5	6	99.5	100.0	9	9
		新农1号	0.16	0.22	3.45	2.90	4	4	4	4	81.0	93.8	3	4	100.0	81.3	9	9
		凌志高羊茅	0.52	0.52	4.10	5.10	7	7	7	8	100.0	100.0	7	8	100.0	100.0	9	9

（续）

地点	年份	参试品种（系）	密度（分蘖枝条/cm²）		质地（mm）		均一性（分）		颜色（分）		盖度（%）		综合质量		越夏性（%）	越冬性（%）	抗病性（分）	抗虫性（分）
			6月	9月	6月	9月	6月	9月	6月	9月	6月	9月	6月	9月				
伊犁	2011	京草2号	—	0.14	—	7.53	—	7	—	8	—	56.3	—	5	100.0	—	9	9
		京草1号	—	0.13	—	9.55	—	7	—	9	—	53.8	—	5	100.0	—	9	9
		新农1号	—	0.14	—	4.48	—	4	—	6	—	66.3	—	6	100.0	—	9	9
		凌志高羊茅	—	0.09	—	5.87	—	8	—	9	—	46.3	—	5	100.0	—	9	9
	2012	京草2号	0.18	0.20	5.41	5.49	8	8	7	7	72.9	84.2	7	7	100.0	100.0	9	9
		京草1号	0.17	0.19	6.30	6.4	7	7	7	7	58.8	63.3	7	6	100.0	100.0	9	9
		新农1号	0.19	0.22	5.07	5.17	8	9	7	8	96.5	98.8	8	9	100.0	100.0	9	9
		凌志高羊茅	0.14	0.17	6.60	6.68	8	8	8	7	89.2	92.3	8	8	100.0	100.0	9	9
	2013	京草2号	0.17	0.34	4.49	4.49	8	8	7	7	84.2	89.6	7	7	100.0	100.0	9	9
		京草1号	0.14	0.28	4.68	4.66	7	7	7	7	73.2	86.3	7	7	100.0	100.0	9	9
		新农1号	0.14	0.28	4.56	4.60	8	9	8	7	94.9	98.9	8	8	100.0	100.0	9	9
		凌志高羊茅	0.36	0.72	5.51	5.56	9	8	9	8	96.3	99.5	8	8	100.0	100.0	9	9
呼图壁	2011	京草2号	保苗	—	—	—	—	—	—	—	—	—	—	—	—	—	—	—
		京草1号	保苗	—	—	—	—	—	—	—	—	—	—	—	—	—	—	—
		新农1号	保苗	—	—	—	—	—	—	—	—	—	—	—	—	—	—	—
		凌志高羊茅	保苗	—	—	—	—	—	—	—	—	—	—	—	—	—	—	—
	2012	京草2号	—	0.14	—	4.90	—	7.	—	8	—	67.5	—	7	100.0	93.8	9	9
		京草1号	—	0.15	—	4.92	—	6	—	6	—	60.3	—	6	100.0	93.8	9	9
		新农1号	—	0.10	—	4.87	—	5	—	3	—	55.8	—	5	100.0	87.5	9	9
		凌志高羊茅	—	0.20	—	5.60	—	9	—	9	—	87.5	—	8	100.0	95.0	9	9
	2013	京草2号	0.19	0.17	6.75	6.31	8	9	8	7	87.8	90.5	8	8	90.2	70.0	9	9
		京草1号	0.19	0.17	6.13	6.02	8	9	7	6	82.3	88.3	8	8	85.6	62.4	9	9
		新农1号	0.18	0.17	6.63	6.43	7	6	7	6	82.5	75.0	7	6	81.5	66.8	9	9
		凌志高羊茅	0.19	0.17	6.26	6.45	9	8	9	9	97.3	96.0	9	9	100.0	75.7	9	9

(四十九) 无芒隐子草品种区域试验实施方案(2012 年)

1 试验目的

对申报的新品种的坪用性状、适应性、抗性及其利用价值,为国家草坪草品种审定提供依据。

2 试验安排及参试品种

2.1 试验区域及试验点

在年降雨量为 100～300mm 的我国西北干旱和半干旱地区开展,最好为沙质土壤和沙地。

2.2 参试品种(系)

阿拉善无芒隐子草和对照(落草、凌志高羊茅)。

3 试验设置

3.1 试验地的选择

应尽可能代表所在试验区的气候、土壤和栽培条件。选择地势平整,土壤肥力中等、均匀,无严重的杂草及土传病害,具有良好排灌条件且四周无高大建筑物或树木影响的地块。

选用沙质土壤或沙地。如果区试点无此条件,可将试验地表层 10cm 以沙子和土壤按 1∶1混合均匀。

3.2 试验设计

3.2.1 试验小区面积与保护行

试验小区面积为 4m^2 (2.0m×2.0m),小区间距 0.5m,试验地四周设 0.5m 的保护行。

3.2.2 小区设置

采用随机区组设计,4 次重复,同一区组应放在同一地块。

3.2.3 试验期

2012 年起,不少于 3 个生产周年。

4 坪床准备

4.1 翻耕与粗平整

选择确定试验地后,应进行彻底清理,翻耕与粗平整。栽植前,应充分灌溉坪床,湿润层保持在 10cm 以上。

4.2 精细平整

待坪床表面稍干后,浅耙,打碎土块,使土粒不超过黄豆粒大小,并进行细平整。

5 播种与田间管理

5.1 栽种方法

种子直播建坪,无芒隐子草播种量 7.13g/m^2,凌志高羊茅播种量 30g/m^2,落草未知,(种子用价 100%)。由于种子轻,所以将无芒隐子草种子与少量沙混合于晴天无风环境人工撒播于地表，将各小区待播的种子平均分为 3 份，分次均匀撒播，覆沙 1cm。播种后适度镇压，及时喷灌，保持湿润至出苗。

5.2　栽种时间

根据各试验点气候条件，于春、秋季适时栽种，建议在秋季适时播种。

5.3　苗期管理

栽种后及时清除杂草，未正常成坪的小区，应及时进行补栽。草坪出苗后，苗高达到 6～8cm时进行修剪，留茬高度 4～5cm，直至完全覆盖成坪。

6　成坪后的养护管理

同一试验的养护管理措施要求及时、一致，每一项养护管理操作应在同一天内完成。养护管理应达到当地中等水肥管理水平，以保证参试材料能够正常生长。

6.1　施肥

6.1.1　施肥时间

在草坪生长季节，根据土壤及草坪生长情况适时施肥。

6.1.2　施肥量与次数

综合土壤肥力、生长季长短、草坪草种、修剪等因素平衡施肥，避免参试品种（系）出现草坪草营养元素缺乏症状。对于肥力中等的土壤，全年施肥不少于 2 次，春秋季各施肥 N，P，K（比例为 1∶1∶1），用量为 20g/m^2。

6.1.3　施肥方法

人工撒施，应在草坪草叶面干燥时进行，肥料撒施应均匀，施肥后应及时灌水。

6.2　喷灌

6.2.1　水源

应采用清洁的地下水或地表水，不应使用未经处理的污水灌溉。

6.2.2　灌水时期

盛夏高温季节，宜早晨凉爽时灌溉，而温度较低的早春和秋冬季，在中午灌溉。应注意在春季返青后和冬季休眠前根据降水情况进行灌溉。

6.2.3　灌水量

浇水主要集中在成坪前，播种后喷水，保持土壤湿润至完全出苗。

成坪后，可降低灌水次数，一般生长季内每 15d 灌水 1 次，干旱、高温季节适当增加灌水次数，降水量高的地区适当减少灌溉次数。

6.3　修剪

参试品种（系）在生长季内的修剪次数和频率取决于草坪草的生长速度，应遵照修剪的 1/3 原则，一般草高 6～8cm 时修剪。修剪高度 4～5cm。进入酷夏和严冬前的最后一次修剪高度应提高到 5～7cm。修剪应在草坪草叶片和地表土干爽时进行。每次修剪后，应及时清除残留在坪面上的草屑，保持坪面清洁。

6.4　病虫害防治

注意观测草坪是否发生病虫害，如发现病虫害，应及时喷施高效低毒药剂防治。

6.5　杂草防除

应及时防除小区中的杂草，可人工拔除或采用高效低毒的药剂防除。

7 观察记载项目和标准

评价项目包括坪用质量、适应性和质量综合评分 3 个方面。目测打分时，观测人员不少于 3 人，每人独立打分，最后采用多人观测值的平均数。评分时，9 分为最优，1 分为最差。

7.1 坪用质量指标

成坪后在 6 月和 9 月各测 1 次。观测时间应选在两次修剪之间。

7.1.1 密度

采用实测法。测定 10cm×10cm 样方内的草坪植株枝条数，每个小区重复测定 3 次。

7.1.2 盖度

采用目测法估计。

7.1.3 均一性

均一性是指整个草坪的外貌均匀程度，是草坪密度、颜色、质地、整齐性等差异程度的综合反映。采用目测打分法，分级及评价标准如下：

均一性分级表

等级	评分	指标	说　明
1	9～8	很均匀	草坪的密度、颜色、质地、整齐性差异极小
2	6～7	较均匀	草坪的密度、颜色、质地、整齐性差异不明显
3	4～5	均匀	草坪的密度、颜色、质地、整齐性略有差异
4	2～3	不均匀	草坪的密度、颜色、质地、整齐性差异较大
5	1	极不均匀	草坪的密度、颜色、质地、整齐性差异很大

7.1.4 颜色

采用目测打分法。分级及评分标准如下：

颜色分级表

等级	评分	指标
1	9～8	深绿
2	7～6	绿
3	5～4	浅绿
4	3～2	黄绿
5	1	黄

注：建议在阴天或光线不强时进行观测。

7.1.5 质地（叶宽）

采用实测法。测量叶片最宽处的宽度，每个小区随机测定样本 30 个，计算平均值（用游标卡尺测定，精确到 0.1mm）。

7.2　适应性指标

7.2.1　出苗期（返青期）

采用目测法，记载50％的植株出苗（返青）的日期。

7.2.2　成坪天数

采用目测法。在正常养护管理条件下测定品种从种子播种或营养体建植到草坪盖度达到80％的天数。

7.2.3　绿色期

采用目测法，用天数表示。在正常养护管理条件下品种从50％的植株返青变绿到50％的植株枯黄的持续天数。

7.2.4　越夏率

采用目测法。根据当地最炎热的季节之前与之后估测的草坪盖度，计算越夏率。

越夏率（％）＝越夏后存活盖度/越夏前盖度×100％（注意两次测定时植株高度应相近）

7.2.5　越冬率

采用目测法。在入冬前及次年早春完全返青后分别估测草坪盖度，计算越冬率。

越冬率（％）＝越冬后存活盖度/越冬前盖度×100％（注意两次测定时植株高度应相近）

7.2.6　抗病性

采用目测打分法，在病害发生较严重的季节，目测草坪草病害发生情况，抗病性分级和评分标准如下：

抗病性分级表

等级	评分	指标（感病面积％）
1	9～8	高抗（0～10）
2	6～7	中抗（11～20）
3	4～5	感病（21～30）
4	2～3	中感（31～40）
5	1	高感（＞41）

7.2.7　抗虫性

采用目测打分法，在虫害发生较严重的季节目测草坪草的虫害发生情况。抗虫性分级和评分标准如下：

抗虫性分级表

等级	评分	指标（受害面积％）
1	9～8	高抗（0～10）
2	6～7	中抗（11～20）
3	4～5	低感（21～30）
4	2～3	中感（31～40）
5	1	高感（＞41）

7.3 质量综合评分

采用目测打分法。建植成坪后逐月进行。观测人员不少于3人，每人独立打分，最后采用多人观测值的平均数。评分时，9分为最优，1分为最差。根据参试品种（系）的坪用性状（密度、颜色、均一性和叶宽等）和适应性（抗逆性、抗病虫性等）观感的综合表现进行评分。质量综合评分标准如下：

综合质量分级表

等级	评分	指标
1	9～8	优
2	6～7	良
3	4～5	中
4	2～3	差
5	1	劣

8 数据整理

各承试单位负责其测试点内所有测试数据的统计分析。

9 总结报告

各承试单位于每年11月10日之前将填写完整的原始数据记录表及试验总结报告上交省级草原技术推广部门，各省级草原技术推广部门于当年11月20日之前将汇总结果（纸质版和电子版）上交全国畜牧总站。

10 试验报废

各承试单位有下列情形之一的，该点区域试验作全部或部分报废处理：

因不可抗拒因素（如自然灾害等）造成试验不能正常进行；

其他严重影响试验科学性的因素造成试验结果与客观事实不符的试验。

因不可抗拒原因报废的试验点，承试单位应及时通过省级草原技术推广部门向全国畜牧总站提供书面报告。

1. 腾格里无芒隐子草

腾格里无芒隐子草是兰州大学2011年申请参加国家草品种区域试验的野生栽培品种。2012—2015年选用美洲虎3号高羊茅作为对照品种，在内蒙古多伦、内蒙古鄂尔多斯、甘肃高台、甘肃庆阳、新疆呼图壁安排5个试验站（点）进行国家草品种区域试验。2016年通过全国草品种审定委员会审定，为野生栽培品种。其试验结果见表2-104。

表 2-104　参试品种（系）草坪质量表

地点	年份	参试品种（系）	密度（分蘖枝条/cm²）		质地（叶宽）（mm）		均一性（分）		颜色（分）		盖度（%）		越夏性（%）	越冬性（%）	抗病性（分）	抗虫性（分）
			6月	9月	6月	9月	6月	9月	6月	9月	6月	9月				
内蒙古多伦	2013	腾格里无芒隐子草	—	1.06	—	2.22		1.88		3.38		54.75			8.23	8.55
		美洲虎3号高羊茅	—	1.49	—	3.27		4.55		5.55		86.25			8.08	8.23
	2014	腾格里无芒隐子草	—	—	—	—	—	—	—	—	—	—	—	—	—	—
		美洲虎3号高羊茅	—	—	—	—	—	—	—	—	—	—	—	—	—	—
	2015	腾格里无芒隐子草	—	—	—	—	—	—	—	—	—	—	—	—	—	—
		美洲虎3号高羊茅	—	—	—	—	—	—	—	—	—	—	—	—	—	—
内蒙古鄂尔多斯	2013	腾格里无芒隐子草	—	0.83	—	2.53	—	4.79	—	4.50	—	62.50	—	—	6.00	8.00
		美洲虎3号高羊茅	—	1.25	—	7.28	—	6.75	—	6.91	—	82.50	—	—	8.00	8.00
	2014	腾格里无芒隐子草	1.29	—	2.11	—	6.58	3.17	6.25	4.17	78.75	—	—	—	8.00	6.33
		美洲虎3号高羊茅	1.30	—	7.92	—	7.50	6.71	7.42	6.67	80.00	—	—	—	8.00	8.00
	2015	腾格里无芒隐子草	0.97	0.75	2.30	2.11	7.17	4.92	4.88	2.83	78.75	60.00	100.00	100.00	无病害	无虫害
		美洲虎3号高羊茅	1.02	0.97	6.73	8.01	7.50	7.50	7.42	7.33	85.00	82.50	100.00	100.00	无病害	无虫害
甘肃高台	2013	腾格里无芒隐子草	0.73	0.81	2.20	2.46	7.58	8.50	6.50	6.25	92.50	92.50	—	—	未发生	未发生
		美洲虎3号高羊茅	0.47	0.51	4.90	5.52	3.08	5.08	8.58	8.33	67.50	80.00	—	—	未发生	未发生
	2014	腾格里无芒隐子草	0.73	0.80	2.57	2.67	7.58	8.50	6.50	6.25	91.25	92.50	—	—	未发生	未发生
		美洲虎3号高羊茅	0.47	0.51	5.73	5.81	3.08	5.08	8.58	8.33	63.75	80.00	—	—	未发生	未发生

（续）

地点	年份	参试品种（系）	密度（分蘖枝条/cm²）		质地（叶宽）（mm）		均一性（分）		颜色（分）		盖度（%）		越夏性（%）	越冬性（%）	抗病性（分）	抗虫性（分）
			6月	9月	6月	9月	6月	9月	6月	9月	6月	9月				
甘肃高台	2015	腾格里无芒隐子草	0.73	0.86	2.49	2.54	7.58	8.50	4.75	5.00	90.00	91.25	—	98.50	未发生	未发生
		美洲虎3号高羊茅	0.51	0.53	5.89	6.88	3.25	5.08	7.67	7.67	56.25	62.50	—	82.75	未发生	未发生
甘肃庆阳	2013	腾格里无芒隐子草	—	0.36	—	2.14	—	4.75	—	3.75	—	81.25	—	—	未发生	未发生
		美洲虎3号高羊茅	—	0.27	—	4.41	—	6.25	—	6.50	—	96.25	—	—	未发生	未发生
	2014	腾格里无芒隐子草	0.62	0.83	1.91	2.08	7.50	6.50	4.50	2.50	88.75	95.00	—	98.53	未发生	未发生
		美洲虎3号高羊茅	0.58	0.73	5.16	7.03	6.75	8.00	6.50	8.50	80.00	87.50	—	81.89	未发生	未发生
	2015	腾格里无芒隐子草	1.23	1.33	2.13	2.36	7.75	6.25	5.00	4.25	97.50	100.00	—	98.68	未发生	未发生
		美洲虎3号高羊茅	0.96	0.94	6.24	7.32	5.13	4.75	8.38	8.13	86.25	86.25	—	94.28	未发生	未发生
新疆呼图壁	2013	腾格里无芒隐子草	—	—	—	—	—	—	—	—	—	—	—	—	—	—
		美洲虎3号高羊茅	—	—	—	—	—	—	—	—	—	—	—	—	—	—
	2014	腾格里无芒隐子草	7.45	—	3.87	—	3.67	—	8.83	—	18.68	—	86.02	90.80	—	—
		美洲虎3号高羊茅	7.06	—	2.34	—	2.75	—	8.42	—	18.33	—	83.45	85.63	—	—
	2015	腾格里无芒隐子草	7.82	12.65	3.83	1.73	3.25	4.25	9.00	9.00	30.35	36.75	87.33	91.75	9.00	9.00
		美洲虎3号高羊茅	7.43	10.81	2.30	1.58	3.00	3.50	8.33	9.00	32.33	30.00	89.25	88.75	9.00	9.00

（五十）结缕草品种区域试验实施方案（2015 年）

1 试验目的

客观、公正、科学地评价结缕草参试品种的坪用性状、适应性和抗性，为新草品种审定和推广应用提供科学依据。

2 试验安排

2.1 试验点

安排广东广州、江苏南京、海南儋州、湖北武汉等 4 个试验点。

2.2 参试品种

编号为 2015CP20501、2015CP20502、2015CP20503 和 2015CP20504 共 4 个品种。

3 试验设置

3.1 试验地选择

应尽可能代表所在试验区的气候、土壤和栽培条件等。选择地势平整、土壤肥力中等且均匀、前茬作物一致、无严重土传病害、具有良好排灌条件（雨季无积水）、四周无高大建筑物或树木影响的地块。

3.2 试验设计

3.2.1 试验周期

2015 年起，试验不少于 3 个完整的生产周年。

3.2.2 小区面积

试验小区面积为 $4m^2$（2m×2m）。

3.2.3 小区布置

采用随机区组设计，4 次重复，同一区组应放在同一地块，试验点整个试验地四周设 1m 保护行。建议小区布置按照附录 C 执行。

4 坪床准备

4.1 翻耕与粗平整

选择确定试验地后，应进行彻底清理，翻耕与粗平整。栽植前，应充分灌溉坪床，湿润层保持在 10cm 以上。

4.2 精细平整

待坪床表面稍干后，浅耙，打碎土块，使土粒不超过黄豆粒大小，并进行细平整。

4.3 表面覆沙

为了保证提高修剪的效果，有条件的试验点应在精细平整试验地后，覆河沙或江沙2～5cm。

5 播种

5.1 栽种方法

采用营养体条栽。用开沟器等横截面较小的工具开沟，行距 10cm，将种茎剪成 3～5cm

具芽茎段，均匀铺在沟内，然后用沙或土覆盖，盖后必须镇压。无镇压设备时，可用脚踩，但脚踩力度应尽量均匀一致，且无遗漏。及时喷灌，保证种床湿润（播种量约为0.3～0.5kg/m^{2}种茎）。

5.2 栽种时间

春末、夏初适时栽种。

6 田间管理

6.1 一般原则

田间操作时，同一项技术措施应在同一天完成。同项技术措施无法在同一天完成时，同一区组的该项措施必须在同一天完成。

6.2 成坪前管理

栽种后及时清除杂草，缺苗小区应及时进行补栽。到草坪覆盖度达到70%以上、高度6～7cm时，可进行初剪，留茬高度5cm，直至完全覆盖成坪。

6.3 成坪后管理

同一试验的养护管理措施要求及时、一致，每一项养护管理操作应在同一天内完成。养护管理应达到当地中等水肥管理水平，以保证参试材料能够正常生长。

6.3.1 施肥

6.3.1.1 施肥时间

在草坪生长季节，根据土壤及草坪生长情况适时施肥。

6.3.1.2 施肥量与次数

综合土壤肥力、生长季长短、修剪等因素平衡施肥，避免参试品种出现营养元素缺乏症状。对于肥力中等的土壤，全年施肥6次，其中春季返青肥1次（尿素：10g/m^2），夏肥6月至8月追肥4次（尿素：10g/m^2/次），最后1次剪草后施用秋肥1次，施用复合肥（N、P、K比例为25∶25∶25），用量为40g/m^2。

6.3.1.3 施肥方法

在草坪草叶面干燥时，人工分次均匀撒施，应进行肥料撒施应均匀，施肥后应及时灌水。

6.3.2 浇水

6.3.2.1 水源

应采用清洁的地下水或地表水，不应使用未经处理的污水灌溉。

6.3.2.2 浇水方式

喷灌。

6.3.2.3 浇水时间

盛夏高温季节，宜早晨凉爽时灌溉，而温度较低的早春和秋冬季，在中午灌溉。应注意在春季返青后和冬季休眠前根据降水情况进行灌溉。

6.3.2.4 浇水量及频率

根据土壤、气候等因素确定，应避免参试品种出现明显的干旱胁迫症状。当土壤出现裂痕或叶片轻度萎蔫、失去光泽、变成灰绿色时应及时喷灌，每次浇水量以土壤表层10cm浸湿为宜。干旱、高温季节适当增加浇水次数，降水量高的地区适当减少浇水次数。普通干旱情况下，一般 1 周浇水 1 次；温度较低时，可每隔 10d 左右浇水 1 次。

6.3.3　修剪

参试品种在生长季内的修剪频率取决于草坪草的生长速度，修剪应遵照 1/3 原则，株高达到 5～6cm 时进行修剪，修剪（留茬）高度 4cm。修剪应在草坪草叶片和地表土干爽时进行。每次修剪后，应及时清除残留在坪面上的草屑，保持坪面清洁。

6.3.4　病虫害防治

一般不进行病虫害预防，以免掩盖试验材料的抗病虫性。发生病虫害后可根据病虫害种类，喷洒高效低毒药剂治疗，防止病虫害进一步蔓延，并记录病虫危害的大体情况及喷施药剂的时间及种类。

6.3.5　杂草防除

应及时防除小区中的杂草，可人工拔除或采用高效低毒的药剂防除。苗期采用人工除草。

7　观测记载项目

按附录 A 的要求进行田间观察，并记载当日所做的田间工作，整理填写入表。

8　数据汇总

对当年所有观测数据进行审核汇总，填写附录 B 中的表格。

9　总结报告

各试验点于每年 11 月 20 日之前将全部试验数据和填写完整的附录 B 提交本省区项目组织单位审核，项目组织单位于 11 月 30 日之前将以上材料（纸质及电子版）提交全国畜牧总站。

10　试验报废

有下列情形之一的，该试验组做全部或部分报废处理：

因不可抗拒因素（如自然灾害等）造成试验不能正常进行；

同品种缺苗率超过 15%的小区有 2 个或 2 个以上；

其他严重影响试验科学性情况的。

试验期间，因以上原因造成试验报废的，试验点应及时通过本省区项目组织单位向全国畜牧总站提供详细的书面报告。

1. 苏植 3 号杂交结缕草

苏植 3 号杂交结缕草（*Z. sinica* Hance×*Z. matrella*（L.）Merr. ‘Suzhi No. 3’）是江苏省中国科学院植物研究所 2011 年申请参加国家草品种区域试验的育成品种。2011—2014 年选用上海结缕草、苏植 1 号结缕草作为对照品种，在北京双桥、湖北武汉、江苏南京、广东广州安排 4 个试验站（点）进行国家草品种区域试验。2015 年通过全国草品种审定委员会审定，为育成品种。其区域试验结果见表 2－105。

表 2-105 参试品种（系）草坪质量表

地点	年份	参试品种（系）	密度（分蘖枝条/cm²）		质地（叶宽）（mm）		均一性（分）		颜色（分）		盖度（%）		越夏性（%）	越冬性（%）	抗病性（分）	抗虫性（分）
			6月	9月	6月	9月	6月	9月	6月	9月	6月	9月				
北京双桥	2012	苏植3号杂交结缕草	—	2.23	—	3.13	—	7	—	7	—	97.0	100.0	87.4	9	9
		上海结缕草	—	2.21	—	2.71	—	8	—	7	—	99.0	100.0	90.2	9	9
		苏植1号结缕草	—	2.17	—	2.83	—	7	—	7	—	99.0	100.0	81.9	9	9
	2013	苏植3号杂交结缕草	2.27	2.26	2.26	2.50	7	8	7	7	87.5	100.0	100.0	73.8	9	9
		上海结缕草	2.33	2.35	2.11	2.53	6	8	7	7	85.0	100.0	100.0	62.5	9	9
		苏植1号结缕草	2.12	2.16	2.24	2.48	7	8	7	7	87.5	100.0	100.0	70.0	9	9
	2014	苏植3号杂交结缕草	2.35	2.38	1.99	2.03	7	8	7	7	87.5	100.0	100.0	73.8	9	9
		上海结缕草	2.33	2.48	1.84	1.93	7	8	7	7	87.5	100.0	100.0	78.8	9	9
		苏植1号结缕草	2.29	2.24	1.97	2.26	7	8	7	7	88.8	100.0	100.0	75.0	9	9
湖北武汉	2012	苏植3号杂交结缕草	2.91	3.03	2.28	2.36	7	6	8	7	95.0	100.0	94.0	100.0	9	9
		上海结缕草	3.01	2.92	2.39	2.07	8	7	8	7	98.0	100.0	94.0	100.0	9	9
		苏植1号结缕草	2.72	2.55	2.72	2.58	7	7	8	7	98.0	100.0	94.0	100.0	9	9
	2013	苏植3号杂交结缕草	2.24	3.44	2.65	1.94	7	8	7	7	100.0	100.0	100.0	100.0	9	9
		上海结缕草	2.69	3.48	2.18	1.96	8	7	7	7	100.0	100.0	100.0	100.0	9	9
		苏植1号结缕草	2.40	2.93	2.81	2.49	8	8	7	7	100.0	100.0	100.0	100.0	9	9
	2014	苏植3号杂交结缕草	2.07	1.82	2.41	1.98	8	7	8	7	100.0	100.0	100.0	100.0	9	9
		上海结缕草	2.22	1.96	2.30	1.95	8	7	7	7	100.0	100.0	100.0	100.0	9	9
		苏植1号结缕草	1.69	1.58	2.72	2.47	8	7	7	7	100.0	100.0	100.0	100.0	9	9

（续）

地点	年份	参试品种（系）	密度（分蘖枝条/cm²）		质地（叶宽）（mm）		均一性（分）		颜色（分）		盖度（%）		越夏性（%）	越冬性（%）	抗病性（分）	抗虫性（分）
			6月	9月	6月	9月	6月	9月	6月	9月	6月	9月				
江苏南京	2012	苏植3号杂交结缕草	3.49	3.93	2.95	2.42	7	7	7	7	99.2	100.0	100.0	100.0	9	9
		上海结缕草	3.20	3.51	2.97	2.54	7	7	7	7	99.2	100.0	100.0	100.0	9	9
		苏植1号结缕草	3.02	3.47	3.51	3.38	7	7	7	7	98.3	98.8	100.0	100.0	9	9
	2013	苏植3号杂交结缕草	4.57	4.92	2.06	2.33	7	7	6	6	97.5	95.0	100.0	—	9	9
		上海结缕草	4.33	4.49	2.16	2.41	7	7	6	6	97.9	96.7	100.0	—	9	9
		苏植1号结缕草	4.21	4.84	2.65	2.72	7	6	7	6	98.3	94.6	100.0	—	9	9
	2014	苏植3号杂交结缕草	5.50	5.46	2.01	1.77	6	7	7	7	96.7	98.3	100.0	89.9	9	9
		上海结缕草	4.38	5.16	2.13	1.97	7	7	7	7	97.1	97.5	100.0	84.9	9	9
		苏植1号结缕草	3.93	4.28	2.66	2.35	6	7	7	7	91.7	98.3	100.0	81.1	9	9
广东广州	2012	苏植3号杂交结缕草	2.65	2.51	2.08	2.04	8	6	8	6	98.3	93.5	95.0	97.0	8	8
		上海结缕草	2.67	2.47	2.10	1.97	8	6	8	6	97.3	93.0	96.0	96.0	8	8
		苏植1号结缕草	2.58	2.21	2.93	2.76	8	6	7	6	97.8	94.4	96.0	99.0	8	8
	2013	苏植3号杂交结缕草	0.99	1.01	2.99	2.68	8	8	8	9	96.3	97.0	100.0	100.0	8	8
		上海结缕草	1.04	1.05	2.34	1.94	8	8	8	9	96.8	97.1	100.0	100.0	9	8
		苏植1号结缕草	1.24	1.11	2.79	2.44	8	8	8	9	97.5	98.5	100.0	100.0	8	8
	2014	苏植3号杂交结缕草	—	—	—	—	—	—	—	—	—	—	—	—	—	—
		上海结缕草	—	—	—	—	—	—	—	—	—	—	—	—	—	—
		苏植1号结缕草	—	—	—	—	—	—	—	—	—	—	—	—	—	—

2. 广绿结缕草

广绿结缕草是华南农业大学申请参加2014年国家草品种区域试验的新品系。2015—2017年，选用苏植1号结缕草和兰引3号结缕草为对照品种，分别在广东广州、江苏南京、福建建阳和海南儋州4个试验点进行了国家草品种区域试验。2018年通过全国草品种审定委员会审定，为育成品种。其区域试验结果见表2-106。

表 2-106 参试品种（系）草坪质量表

地点	年份	参试品种	密度（分蘖枝条/cm^2）		质地（叶宽）（mm）		均一性（分）		颜色（分）		盖度（%）		越夏性（%）	越冬性（%）	抗病性（分）	抗虫性（分）
			6月	9月	6月	9月	6月	9月	6月	9月	6月	9月				
广东广州	2015	广绿结缕草	—	1.93	—	3.25	—	7.83		8.10	—	100.00	100.00	—	9.00	9.00
		苏植1号结缕草	—	1.75	—	3.05		6.55		7.63	—	81.25	100.00	—	9.00	9.00
		兰引3号结缕草	—	1.94	—	3.78		8.13		7.98	—	100.00	100.00	—	9.00	9.00
	2016	广绿结缕草	1.09	2.38	3.31	3.00	7.63	7.13	8.21	7.04	91.40	92.85	99.24	100.00	9.00	8.17
		苏植1号结缕草	1.44	2.46	3.28	3.23	7.17	7.38	8.17	7.04	89.95	87.88	96.83	100.00	9.00	8.10
		兰引3号结缕草	1.32	2.50	3.55	3.79	7.17	7.38	8.17	7.50	95.00	93.55	97.73	100.00	9.00	8.13
	2017	广绿结缕草	1.59	1.96	3.18	3.19	6.71	7.46	6.96	7.63	97.00	98.50	98.92	100.00	8.85	8.10
		苏植1号结缕草	1.74	2.05	3.14	3.07	7.13	7.88	7.33	7.88	98.50	97.75	100.00	100.00	8.90	8.50
		兰引3号结缕草	1.81	1.93	3.24	3.39	7.25	7.88	7.38	8.17	97.75	99.25	99.20	100.00	8.71	8.50
江苏南京	2015	广绿结缕草	—	3.28	—	3.33	—	6.38	—	6.38	—	96.67	—	—	9.00	9.00
		苏植1号结缕草	—	3.59	—	3.21	—	6.63	—	6.67	—	97.92	—	—	9.00	9.00
		兰引3号结缕草	—	2.97	—	3.81	—	7.17	—	6.38	—	100.00	—	—	9.00	9.00
	2016	广绿结缕草	—	—	—	3.25	2.29	4.29	5.50	6.17	5.00	63.75	100.00	6.25	9.00	9.00
		苏植1号结缕草	2.69	3.55	2.89	2.72	5.92	6.42	6.04	6.25	97.50	100.00	100.00	85.00	9.00	9.00
		兰引3号结缕草	2.33	2.28	3.67	3.27	5.92	5.67	6.63	6.38	95.00	100.00	100.00	80.42	9.00	9.00
	2017	广绿结缕草	2.73	2.07	2.96	2.96	5.42	6.00	6.25	6.29	90.83	98.25	100.00	100.00	9.00	9.00
		苏植1号结缕草	3.12	2.76	2.72	2.48	7.08	7.25	6.71	6.42	99.58	100.00	100.00	100.00	9.00	9.00
		兰引3号结缕草	2.12	2.04	3.47	3.12	6.75	7.17	6.67	6.42	98.75	100.00	100.00	100.00	9.00	9.00

（续）

地点	年份	参试品种	密度（分蘖枝条/cm^2）		质地（叶宽）（mm）		均一性（分）		颜色（分）		盖度（%）		越夏性（%）	越冬性（%）	抗病性（分）	抗虫性（分）
			6月	9月	6月	9月	6月	9月	6月	9月	6月	9月				
福建建阳	2015	广绿结缕草	—	1.50	—	3.44	—	7.50	—	7.75	—	95.00	100.00	—	9.00	9.00
		苏植1号结缕草	—	1.71	—	3.10	—	7.67	—	8.00	—	97.75	100.00	—	9.00	9.00
		兰引3号结缕草	—	1.55	—	3.88	—	8.00	—	8.00	—	97.00	100.00	—	9.00	9.00
	2016	广绿结缕草	1.61	1.29	3.09	3.48	7.92	7.08	7.92	7.67	95.25	89.00	100.00	50.00	9.00	9.00
		苏植1号结缕草	1.62	1.96	2.81	2.99	7.25	7.92	7.42	7.83	94.75	95.25	100.00	85.00	9.00	9.00
		兰引3号结缕草	1.66	1.33	3.38	3.69	7.67	8.00	8.08	7.92	95.75	95.25	100.00	94.00	9.00	9.00
	2017	广绿结缕草	1.88	1.15	3.24	3.23	7.50	7.42	7.58	7.83	94.75	89.50	100.00	89.00	9.00	9.00
		苏植1号结缕草	2.01	1.24	2.91	2.95	7.17	7.58	7.08	7.42	95.25	95.75	100.00	100.00	9.00	9.00
		兰引3号结缕草	1.86	1.07	3.5	3.53	7.17	8.50	7.33	8.83	95.25	95.50	100.00	100.00	9.00	9.00
海南儋州	2015	广绿结缕草	—	1.98	—	3.49	—	8.75	—	8.58	—	100.00	—	100.00	9.00	9.00
		苏植1号结缕草	—	2.74	—	3.30	—	8.96	—	8.58	—	100.00	—	100.00	9.00	9.00
		兰引3号结缕草	—	1.91	—	3.97	—	8.79	—	8.58	—	100.00	—	100.00	9.00	9.00
	2016	广绿结缕草	2.86	2.21	3.60	3.45	8.04	7.33	8.17	8.08	100.00	100.00	100.00	100.00	9.00	9.00
		苏植1号结缕草	2.52	1.91	3.33	3.04	8.13	7.33	8.04	7.88	100.00	100.00	100.00	100.00	9.00	9.00
		兰引3号结缕草	2.01	1.77	4.10	3.65	7.75	7.50	8.50	8.13	100.00	100.00	100.00	100.00	9.00	9.00
	2017	广绿结缕草	1.59	1.99	3.47	3.60	7.42	7.75	8.33	9.00	100.00	100.00	100.00	100.00	9.00	9.00
		苏植1号结缕草	1.94	2.14	2.93	1.97	8.33	8.50	8.67	8.83	100.00	100.00	100.00	100.00	9.00	9.00
		兰引3号结缕草	1.32	1.66	3.82	2.78	7.92	8.25	8.42	8.83	100.00	100.00	100.00	100.00	9.00	9.00

3. 苏植5号结缕草

“苏植5号”结缕草是江苏省中国科学院植物研究所申请参加2014年国家草品种区域试验的新品系。2015—2017年，选用“苏植1号”结缕草和“兰引3号”结缕草为对照品种，分别在广东广州、江苏南京、福建建阳和海南儋州4个试验点进行了国家草品种区域试验。2018年通过全国草品种审定委员会审定，为育成品种。其区域试验结果见表2-107。

表 2-107 参试品种（系）草坪质量表

地点	年份	参试品种	密度（分蘖枝条/cm^2）		质地（叶宽）（mm）		均一性（分）		颜色（分）		盖度（%）		越夏性（%）	越冬性（%）	抗病性（分）	抗虫性（分）
			6月	9月	6月	9月	6月	9月	6月	9月	6月	9月				
广东广州	2015	“苏植5号”结缕草	—	7.51	—	1.62	—	5.78		6.70	—	—	100.00	—	9.00	9.00
		“苏植1号”结缕草	—	1.75	—	3.05		6.55		7.63	—	—	100.00	—	9.00	9.00
		“兰引3号”结缕草	—	1.94	—	3.78		8.13		7.98	—	—	100.00	—	9.00	9.00
	2016	“苏植5号”结缕草	3.49	3.84	1.80	1.79	6.58	7.38	7.71	6.92	77.10	98.55	100.00	100.00	9.00	7.30
		“苏植1号”结缕草	1.44	2.46	3.28	3.23	7.17	7.38	8.17	7.04	89.95	87.88	96.83	100.00	9.00	8.10
		“兰引3号”结缕草	1.32	2.50	3.55	3.79	7.17	7.38	8.17	7.50	95.00	93.55	97.73	100.00	9.00	8.13
	2017	“苏植5号”结缕草	3.01	4.77	1.86	1.89	6.21	7.54	6.67	7.54	99.00	99.50	99.21	100.00	8.79	8.10
		“苏植1号”结缕草	1.74	2.05	3.14	3.07	7.13	7.88	7.33	7.88	98.50	97.75	100.00	100.00	8.90	8.50
		“兰引3号”结缕草	1.81	1.93	3.24	3.39	7.25	7.88	7.38	8.17	97.75	99.25	99.20	100.00	8.71	8.50
江苏南京	2015	“苏植5号”结缕草	—	7.04	—	1.78	—	5.71	—	6.75	—	96.25	—	—	9.00	9.00
		“苏植1号”结缕草	—	3.59	—	3.21	—	6.63	—	6.67	—	97.92	—	—	9.00	9.00
		“兰引3号”结缕草	—	2.97	—	3.81	—	7.17	—	6.38	—	100.00	—	—	9.00	9.00
	2016	“苏植5号”结缕草	7.00	8.10	1.70	1.61	5.79	6.38	6.08	6.13	92.50	100.00	100.00	89.58	9.00	9.00
		“苏植1号”结缕草	2.69	3.55	2.89	2.72	5.92	6.42	6.04	6.25	97.50	100.00	100.00	85.00	9.00	9.00
		“兰引3号”结缕草	2.33	2.28	3.67	3.27	5.92	5.67	6.63	6.38	95.00	100.00	100.00	80.42	9.00	9.00
	2017	“苏植5号”结缕草	4.89	6.66	1.66	1.50	7.58	7.21	6.58	6.38	100.00	100.00	100.00	100.00	9.00	9.00
		“苏植1号”结缕草	3.12	2.76	2.72	2.48	7.08	7.25	6.71	6.42	99.58	100.00	100.00	100.00	9.00	9.00
		“兰引3号”结缕草	2.12	2.04	3.47	3.12	6.75	7.17	6.67	6.42	98.75	100.00	100.00	100.00	9.00	9.00

（续）

地点	年份	参试品种	密度（分蘖枝条/cm²）		质地（叶宽）（mm）		均一性（分）		颜色（分）		盖度（%）		越夏性（%）	越冬性（%）	抗病性（分）	抗虫性（分）
			6月	9月	6月	9月	6月	9月	6月	9月	6月	9月				
福建建阳	2015	“苏植5号”结缕草	—	3.71	—	1.71	—	7.25	—	8.67	—	99.75	100.00	—	9.00	9.00
		“苏植1号”结缕草	—	1.71	—	3.10	—	7.67	—	8.00	—	97.75	100.00	—	9.00	9.00
		“兰引3号”结缕草	—	1.55	—	3.88	—	8.00	—	8.00	—	97.00	100.00	—	9.00	9.00
	2016	“苏植5号”结缕草	2.69	3.35	1.54	1.70	8.50	8.50	8.50	8.58	96.75	98.50	100.00	85.00	9.00	9.00
		“苏植1号”结缕草	1.62	1.96	2.81	2.99	7.25	7.92	7.42	7.83	94.75	95.25	100.00	94.00	9.00	9.00
		“兰引3号”结缕草	1.66	1.33	3.38	3.69	7.67	8.00	8.08	7.92	95.75	95.25	100.00	89.00	9.00	9.00
	2017	“苏植5号”结缕草	3.39	1.96	1.66	1.81	8.50	7.42	8.50	7.58	96.00	91.00	100.00	100.00	9.00	9.00
		“苏植1号”结缕草	2.01	1.24	2.91	2.95	7.17	7.58	7.08	7.42	95.25	95.75	100.00	100.00	9.00	9.00
		“兰引3号”结缕草	1.86	1.07	3.5	3.53	7.17	8.50	7.33	8.83	95.25	95.50	100.00	100.00	9.00	9.00
海南儋州	2015	“苏植5号”结缕草	—	3.89	—	2.07	—	7.54	—	8.75	—	100.00	—	100.00	9.00	9.00
		“苏植1号”结缕草	—	2.74	—	3.30	—	8.96	—	8.58	—	100.00	—	100.00	9.00	9.00
		“兰引3号”结缕草	—	1.91	—	3.97	—	8.79	—	8.58	—	100.00	—	100.00	9.00	9.00
	2016	“苏植5号”结缕草	5.25	4.49	2.00	1.87	8.17	7.58	7.33	8.04	100.00	100.00	100.00	100.00	9.00	9.00
		“苏植1号”结缕草	2.52	1.91	3.33	3.04	8.13	7.33	8.04	7.88	100.00	100.00	100.00	100.00	9.00	9.00
		“兰引3号”结缕草	2.01	1.77	4.10	3.65	7.75	7.50	8.50	8.13	100.00	100.00	100.00	100.00	9.00	9.00
	2017	“苏植5号”结缕草	4.44	6.03	1.98	1.97	7.25	8.42	8.42	8.50	100.00	100.00	100.00	100.00	9.00	9.00
		“苏植1号”结缕草	1.94	2.14	2.93	2.78	8.33	8.50	8.67	8.83	100.00	100.00	100.00	100.00	9.00	9.00
		“兰引3号”结缕草	1.32	1.66	3.82	2.98	7.92	8.25	8.42	8.83	100.00	100.00	100.00	100.00	9.00	9.00

（五十二）山麦冬品种区域试验实施方案（2009年）

1 试验目的

客观、公正、科学地评价山麦冬参试品种的观赏性、适应性、抗性及其利用价值，为国家观赏草品种审定提供依据。

2 试验安排及参试品种

2.1 试验区域及试验点

区域试验在华北、东北、西北开展，试验点6个。

2.2 参试品种（系）

山麦冬、麦冬。

3 试验设置

3.1 试验地的选择

应尽可能代表所在试验区的气候、土壤和栽培条件等，选择地势平整、土壤肥力中等且均匀、具有良好排灌条件、四周无高大建筑物或树木影响的地块。无严重的杂草及土传病害发生。

3.2 试验设计

3.2.1 试验小区面积

山麦冬试验小区面积为$4m^2$（2.0m×2.0m），小区间距0.5m，试验地四周设0.5m保护行。

3.2.2 小区设置

采用随机区组试验设计，4次重复，试验区应设置在同一地块。

3.3 试验期

2008年起，不少于3个生产周年。本年度为第2个周年。

4 栽植及养护管理

4.1 时间

3月下旬到5月上旬栽植。

4.2 栽植方法

采用分栽法种植。先将分栽苗多余须根剪去，穴栽，株行距为15cm×15cm，深度为7～10cm，栽后覆土，压紧踏实，栽后立即浇透水一次，并保持土壤湿润，直到植株成活为止。

4.3 种植后的养护管理

山麦冬管理较粗放。除了在移栽后浇透水，在春前和冬前各灌溉一次外，正常情况下无需灌溉。可适当施肥，在种植当年，可在6—7月追施过磷酸钙（P_2O_5含量14%～16%）和硫酸钾（K_2O含量50%～54%）1次，比例为6∶4，施肥量为$75g/m^2$。养护管理应达到当地中等水肥管理水平，以保证参试材料能够正常生长。

5 记载项目和标准

5.1 田间物候期观测

5.1.1 返青期

越冬后，50%的植株返青的日期。

5.1.2 花葶出现期

10%的植株花葶出现的日期。

5.1.3 开花盛期

80%的植株花序展开的日期。

5.1.4 枯黄期

50%的植株枯黄的日期。

5.1.5 绿色期

用天数表示，在正常养护管理条件下测定品种从50%的植株萌芽（返青）到50%的植株枯黄的持续天数。

5.2 形态特征观测

评价项目包括观赏性、适应性和质量综合评分3个方面。目测打分时，观测人员不少于3人，每人独立打分，最后采用多人观测值的平均数。评分时，9分为最优，1分为最差。

5.2.1 株高

开花盛期时的叶层自然高度。每个小区随机测定10株，以cm计。

5.2.2 花葶高度

开花盛期时的花葶自然高度。每个小区随机测定10株，以cm计。

5.2.3 叶色

采用目测打分法，每季度测定1次，评分标准如下：

叶色分级表

等级	评分	指标
1	9～8	墨绿
2	6～7	深绿
3	4～5	绿
4	2～3	浅绿
5	1	黄绿

5.2.4 叶宽

采用实测法，测量叶片最宽处的宽度，每个小区测定样本数30个，计算平均值，生长季节每月测定1次。

5.2.5 一致性

采用目测打分法。每季度测定1次，评分标准如下：

一致性分级表

等级	评分	指　标
1	9～8	很均匀整齐一致
2	6～7	较均匀整齐一致
3	4～5	基本均匀整齐一致
4	2～3	不均匀整齐一致
5	1	极不均匀整齐一致

5.2.6 盖度

采用目测打分法。每季度测定1次。具体评分标准如下：

盖度分级表

等级	评分	评分依据
1	9～8	盖度在75%以上
2	6～7	55%～75%
3	4～5	20%～54%
4	2～3	20%以下
5	1	植株个体甚少或者几乎无覆盖

5.2.7 花序美观度

采用目测打分法。盛花期测定1次，评分标准如下：

山麦冬花序美观度分级表

等级	评分	指标（每株花序数）
1	8～9	多且很美
2	6～7	多且美
3	4～5	适中
4	2～3	略少
5	1	少

5.3 质量综合评价方法

5.3.1 抗性评价方法与标准

山麦冬抗性评价包括：抗旱性、越冬性、抗病性以及抗虫性。具体观测标准如下：

5.3.1.1 抗旱性

采用目测打分法。在自然干旱季节进行，抗旱性分级标准如下：

抗旱性分级表

等级	评分	指标
1	9～8	强
2	6～7	较强
3	4～5	中等
4	2～3	较弱
5	1	弱

5.3.1.2 越夏性

采用实测法，用越夏率表示。在当地最炎热的季节之前与之后，分别调查记载小区内的存活植株数，并计算越夏率。

越夏率＝越夏后植株数÷越夏前植株数×100%

5.3.1.3 越冬性

采用实测法，用越冬率表示。在入冬前及次年返青后分别调查记载小区中存活植株数。

越冬率＝次年返青后存活植株数÷入冬前存活植株数×100%

5.3.1.4 抗病性

采用目测打分法，在病害发生较严重的时期目测山麦冬病害发生情况。抗病性分级标准如下：

抗病性分级表

等级	评分	指标
1	9～8	高抗
2	6～7	中抗
3	4～5	感病
4	2～3	中感
5	1	高感

5.3.1.5 抗虫性

采用目测打分法，在虫害发生较严重的时期目测山麦冬的虫害发生情况。抗虫性分级标准如下：

抗虫性分级表

等级	评分	指标
1	9～8	高抗
2	6～7	中抗
3	4～5	低感
4	2～3	中感
5	1	高感

5.4 观赏性状评价方法与标准

将山麦冬叶色、质地、一致性、盖度、绿色期、花序美观度等得分平均得到山麦冬观赏价值总评分。并根据参试品种（系）是否具有独特的观赏性状表现及特点进行文字描述。

6 数据整理

各承试单位负责其测试点内所有测试数据的统计分析。

7 总结报告

各承试单位于每年 11 月 10 日之前将填写完整的原始数据记录表及试验总结报告上交省级草原技术推广部门，各省级草原技术推广部门于当年 11 月 20 日之前将汇总结果（纸质版和电子版）上交全国畜牧总站。

8 试验报废

各承试单位有下列情形之一的，该点区域试验作全部或部分报废处理：

因不可抗拒因素（如自然灾害等）造成试验不能正常进行；

其他严重影响试验科学性的。

因以上原因造成试验报废，承试单位应及时通过省级草原技术推广部门向全国畜牧总站提供书面报告。

1. 怀柔禾叶山麦冬

怀柔山麦冬（*Liriope graminifolia*（L.）Backer‘Huairou’）是北京市怀柔区市政管委于 2007 年申请参加国家草品种区域试验的新品系。该参试材料在华北、东北、西北、华东区于 2008—2010 年分别安排了 5 个试验点，在北京双桥、甘肃高台、新疆伊犁、山东商河、吉林双辽区域试验站（点）以毛氏麦冬为对照品种开展了区域适应性试验。2011 年通过全国草品种审定委员会审定，为野生栽培品种。见表 2－108。

表 2-108　各试验站（点）形态特征观测表

地点	年度	品种	株高高度（cm）	花葶高度（cm）	叶宽（mm）					叶色（整数）			一致性（整数）			盖度（整数）			花序美观度	平均分级
					5月	6月	7月	8月	9月	4—5月	6—7月	8—9月	4—5月	6—7月	8—9月	4—5月	6—7月	8—9月		
北京双桥	2008	怀柔麦冬	16.17	21.19	—	—	3.79	—	—	—	5	—	—	3	—	—	2	—	—	中
		毛氏麦冬	16.83	12.16	—	—	4.38	—	—	—	3	—	—	3	—	—	3	—	3	中
	2009	怀柔麦冬	33.90	33.40	4.84	4.90	4.72	4.24	4.80	7	8	7	8	8	8	7	8	8	8	良
		毛氏麦冬	20.55	16.92	5.69	5.88	5.41	4.83	5.46	2	4	3	7	7	6	7	8	8	4	中
	2010	怀柔麦冬	34.23	38.50	4.68	4.85	4.40	4.30	4.90	7	8	8	8	8	8	7	8	8	8	优
		毛氏麦冬	30.08	23.73	6.13	6.43	5.70	5.28	5.73	3	4	4	7	7	6	7	8	8	5	良
甘肃高台	2008	怀柔麦冬	—	—	3.80	3.78	3.48	3.05	3.55	4	4	3	3	3	2	1	1	1	—	中
		毛氏麦冬	—	—	6.15	4.60	3.95	4.00	4.68	2	4	2	2	3	2	1	1	1	—	中
	2009	怀柔麦冬	—	—	3.68	3.20	3.53	3.20	2.70	6	6	6	6	5	6	—	—	3	—	中
		毛氏麦冬	—	—	4.53	3.30	3.65	3.78	3.90	3	3	1	1	2	2	—	—	2	—	差
	2010	怀柔麦冬	16.4	18.4	3.80	3.50	3.13	3.15	2.83	5	—	6	5	—	6	2	—	3	5	中
		毛氏麦冬	—	—	5.28	5.03	4.58	3.73	4.25	4	—	3	2	—	2	1	—	1	—	差
新疆伊犁	2008	怀柔麦冬	27.70	16.43	—	—	—	3.44	—	—	6	6	—	5	4	—	—	—	3	中
		毛氏麦冬	19.05	9.75	—	—	—	4.79	—	—	5	4	—	5	4	—	—	—	1	中
	2009	怀柔麦冬	25.23	21.35	—	3.12	3.74	—	3.16	8	8	8	8	8	8	9	9	9	7	优
		毛氏麦冬	18.63	5.23	—	5.25	5.75	—	5.58	5	6	6	6	8	8	9	9	9	5	中
	2010	怀柔麦冬	33.78	24.35	—	2.70	3.00	2.90	—	7	8	8	8	8	8	9	9	9	7	优
		毛氏麦冬	30.45	14.48	—	4.85	5.05	5.10	—	6	7	7	7	8	8	9	9	9	6	良
山东商河	2008	怀柔麦冬	14.08	—	—	—	—	3.50	3.70	—	—	5	—	—	4	—	—	—	—	良
		毛氏麦冬	13.95	—	—	—	—	6.00	5.70	—	—	3	—	—	5	—	—	—	—	良
	2009	怀柔麦冬	24.90	23.65	4.50	4.25	3.75	3.75	2.85	5	6	6	5	6	5	7	8	8	5	良
		毛氏麦冬	17.75	15.48	5.75	5.75	5.00	5.25	2.75	3	4	4	5	6	6	5	7	7	6	良
	2010	怀柔麦冬	23.80	23.50	3.00	3.00	2.50	2.75	2.50	5	8	8	4	6	7	4	7	7	8	良
		毛氏麦冬	17.70	15.80	4.75	4.75	5.00	3.75	3.25	4	6	7	4	8	8	4	8	9	6	中
吉林双辽	2008	怀柔麦冬	12.03	19.27	—	2.30	2.90	3.45	4.20	1	3	5	1	2	3	1	2	4	4	中
		毛氏麦冬	5.00	8.15	—	1.75	2.10	2.20	3.35	1	3	5	1	2	3	1	2	4	4	中

(五十三)沿阶草品种区域试验实施方案(2009年)

1 试验目的

客观、公正、科学地评价沿阶草参试品种的观赏性、适应性、抗性及其利用价值,为国家观赏草品种审定提供依据。

2 试验安排及参试品种

2.1 试验区域及试验点

在全国各地开展,试验点9个。

2.2 参试品种(系)

贵州沿阶草、野生沿阶草、普通沿阶草。

3 试验设置

3.1 试验地的选择

应尽可能代表所在试验区的气候、土壤和栽培条件等,选择地势平整、土壤肥力中等且均匀、具有良好排灌条件、四周无高大建筑物或树木影响的地块。无严重的杂草及土传病害发生。

3.2 试验设计

3.2.1 试验小区面积

试验小区面积为$4m^2$(2m×2m),小区间距0.5m。

3.2.2 小区设置

采用随机区组试验设计,4次重复,试验区应设置在同一地块。

3.2.3 试验期

2009年起,不少于3个生产周年。

4 栽植及养护管理

4.1 栽植时间

可根据当地的气候条件确定栽植时间。建议4月中旬到5月上旬栽植。

4.2 栽植方法

分株穴栽。种苗以2~3株为一丛(各材料应一致),株行距为15cm×15cm,深度为7~10cm,栽后立即浇透水1次,并保持土壤湿润,直到植株成活为止。

4.3 栽植后的养护管理

沿阶草管理较粗放。移栽后浇透水,春前和冬前各灌溉一次,正常情况下视植物生长和降水情况适当灌溉。栽植当年需中耕除草2~3次。综合土壤肥力、生长季长短等因素平衡施肥,避免参试品种(系)出现草坪草营养元素缺乏症状。生长季内施尿素(含氮46%)$20g/m^2$,一次$10g/m^2$,施肥次数不少于2次。养护管理应达到当地中等水肥管理水平,以保证参试材料能够正常生长。

5　记载项目和标准

5.1　田间物候期观测记载项目与标准

5.1.1　返青期

越冬后，有50%的植株返青的日期。

5.1.2　花葶出现期

10%的植株花葶出现的日期。

5.1.3　开花盛期

80%的植株花序展开的日期。

5.1.4　枯黄期

50%的植株枯黄的日期。

5.1.5　绿色期

用天数表示，在正常养护管理条件下测定品种从50%的植株返青到50%的植株枯黄的持续天数。

5.2　形态特征观测记载项目与标准

评价项目包括观赏性、适应性和质量综合评分3个方面。目测打分时，观测人员不少于3人，每人独立打分，最后采用多人观测值的平均数。评分时，9分为最优，1分为最差。

5.2.1　株高

开花盛期时的叶丛自然高度。每个小区随机测定10株，以cm计。

5.2.2　花葶高度

开花盛期时的花葶自然高度。每个小区随机测定10株，以cm计。

5.2.3　叶色

采用目测打分法，每个季度测定1次，评分标准如下：

叶色分级表

等级	评分	指标
1	9～8	墨绿
2	6～7	深绿
3	4～5	绿
4	2～3	浅绿
5	1	黄绿

5.2.4　叶宽

采用实测法，测量叶片最宽处的宽度，每个小区测定样本数为30个，计算平均值，每个季度测定1次。

5.2.5　一致性

一致性是指整个植被的外貌均匀程度，是盖度、颜色、叶宽、花序形态颜色、整齐性等差异程度的综合反映。采用目测打分法。每个季度测定1次，评分标准如下：

一致性分级表

等级	评分	指　标
1	9～8	很均匀整齐一致
2	6～7	较均匀整齐一致
3	4～5	基本均匀整齐一致
4	2～3	不均匀整齐一致
5	1	极不均匀整齐一致

5.2.6　盖度

采用目测打分法。每季度测定1次。具体评分标准如下：

盖度分级表

等级	评分	评分依据
1	9～8	＞75%
2	6～7	55%～75%
3	4～5	20%～54%
4	2～3	＜20%
5	1	植株个体甚少或者几乎裸地

5.2.7　花序美观度

采用目测打分法。盛花期测定1次，评分标准如下：

花序美观度分级表

等级	评分	指标（每株花序数）
1	8～9	多且很美
2	6～7	多且美
3	4～5	适中
4	2～3	略少
5	1	少

5.3　质量综合评价方法

5.3.1　抗性评价方法与标准

抗性评价包括：抗旱性、越冬性、越夏性、抗病性以及抗虫性。具体观测标准如下：

5.3.1.1　抗旱性

采用目测打分法。在自然干旱季节进行目测，抗旱性分级标准如下：

抗旱性分级表

等级	评分	指标
1	9～8	强
2	6～7	较强
3	4～5	中等
4	2～3	较弱
5	1	弱

5.3.1.2　越冬性

采用实测法，用越冬率表示。在入冬前及次年返青后分别调查记载小区中存活植株数。

越冬率＝次年返青后存活植株数÷入冬前存活植株数×100％

5.3.1.3　越夏性率

采用实测法，用越夏率表示。在当地最炎热的季节之前与之后，分别调查记载小区内的存活植株数，并计算越夏率。

越夏率＝越夏后植株数÷越夏前植株数×100％

5.3.1.4　抗病性

采用目测打分法，在病害发生较严重的季节目测沿阶草病害发生情况。抗病性分级标准如下：

抗病性分级表

等级	评分	指标
1	9～8	高抗
2	6～7	中抗
3	4～5	感病
4	2～3	中感
5	1	高感

5.3.1.5　抗虫性

采用目测打分法，在虫害发生较严重的季节目测沿阶草的虫害发生情况。抗虫性分级标准如下：

抗虫性分级表

等级	评分	指标
1	9～8	高抗
2	6～7	中抗
3	4～5	低感
4	2～3	中感
5	1	高感

5.4 观赏性状评价方法与标准

将沿阶草叶色、叶宽、一致性、盖度、绿色期、花序美观度等得分平均得到沿阶草观赏价值总评分。并根据参试品种（系）是否具有独特的观赏性状表现及特点进行文字描述。

6 数据整理

各承试单位负责其测试点内所有测试数据的统计分析。

7 总结报告

各承试单位于每年 11 月 10 日之前将填写完整的原始数据记录表及试验总结报告上交省级草原技术推广部门，各省级草原技术推广部门于当年 11 月 20 日之前将汇总结果（纸质版和电子版）上交全国畜牧总站。

8 试验报废

各承试单位有下列情形之一的，该点区域试验作全部或部分报废处理：

因不可抗拒因素（如自然灾害等）造成试验不能正常进行；

其他严重影响试验科学性的。

因以上原因造成试验报废，承试单位应及时通过省级草原技术推广部门向全国畜牧总站提供书面报告。

1. 剑江沿阶草

剑江沿阶草（*Ophiopogon bodinieri* Levl. ‘Jianjiang’）是贵州省草业研究所于 2009 年申请参加国家草品种区域试验的新品系。该参试材料在华北、东北、西北、华中等区于 2009—2011 年分别安排了 8 个试验点，在区域试验站（点）以野生沿阶草和普通沿阶草为对照品种开展了区域适应性试验。2012 年通过全国草品种审定委员会审定，为野生栽培品种。见表 2－109。

表 2-109 各试验点形态特征观测

地点	年度	品种	株高高度(cm)	花葶高度(cm)	叶宽(mm)											叶色(整数)				一致性(整数)				盖度(整数)				花序美观度	平均分级
					1月	2月	3月	4月	5月	6月	7月	8月	9月	10月	11月	1—3月	4—6月	7—9月	10—12月	1—3月	4—6月	7—9月	10—12月	1—3月	4—6月	7—9月	10—12月		
广东增城	2009	剑江沿阶草	10.63	9.04								1.65		3.13				8	7			8	7			4	5	7	良
		野生沿阶草	10.74	9.03								1.65		3.10				8	8			8	7			4	5	8	良
		普通沿阶草	36.27	22.34								6.83		7.50				7	8			7	7			6	5	8	良
	2010	剑江沿阶草	23.12	9.13					2.89		2.79			2.79			8	7			8	8			9	9		9	良
		野生沿阶草	21.83	9.23					2.91		2.93			2.90			8	9			8	7			9	9		8	良
		普通沿阶草	53.94	22.35					7.87		8.24			8.14			7	8			7	7			9	9		8	优
	2011	剑江沿阶草	36.77	9.09	2.37			2.38				2.52				7	7	7	7	6	7	6	8	9	9	9	9	8	良
		野生沿阶草	31.95	9.16	2.08			2.73				2.59				6	6	6	8	7	7	7	8	9	9	9	9	8	良
		普通沿阶草	61.72	22.33	7.89			7.76				8.18				7	7	7	8	7	7	7	7	9	9	9	9	8	优
江苏南京	2009	剑江沿阶草	8.17										2.76		2.81			6	6			6	6				3		良
		野生沿阶草	6.31										3.12		3.00			6	6			6	6				3		良
		普通沿阶草	23.61										6.78		6.90			6	6			6	6				6		良
	2010	剑江沿阶草	14.69	3.04		2.85			2.94			2.86			2.90	4	6	6	5	5	6	7	5	3	3	5	6	3	中
		野生沿阶草	15.90	3.07		3.02			2.95			2.87			2.88	4	6	6	5	4	6	6	6	3	3	5	7	3	中
		普通沿阶草	52.03	42.58		6.97			8.82			8.99			6.81	3	6	6	7	4	5	5	7	6	7	9	9	6	中
	2011	剑江沿阶草	11.28	3.07			2.87			2.89				2.96		3		6	5	5		4	5	6		4	7	2	中
		野生沿阶草	7.42	3.00			3.03			2.89				2.78		3		6	5	5		4	4	6		4	5	3	中
		普通沿阶草	37.06	35.90			6.98			8.79				7.03		5		5	6	7		5	7	9		8	9	7	中

（续）

地点	年度	品种	株高高度（cm）	花葶高度（cm）	叶宽（mm）											叶色（整数）				一致性（整数）				盖度（整数）				花序美观度	平均分级
					1月	2月	3月	4月	5月	6月	7月	8月	9月	10月	11月	1—3月	4—6月	7—9月	10—12月	1—3月	4—6月	7—9月	10—12月	1—3月	4—6月	7—9月	10—12月		
贵州独山	2009	剑江沿阶草	8.00	9.55																									
		野生沿阶草	9.00	9.00																									
		普通沿阶草	55.00	59.00																									
	2010	剑江沿阶草	7.58	9.83												9	9	8	8	8	9	9	8	7	8	9	9	8	优
		野生沿阶草	9.18	11.83												9	9	9	9	8	9	9	8	8	8	9	9	8	优
		普通沿阶草	53.73	53.70												8	8	9	8	8	8	7	8	8	8	8	8	8	优
	2011	剑江沿阶草	16.70	7.96						2.17					2.30	8	8	7	8	7	9	9	7	6	8	8	8	7	优
		野生沿阶草	16.09	8.30						2.08					2.37	6	7	6	6	5	6	6	5	5	6	6	5		中
		普通沿阶草	52.13	60.38						7.74					8.06	8	8	7	7	8	8	8	7	8	6	6	6		良
贵州贵阳	2009	剑江沿阶草	8.00	9.50																									
		野生沿阶草	9.00	9.00																									
		普通沿阶草	55.00	59.00																									
	2010	剑江沿阶草	8.00	9.00						4.75						9	9	9	9	8	9	9	9	8	9	9	9	8	优
		野生沿阶草	10.00	11.00						3.02						9	9	9	9	8	9	9	9	8	9	9	9	7	优
		普通沿阶草	55.00	60.00						12.30						8	8	8	8	8	9	7	9	8	9	8	9	8	优
	2011	剑江沿阶草	17.91	4.45						2.22					2.35	9	9	7	7	7	9	9	7	6	8	8	8	7	优
		野生沿阶草	18.15	4.15						2.19					2.46	5	5	4	4	4	5	4	4	4	5	4	3	1	差
		普通沿阶草	40.04	34.27						7.74					7.75	7	8	7	7	6	8	7	7	7	8	8	7	9	良

(五十四) 马蹄金区域试验实施方案 (2009 年)

1 试验目的

客观、公正、科学地评价马蹄金参试品种的坪用性状、适应性、抗性及其利用价值，为国家草坪草品种审定提供依据。

2 试验安排及参试品种

2.1 试验区域及试验点

在西南地区及长江中下游地区开展，试验点 4 个。

2.2 参试品种（系）

三都、引进普通马蹄金。

3 试验设置

3.1 试验地的选择

应尽可能代表所在试验区的气候、土壤和栽培条件等，选择地势平整、土壤肥力中等且均匀、具有良好排灌条件、四周无高大建筑物或树木影响的地块。无严重的杂草及土传病害发生。

3.2 试验设计

3.2.1 试验小区面积与保护行

试验小区面积为 $4m^2$（2m×2m），小区间距 0.5m，试验地四周设 0.5m 的保护行。

3.2.2 小区设置

采用随机区组设计，4 次重复，试验组的 4 个区组应放在同一地块。

3.2.3 试验期

2009 年 4 月起，不少于 3 个生产周年。

4 坪床准备

4.1 翻耕与粗平整

选择确定试验地后，应进行彻底清理，翻耕与粗平整。栽植前，应充分灌溉坪床，湿润层保持在 10cm 以上。

4.2 精细平整

待坪床表面稍干后，浅耙，打碎土块，使土粒不超过黄豆粒大小，并进行细平整。

5 建坪与田间管理

5.1 建坪方法

将 $1m^2$ 草皮分成小草丛，均匀分栽于 $4m^2$ 的小区内。另外，在试验区外建立 1 个 $2m^2$ 种苗区，以备补栽时所用。

5.2 栽种时间

2009 年 4—5 月。

5.3 田间管理

土壤干燥时，应及时喷灌，保持土壤湿润。人工及时拔除杂草。在建植前期不宜践踏。及时清理间隔区，防止马蹄金枝条蔓延出小区。

5.4 补栽

栽种后小区内若因死苗造成空缺，及时补栽。

6 成坪后的养护管理

同一试验的养护管理措施要求及时、一致，每一项养护管理操作应在同一天内完成。养护管理应达到当地中等水肥管理水平，以保证参试材料能够正常生长。

6.1 施肥

6.1.1 施肥时间

在草坪生长季节，追施尿素，选择在早春和初秋进行，夏季不施尿素。

6.1.2 施肥量与次数

综合土壤肥力、生长季长短、草坪草种等因素平衡施肥，避免参试品种（系）出现草坪草营养元素缺乏症状。生长季内施尿素（含氮 46%）氮肥量 30g/m^2，一次施尿素 10g/m^2，施肥次数不少于 3 次。

6.1.3 施肥方法

人工撒施，应在草坪草叶面干燥时进行，肥料撒施应均匀，施肥后应及时灌水。

6.2 喷灌

6.2.1 水源

应采用清洁的自来水或地下水。

6.2.2 灌水时期

新移栽的草坪需每天浇灌 1 次，每次浇水应湿润土层 5～7cm，持续进行直至成活定根。待完全成坪后，根据天气情况适时灌水。

盛夏高温季节，早晨凉爽之时灌溉，而温度较低的早春和秋冬季，在中午灌溉。生长期灌溉不宜在傍晚进行。春季返青前后和冬季土壤封冻前进行灌溉。

6.2.3 灌水量

当土壤出现裂痕或叶片轻度萎蔫时应及时喷灌，灌水量以 10cm 左右土层达到湿润为宜。干旱、高温季节适当增加灌水次数，降水量高的地区适当减少灌溉次数。

6.3 病虫害防治

在生长季，注意观测草坪是否发生病虫害，如发现病虫害，应及时喷施高效低毒药剂防治。

7 观察记载项目和标准

评价项目包括坪用质量、适应性和质量综合评分 3 个方面。目测打分时，观测人员不少于 3 人，每人独立打分，最后采用多人观测值的平均数。评分时，9 分为最优，1 分为最差。

7.1 坪用质量指标

建植成坪后，每年的 4—5 月和 9—10 月各观测 1 次。

7.1.1 密度

采用实测法。测定方法采用 10cm×10cm 样方，测定样方内马蹄金的叶片数，每个小区重复测定 3 次。

7.1.2　盖度

采用目测法。

7.1.3　均一性

均一性是指整个草坪的外貌均匀程度，是草坪密度、颜色、质地、整齐性等差异程度的综合反映。采用目测打分法，分级及评价标准如下：

均一性分级表

等级	评分	指标	说　明
1	9～8	很均匀	草坪的密度、颜色、质地、整齐性差异极小
2	6～7	较均匀	草坪的密度、颜色、质地、整齐性差异不明显
3	4～5	均匀	草坪的密度、颜色、质地、整齐性略有差异
4	2～3	不均匀	草坪的密度、颜色、质地、整齐性差异较大
5	1	极不均匀	草坪的密度、颜色、质地、整齐性差异很大

7.1.4　颜色

采用目测打分法。分级及评分标准如下：

颜色分级表

等级	评分	指标
1	9～8	墨绿
2	6～7	深绿
3	4～5	绿
4	2～3	浅绿
5	1	黄绿

7.1.5　质地（叶宽）

采用实测法。测量叶片最宽处的宽度，每个小区随机测定样本 30 个，计算平均值。

7.1.6　草层高度

用直尺测量叶层的自然高度，随机取样，每个小区重复 10 次，计算平均值。

7.2　适应性指标

7.2.1　成坪天数

采用目测法。在正常养护管理条件下测定品种从播种或营养体建植到草坪盖度达到 80%时所需天数。

7.2.2 绿色期

采用目测法，用天数表示。在正常养护管理条件下品种从50%的植株返青变绿到50%的植株枯黄的持续天数。

7.2.3 越夏率

采用目测法。根据当地最炎热的季节之前与之后估测的草坪盖度，计算越夏率。

越夏率%＝越夏后存活盖度×100÷越夏前盖度

7.2.4 越冬率

采用目测法。在入冬前及次年早春完全返青后分别估测的草坪盖度，计算越冬率。

越冬率%＝越冬后存活盖度×100÷越冬前盖度

7.2.5 抗病性

采用目测打分法，在病害发生较严重的时期目测草坪草病害发生情况。抗病性分级和评分标准如下：

抗病性分级表

等级	评分	指标
1	9～8	高抗
2	6～7	中抗
3	4～5	感病
4	2～3	中感
5	1	高感

7.2.6 抗虫性

采用目测打分法，在虫害发生较严重的时期目测草坪草的虫害发生情况，抗虫性分级和评分标准如下：

抗虫性分级表

等级	评分	指标
1	9～8	高抗
2	6～7	中抗
3	4～5	低感
4	2～3	中感
5	1	高感

7.3 质量综合评分

采用目测打分法。建植成坪后逐月进行。观测人员不少于3人，每人独立打分，最后采用多人观测值的平均数。评分时，9 分为最优，1 分为最差。根据参试品种（系）的坪用性状（密度、颜色、均一性和质地等）和适应性（抗逆性、抗病虫性等）观感的综合表现进行评分。质量综合评分标准如下：

综合质量分级表

等级	评分	指标
1	9～8	优
2	6～7	良
3	4～5	中
4	2～3	差
5	1	劣

8 数据整理

各承试单位负责其测试点内所有测试数据的统计分析。

9 总结报告

各承试单位于每年 11 月 10 日之前将填写完整的原始数据记录表及试验总结报告上交省级草原技术推广部门，各省级草原技术推广部门于当年 11 月 20 日之前将汇总结果（纸质版和电子版）上交全国畜牧总站。

10 试验报废

各承试单位有下列情形之一的，该点区域试验作全部或部分报废处理：

因不可抗拒因素（如自然灾害等）造成试验不能正常进行；

其他严重影响试验科学性的。

因以上原因造成试验报废，承试单位应及时通过省级草原技术推广部门向全国畜牧总站提供书面报告。

1. 都柳江马蹄金

都柳江马蹄金（*Dichondra micrantha* Forst. ‘Douliujiang’）是四川农业大学 2009 年申请参加国家草品种区域试验的新品系。该申报材料在华南及西南地区安排 2 个试验点，在从重庆渝北、四川洪雅区域试验站点以 引进普通马蹄金为对照品种开展了区域适应性试验。该品种 2013 年通过全国草品种审定委员会审定，为野生栽培品种。其区域试验结果见表 2－110。

表 2-110 参试品种（系）草坪质量表

试验点	年份	参试品种（系）	密度（分蘖枝条/cm²）		质地（叶宽）（mm）		均一性（分）		颜色（分）		盖度（%）		草层高度（cm）		越夏性（%）	越冬性（%）	抗病性（分）	抗虫性（分）
			6月	9月	6月	9月	6月	9月	6月	9月	6月	9月	6月	9月				
重庆渝北	2009	都柳江	—	3.69	—	8.56	—	7	—	5	—	95.6	—	1.38	100.0	—	8	9
		引进普通马蹄金	—	2.68	—	13.03	—	5	—	7	—	94.3	—	3.71	100.0	—	7	8
	2010	都柳江	2.98	2.17	7.16	7.95	3	3	5	5	74.8	47.7	2.16	1.33	63.0	69.0	9	9
		引进普通马蹄金	2.21	1.94	14.10	14.36	6	8	8	8	89.2	89.1	5.15	4.68	100.0	100.0	7	7
	2011	都柳江	3.34	4.14	8.67	11.29	6	7	7	6	77.0	93.0	1.52		100.0	100.0	9	9
		引进普通马蹄金	1.81	3.20	14.06	15.48	8	8	8	8	95.0	98.0	3.52		100.0	100.0	9	8
四川洪雅	2009	都柳江	—	7.90	—	11.00	—	8	—	5	—	93.0	—	2.80	100.0	—	9	9
		引进普通马蹄金	—	3.00	—	15.40	—	7	—	7	—	87.0	—	6.70	100.0	—	9	9
	2010	都柳江	6.41	4.86	11.03	8.67	8	7	5	5	94.9	98.6	3.22	2.06	94.6	100.0	7	6
		引进普通马蹄金	5.94	3.32	12.70	11.82	8	8	7	7	95.3	94.6	4.76	4.47	94.1	100.0	6	6
	2011	都柳江	3.91	5.15	8.67	7.37	7	8	3	3	94.9	98.6	3.30	1.30	96.0	95.0	5	6
		引进普通马蹄金	2.75	3.32	13.54	12.13	8	7	7	7	96.0	95.9	5.47	4.42	96.0	96.0	7	7

第三章

DUS 测试

一、草品种 DUS 田间测试技术研制

从 2013 年开始，全国畜牧总站组织中国科学院植物研究所、中国农业科学院草原研究所、新疆农业大学草业与环境科学学院、黑龙江省农科院草业研究所和兰州大学 5 家单位，先后开展了苏丹草、箭筈豌豆、偃麦草、羊草和披碱草这 5 个草种 DUS 田间测试技术研制工作。部分研究结果如下：

1. 苏丹草（含高粱—苏丹草杂交草）

本测试技术研制主要参照了国际植物新品种保护联盟（UPOV）、日本、印度以及中国等国家或组织有关高粱属植物新品种 DUS 测试的指南和技术方法，收集了 90 份苏丹草品种（资源），在新疆农业大学呼图壁生态站及三坪实习教学基地种植，完成 38 个全部田间性状的观察及测量，共采集试验数据 102 600 个，拍摄照片 2 700 余张，完成了苏丹草品种 DUS 测试指南研制一个完整生长周期全部田间性状的调查。本指南共包括 38 个性状，其中 QN 为 28 个，QL 为 1 个，PQ 为 9 个，确定了 25 个标准品种。

性状比较见表 3 - 1。

表 3 - 1　苏丹草测试指南与 UPOV 指南性状对比表

序号	UPOV 指南性状	本指南测定性状	增加（删除、调整）性状
1	芽鞘：花青甙显色强度 QN	芽鞘：花青甙显色强度 QN	
2	叶片：花青甙显色（5 叶期）QN	叶片：花青甙显色（5 叶期）QN	
3	茎：苗期分蘖性		调整茎：分蘖性 QN
4	叶片：绿色程度 QN	叶片：绿色程度 QN	
5	叶片：中脉颜色 PQ	叶片：中脉颜色 PQ	
6	叶片：中脉失色面积程度 QN	叶片：中脉失色面积程度 QN	
7	穗：抽穗期 QN	穗：抽穗期 QN	
8	颖壳：花青甙显色强度 QN	颖壳：花青甙显色强度 QN	
9	柱头：花青甙显色强度 QN		删除柱头：花青甙显色强度 QN
10	柱头：颜色 PG	柱头：颜色 PG	
11	柱头：长度 QN	柱头：长度 QN	
12	小花：长度（含花柄）QN	小花：长度（含花柄）QN	

（续）

序号	UPOV 指南性状	本指南测定性状	增加（删除、调整）性状
13	小花：自交结实率 QN	杂交种小花：自交结实率 QN	
14	颖壳：颜色（花末期）PQ	颖壳：颜色（花末期）PQ	
15	穗：紧密度（花末期）QN		删除穗：紧密度（花末期）QN
16	芒：长度 QN	芒：长度 QN	
17	干花药：颜色（干雄蕊色）PQ	干花药：颜色（干雄蕊色）PQ	
18	植株：株高 QN	植株：株高 QN	调整植株：株高 QN
19	茎：直径 QN	茎：直径 QN	
20	叶片：长度（倒三叶）QN	叶片：长度（倒三叶）QN	调整叶片：长度（倒三叶）QN
21	叶片：宽度（倒三叶）QN	叶片：宽度（倒三叶）QN	调整叶片：宽度（倒三叶）QN
22	穗：长度 QN	穗：长度 QN	
23	穗柄：长度（叶鞘以上部分伸出部分）QN	穗柄：长度（叶鞘以上部分伸出部分）QN	
24	穗：一级枝梗长度 QN	穗：一级枝梗长度 QN	
25	穗：紧密度 QN	杂交种穗：紧密度 QN	
26	穗：穗最宽处位置 QN	杂交种穗：穗最宽处位置 QN	
27	颖壳：颜色（成熟期）PQ	颖壳：颜色（成熟期）PQ	
28	颖壳：长度（成熟期）QN	颖壳：长度（成熟期）QN	
29	籽粒：颜色 PQ	籽粒：颜色 PQ	
30	千粒重 QN	千粒重 QN	
31	籽粒：正面形状 PQ	籽粒：正面形状 PQ	
32	籽粒：胚痕大小 QN	籽粒：胚痕大小 QN	
33	籽粒：单宁含量 QN		删除籽粒：单宁含量
34	胚乳：类型（纵切面）QN	胚乳：类型（纵切面）QN	
35	胚乳：角质蛋白颜色 PQ	胚乳：角质蛋白颜色 PQ	
36	植株：光周期敏感性 QL	植株：光周期敏感性 QL	
37		苏丹草穗：圆锥花序类型 PQ	增加苏丹草穗：圆锥花序类型 PQ
38		杂交种茎：甜度 QN	增加杂交种茎：甜度 QN
39		茎：类型 QN	增加茎：类型 QN
40		植株：紫斑病抗性 QN	增加植株：紫斑病抗性 QN
41		植株：蚜虫抗性 QN	增加植株：蚜虫抗性 QN

部分性状观测说明：

性状 6 中脉：失色程度，观测非褐色中脉面积大小，见图 3－1。

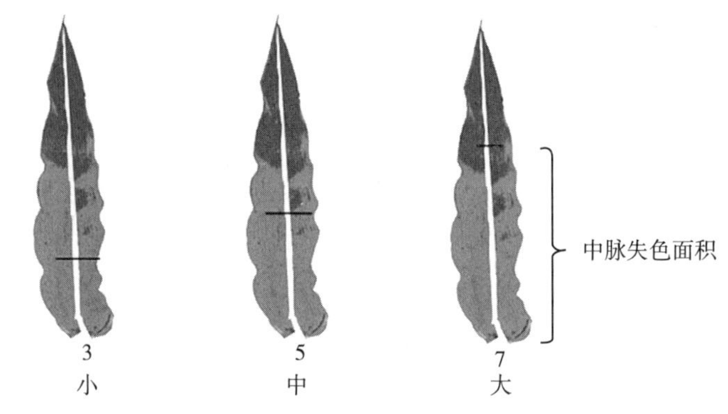

图 3-1　中脉：失色面积

性状 16 芒：长度，见图 3-2。

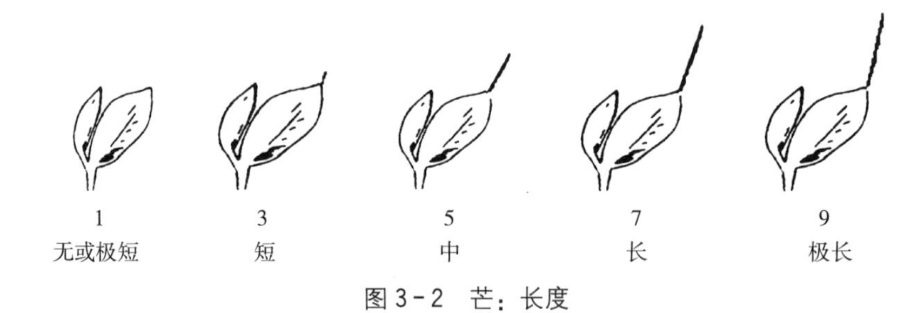

图 3-2　芒：长度

性状 12 柱头：长度，开花盛期，目测，主穗中间 1/3 部分新鲜雌蕊柱头，见图 3-3。

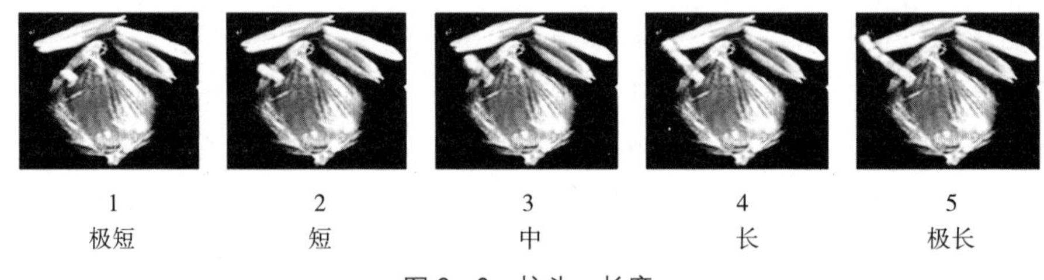

图 3-3　柱头：长度

性状 13 小花：长度（含花柄），开花盛期，目测，主穗中间 1/3 部分小花，见图 3-4。

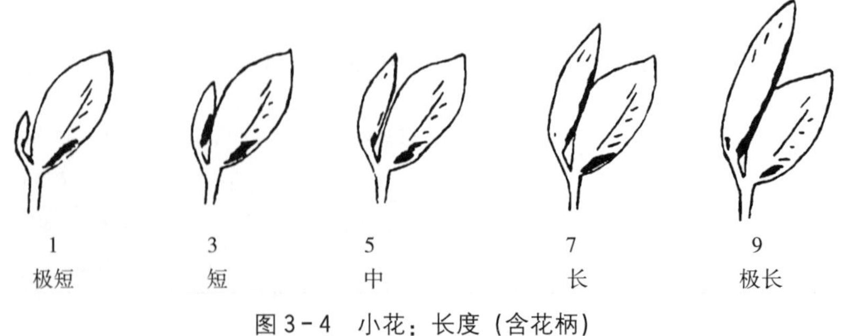

图 3-4　小花：长度（含花柄）

性状 22 穗：最宽处位置，成熟时，目测观测主茎主穗的最宽部分位置，见图 3－5。

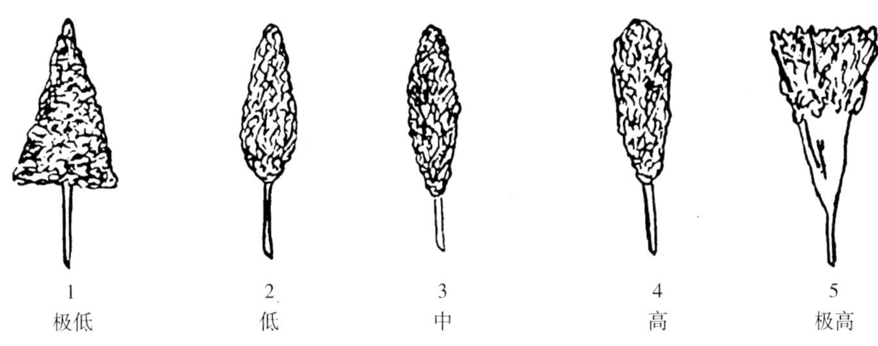

图 3－5 穗：最宽处位置

性状 26 颖壳：长度，观测成熟后颖壳的长度，见图 3－6。

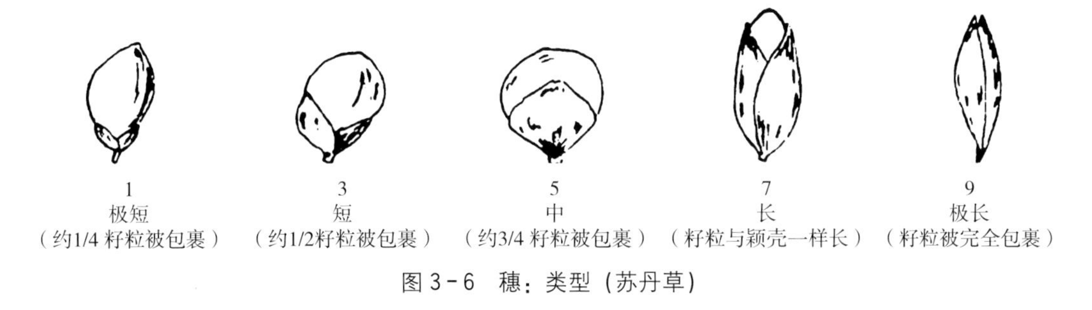

图 3－6 穗：类型（苏丹草）

性状 29 籽粒：正面形状，正面观测籽粒的形状见图 3－7。

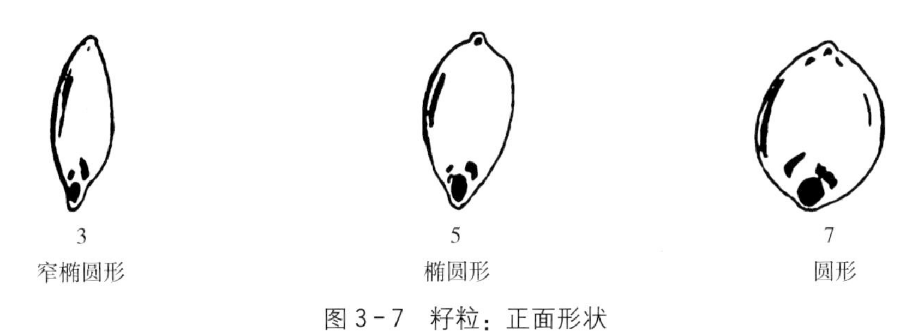

图 3－7 籽粒：正面形状

性状 30 籽粒：胚痕迹大小，观测胚痕迹的大小，见图 3－8。

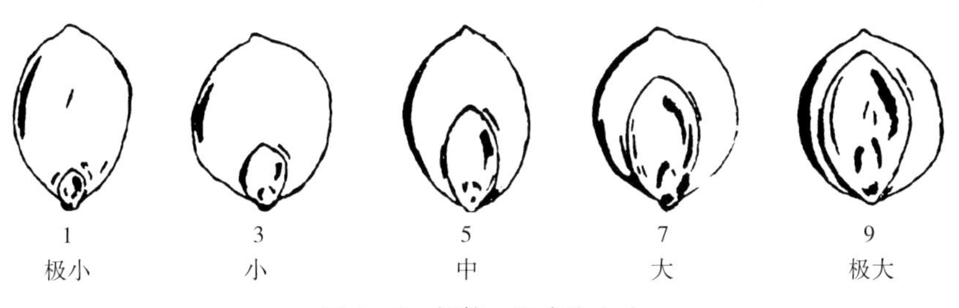

图 3－8 籽粒：胚痕迹大小

性状31 籽粒：胚乳类型，观测胚乳纵切后观测角质、粉质所占比率，见图3-9。

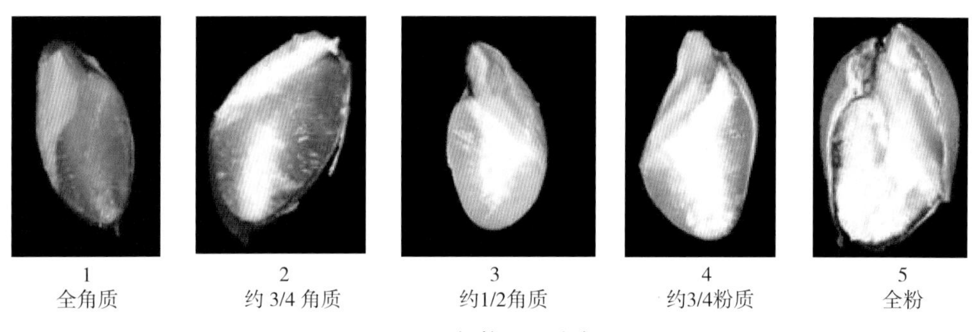

图3-9　籽粒：胚乳类型

2. 箭筈豌豆

箭筈豌豆DUS测试指南的研制以《植物新品种特异性、一致性和稳定性测试指南总则》（TG/1/3）为指导，同时参照UPOV《箭筈豌豆DUS测试指南》（TG/32/7）和其他部分豆科植物的DUS测试指南，从国内外收集评价的500余份种质中选择了50余份种质开展了田间DUS性状测试和室内DAN指纹图谱构建技术的研制。试验基地位于于兰州大学榆中校区试验站，现已开展了45余次的田间观察测量，共采集实验数据3 000余个，对箭筈豌豆不同DUS测试性状拍摄照片，采集照片约1 000张。进行了文本要求测定的23个测试指标的观测，包括14个必测指标和9个选测指标。另外，根据我国箭筈豌豆育种特点及生长习性，完成了自主增加的12个指标的测定，包括8个开花期指标，1个结荚期指标和3个成熟期指标。

性状比较见表3-2。

表3-2　箭筈豌豆测试指南与UPOV指南性状对比表

序号	UPOV指南性状	本指南测定性状	增加（删除、调整）性状
1	幼苗：第二主叶的长宽比 QN	幼苗：第二主叶的长宽比 QN	
2	初花期 QN	初花期 QN	
3	茎：上部节间绒毛 QN	茎：上部节间绒毛 QN	
4	叶：叶尖形状 QN	叶：叶尖形状 QN	
5	托叶：花青苷颜色 QN	托叶：蜜腺花青苷颜色 QN	
6	花：花色 PQ	花：花色 PQ	
7	果颊：绒毛 QN	果颊：绒毛 QN	
8	种子：重量 QN	种子：重量 QN	
9	种子：外种皮底色 PQ	种子：外种皮底色 PQ	增加种皮黄色性状
10	种子：种皮褐色形状 PQ	种子：种皮褐色形状 PQ	
11	种子：种皮褐色面积 PQ	种子：种皮褐色面积 PQ	
12	种子：蓝黑色形状 PQ	种子：蓝黑色形状 PQ	
13	种子：蓝黑色面积 PQ	种子：蓝黑色面积 PQ	增加性状分级
14	种子：子叶颜色 QL	种子：子叶颜色 QL	

（续）

序号	UPOV 指南性状	本指南测定性状	增加（删除、调整）性状
15	茎：茎基部花青甙着色 QN	茎基部花青甙着色 QN	
16	植株：叶片的绿色程度 QN	植株：叶片的绿色程度 QN	
17	茎：叶腋花青甙着色 QN	茎：叶腋花青甙着色 QN	
18	叶：叶片宽度 QN	叶：叶片宽度 QN	
19	果荚：长度（不包括顶端）QN	果荚：长度（不包括顶端）QN	
20	果荚：宽度 QN	果荚：宽度 QN	
21	果荚：顶端尖嘴长度 QN	果荚：顶端尖嘴长度 QN	
22	胚珠：胚珠数 QN	胚珠：胚珠数 QN	
23	种子：种子形状 QN	种子：种子形状 QN	
24		叶片：叶面积 QN	增加叶片：叶面积 QN
25		叶片：宽长比 QN	增加叶片：宽长比 QN
26		植株：自然高度 QN	增加植株：自然高度 QN
27		植株：绝对高度 QN	增加植株：绝对高度 QN
28		茎：直径 QN	增加茎：直径 QN
29		植株：生长习性 QN	增加植株：生长习性 QN
30		植株：分枝数 QN	增加植株：分枝数 QN
31		果荚：果荚数 QN	增加果荚：果荚数 QN

部分性状观测说明：

性状 3 茎：上部节间绒毛，见图 3 - 10。

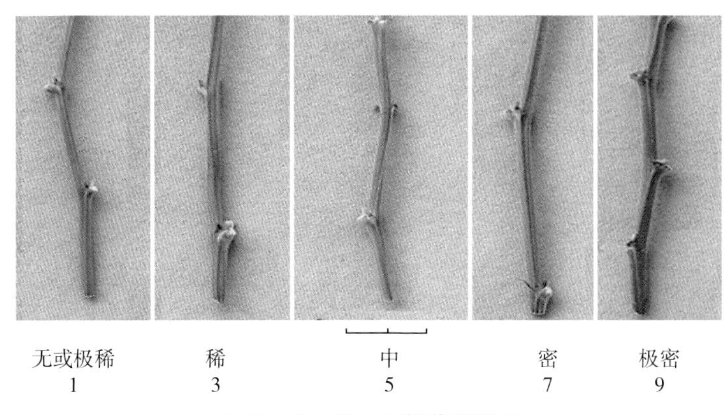

图 3 - 10　茎：上部节间绒毛

性状 5 托叶：蜜腺花青苷颜色，见图 3 - 11。

性状 6 花：花色，见图 3 - 12。

性状 12 种子：蓝黑色性状，见图 3 - 13。

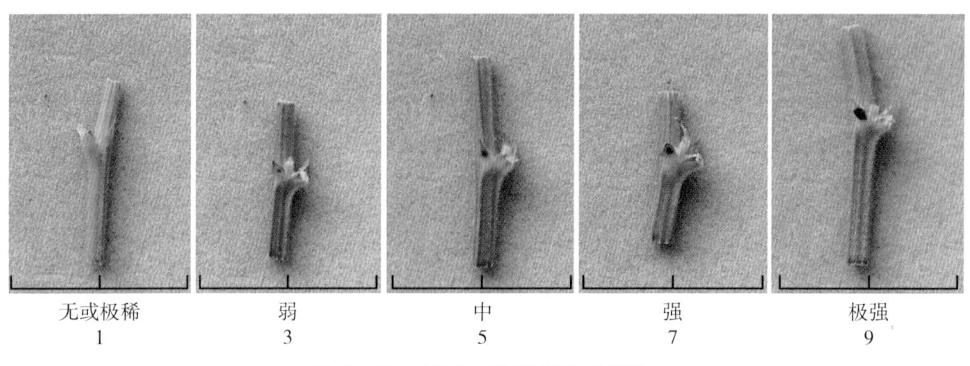

图 3-11　托叶：蜜腺花青苷颜色

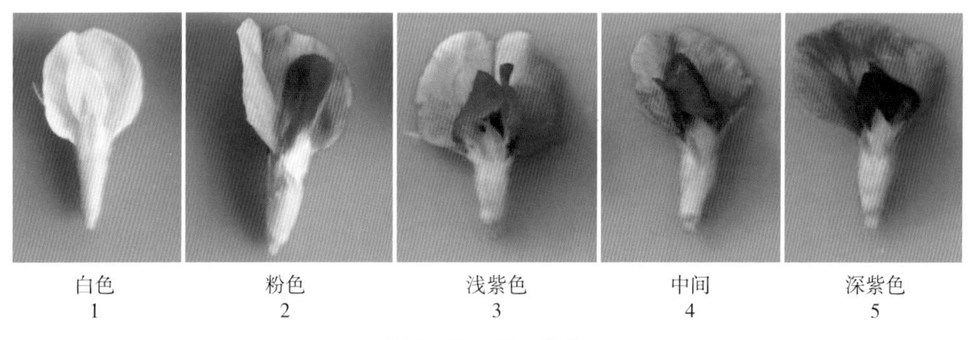

图 3-12　花：花色

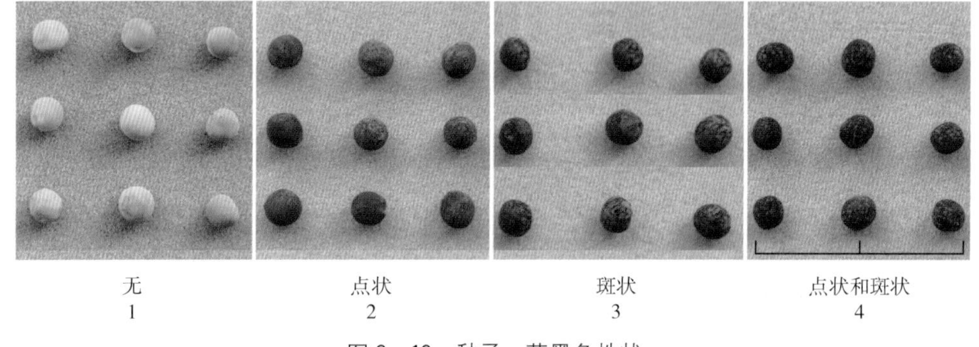

图 3-13　种子：蓝黑色性状

3. 偃麦草

由于偃麦草没有 UPOV 指南参考，本指南研制主要参照无芒雀麦、黑麦草、冰草、大麦等 DUS 测试指南及《偃麦草种质资源描述规范和数据标准》，收集 22 份偃麦草品种（资源），已在黑龙江省农科院草业研究所试验基地种植，现已开展了 15 次田间观察及测量，共采集试验数据 1 760 个，拍摄照片 600 余张，完成了偃麦草品种 DUS 测试指南研制第一个生长周期部分性状的调查。本指南初步拟定 25 个性状，其中 QN 为 17 个，QL 为 6 个，PQ 为 2 个。

性状比较见表 3-3。

表 3-3 偃麦草测试性状与参照指南或标准

序号	本指南测定性状	参照的指南或标准
1	低位叶：叶鞘花青甙显色 QL	冰草 DUS 测试指南
2	低位叶：叶鞘花青甙显色强度 QN	冰草 DUS 测试指南
3	叶：叶耳花青甙显色 QL	大麦 DUS 测试指南
4	叶：叶耳花青甙显色强度 QN	大麦 DUS 测试指南
5	叶：长度 QN	黑麦草 DUS 测试指南
6	叶：宽度 QN	黑麦草 DUS 测试指南
7	叶：绿色程度 QN	黑麦草 DUS 测试指南
8	抽穗期 QN	无芒雀麦 DUS 测试指南
9	旗叶：叶鞘蜡质 QN	大麦 DUS 测试指南
10	茎秆：节花青甙显色 QL	大麦 DUS 测试指南
11	茎秆：节花青甙显色强度 QN	大麦 DUS 测试指南
12	茎秆：粗度 QN	偃麦草种质资源描述规范和数据标准
13	茎秆：节数 QN	偃麦草种质资源描述规范和数据标准
14	芒：类型 QL	大麦 DUS 测试指南
15	芒：尖端花青甙显色 QL	大麦 DUS 测试指南
16	芒：尖端花青甙显色强度 QN	大麦 DUS 测试指南
17	穗：蜡质 QN	大麦 DUS 测试指南
18	抽穗趋势：抽穗率 QN	无芒雀麦 DUS 测试指南
19	植株：高度 QN	黑麦草 DUS 测试指南
20	植株：株型 QL	冰草 DUS 测试指南
21	穗：形状 PQ	大麦 DUS 测试指南
22	穗：小穗密度 QN	大麦 DUS 测试指南
23	穗：长度（不包括芒）QN	大麦 DUS 测试指南
24	穗轴：第一节长度 QN	冰草 DUS 测试指南
25	外稃：顶端形态 PQ	无芒雀麦 DUS 测试指南

部分性状观测说明：

性状 1 低位叶：叶鞘花青甙显色，见图 3-14。

图 3-14 低位叶：叶鞘花青甙显色

性状 4 叶：叶耳花青甙显色强度，见图 3-15。

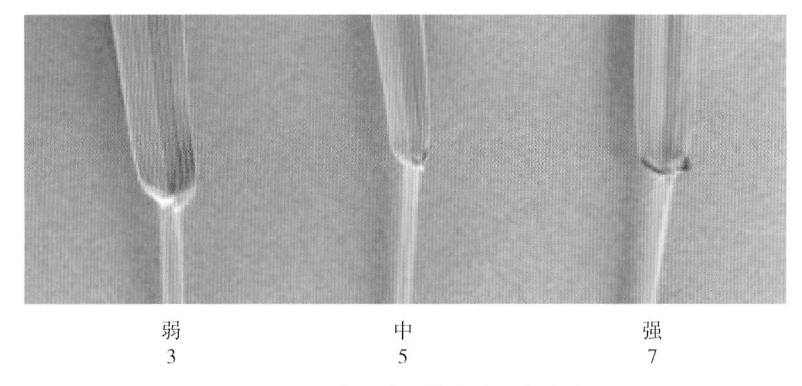

图 3-15　叶：叶耳花青甙显色强度

性状 11 茎秆：节花青甙显色强度，见图 3-16。

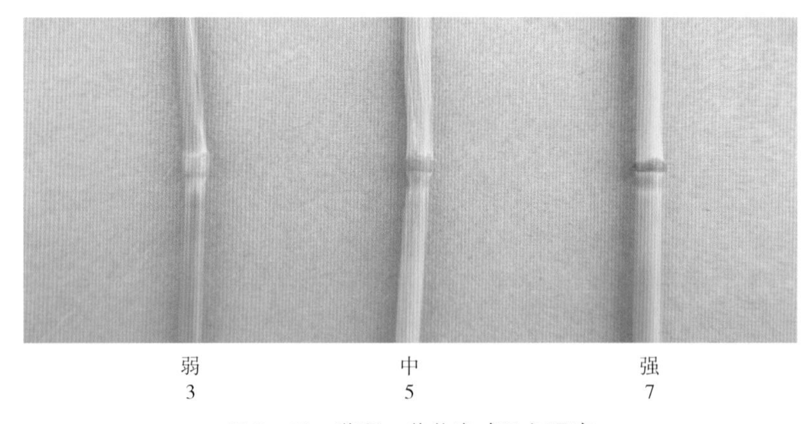

图 3-16　茎秆：节花青甙显色强度

性状 14 芒：类型，见图 3-17。

图 3-17　芒：类型

性状 22 穗：小穗密度，见图 3－18。

图 3－18　穗：小穗密度

性状 24 穗轴：第一节长度，见图 3－19。

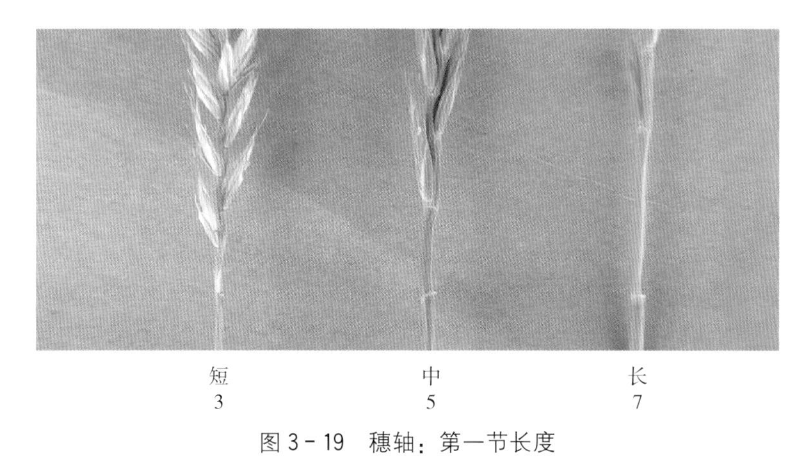

图 3－19　穗轴：第一节长度

二、草品种 DUS 测试指南验证

2016 年开始，全国畜牧总站组织黑龙江省农科院草业研究所和中国农科院草原所开展了红三叶和披碱草现有 DUS 测试指南验证完善工作。主要研究结果如下：

1. 红三叶

按照《植物新品种特异性、一致性和稳定性测试指南　红三叶》指南的要求，对 68 份红三叶品种（资源）进行田间种植，进行 43 个性状的观察及测量，采集数据 29 240 个，拍摄照片 3 700 余张，根据两个完整的生长周期的田间测试操作和数据分析结果，对现行的红三叶测试指南（农业行业标准）提出了修改意见和建议。

（1）性状：建议增加“茎：分枝”“根：主根”“根：须根”“托叶：形状”“种子：大小”和“植株：宽幅”共 6 个性状；建议将“花序：形状”“叶：小叶相对位置”“叶：叶斑位置”3 个性状作为选测性状；

（2）表达状态：建议“叶斑：形状”表达状态由“弧形、倒 V 形、三角形、菱形”调整为倒 V 形、非倒 V 形；

（3）标准品种：建议部分标准品种由资源调整为已经审定的红三叶品种。

新增加性状 1：茎：分枝，见图 3-20。

图 3-20　茎：分枝

新增加性状 2：根：主根，见图 3-21。

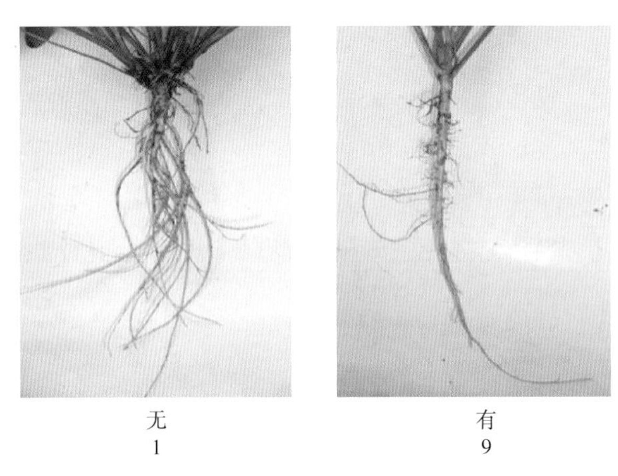

图 3-21　根：主根

新增加性状 3：根：须根，见图 3-22。

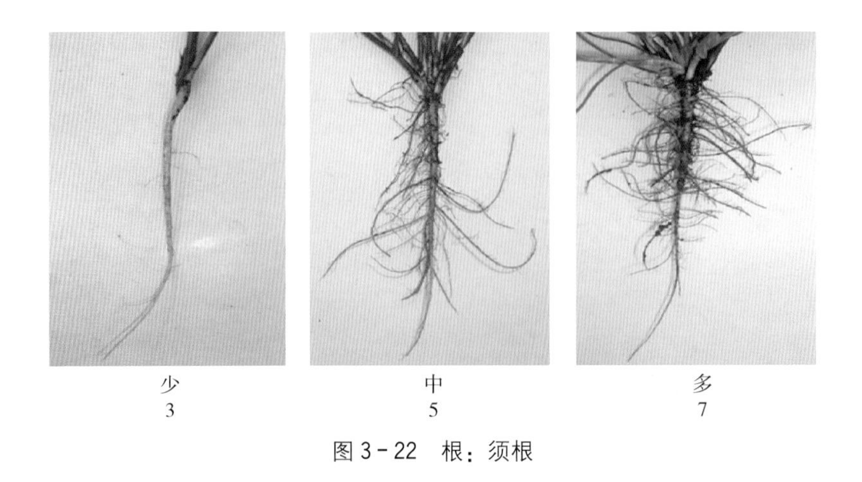

图 3-22　根：须根

新增加性状 4：托叶：形状，见图 3－23。

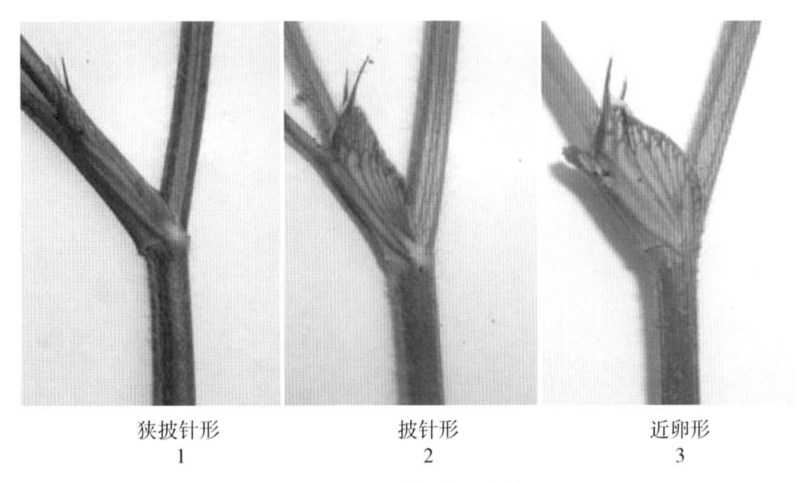

狭披针形	披针形	近卵形
1	2	3

图 3－23　托叶：形状

2. 披碱草

根据两个完整的生长周期的田间测试操作和数据分析结果，对现行的披碱草测试指南（农业行业标准 NY/T 2486—2013）提出了修改意见和建议。

（1）性状：建议增加“植株：倍性”“植株：长势”“叶片：状态”“叶片：叶毛密度”“叶片：叶背光滑度”“叶鞘：长度”“叶鞘：披毛程度”“旗叶：至穗基部长”“穗：形态”“穗：颜色”“小穗：小花数量”“花药：颜色”“颖：第一颖长度”“颖：第一颖宽度”“颖：第一颖脉数”“颖：第二颖长度”“颖：第二颖宽度”“颖：第二颖脉数”“外稃：外稃长度”“外稃：外稃宽度”“外稃：背部绒毛密度”“种子：种子长”“种子：种子宽”“种子：千粒重”“分蘖数”；删减了“颖片：花青苷显色”“植株：穗下节长度”“花序：基部小穗长度”“外稃：芒”“颖：长度”；将“植株：长度”调整为“植株：高度”并补充完善标准品种；将“植株：生长习性（结实后）”调整为“植株：生长习性”，将“茎秆：基部花青苷显色”调整为“茎秆：颜色”，将“叶片：长度”调整为“倒 2 叶片：长度”，将“叶片：宽度”调整为“倒 2 叶片：宽度”，将“叶片：绿色程度”调整为“叶片：颜色”，将“抽穗期”调整为“植株：抽穗期”，将“芒：长度”调整为“外稃：芒长”，将“芒：姿态”调整为“外稃：芒形态”；

（2）表达状态：调整了“植株：高度”“茎秆：颜色”“倒 2 叶片：长度”“旗叶：宽度”“外稃：芒形态”的表达状态；

（3）标准品种：调整了“倒 2 叶片：长度”“倒 2 叶片：宽度”“叶片：颜色”“旗叶：长度”“旗叶：宽度”“植株：抽穗期”“植株：生长习性”“茎秆：粗度”“茎秆：茸毛”“穗长度”“穗：宽度”“穗：小穗数”“穗：小穗密度”“外稃：芒长”“外稃：芒形态”的标准品种。

植株：生长习性，见图 3－24。

茎秆：茸毛，见图 3－25。

直立

近直立

斜生

图 3 - 24　植株：生长习性

无

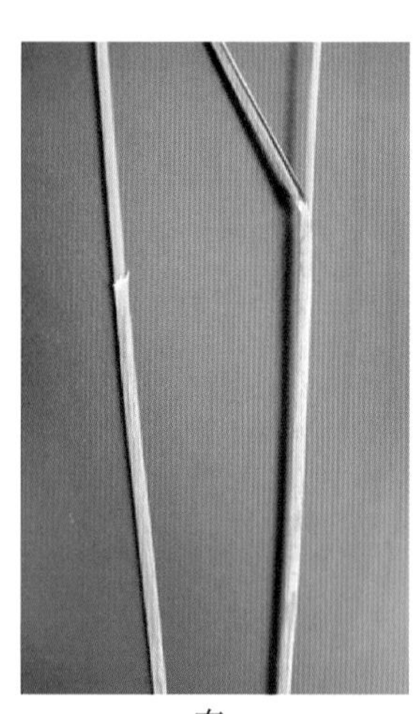
有

图 3 - 25　茎秆：茸毛

茎秆：颜色，见图 3 - 26。

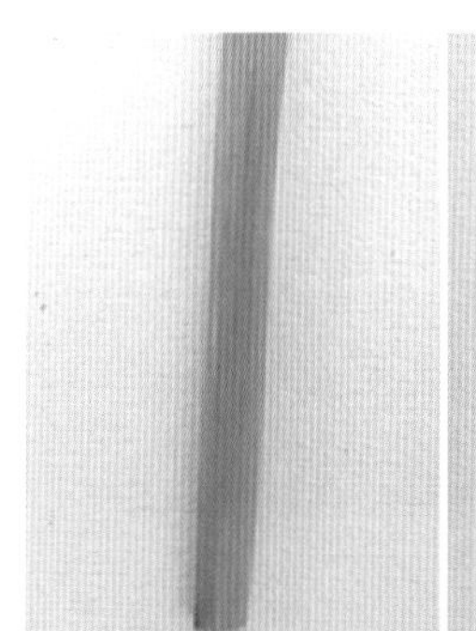
黄绿色

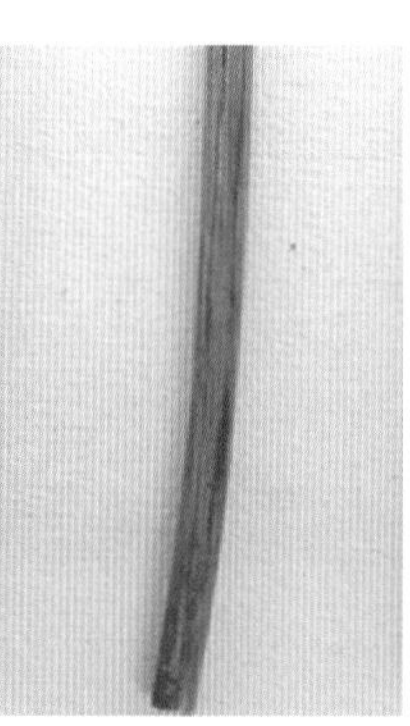
灰绿色

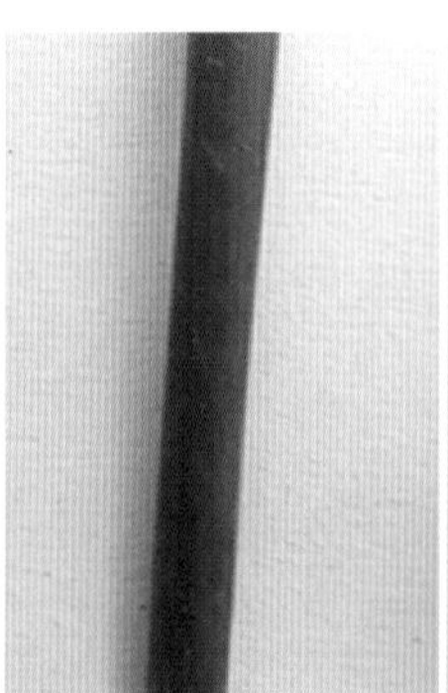
绿色

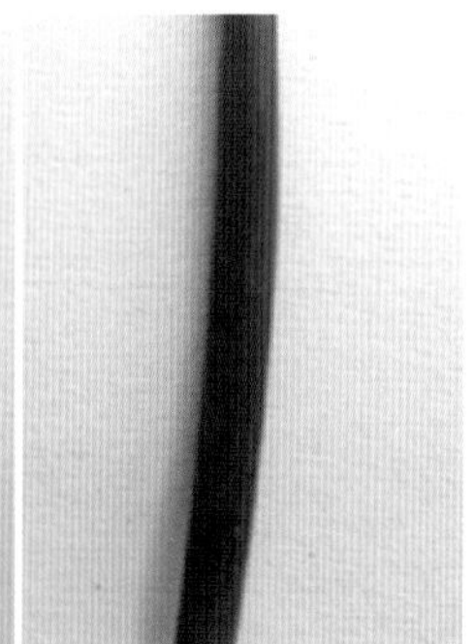
紫色

图 3 - 26　茎秆：颜色

叶片：颜色，见图 3-27。

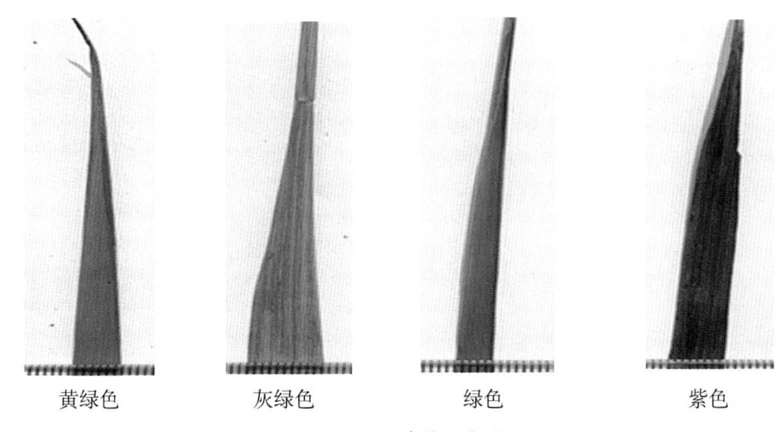

图 3-27 叶片：颜色

通过两年多的 DUS 测试指南验证工作，发现各草品种 DUS 测试指南存在一些技术和试验管理方面的问题，并提出了相应的修订意见，优化了测试流程，为今后各草品种 DUS 测试指南修订提供了重要依据。

三、草品种 DNA 指纹图谱构建

2013 年开始，全国畜牧总站组织兰州大学、中国农业大学、四川农业大学等 7 家单位，开展了紫花苜蓿、箭筈豌豆、多花黑麦草、披碱草属、苏丹草（含高粱—苏丹草杂交草）等 5 类草种 DNA 指纹图谱构建工作。部分研究结果如下：

1. 紫花苜蓿

对每个紫花苜蓿品种，采用 30 个单株的新鲜叶片混合取样。利用 CTAB 法提取苜蓿基因组总 DNA，以 1% 琼脂糖凝胶电泳检测质量，并用 Nanodrop 分光光度计和 1%琼脂糖凝胶电泳测 DNA 浓度和质量（OD260/OD280≈1.8），将 DNA 样品稀释成 50 ng/μL 的工作液并置于－20℃保存备用。

本试验通过聚丙烯酰胺凝胶电泳，自主开发的 500 对 MtTFSSR、MsSSR 和 MTRmiRSSR 分子标记中筛选出了扩增条带清晰、多态性好和扩增稳定的 10 对核心引物，建立了基于 SSR 标记的紫花鉴定体系（见表 3-4）。

表 3-4　10 对 SSR 引物扩增信息统计

引物编号 ID	引物序列（5′—3′）	总条带数 TB（No.）	多态性条带 PB（No.）	多态性条带比率 PPB（%）	预计杂合度 He	多态信息含量 PIC
MtTFSSR-10	TAACCCAACTTCCTCAACCG TGCATCAACTCACTTGGCTC	10	9	90	0.87	0.86
MtTFSSR-19	TTGAGGGTTCAACGTTTGGT CTCGAAGCGCGTTAAGAAAC	10	7	70	0.88	0.87

（续）

引物编号 ID	引物序列（5′—3′）	总条带数 TB（No.）	多态性条带 PB（No.）	多态性条带比率 PPB（%）	预计杂合度 He	多态信息含量 PIC
MtTFSSR-20	AACATGGGAATATGTCGGCT TCAGGTTTTGGAAACTCATTCA	4	1	25	0.67	0.60
MtTFSSR-41	TCCCTACAGCAGGAGGTGAT GATGCTCAGAACCAGCATGA	6	5	83	0.83	0.81
MTRmiR072	ACTCCAATTGTGGCTATAAAA GGTCCATGAGCTAACAAACTA	5	2	40	0.8	0.77
MTRmiR077	TGCAGAAAACTAATTGGTAGTG CACAAAATATCAACTGGGAAG	6	4	67	0.81	0.78
MTRmiR078	ATTCAGTATTTTTGGGTGCTT GAGGAACTCCAAGAGAAAATC	3	1	33	0.64	0.56
MTRmiR079	TCAAGATTCAAGTGTAGGTCAA AGCAAAACCTTTCAAAATCA	4	2	50	0.69	0.63
MTRmiR124	GGATGAATCAAGAGTTCAAAA ACAAATTTGCATTAGATCGAG	9	6	67	0.82	0.79
Ms-50	GCCTACGACCAACGACATCA GACTTGGGTTCAGCATCACAA	12	5	42	0.88	0.87
平均值 Mean		6.9	4.2	56.7	0.79	0.75
总数 Total		69	42	—	—	—

采用以上 10 对 SSR 引物对 33 个紫花苜蓿品种进行分析，14 个品种具有特征谱带（表 3-5），即仅用 1 个特征引物即可将该品种与其他品种区分开。因此，在对品种鉴定时可优先采用相应特征引物快速鉴定。

表 3-5　14 个苜蓿品种的 5 对特征引物列表

品种	特征引物	特征带大小（bp）
Abi 700	MTRmiR079	175
Arc	MtTFSSR-10	216
Boja	MTRmiR124，Ms-50	231，176
CUF 101	MtTFSSR-19	118
Maverick	MtTFSSR-10	160
Ranger	MtTFSSR-20	203
Sanditi	MtTFSSR-19	202
Saranac	MtTFSSR-10	216
甘农 3 号 Gannong3	Ms-50	117
甘农 4 号 Gannong4	MtTFSSR-10	392
陇东 Longdong	MtTFSSR-10	160
无棣 Wudi	Ms-50	275
中兰 1 号 Zhonglan1	MtTFSSR-10，MtTFSSR-19	276，155
甘农 2 号 Gannong2	MtTFSSR-10，Ms-50	392，178

利用本课题组开发的10对核心引物对11份参试材料和对照品种进行凝胶电泳分析，仅用5对引物就可以将所有的参试材料和对照品种区分开（图3-28）。

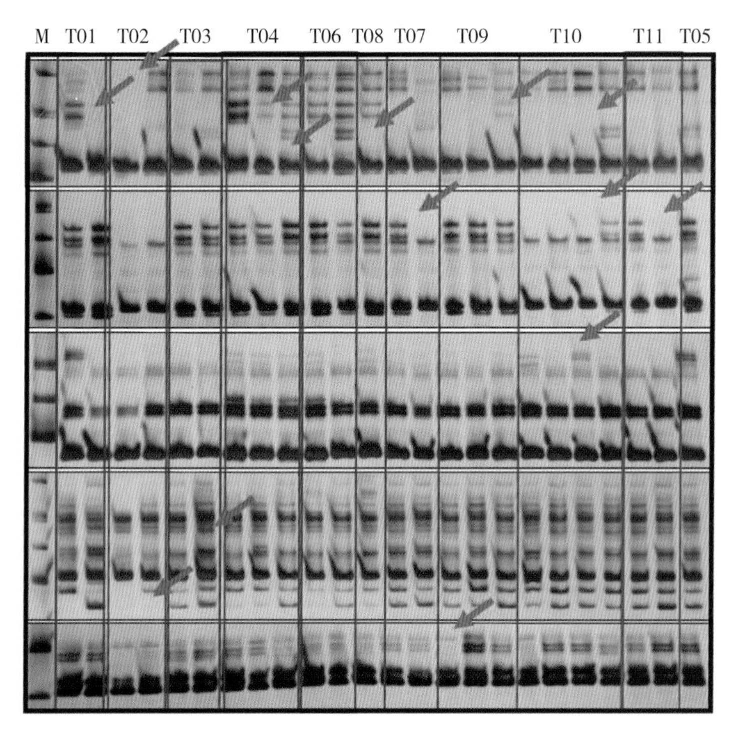

图3-28 5对SSR引物扩增结果

2. 箭筈豌豆

每个箭筈豌豆品种采集10个单株的新鲜叶片分别提取基因组DNA。提取后的DNA经1%琼脂糖凝胶电泳检测质量，并用Nanodrop分光光度计测定DNA浓度和质量（OD260/OD280≈1.8）。将检测合格的DNA样品稀释，最后把同一品种的10份DNA稀释液等体积混合。

将箭筈豌豆Unigene序列与大豆、百脉根和蒺藜苜蓿的转录因子蛋白序列进行本地blast比对，得到34个潜在的箭筈豌豆转录因子家族，共1816个基因。通过MISA软件对Unigene进行SSR位点检测，采用Primer3软件进行引物设计，最终208对SSR引物在188个Unigene序列中成功设计。用208对成功设计的SSR引物对30个箭筈豌豆品种进行遗传多样性分析，共鉴定得到35对可扩增出多态性高、稳定性好和谱带清晰的引物（图3-29）。

在筛选出的35对VsTFSSR多态性引物中，每个箭筈豌豆品种至少在1对VsTFSSR引物中具有特异性条带，即该品种可以用1对或1对以上的引物与其他所有箭筈豌豆品种进行区分（图3-30）。通过对引物扩增的特异性条带数分析，确定利用6对引物（VsTFSSR-21、VsTFSSR-23、VsTFSSR-24、VsTFSSR-30和VsTFSSR-35）就可将所有的30个箭筈豌豆品种区分开，这6对引物可作为用于箭筈豌豆品种指纹图谱构建的核心引物。

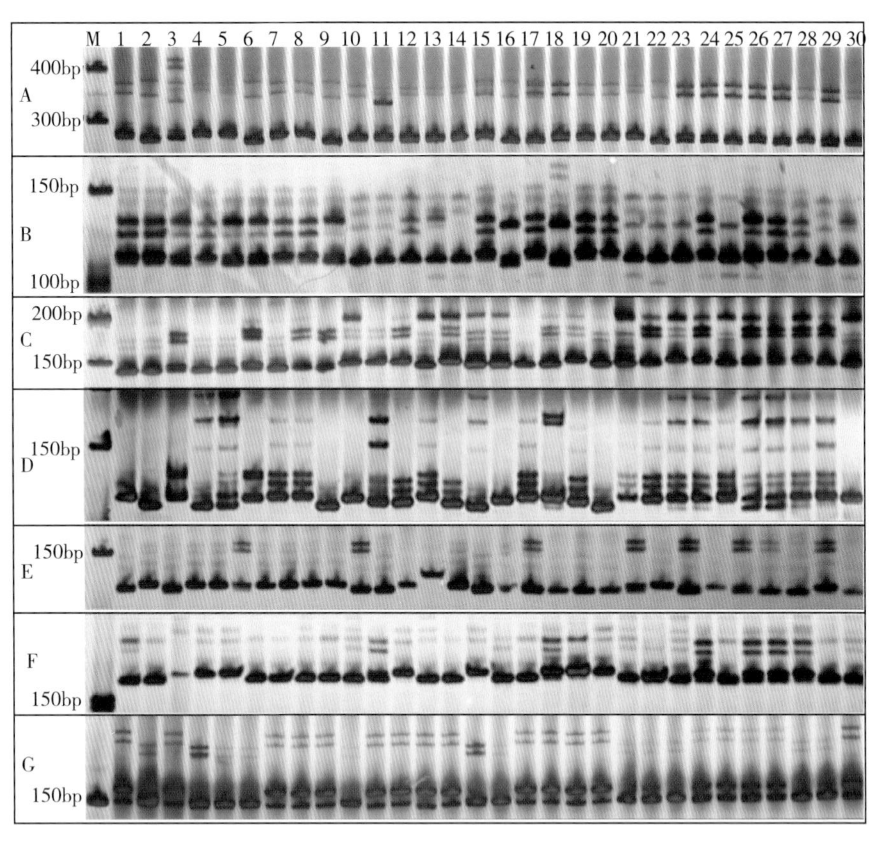

图 3－29　部分 VsTFSSR 引物的扩增结果

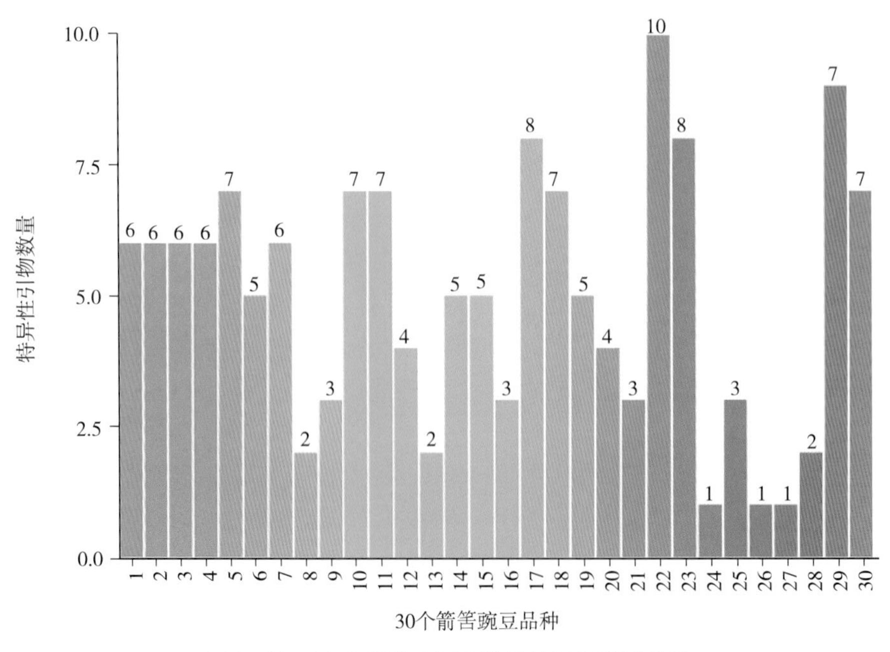

图 3－30　30 个箭筈豌豆品种特异性识别引物数

3. 多花黑麦草

本试验选取10个多花黑麦草材料，每份材料选取20个单株，共200个单株的幼嫩植株提取DNA（表3-6）。

表3-6 供试10个多花黑麦草品种（系）信息

编号	材料名称	来 源	品种类型
1	特高德 Tetragold	百绿集团	引进品种 The introduced varieties
2	长江2号 Changjiang No. 2	四川农业大学	育成品种 The bred varieties
3	赣选1号 Ganxuan No. 1	江西省畜牧技术推广站	引进品种 The introduced varieties
4	阿伯德 Aubade	FF公司	引进品种 The introduced varieties
5	达伯瑞 Double Barrel	丹农种子公司	引进品种 The introduced varieties
6	邦德 Abundant	丹农种子公司	引进品种 The introduced varieties
7	杰威 Splendor	丹农种子公司	引进品种 The introduced varieties
8	川农1号（牧杰×赣选1号）	杂交后代连续混合选择	育成品种 The bred varieties
9	川农2号（特高德×绿色长廊）	杂交后代连续混合选择	新品系 The new lines
10	LG1（F_4N×赣选1号）	杂交后代连续混合选择.	新品系 The new lines

引物筛选采用3个田间表型性状差异较大的多花黑麦草品种（特高德 Tetragold，长江2号 ChangjiangNo. 2，阿伯德 Aubade），每个品种选择4个单株，共12个单株提取DNA。所用引物序列由多花黑麦草转录组开发而来，引物由南京金斯瑞生物科技有限公司合成。最终从200对自主开发的EST-SSR引物（分别编号为N1～N200）中共筛选出30对高效引物，添加FAM（6-carboxy-fluorescein）荧光标记。

最终筛选出25对较高效的EST-SSR引物，并利用其中6对最高效的引物构建了10个多花黑麦草品种（系）的DNA指纹图谱，包括标准模式图、图谱代码和图谱QR编码，完善了多花黑麦草DNA指纹数据库，编写出SSR标记鉴定多花黑麦草品种的规程草稿。具体如下：

（1）EST-SSR标记多态性分析

利用初步筛选出的30对EST-SSR引物对10个多花黑麦草材料进行了荧光标记毛细管电泳检测分析，根据引物扩增核苷酸片段的数目及稳定性，排除具有异常峰型的引物以及多位点不易判别、统计的引物，筛选出具有稳定多态性扩增的有25对EST-SSR引物，每条扩增片段的长度范围为51～388bp。本试验采取每个材料20个单株进行毛细管电泳，根据至少40%以上的单株出现该片段为基准，排除在品种内遗传不稳定的片段。在这25对EST-SSR引物中，每对EST-SSR引物可检测到扩增位点数2（N87）～11（N101）个，共检测出127个扩增位点，平均每对引物5.08个；多态性扩增位点数范围为0（N152）～11（N101）个，平均每对引物4.00个，多态性位点的比率范围为33.33%～100.00%，平均73.02%（表6）。PIC变动范围为0.484（N87）～0.877（N101），平均0.702，结果证明多花黑麦草材料间变异较大，具有丰富的遗传多样性。Shannon指数最大为3.322（N101），均值为1.929；基因多样性指数变动范围为0.159（N101）～0.500（N152），平均0.318；

可鉴别的材料数为 0～10 个。综上所述，可得出引物 N101 是所有引物中鉴定效率最高的引物，该引物可完全区分本试验所有的多花黑麦草材料，最大可能鉴别 121 种材料，在以后多花黑麦草 DNA 指纹数据库的构建中应重点应用（表 3－7）。

表 3－7　EST－SSR 引物扩增结果及多态性信息

引物	统计位点 TNS	多态性位点 NPS	多态性位点比率（%）PPS	多态性信息量 PIC	Shannon 指数 *I*	基因多样性指数 *H*	区分材料数 DV	最多区分材料数 DMV
N1	5	5	100.00	0.651	2.046	0.260	5	25
N7	5	4	80.00	0.735	1.922	0.294	4	16
N14	6	5	83.33	0.772	2.646	0.309	7	25
N37	5	3	60.00	0.761	2.046	0.304	5	9
N38	6	5	83.33	0.729	2.922	0.243	8	25
N54	6	6	100.00	0.768	2.322	0.256	5	36
N63	4	3	75.00	0.698	1.922	0.349	4	9
N65	5	4	80.00	0.740	2.171	0.296	5	16
N69	5	3	60.00	0.707	1.846	0.283	4	9
N77	3	2	66.67	0.579	0.722	0.386	2	4
N78	3	3	100.00	0.615	1.571	0.410	4	9
N87	2	1	50.00	0.484	0.881	0.484	2	2
N98	3	1	33.33	0.625	0.971	0.417	2	2
N101	11	11	100.00	0.877	3.322	0.159	10	121
N105	3	1	33.33	0.625	0.971	0.417	2	2
N107	4	3	75.00	0.653	1.961	0.327	5	9
N122	4	3	75.00	0.626	2.122	0.313	5	9
N124	4	2	50.00	0.653	1.361	0.326	3	4
N146	6	6	100.00	0.770	2.846	0.257	8	36
N151	9	8	88.89	0.834	3.122	0.185	9	64
N152	2	0	0.00	0.500	0.000	0.500	0	1
N154	6	5	83.33	0.806	2.922	0.435	8	25
N156	7	6	85.71	0.780	2.722	0.223	7	36
N168	5	5	100.00	0.776	1.961	0.310	5	25
N177	8	5	62.50	0.800	0.922	0.200	3	25
平均 Mean	5.08	4.00	73.02	0.702	1.929	0.318	4.88	21.76

注：统计位点 TNS；多态性位点 NPS；多态性位点比率 PPS；多态性信息量 PIC；Shannon 多样性指数 I；基因多态性指数 H；区分材料数 DV；最多区分材料数 DMV。

（2）EST－SSR 标记引物高效性分析

通过 25 对 EST－SSR 引物对 10 个多花黑麦草材料进行统计分析，10 个多花黑麦草品种（系）均可检测到特征位点（表 3－8），即均可利用一个引物的一个位点就可鉴别相应的品种。其中，特高德、达伯瑞和川农 2 号只具有 1 个特征引物；长江 2 号和邦德具有 2 个特征引物；赣选 1 号、阿伯德、杰威、川农 1 号和 LG1 具有 3 个特征引物。一个引物并不只是能鉴定 1 个品种，可能同时在多个品种上检测到特征位点。N101 引物在长江 2 号

（118bp）、赣选 1 号（105bp）和川农 2 号（92bp）同时出现特征位点（图 3－31）；N151 引物在长江 2 号、赣选 1 号和邦德同时出现特征位点；N168 引物在特高德、杰威和 LG1 上同时出现特征位点；N38 引物在阿伯德和杰威上同时出现特征位点；N54 在杰威和川农 1 号上同时出现特征位点；N146 引物在赣选 1 号和 LG1 上同时出现特征位点；其余引物均只在一个材料上出现特征位点。试验表明 EST－SSR 引物在毛细管电泳下能检测到丰富的等位基因，可有效用于多花黑麦草指纹图谱的构建。

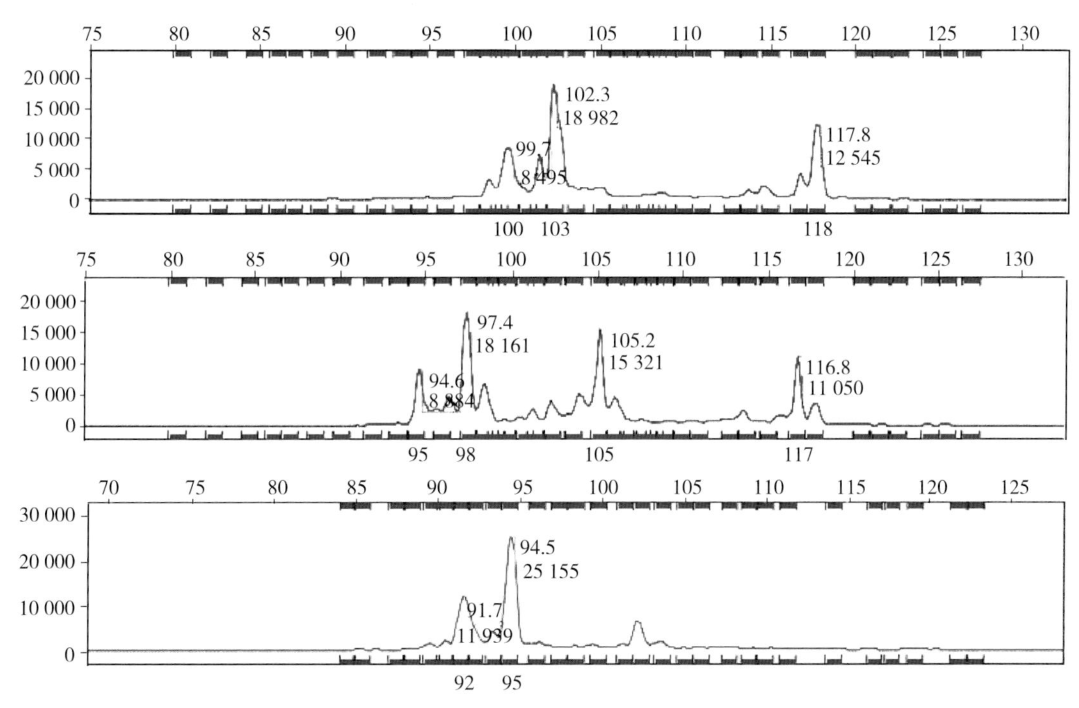

图 3－31 引物 N101 在长江 2 号、赣选 1 号和川农 2 号（从上至下）单株上的毛细管电泳峰型

表 3－8 多花黑麦草材料的 14 个特征引物

材料名称	特征引物	片段大小（bp）	材料名称	特征引物	片段大小（bp）
特高德 Tetragold	N168	152	邦德 Abundant	N107 N151	112 152
长江 2 号 Changjiang No. 2	N101 N151	118 143	杰威 Splendor	N38 N54 N168	152 136 169
赣选 1 号 Ganxuan No. 1	N101 N146 N156	105 93 102	川农 1 号	N54 N69 N122	138 151 132
阿伯德 Aubade	N38 N124 N177	143 117 74/231/237	川农 2 号 LG1	N101 N1 N146 N168	92 53/59 89 168
达伯瑞 Double Barrel	N156	112			

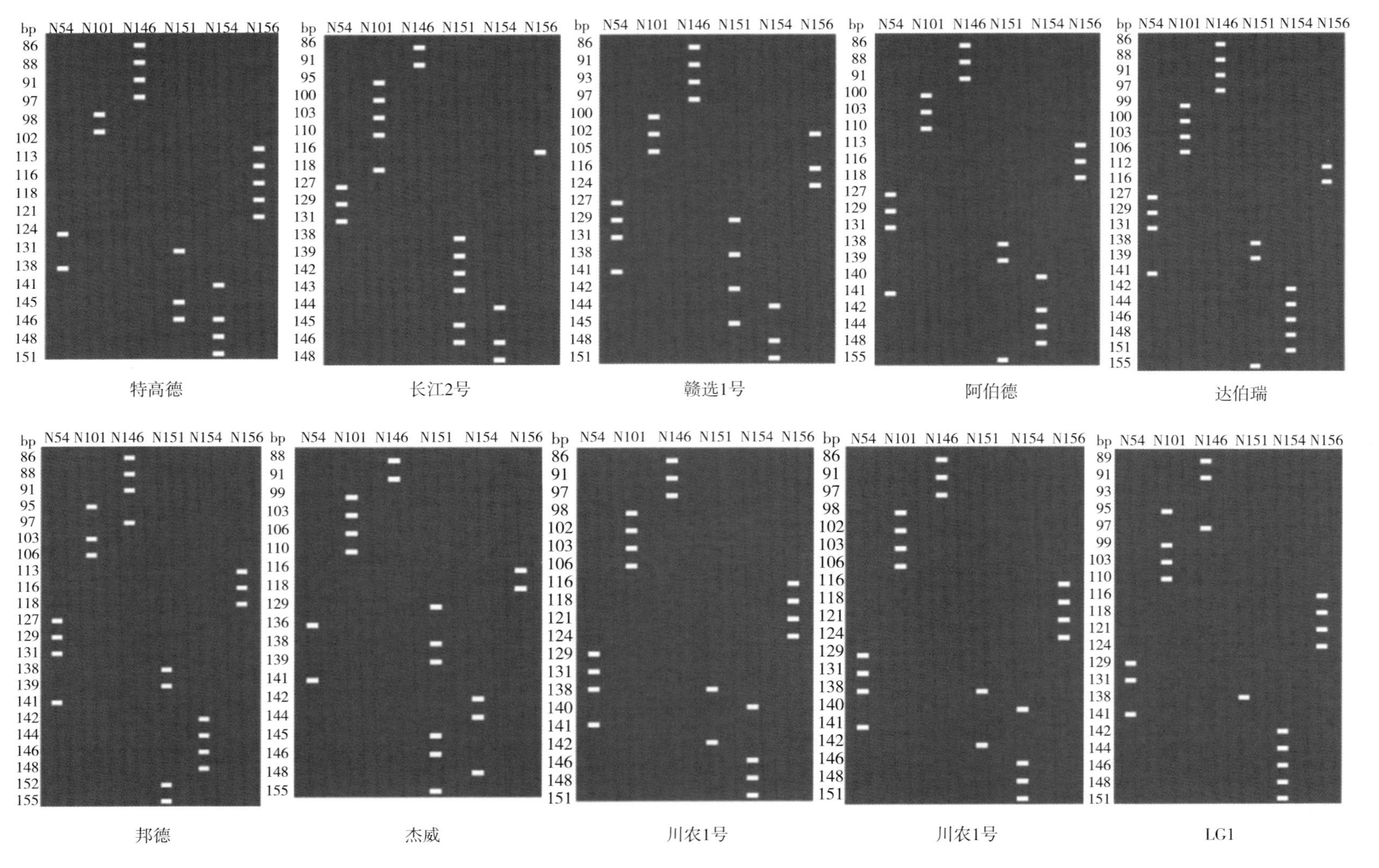

图3-32　10个多花黑麦草材料检测位点的标准模式图

（3）指纹图谱标准模式图

由于多花黑麦草是天然异花授粉植物，在品种间和品种内变异均较大，因此本试验为避免单个引物构建的指纹图谱在更多材料鉴定时不准确，因此采用引物组合法进行指纹图谱的构建。根据毛细管检测峰型、PIC值、引物多态性、引物鉴定效率，从25对EST－SSR引物中选择了6对扩增和检测效果较好的引物（N54、N101、N146、N151、N154、N156），6对引物可检测到的稳定等位基因数均大于20个（表3－9），在达伯瑞和邦德上可检测到的等位基因数最多，均为23个，其中基因数较少的是特高德、杰威和川农2号，但材料间可检测到的等位基因数差异不显著。

表3－9　6对EST－SSR引物在不同材料中可检测到的等位基因数

材料名称	等位基因数	材料名称	等位基因数
特高德 Tetragold	20	邦德 Abundant	23
长江2号 Changjiang No. 2	21	杰威 Splendor	20
赣选1号 Ganxuan No. 1	22	川农1号（牧杰×赣选1号）	22
阿伯德 Aubade	21	川农2号（特高×绿色长廊）	20
达伯瑞 Double Barrel	23	LG1（F_4N×赣选1号）	22

利用筛选出的6对EST－SSR荧光引物分别构建了10个多花黑麦草材料检测位点的标准模式图（图3－32），横坐标表示的是不同的EST－SSR多态性引物，纵坐标表示的是引物扩增峰图的分子量。这种标准模式图能将毛细管电泳峰图转变成更直观的多态性谱带图，为品种鉴定提供了更简单易操作的方式。

4. 披碱草属

本研究采用SSR分子标记技术，对11个披碱草属牧草品种和15个种质进行分子指纹图谱鉴别研究。在研究过程中，主要针对引物筛选、群体样本数量、PCR体系及程序、电泳检测技术和数字化分析等环节进行了系统研究和重复试验验证。其中，引物选自老芒麦（Elymus sibiricus）基因组中开发出来的SSR引物，从中筛选并确定适于指纹图谱构建的稳定性高、重复性好的引物；还包括植物单株总DNA提取方法、PCR反应体系、PCR反应程序和入选的指纹图谱标记及数据数字化分析整理，获得标准化的DNA提取程序、PCR反应体系和PCR反应程序，验证筛选标记的稳定性和可靠性，最终获得2个可用于一次性鉴别26份材料的分子标记，建立了2套指纹图谱，为披碱草属品种资源鉴定提供了准确、高效的鉴别技术。具体如下：供试材料为26份（表3－10），筛选获得7对多态性高、稳定性好的引物进行验证，这7对引物分别是EESGS41、EESGS117、EESGS142、EESGS155、EESGS172、EESGS183和EESGS193，序列信息详见表3－11：

表3－10　26份材料进行PCR扩增结果统计分析

材料编号	材料名称	扩增总条带数	多态性条带数	扩增百分比（%）
1	康巴垂穗披碱草	79	31	39.2
2	垂穗披碱草 CF025446	79	37	46.8

（续）

材料编号	材料名称	扩增总条带数	多态性条带数	扩增百分比（%）
3	甘南垂穗披碱草	79	37	46.8
5	青牧1号老芒麦	79	31	39.2
6	垂披碱草CF030026	79	53	67.1
7	察北披碱草	79	33	41.7
9	圆柱披碱草CF016717	79	61	77.2
10	川草2号老芒麦	79	43	54.4
11	（12）DY	79	26	32.9
12	紫黑披碱草CF016709	79	36	45.6
13	青海短芒披碱草	79	53	67.1
14	披碱草青海湟源	79	43	54.4
15	⑥ DY	79	42	53.2
16	天山披碱草新疆	79	51	64.5
17	同德老芒麦	79	47	59.5
18	农牧老芒麦	79	31	39.2
19	新疆伊犁垂披碱草CF016733	79	41	51.9
20	垂穗披碱草	79	40	50.6
21	紫芒披碱草CF 016916	79	38	48.1
22	四川红原老芒麦⑤ DY	79	48	60.7
23	无芒披碱草	79	38	48.1
24	紫黑披碱草CF16711	79	44	55.7
25	紫芒披碱草CF016977	79	29	36.7
26	②DY圆柱披碱草	79	44	55.7
29	CF 16711紫黑披碱草	79	29	36.7
30	CF016977紫芒披碱草	79	33	41.8

表3-11　7对SSR引物序列信息

序号	引物编号	引物序列
1	EESGS41	F：TACATCCACAACTTGAGCACC R：CACAACTCACAAGCAGGACAC
2	EESGS117	F：CGAGGCGAGGTAAAAAGTATA R：GTTGTCACGTTTGAAGCAAGT
3	EESGS142	F：AAATAAGAGGTAGGGAGGCT R：TGATTGTAGGGGAAAACAAG
4	EESGS155	F：GCCACTAATAGGGTTTTTTC R：CCCACTAACTCACTCACACA

（续）

序号	引物编号	引物序列
5	EESGS172	F：TTGAAGCAAGTACAACTA R：GTAAAATCTACGGAAAGC
6	EESGS183	F：GTCACGTTTGAAGCAAGTA R：GGCGAGGTAAAAAGTATAG
7	EESGS193	F：CAAAATAAATTGGTGCGTTG R：CTGCTTCCTCCCTTTCTACA

通过对 PCR 反应体系的优化和反应程序的调整，得到了稳定的扩增结果，使扩增条带更清晰，扩增条带数量也由原来的 9～27 条调整为 6～16 条，多态性条带百分比较上一年有所增加。具体分析结果见表 3-12。

表 3-12 7 对 SSR 引物扩增条带统计分析

引物编号	引物名称	扩增条带数		多态性条带数		多态百分率（%）	
		2015—2016	2017	2015—2016	2017	2015—2016	2017
1	ESGS41	26	16	25	16	96.1	100
2	ESGS117	22	15	22	15	100	100
3	ESGS142	25	12	24	12	96	100
4	ESGS155	24	12	24	5	100	41.7
6	ESGS172	17	5	16	5	94.1	100
6	ESGS183	27	13	27	13	100	100
7	ESGS193	21	6	19	6	90.5	100

在 7 对引物中，ESGS41 和 ESGS117 引物分别在 26 个材料中扩增条带数目为 16 和 15 条，且均为多态性 SSR 片段。这 2 对引物均可一次性有效鉴别 26 份材料，根据这 2 对引物绘制的 26 个材料的数字化指纹图谱见表 3-13。引物 ESGS183 可分别与 ESGS155、ESGS172、ESGS142 和 ESGS193 配合鉴定 26 个材料。

表 3-13 26 个材料数字化指纹图谱

材料编号	引物编号/条带数目	
	ESGS117	ESGS41
	15	16
1	011100011011110	1000000011100000
2	111000011010100	0010000011110010
3	101000000000000	1000001000110000
5	111000010000000	1000000001000000
6	101000011000000	1000000000000000
7	001110001000000	0111101101111101
9	111101110000000	1000001000000000
10	011110011110110	0010000101111110
11	101000000110000	1110001101010000
12	101100000100000	0110001001011000

（续）

材料编号	引物编号/条带数目	
	ESGS117	ESGS41
	15	16
13	101000001000000	0110001001011000
14	101000011100000	0010000101100000
15	100000000000000	0010010101111100
16	101100010000000	0111001001010100
17	111001011101101	0010010101101100
18	011100000000000	1011001101100000
19	111000011101110	1000000001100000
20	101111011000000	1110001101010101
21	101111000000000	1111001111111000
22	111000011000100	0010010101111000
23	111000000000000	1010001011111010
24	101000011000110	0110001011111010
25	111010000010000	0111101011011010
26	111101111010000	1110001011011010
29	101000000010100	0110001000011000
30	101001001000000	1001001000111000

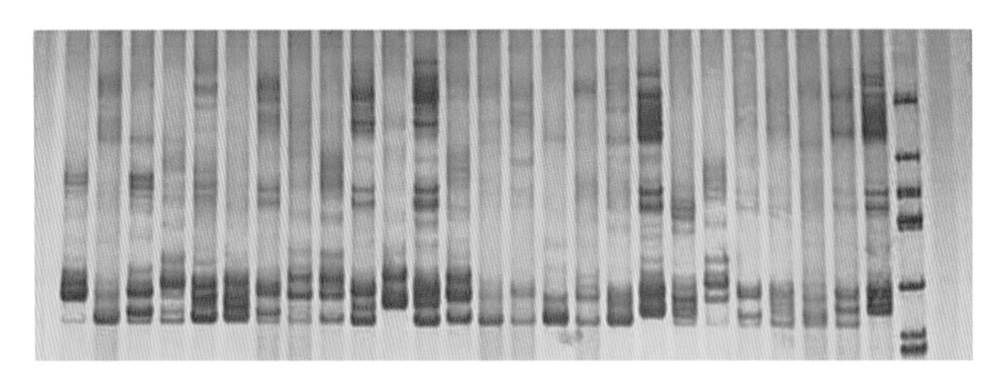

图 3-33　引物 ESGS41 在 26 个材料中的 PCR 结果

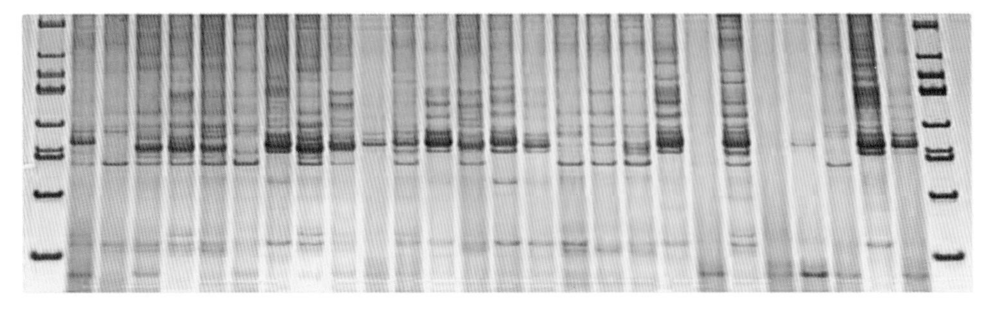

图 3-34　引物 ESGS117 在 26 个材料中的 PCR 结果

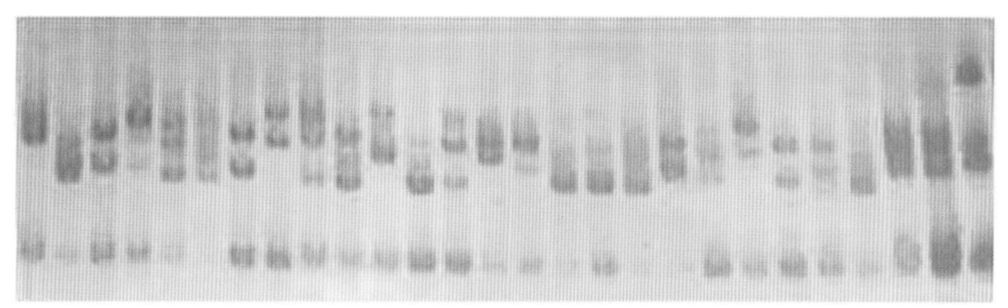

图 3-35 引物 ESGS142 在 26 个材料中的 PCR 结果

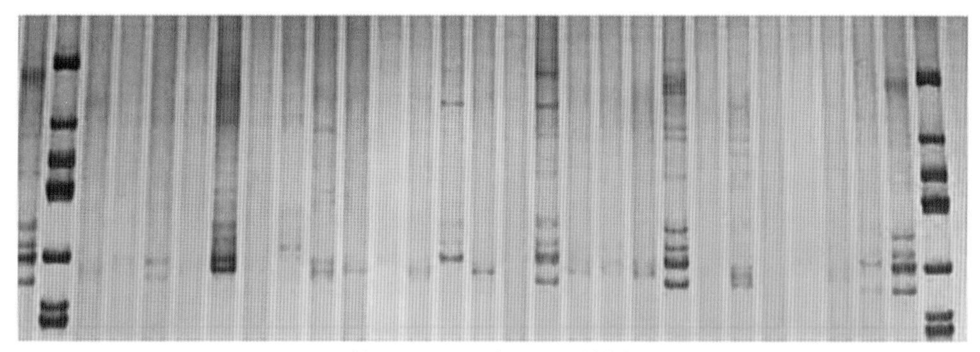

图 3-36 引物 ESGS172 在 26 个材料中的 PCR 结果

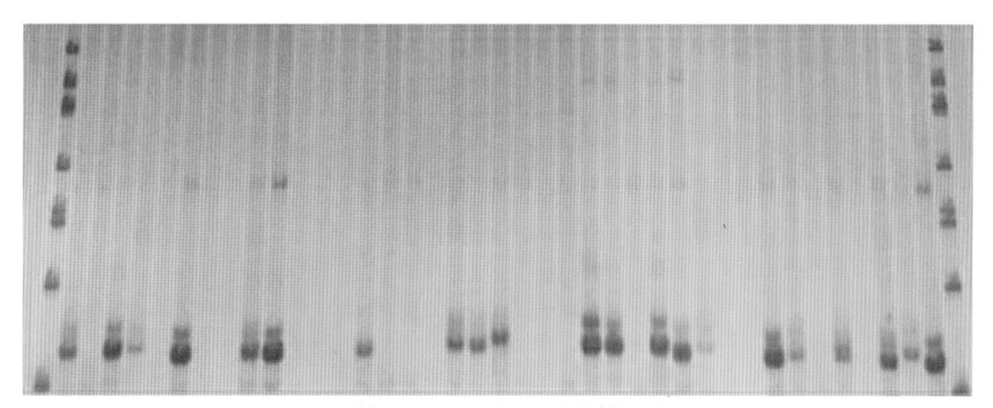

图 3-37 引物 ESGS193 在 26 个材料中的 PCR 结果

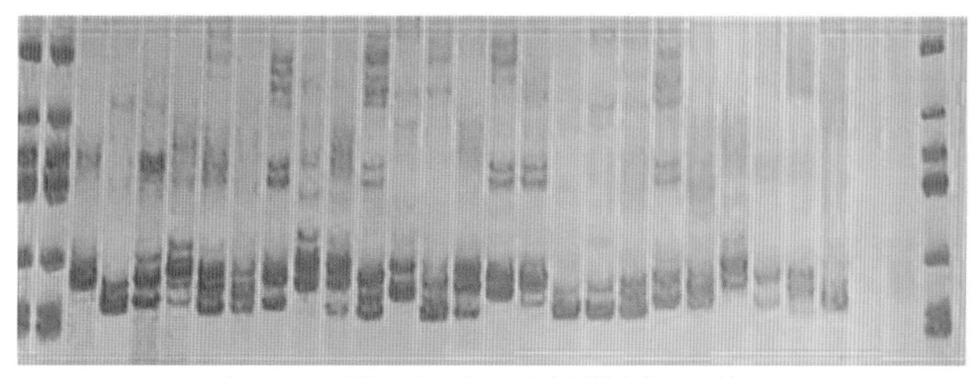

图 3-38 引物 ESGS155 在 26 个材料中的 PCR 结果

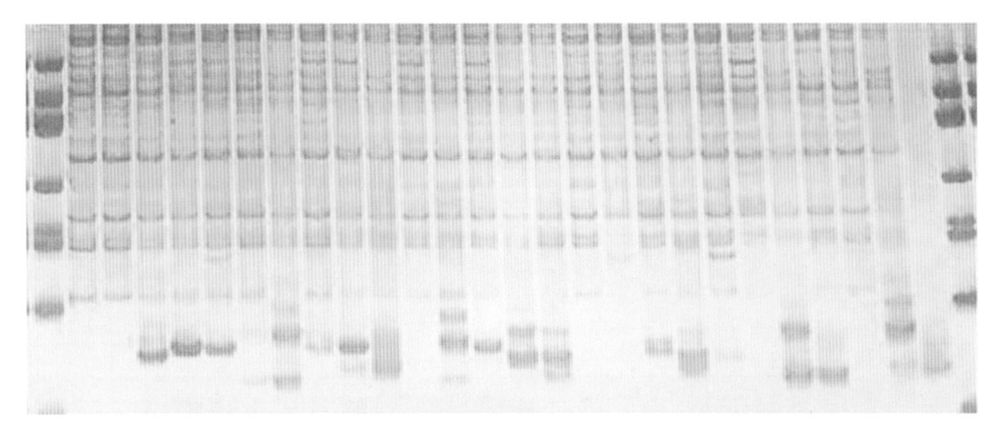

图 3-39　引物 ESGS183 在 26 个材料中的 PCR 结果

5. 苏丹草（含高粱—苏丹草杂交草）

每个品种样品随机选取至少 20 个个体的等量组织组成混合样品。利用改良后的 CTAB 法提取植物基因组总 DNA，并用 Nanodrop 分光光度计和 1%琼脂糖凝胶电泳测 DNA 浓度和质量（OD260/OD280≈1.8），将 DNA 样品稀释成 50ng/μL 的工作液并置于－20℃保存备用。

对来自文献的 108 对引物进行筛选，得到 20 对（表 3-14）扩增稳定、多态性好的 SSR 引物进行品种指纹图谱构建。

表 3-14　引物相关信息

引物编号	引物名称	引物序列（5'—3'）	PCR 产物长度范围（bp）
P01	AH74	F：ATGGAATGGAAGGGGTGG R：TGCGAACAATCTTGGAGTAC	212～233
P02	TXP104	F：TAACCTATGCGGATAAAACAG R：GAATCGCTGCCAAATAAA	176～186
P03	TXP97	F：CAAATAAACGGTGCACACTCA R：GTATGATTGGAGACGAGACGG	118～126
P04	SG17	F：AAGTGGGGTGAAGAGATA R：CTGCCTTTCCGACTC	271～296
P05	SG28	F：CACGTCGTCACCAACCAA R：GTTAAACGAAAGGGAAATGGC	124～134
P06	CUP53	F：GCAGGAGTATAGGCAGAGGC R：CGACATGACAAGCTCAAACG	180～201
P07	CUP57	F：CTGCAGAGAGCTAATTGTGC R：TCTTGGAAGAGACGGACCTG	169～182
P08	Xtxp7	F：ACATCTACTACCCTCTCACC R：ACACATCGAGACCAGTTG	219～243
P09	EST5	F：TAAAGGCAAGCAAACC R：TTACCAGATGTCGTCCA	256～260

（续）

引物编号	引物名称	引物序列（5'—3'）	PCR 产物长度范围（bp）
P10	SG8	F：ACACGCATGGTTTGACTG R：TTGATAATCTGACGCAACTG	180～208
P11	BAC5	F：AACAATCCGTTCTCCTCT R：TGGTGAGTGATAAGTGGG	226～282
P12	AH49	F：CTGAACTATCGGCGTCTG R：TAGCCATGTTGCTTCTTAT	173～193
P13	AH169	F：TCCATCAGGCAAGAAACC R：ACGCAGATACCGAGGAAG	245～262
P14	Xtxp13	F：TCTTTCCCAAGGAGCCTAG R：TGGTGAGTGATAAGTGGG	115～125
P15	D1763	F：TCCAACTCCTATCCAATCGC R：TCCTTTGCTGCTGCTTCC	93～103
P16	AH63	F：CACCATCCTCCTCCTACCC R：CAGCAGCCATCTCAAAA	124～132
P17	AH72	F：CGGCAGATCCATCTCCAA R：CGTCGCAACAGTAAGACAAGC	164～190
P18	AH73	F：TGGTGCTTGGACATTCTA R：GGACAGCCCTCACTCATC	394～401
P19	AH85	F：CAAGGCTGAGGTCAAGAA R：GGAAGCACCATGAAACAC	194～206
P20	Xtxp258	F：CACCAAGTGTCGCGAACTGAA R：GCTTAGTGTGAGCGCTGACCAG	176～193

部分引物扩增的胶图和荧光测序峰图见图 3－40～图 3－42：

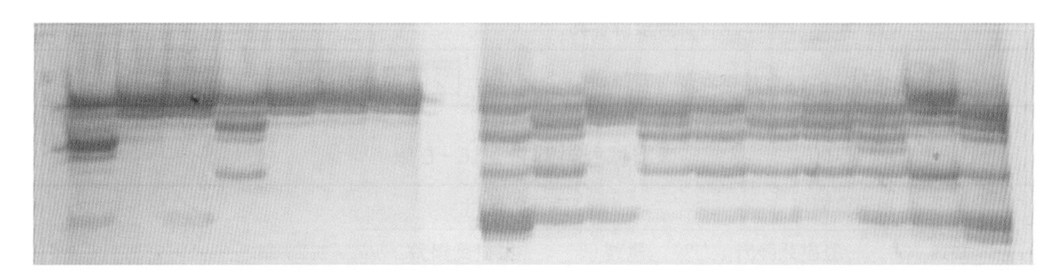

图 3－40 引物 P04 扩增 17 个品种材料的电泳图

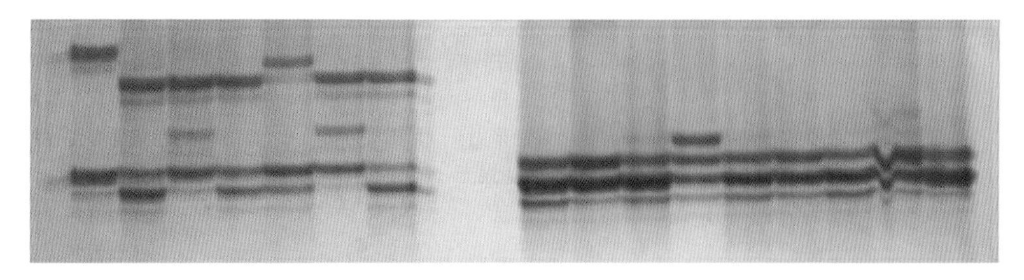

图 3－41 引物 P13 扩增 17 个品种材料的电泳图

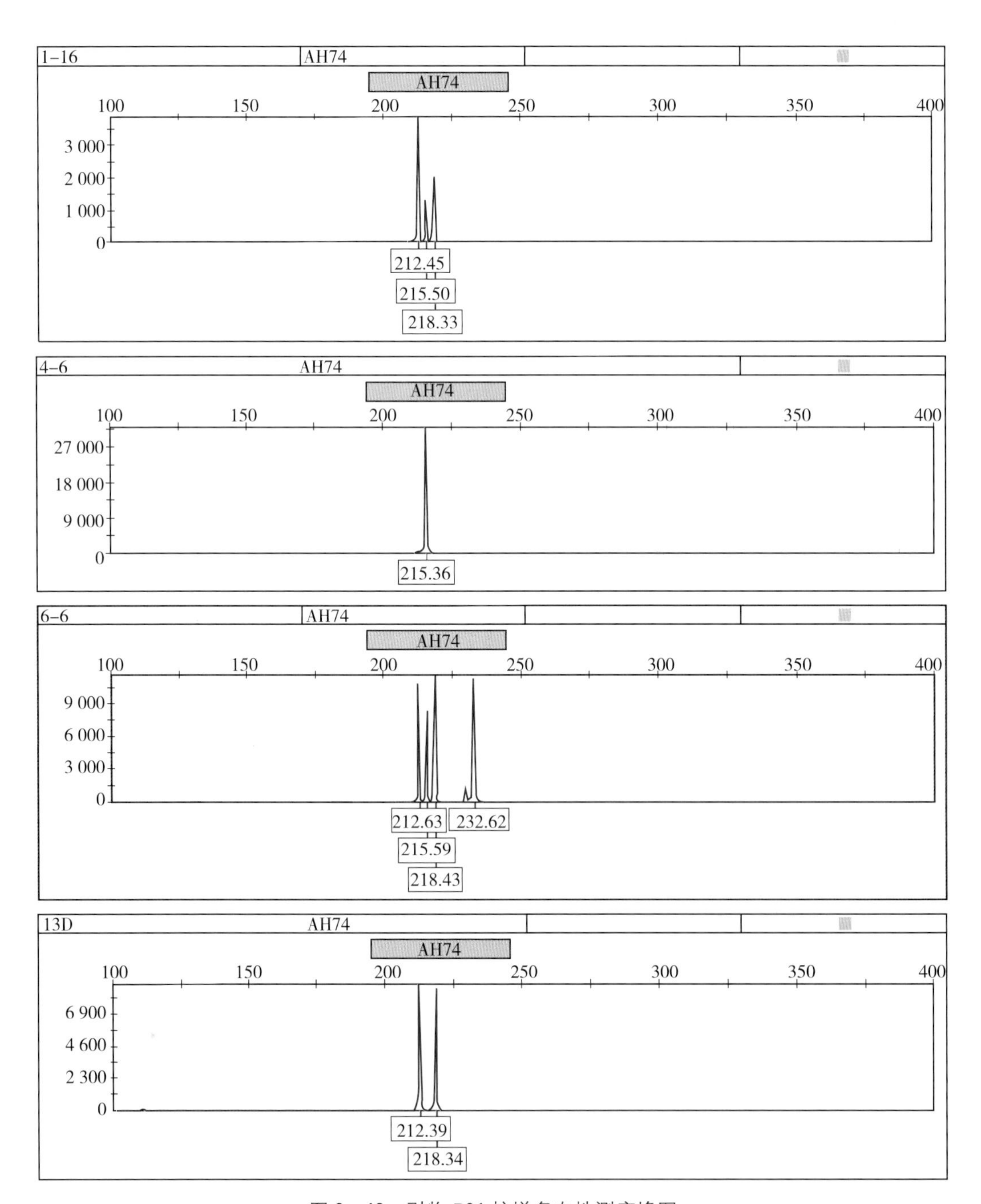

图 3-42　引物 P01 扩增多态性测序峰图

四、草品种 DUS 田间测试

2013 年开始，全国畜牧总站组织华南农业大学、黑龙江省农科院草业研究所、兰州大学等 5 家单位，先后开展了紫花苜蓿、红三叶、结缕草、狼尾草等 9 个草种新品种 DUS 田间测试工作。部分研究结果如下：

1. 紫花苜蓿

参照 UPOV 指南及国内苜蓿 DUS 测试指南，田间种植 76 份苜蓿种质资源，其中，苜蓿标准品种 33 份，苜蓿参试材料 11 份，苜蓿参试材料的对照品种 13 份。另外，19 份额外苜蓿品种材料用于筛选更具代表性的标准品种，从而进一步完善苜蓿 DUS 测试标准文本。田间测试共进行 20 个性状的测试，采集数据 109 440 个，拍摄照片 2 500 余张。在通过两个独立生长周期的 DUS 测试后，除了呼伦贝尔杂花苜蓿没有提供近似品种外，其余 10 个参试材料与其近似品种都在多个性状上存在至少 3 个等级以上的差异。其中，公农 6 号杂花苜蓿测试报告见表 3－15。

表 3－15　新草品种 DUS 测试报告

<table>
<tr><td>测试编号</td><td colspan="2">公农 6 号杂花苜蓿</td><td>属或种</td><td colspan="2">杂花苜蓿 Medicago varia Martyn</td></tr>
<tr><td>品种类型</td><td colspan="2">育成品种</td><td>测试指南</td><td colspan="2">农业行业标准《植物新品种特异性、一致性和稳定性测试指南 紫花苜蓿和杂花苜蓿》</td></tr>
<tr><td>委托单位</td><td colspan="2">全国畜牧总站草业处</td><td>测试单位</td><td colspan="2">兰州大学草地农业科技学院</td></tr>
<tr><td>测试地点</td><td colspan="5">甘肃省临泽县</td></tr>
<tr><td rowspan="3">生长周期</td><td colspan="2">第 1 生长周期</td><td colspan="3">2016 年 5 月 1 日—2017 年 11 月 7 日</td></tr>
<tr><td colspan="2"></td><td colspan="3"></td></tr>
<tr><td colspan="2"></td><td colspan="3"></td></tr>
<tr><td>材料来源</td><td colspan="5">全国畜牧总站草业处</td></tr>
<tr><td rowspan="3">有差异性状</td><td>近似品种名称</td><td>有差异性状</td><td>申请品种描述</td><td>近似品种描述</td><td>备注</td></tr>
<tr><td rowspan="2">公农3 号</td><td>2. 植株：生长习性</td><td>半匍匐</td><td>中间</td><td>图像</td></tr>
<tr><td>19. 植株：第二年越冬前自然高度</td><td>矮到中</td><td>极矮到矮</td><td></td></tr>
<tr><td>特异性</td><td colspan="5">具备特异性</td></tr>
<tr><td>一致性</td><td colspan="5">具备一致性</td></tr>
<tr><td>稳定性</td><td colspan="5">具备稳定性</td></tr>
<tr><td>结论</td><td colspan="5">√ 特异性　√ 一致性　√ 稳定性（√表示具备，×表示不具备）</td></tr>
<tr><td>其他说明</td><td colspan="5"></td></tr>
</table>

表 3－16　性状描述对比表

性　状	公农 6 号			公农 3 号			差异
	代码及描述		数据	代码及描述		数据	
1. 植株：播种当年秋季自然高度	1	极矮	6.37cm	1	极矮	9.17cm	
2. 植株：生长习性	7	半匍匐		5	中间		Y
3. 植株：播种当年越冬前自然高度	1	极矮	6cm	1	极矮	7.87cm	
4. 根：根蘖性	9	有		9	有		
5. 植株：第二年春季返青自然高度	1	极矮	14.87cm	1	极矮	15.64cm	
6. 花：初花期	5	中		5	中		

（续）

性　状	公农 6 号		公农 3 号		差异
	代码及描述	数据	代码及描述	数据	
7. 叶：中央小叶长度	4　短到中		4　短到中		
8. 叶：中央小叶宽度	4　窄到中		3　窄		
9. 叶：叶形	2　卵圆形		2　卵圆形		
10. 花：出现紫色花的频率	7　高		7　高		
11. 花：出现杂色花的频率	3　低		3　低		
12. 花：出现乳白色、白色或黄色花的频率	3　低		3　低		
13. 茎：最长茎秆长度	1　极矮	71.3cm	1　极矮	72.94cm	
14. 植株：第一次刈割后 3 周自然高度	2　极矮到矮	47.39cm	1　极矮	43.97cm	
15. 植株：第二次刈割后 3 周自然高度	2　极矮到矮	31.13cm	2　极矮到矮	32.94cm	
16. 植株：第三次刈割后 3 周自然高度	1　极矮	20.27cm	1　极矮	20.18cm	
17. 植株：第四次刈割后 3 周自然高度					
18. 植株：第二年秋季自然高度	3　矮	9.67cm	3　矮	10.5cm	
19. 植株：第二年越冬前自然高度	4　矮到中	11cm	2　极矮到矮	8.5cm	Y
20. 植株：秋眠性	1　1 级		2　2 级		

图 3-43　植株：生长习性 公农 6 号（上）：7 半匍匐 公农 3 号（下）：5 中间

2. 红三叶

参照UPOV指南及国内红三叶DUS测试指南，田间种植21份红三叶种质资源，其中测试品种2份、近似品种3份、标准品种16份，进行30个性状的测试，采集数据9 450个，拍摄照片2 100余张，通过两个独立生长周期的DUS测试，得出以下测试结果：

甘红1号红三叶相较于近似品种巫溪红三叶，在至少10个性状上存在至少2个等级上可重现的差异，且品种内的变异程度未显著超过同类型品种，可以判定甘红1号红三叶具备特异性、稳定性、一致性（表3-17、表3-18，图3-44、图3-45）。

表3-17 新草品种DUS测试报告

测试编号	甘红1号	属或种	三叶草属 Trifolium		
品种类型	混合种	测试指南	《植物新品种特异性、一致性和稳定性测试指南 红三叶》初稿版		
委托单位	全国畜牧总站草业处	测试单位	黑龙江省农业科学院草业研究所		
测试地点	哈尔滨				
生长周期	第1生长周期	2016年5月1日—2016年9月28日			
	第2生长周期	2017年5月1日—2017年9月25日			
材料来源	全国畜牧总站草业处				
有差异性状	近似品种名称	有差异性状	申请品种描述	近似品种描述	备注
	岷山红三叶	7开花势	3弱	5中	
		8开花期	9极晚	3早	照片1
		14叶：正面柔毛	1无	9有	
		17叶：顶生小叶宽度	9极宽	5中	
		18叶斑强度	7强	5中	
		26花颜色	3粉色	4粉红色	照片2
特异性	具备特异性				
一致性	具备一致性				
稳定性	具备稳定性				
结论	√特异性 √一致性 √稳定性（√表示具备，×表示不具备）				
其他说明					

表3-18 性状描述对比表

性　状	甘红1号			巫溪红三叶			差异
	代码及描述		数据	代码及描述		数据	
1. 倍性	2	二倍体		2	二倍体		
2. 种子：颜色	3	杂色		3	杂色		
3. 子叶：长度	2	中	6.23mm	2	中	6.58cm	
4. 子叶：宽度	2	中	4.42mm	2	中	4.11mm	
5. 植株：自然高度（播种当年）	3	矮	27.01cm	5	中	38.10cm	Y
6. 叶片：绿色程度（播种当年）	7	深		7	深		

（续）

性　状	甘红1号			巫溪红三叶			差异
	代码及描述		数据	代码及描述		数据	
7. 植株：开花势（播种当年）	5	弱		7	中		Y
8. 开花期	9	极晚	8月17日	3	早	7月16日	Y
9. 茎：长度	9	极短	7.58cm	5	中	12.42cm	Y
10. 茎：粗度	2	中	3.60mm	2	中	3.84mm	
11. 茎：节间数量	5	中	6.95个	5	中	7.27个	
12. 茎：柔毛密度	5	中		3	稀		Y
13. 茎：花青甙显色强度	1	弱		2	中		Y
14. 叶：正面柔毛	1	无		9	有		Y
15. 叶：顶生小叶形状	2	卵形		4	椭圆形		Y
16. 叶：顶生小叶长度	7	长	4.70cm	5	中	4.14cm	Y
17. 叶：顶生小叶宽度	9	极宽	2.64cm	5	中	2.15cm	Y
18. 叶：叶斑强度	7	强		5	中		Y
19. 叶：叶斑形状	2	倒V形		2	倒V形		
20. 叶：叶斑位置	2	中		2	中		
21. 叶：小叶顶部形状	2	钝尖		2	钝尖		
22. 叶：小叶相对位置	3	重叠		3	重叠		
23. 苞叶：花青甙显色	1	无		1	无		
24. 花序：类型	1	头状		1	头状		
25. 花序：形状	1	卵形		1	卵形		
26. 花：颜色	3	粉色		4	粉红		Y
27. 植株生长习性	5	中等		5	中等		
28. 植株：春季自然高度	5	中		5	中		
29. 叶：春季绿色程度	5	中		5	中		
30. 植株：再生草自然高度	3	矮		3	矮		

图3-44　描述8开花期甘红1号（左）：9极晚　巫溪红三叶（右）：3早

图 3－45　描述：26. 花颜色甘红 1 号（左）：3 粉色　巫溪红三叶（右）：4. 粉红色

蒙农 1 号红三叶与近似品种岷山红三叶有 11 个性状存在至少 2 个等级的差别，且品种内的变异程度未显著超过同类型品种，可以判定蒙农 1 号红三叶具备特异性、稳定性、一致性（见表 3－19、表 3－20，图 3－46、图 3－47）。

表 3－19　新草品种 DUS 测试报告

测试编号	蒙农 1 号		属或种	三叶草属 *Trifolium*	
品种类型	混合种		测试指南	《植物新品种特异性、一致性和稳定性测试指南 红三叶》初稿版	
委托单位	全国畜牧总站草业处		测试单位	黑龙江省农业科学院草业研究所	
测试地点	哈尔滨				
生长周期	第 1 生长周期		2016 年 5 月 1 日—2016 年 9 月 28 日		
	第 2 生长周期		2017 年 5 月 1 日—2017 年 9 月 25 日		
材料来源	全国畜牧总站草业处				
有差异性状	近似品种名称	有差异性状	申请品种描述	近似品种描述	备注
	岷山红三叶	7 开花势	5 中	7 强	
		8 开花期	9 极晚	3 早	
		13 茎花青甙显色强度	2 中	1 弱	照片 1
		18 叶斑强度	5 中	7 强	
		26 花颜色	3 粉色	4 粉红色	照片 2
特异性	具备特异性				
一致性	具备一致性				
稳定性	具备稳定性				
结论	√ 特异性　√ 一致性　√ 稳定性（√表示具备，×表示不具备）				
其他说明					

表 3-20　性状描述对比表

性　　状	蒙农 1 号			岷山红三叶			差异
	代码及描述		数据	代码及描述		数据	
1. 倍性	2	二倍体		2	二倍体		
2. 种子：颜色	3	杂色		3	杂色		
3. 子叶：长度	3	长	7.15mm	2	中	6.14cm	Y
4. 子叶：宽度	2	中	4.54mm	2	中	4.25mm	
5. 植株：自然高度（播种当年）	3	矮	22.03cm	5	中	40.58cm	Y
6. 叶片：绿色程度（播种当年）	3	浅		5	中		Y
7. 植株：开花势（播种当年）	5	中		7	强		Y
8. 开花期	9	极晚	8 月 10 日	3	早	7 月 13	Y
9. 茎：长度	9	极短	7.86cm	5	中	13.29cm	Y
10. 茎：粗度	2	中	3.82mm	2	中	3.94mm	
11. 茎：节间数量	5	中	7.65 个	5	中	7.37 个	
12. 茎：柔毛密度	5	中		5	中		
13. 茎：花青甙显色强度	2	中		1	弱		Y
14. 叶：正面柔毛	9	有		9	有		
15. 叶：顶生小叶形状	2	卵形		4	椭圆形		Y
16. 叶：顶生小叶长度	9	极长	4.94cm	9	极长	4.61cm	
17. 叶：顶生小叶宽度	9	极宽	2.86cm	9	极宽	2.57cm	
18. 叶：叶斑强度	5	中		7	强		Y
19. 叶：叶斑形状	2	倒 V 形		2	倒 V 形		
20. 叶：叶斑位置	2	中		1	上		Y
21. 叶：小叶顶部形状	2	钝尖		2	钝尖		
22. 叶：小叶相对位置	3	重叠		3	重叠		
23. 苞叶：花青甙显色	1	无		9	有		Y
24. 花序：类型	1	头状		1	头状		
25. 花序：形状	1	卵形		1	卵形		
26. 花：颜色	3	粉色		4	粉红		Y
27. 植株生长习性	5	中等		5	中等		
28. 植株：春季自然高度							
29. 叶：春季绿色程度							
30. 植株：再生草自然高度							

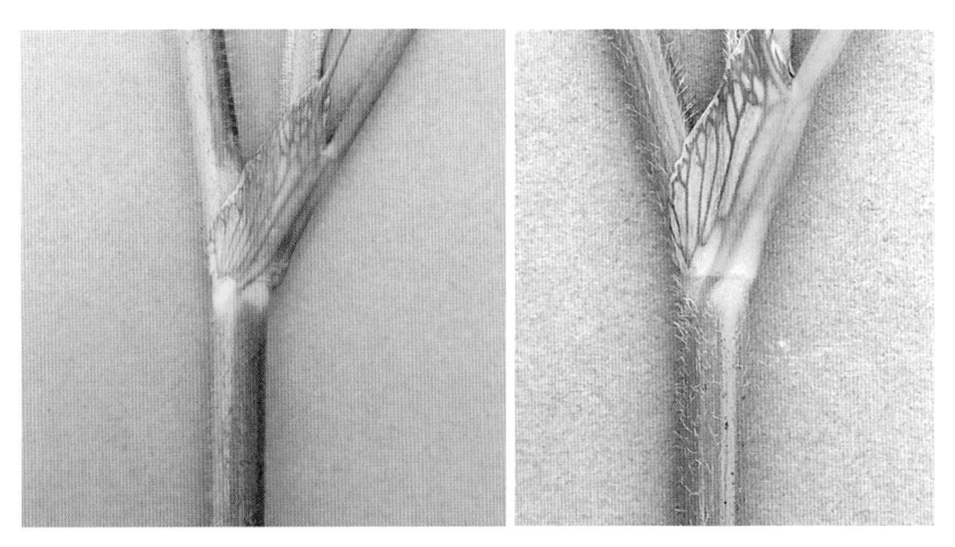

图 3-46 描述 13 茎花青甙显色强度蒙农 1 号（左）：2 中 岷山红三叶（右）：1 弱

图 3-47 描述：26. 花颜色蒙农 1 号（左）：3 粉色 岷山红三叶（右）：4. 粉红色

3. 结缕草

按照我国结缕草 DUS 测试指南，田间种植 10 份结缕草种质资源，其中测试品种 2 份、近似品种 2 份、标准品种 6 份，进行 16 个性状的测试，采集数据 1500 多个，拍摄照片 240 余张，通过两个独立生长周期的 DUS 测试，得出以下测试结果：

3.1 广绿结缕草

广绿结缕草相较于近似品种兰引 3 号结缕草，在 7 个性状上具有明显且可重现的差异，且品种内的变异程度未显著超过同类型品种，可以判定申请品种广绿结缕草具备特异性、稳定性、一致性。测试报告（表 3-21、表 3-22，图 3-48、图 3-49、图 3-50、图 3-51、图 3-52）。

表 3-21　新草品种 DUS 测试报告

<table>
<tr><td>测试编号</td><td colspan="2">广绿结缕草</td><td>属或种</td><td colspan="2">结缕草属 Zoysia</td></tr>
<tr><td>品种类型</td><td colspan="2">茎段</td><td>测试指南</td><td colspan="2">《植物新品种特异性、一致性和稳定性测试指南 结缕草属》</td></tr>
<tr><td>委托单位</td><td colspan="2">全国畜牧总站</td><td>测试单位</td><td colspan="2">华南农业大学林学与风景园林学院</td></tr>
<tr><td>测试地点</td><td colspan="5">广州</td></tr>
<tr><td rowspan="3">生长周期</td><td colspan="2">第 1 生长周期</td><td colspan="3">2016 年 7 月 10 日—2017 年 4 月</td></tr>
<tr><td colspan="2">第 2 生长周期</td><td colspan="3">2017 年 4 月—2017 年 11 月</td></tr>
<tr><td colspan="2"></td><td colspan="3"></td></tr>
<tr><td>材料来源</td><td colspan="5">全国畜牧总站</td></tr>
<tr><td rowspan="8">有差异性状</td><td>近似品种名称</td><td>有差异性状</td><td>申请品种描述</td><td>近似品种描述</td><td>备注</td></tr>
<tr><td rowspan="7">兰引 3 号结缕草</td><td>2. 植株：自然高度</td><td>极高（代码：8）</td><td>高（代码：7）</td><td></td></tr>
<tr><td>3. 匍匐茎：节间长度</td><td>中（代码：5）</td><td>极长（代码：8）</td><td></td></tr>
<tr><td>5. 匍匐茎：花青甙显色</td><td>无或极弱（代码：1）</td><td>强（代码：4）</td><td></td></tr>
<tr><td>6. 叶：长度</td><td>中偏短（代码：4）</td><td>长（代码：7）</td><td></td></tr>
<tr><td>7. 叶：宽度</td><td>中偏宽（代码：6）</td><td>宽（代码：7）</td><td></td></tr>
<tr><td>14. 花药：颜色</td><td>黄色（代码：1）</td><td>浅紫色（代码：2）</td><td></td></tr>
<tr><td>15. 颖壳：颜色</td><td>黄绿色（代码：1）</td><td>紫色（代码：3）</td><td></td></tr>
<tr><td>特异性</td><td colspan="5">具备特异性</td></tr>
<tr><td>一致性</td><td colspan="5">具备一致性</td></tr>
<tr><td>稳定性</td><td colspan="5">具备稳定性</td></tr>
<tr><td>结论</td><td colspan="5">☑特异性 ☑一致性 ☑稳定性（√表示具备，×表示不具备）</td></tr>
</table>

表 3-22　性状描述对比表

性　状	广绿结缕草			兰引 3 号结缕草			差异
	代码及描述		数据	代码及描述		数据	
1. 植株：生长习性	1	直立		1	直立		
2. 植株：自然高度（cm）	8	极高	18.35	7	高	16.55	Y
3. 匍匐茎：节间长度（cm）	5	中	29.45	8	极长	48.38	Y
4. 匍匐茎：直径（mm）	4	粗	1.766	4	粗	1.852	
5. 匍匐茎：花青甙显色	1	无或极弱		4	强		Y
6. 叶：长度（mm）	4	中偏短	7.90	7	长	15.05	Y
7. 叶：宽度（mm）	6	中偏宽	3.85	7	宽	4.28	Y
8. 叶：上表面茸毛密度	1	无或极疏		1	无或极疏		
9. 叶：下表面茸毛密度	1	无或极疏		1	无或极疏		
10. 叶舌：纤毛密度	3	密		3	密		
11. 叶：颜色	2	绿色		2	绿色		
12. 花序：长度（mm）	3	中	36.23	3	中	39.98	
13. 花序：小穗数	4	多	39.60	4	多	42.80	

（续）

性状	广绿结缕草			兰引3号结缕草			差异
	代码及描述		数据	代码及描述		数据	
14. 花药：颜色	1	黄色		2	浅紫色		Y
15. 颖壳：颜色	1	黄绿色		3	紫色		Y
16. 种子：千粒重（g）	3	中	0.45	3	中	0.56	

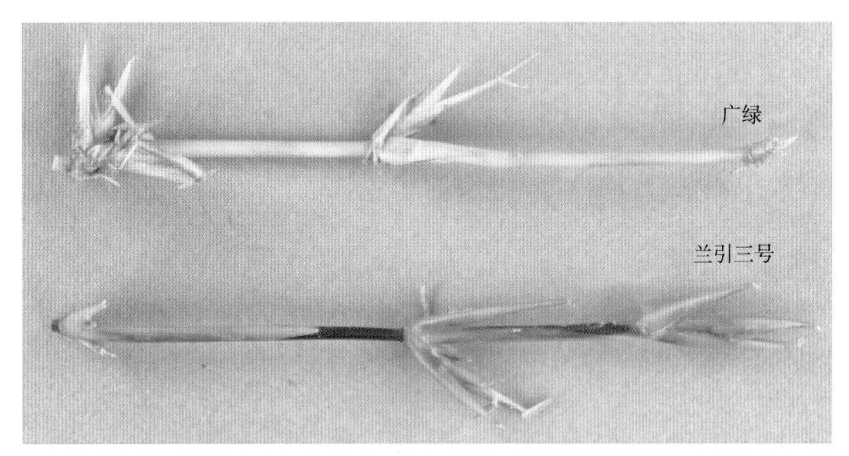

图3-48 描述：广绿结缕草匍匐茎无花青甙显色（代码：1），
兰引3号结缕草花青甙显色为强（代码：4）

图3-49 描述：花序对比，广绿结缕草花药颜色为黄色（代码：1），
兰引3号结缕草花药颜色为浅紫色（代码：2）

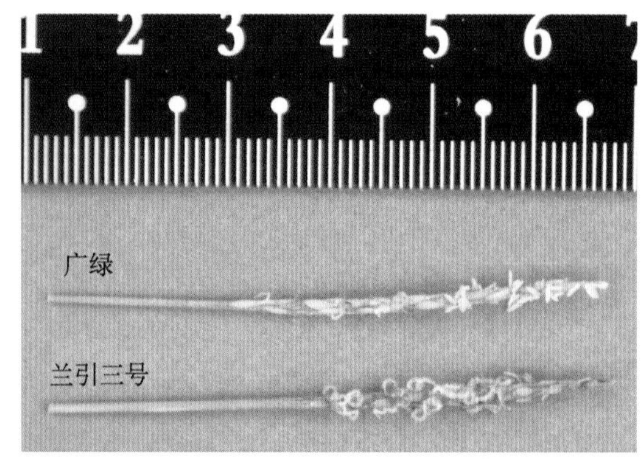

图 3-50　描述：花序对比，广绿结缕草花药颜色为黄色（代码：1），兰引 3 号结缕草花药颜色为浅紫色（代码：2）

图 3-51　描述：柱头颜色对比

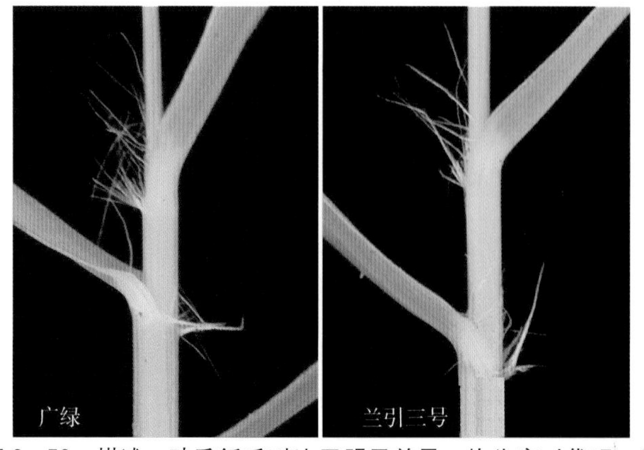

图 3-52　描述：叶舌纤毛对比无明显差异，均为密（代码：3）

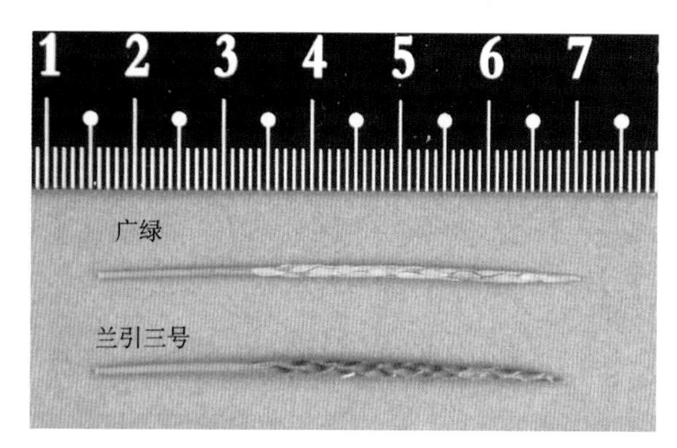

图 3－53　描述：颖壳颜色对比，广绿结缕草为黄绿色（代码：1），
兰引 3 号结缕草为紫色（代码：3）

3.2　Z0413－1 杂交结缕草

Z0413－1 杂交结缕草相较于近似品种 Diamond 结缕草，在 8 个性状上具有明显且可重现的差异，且品种内的变异程度未显著超过同类型品种，可以判定申请品种 Z0413－1 杂交结缕草具备特异性、稳定性、一致性。测试报告（表 3－23、表 3－24，图 3－54、图 3－55、图 3－56、图 3－57、图 3－58）。

表 3－23　新草品种 DUS 测试报告

<table>
<tr><td>测试编号</td><td colspan="2">Z0431－1 结缕草</td><td>属或种</td><td colspan="2">结缕草属 Zoysia</td></tr>
<tr><td>品种类型</td><td colspan="2">茎段</td><td>测试指南</td><td colspan="2">《植物新品种特异性、一致性和稳定性测试指南 结缕草属》</td></tr>
<tr><td>委托单位</td><td colspan="2">全国畜牧总站</td><td>测试单位</td><td colspan="2">华南农业大学林学与风景园林学院</td></tr>
<tr><td>测试地点</td><td colspan="5">广州</td></tr>
<tr><td rowspan="2">生长周期</td><td colspan="3">第 1 生长周期</td><td colspan="2">2016 年 7 月 10 日—2017 年 4 月</td></tr>
<tr><td colspan="3">第 2 生长周期</td><td colspan="2">2017 年 4 月—2017 年 11 月</td></tr>
<tr><td>材料来源</td><td colspan="5">全国畜牧总站</td></tr>
<tr><td rowspan="9">有差异性状</td><td>近似品种名称</td><td>有差异性状</td><td>申请品种描述</td><td>近似品种描述</td><td>备注</td></tr>
<tr><td rowspan="8">Diamond 结缕草</td><td>1. 植株：生长习性</td><td>匍匐（代码：3）</td><td>中等（代码：2）</td><td></td></tr>
<tr><td>2. 植株：自然高度</td><td>低（代码：3）</td><td>极低（代码：1）</td><td></td></tr>
<tr><td>3. 匍匐茎：节间长度</td><td>中偏短（代码：4）</td><td>短（代码：3）</td><td></td></tr>
<tr><td>6. 叶：长度</td><td>短（代码：3）</td><td>短（代码：3）</td><td>统计分析有差异</td></tr>
<tr><td>7. 叶：宽度</td><td>窄（代码：3）</td><td>窄（代码：3）</td><td>统计分析有差异</td></tr>
<tr><td>12. 花序：长度</td><td>极短（代码：1）</td><td>极短（代码：1）</td><td>统计分析有差异</td></tr>
<tr><td>13. 花序：小穗数</td><td>少（代码：2）</td><td>极少（代码：1）</td><td></td></tr>
<tr><td>16. 种子：千粒重</td><td>极小（代码：1）</td><td>极小（代码：1）</td><td>统计分析有差异</td></tr>
<tr><td>特异性</td><td colspan="5">具备特异性</td></tr>
<tr><td>一致性</td><td colspan="5">具备一致性</td></tr>
<tr><td>稳定性</td><td colspan="5">具备稳定性</td></tr>
<tr><td>结论</td><td colspan="5">☑ 特异性　☑ 一致性　☑ 稳定性（√表示具备，×表示不具备）</td></tr>
</table>

表 3-24　性状描述对比表

性　　状	Z0431-1 结缕草			Diamond 结缕草			差异
	代码及描述		数据	代码及描述		数据	
1. 植株：生长习性	3	匍匐		2	中等		Y
2. 植株：自然高度（cm）	3	低	10.45	1	极低	4.05	Y
3. 匍匐茎：节间长度（cm）	4	中偏短	20.68	3	短	16.03	Y
4. 匍匐茎：直径（mm）	1	极细	1.38	1	极细	1.27	
5. 匍匐茎：花青甙显色	3	中		3	中		
6. 叶：长度（mm）	3	短	5.16	3	短	4.32	Y
7. 叶：宽度（mm）	3	窄	1.80	3	窄	1.38	Y
8. 叶：上表面茸毛密度	1	无或极疏		1	无或极疏		
9. 叶：下表面茸毛密度	1	无或极疏		1	无或极疏		
10. 叶舌：纤毛密度	3	密		3	密		
11. 叶：颜色	3	深绿色		3	深绿色		
12. 花序：长度（mm）	1	极短	18.07	1	极短	13.69	Y
13. 花序：小穗数	2	少	16.70	1	极少	9.20	Y
14. 花药：颜色	2	浅紫色		2	浅紫色		
15. 颖壳：颜色	2	浅紫色		2	浅紫色		
16. 种子：千粒重（g）	1	极小	0.23	1	极小	0.15	Y

图 3-54　描述：花药颜色对比无明显差异，均为浅紫色（代码：2）

图 3-55 描述：柱头颜色对比无明显差异，均为白色

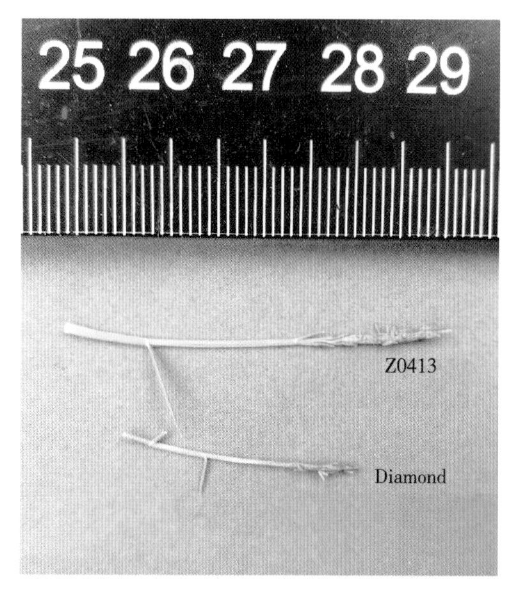

图3-56 描述：花序长度对比，Z0413-1结缕草花序更长

图 3-57 描述：叶舌纤毛对比无明显差异，均为密（代码：3）

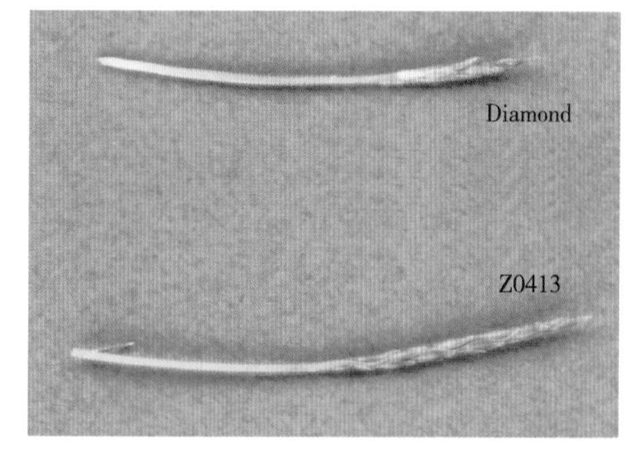

图 3-58 描述：颖壳颜色对比无明显差异，均为浅紫色（代码：2）

4. 狼尾草

参照 UPOV 指南及我国狼尾草 DUS 测试指南，田间种植 11 份狼尾草种质资源，其中测试品种 2 份、近似品种 3 份、标准品种 6 份，进行 33 个性状的测试，采集数据 1 000 多个，拍摄照片 150 余张。通过两个独立生长周期的 DUS 测试，得出以下测试结果：

4.1 陵山狼尾草

陵山狼尾草相较于近似品种亲本 1 和亲本 2，分别在 5 个性状上具有明显且可重现的差异，且品种内的变异程度未显著超过同类型品种，可以判定申请品种陵山狼尾草具备特异性、稳定性、一致性。测试报告（表 3-25、表 3-26，图 3-59、图 3-60、图 3-61）。

表 3-25　新草品种 DUS 测试报告

<table>
<tr><td>测试编号</td><td colspan="2">陵山狼尾草</td><td>属或种</td><td colspan="2">狼尾草属 Pennisetum</td></tr>
<tr><td>品种类型</td><td colspan="2">茎段</td><td>测试指南</td><td colspan="2">《植物新品种特异性、一致性和稳定性测试指南 狼尾草属》</td></tr>
<tr><td>委托单位</td><td colspan="2">全国畜牧总站</td><td>测试单位</td><td colspan="2">华南农业大学林学与风景园林学院</td></tr>
<tr><td>测试地点</td><td colspan="5">广州</td></tr>
<tr><td rowspan="2">生长周期</td><td colspan="2">第 1 生长周期</td><td colspan="3">2016 年 5 月 24 日—2016 年 11 月 20 日</td></tr>
<tr><td colspan="2">第 2 生长周期</td><td colspan="3">2017 年 4 月—2017 年 11 月</td></tr>
<tr><td>材料来源</td><td colspan="5">全国畜牧总站</td></tr>
<tr><td rowspan="11">有差异性状</td><td>近似品种名称</td><td>有差异性状</td><td>申请品种描述</td><td>近似品种描述</td><td>备注</td></tr>
<tr><td rowspan="5">亲本 CK1</td><td>4. 叶片：长度</td><td>极短（代码：1）</td><td>很短（代码：2）</td><td></td></tr>
<tr><td>5. 叶片：宽度</td><td>极窄（代码：1）</td><td>很窄（代码：2）</td><td></td></tr>
<tr><td>23. 花序：长度</td><td>很短（代码：2）</td><td>短（代码：3）</td><td></td></tr>
<tr><td>29. 颖果：颖片刚毛花青甙显色程度</td><td>弱偏中（代码：4）</td><td>无（代码：1）</td><td></td></tr>
<tr><td>31. 小穗：总苞状刚毛颜色</td><td>淡褐色（代码：2）</td><td>金黄色（代码：1）</td><td></td></tr>
<tr><td rowspan="5">亲本 CK2</td><td>2. 植株：分蘖习性</td><td>中间型（代码：3）</td><td>披散型（代码：5）</td><td></td></tr>
<tr><td>21. 植株：高度</td><td>很矮（代码：2）</td><td>极矮（代码：1）</td><td></td></tr>
<tr><td>23. 花序：长度</td><td>很短（代码：2）</td><td>短（代码：3）</td><td></td></tr>
<tr><td>24. 花序：直径</td><td>中偏大（代码：4）</td><td>大（代码：5）</td><td></td></tr>
<tr><td>26. 花序：小穗密度</td><td>密（代码：7）</td><td>稀（代码：3）</td><td></td></tr>
<tr><td>特异性</td><td colspan="5">具备特异性</td></tr>
<tr><td>一致性</td><td colspan="5">具备一致性</td></tr>
<tr><td>稳定性</td><td colspan="5">具备稳定性</td></tr>
<tr><td>结论</td><td colspan="5">☑特异性　☑一致性　☑稳定性（√表示具备，×表示不具备）</td></tr>
</table>

表 3-26　性状描述对比表

性　状	陵山狼尾草			CK1 狼尾草			CK2 狼尾草			差异
	代码及描述		数据	代码及描述		数据	代码及描述		数据	
1. 叶鞘：花青甙显色程度	3	弱		3	弱		3	弱		
2. 植株：分蘖习性	3	中间型		3	中间型		5	披散型		Y
3. 叶片：颜色	2	绿色		2	绿色		2	绿色		
4. 叶片：长度（cm）	1	极短	48.9	2	很短	61.6	1	短	49	Y
5. 叶片：宽度（mm）	1	极窄	6.8	2	很窄	7.7	1	极窄	6.0	Y
6. 叶片：边缘波状程度	1	弱		1	弱		1	弱		
7. 叶片：上冲夹角	2	中偏小		2	中偏小		2	中偏小		
8. 叶片：姿态	1	上举		1	上举		1	上举		
9. 叶片：上表面刚毛	1	无		1	无		1	无		
10. 叶片：上表面刚毛密度	/	/	/	/	/	/	/	/	/	/
11. 叶鞘：柔毛	1	无		1	无		1	无		
12. 叶鞘：叶鞘柔毛密度	/	/	/	/	/	/	/	/	/	/

（续）

性状	陵山狼尾草		CK1 狼尾草		CK2 狼尾草		差异
	代码及描述	数据	代码及描述	数据	代码及描述	数据	
13. 植株：茎节花青甙显色程度	1 无或极弱		1 无或极弱		1 无或极弱		
14. 植株：节间花青甙显色程度	/ /	/	/ /	/	/ /	/	/
15. 茎：节柔毛	1 无		1 无		1 无		
16. 茎：节间粗细（mm）	1 细	2.7	1 细	2.8	1 细	2.1	
17. 茎：茎节间长短（cm）	1 极短	17.7	1 极短	15.8	1 极短	16.4	
18. 植株：上位分枝有无	1 无		1 无		1 无		
19. 植株：抽穗期	3 早	7.17	3 早	7.17	3 早	7.17	
20. 花序：花药颜色	/ /	/	/ /	/	/ /	/	/
21. 植株：高度（cm）	2 很矮	115.8	2 很矮	118.8	1 极矮	59.8	Y
22. 花序：形状	/ /	/	/ /	/	/ /	/	/
23. 花序：长度（cm）	2 很短	10.4	3 短	12.6	3 短	12.1	Y
24. 花序：直径（mm）	4 中偏大	20.3	4 中偏大	19.8	5 大	27.9	Y
25. 花序：伸出度	/ /	/	/ /	/	/ /	/	/
26. 花序：小穗密度	7 密		7 密		3 稀		Y
27. 颖果：颖片花青甙显色	1 无		1 无		1 无		
28. 颖果：颖片刚毛数量	/ /	/	/ /	/	/ /	/	/
29. 颖果：颖片刚毛花青甙显色程度	4 弱偏中		1 无		4 无		Y
30. 小穗：总苞状刚毛长度	5 长		5 长		5 长		
31. 小穗：总苞状刚毛颜色	2 淡褐色		1 金黄色		2 淡褐色		Y
32. 颖果：形状	/ /	/	/ /	/	/ /	/	/
33. 颖果：颜色	/ /	/	/ /	/	/ /	/	/

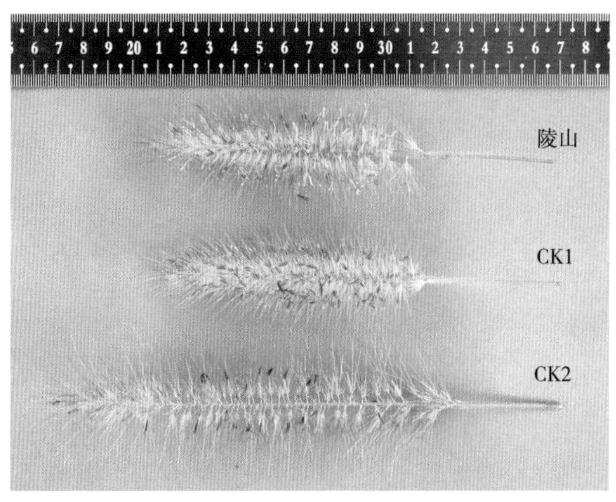

图 3-59 描述：花序对比，陵山花序长度为很短（代码：2），CK2 花序长度为短（代码：3）；陵山花序直径为中偏大（代码：4），CK2 花序长度为大（代码：5）

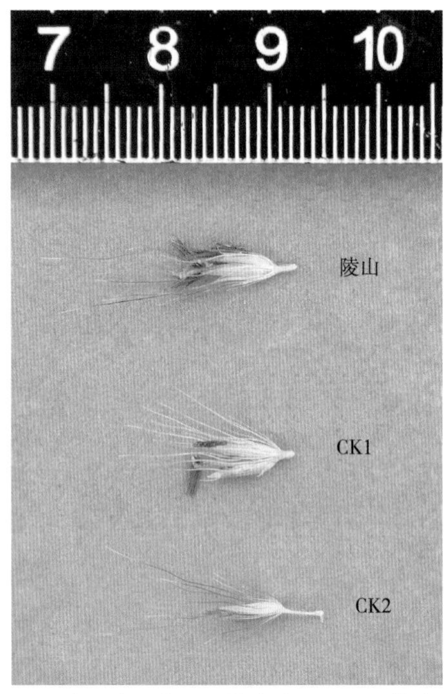

图 3-60 描述：小穗对比，陵山狼尾草刚毛花青甙显色为弱偏中（代码：4），CK1 刚毛无花青甙显色（代码：1）；陵山狼尾草刚毛颜色为淡褐色（代码：2），CK2 刚毛颜色为金黄色（代码：1）

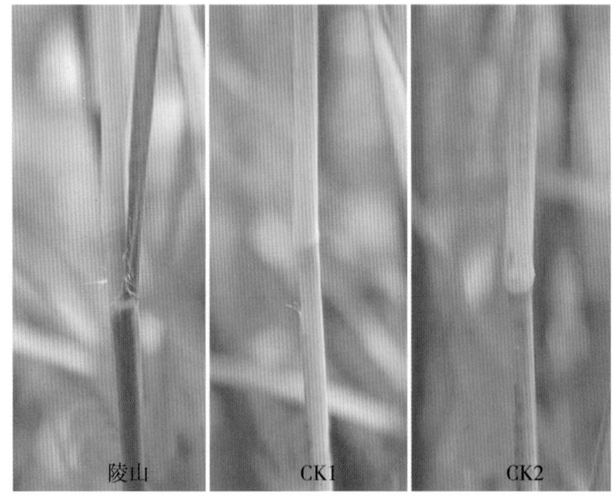

图 3-61 描述：茎节对比，无明显差异，节间均无花青甙显色（代码：1），无节柔毛（代码：1）

4.2 闽牧狼尾草

闽牧狼尾草相较于近似品种王草，在 9 个性状上具有明显且可重现的差异，且品种内的变异程度未显著超过同类型品种，可以判定申请品种闽牧狼尾草具备特异性、稳定性、一致性。但由于育种人没有提供近似种，由测试单位选择王草为近似种，故该测试结果存疑，只能作为参考。测试报告（表 3-27、表 3-28，图 3-62、图 3-63、图 3-64、图 3-65、图 3-66）。

表 3-27 新草品种 DUS 测试报告

<table>
<tr><td>测试编号</td><td colspan="2">闽牧狼尾草</td><td>属或种</td><td colspan="2">狼尾草属 Pennisetum</td></tr>
<tr><td>品种类型</td><td colspan="2">茎段</td><td>测试指南</td><td colspan="2">《植物新品种特异性、一致性和稳定性测试指南 狼尾草属》</td></tr>
<tr><td>委托单位</td><td colspan="2">全国畜牧总站</td><td>测试单位</td><td colspan="2">华南农业大学林学与风景园林学院</td></tr>
<tr><td>测试地点</td><td colspan="5">广州</td></tr>
<tr><td rowspan="3">生长周期</td><td colspan="2">第 1 生长周期</td><td colspan="3">2016 年 7 月 31 日—2017 年 4 月（测试种闽牧 6 号当年没有抽穗，未观测）</td></tr>
<tr><td colspan="2">第 2 生长周期</td><td colspan="3">2017 年 4 月—2017 年 11 月</td></tr>
<tr><td colspan="2"></td><td colspan="3"></td></tr>
<tr><td>材料来源</td><td colspan="5">全国畜牧总站</td></tr>
<tr><td rowspan="10">有差异性状</td><td>近似品种名称</td><td>有差异性状</td><td>申请品种描述</td><td>近似品种描述</td><td>备注</td></tr>
<tr><td rowspan="9">王草</td><td>3. 叶片：颜色</td><td>深绿色（代码：3）</td><td>绿色（代码：2）</td><td></td></tr>
<tr><td>4. 叶片：长度</td><td>极短（代码：2）</td><td>长（代码：7）</td><td></td></tr>
<tr><td>10. 叶片：上表面刚毛密度</td><td>中（代码：3）</td><td>密（代码：5）</td><td></td></tr>
<tr><td>12. 叶鞘：叶鞘柔毛密度</td><td>中（代码：3）</td><td>密（代码：5）</td><td></td></tr>
<tr><td>16. 茎：节间粗细</td><td>中（代码：3）</td><td>粗（代码：5）</td><td></td></tr>
<tr><td>18. 植株：上位分枝有无</td><td>有（代码：9）</td><td>无（代码：1）</td><td></td></tr>
<tr><td>19. 植株：抽穗期</td><td>中偏晚（代码：6）</td><td>晚（代码：7）</td><td></td></tr>
<tr><td>21. 植株：高度</td><td>中偏高（代码：6）</td><td>高（代码：7）</td><td></td></tr>
<tr><td>30. 小穗：总苞状刚毛长度</td><td>中（代码：3）</td><td>长（代码：5）</td><td></td></tr>
<tr><td>特异性</td><td colspan="5">具备特异性（与测试单位确定的近似种相比）</td></tr>
<tr><td>一致性</td><td colspan="5">具备一致性</td></tr>
<tr><td>稳定性</td><td colspan="5">具备稳定性</td></tr>
<tr><td>结论</td><td colspan="5">☒特异性 ☑一致性 ☑稳定性（√表示具备，×表示不具备）。该结果是测试种与测试单位确定的近似种相比的结果，特异性必须跟近似种进行比较，故该测试结果只能作为参考。</td></tr>
</table>

表 3-28 性状描述对比表

性　状	闽牧狼尾草			王草			差异
	代码及描述		数据	代码及描述		数据	
1. 叶鞘：花青甙显色程度	1	无或极弱		1	无或极弱		
2. 植株：分蘖习性	1	紧凑型		1	紧凑型		
3. 叶片：颜色	3	深绿色		2	绿色		Y
4. 叶片：长度（cm）	2	极短	48.53	7	长	87.00	Y
5. 叶片：宽度（mm）	7	宽	44.50	7	宽	41.10	
6. 叶片：边缘波状程度	1	弱		1	弱		
7. 叶片：上冲夹角	5	大		5	大		
8. 叶片：姿态	5	下垂		5	下垂		

（续）

性　状	闽牧狼尾草			王草			差异
	代码及描述		数据	代码及描述		数据	
9. 叶片：上表面刚毛	9	有		9	有		
10. 叶片：上表面刚毛密度	3	中		5	密		Y
11. 叶鞘：柔毛	9	有		9	有		
12. 叶鞘：叶鞘柔毛密度	3	中		5	密		Y
13. 植株：茎节花青甙显色程度	1	无或极弱		1	无或极弱		
14. 植株：节间花青甙显色程度	1	无或极弱		1	无或极弱		
15. 茎：节柔毛	9	有		9	有		
16. 茎：节间粗细（mm）	3	中	12.56	5	粗	16.51	Y
17. 茎：茎节间长短（cm）	3	中	17.21	3	中	15.6	
18. 植株：上位分枝有无	9	有		1	无		Y
19. 植株：抽穗期	6	中偏晚	11.23	7	晚	1.6	Y
20. 花序：花药颜色	1	黄色		1	黄色		
21. 植株：高度（cm）	6	中偏高	269.20	7	高	303.30	Y
22. 花序：形状	4	圆柱形		4	圆柱形		
23. 花序：长度（cm）	5	中	26.40	5	中	26.00	
24. 花序：直径（mm）	5	大	18.06	5	大	21.41	
25. 花序：伸出度	5	抽出良好		5	抽出良好		
26. 花序：小穗密度	7	密		7	密		
27. 颖果：颖片花青甙显色	1	无		1	无		
28. 颖果：颖片刚毛数量	/	/		/	/		
29. 颖果：颖片刚毛花青甙显色程度	3	弱		3	弱		
30. 小穗：总苞状刚毛长度	3	中		5	长		Y
31. 小穗：总苞状刚毛颜色	1	金黄色		1	金黄色		
32. 颖果：形状	/	/		/	/		
33. 颖果：颜色	/	/		/	/		

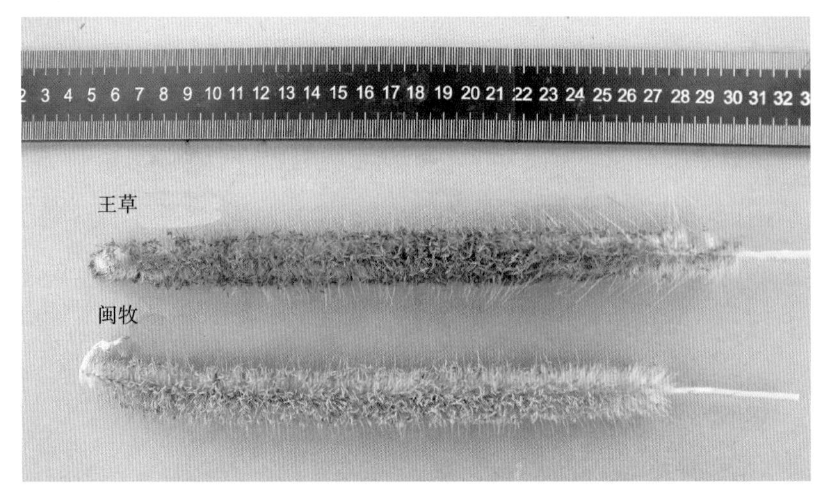

图 3-62　描述：花序对比，花序形状无明显差异，均为圆柱形（代码：4）

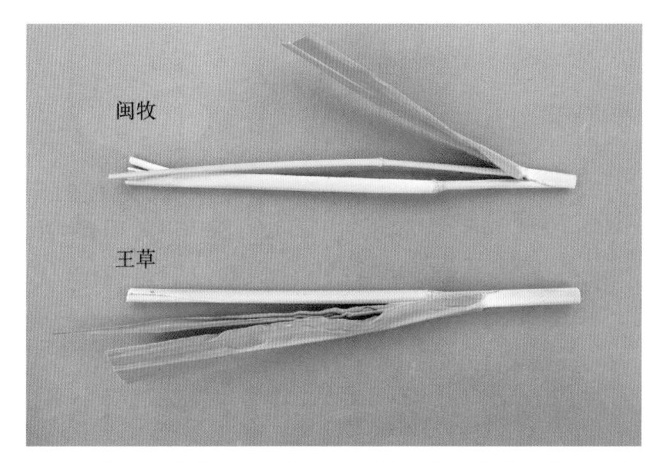

图 3-63 描述：茎节对比，闽牧狼尾草有上位分枝（代码：9），而王草没有上位分枝（代码：1），且均具有节柔毛（代码：9）

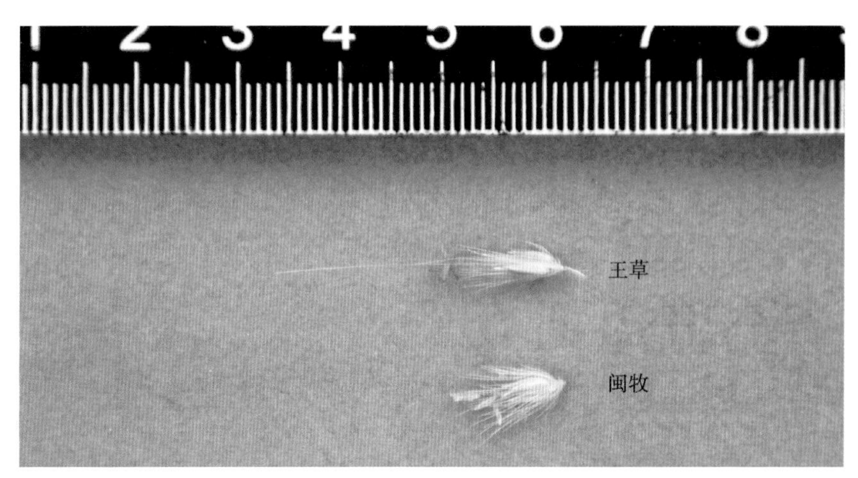

图 3-64 描述：小穗对比，闽牧狼尾草的刚毛状总苞长度为中（代码：3），王草的刚毛状总苞长度为长（代码：5），颜色无明显差异，均为金黄色（代码：1）

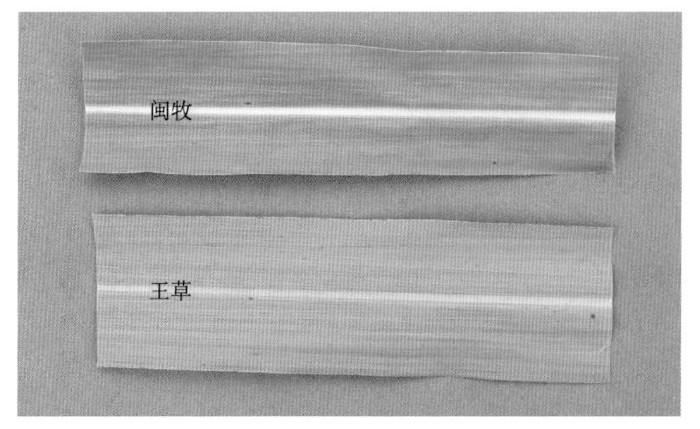

图 3-65 描述：叶片颜色对比，闽牧狼尾草叶片颜色为深绿色（代码：3），王草叶片颜色为绿色（代码：2）

图 3-66　描述：叶鞘绒毛对比：均具有叶鞘绒毛（代码：9）

5. 狗牙根

按照我国狗牙根 DUS 测试指南，田间种植 11 份狗牙根种质资源，其中测试品种 3 份、近似品种 3 份、标准品种 5 份，进行 20 个性状的测试，采集数据 2100 个，拍摄照片 350 余张。通过两个独立生长周期的 DUS 测试（东兴狗牙根仅做了一个生长周期的测试）。得出以下测试结果：

5.1　C134 狗牙根

C134 狗牙根相较于近似品种南京狗牙根，在 8 个性状上具有明显且可重现的差异，且品种内的变异程度未显著超过同类型品种，可以判定申请品种 C134 狗牙根具备特异性、稳定性、一致性。测试报告（表 3-29、表 3-30，图 3-67、图 3-68、图 3-69、图 3-70）。

表 3-29　新草品种 DUS 测试报告

测试编号	C134 狗牙根		属或种	狗牙根属 *Cynodon*	
品种类型	茎段		测试指南	《植物新品种特异性、一致性和稳定性测试指南 狗牙根》	
委托单位	全国畜牧总站		测试单位	华南农业大学林学与风景园林学院	
测试地点	广州				
生长周期	第 1 生长周期		2016 年 6 月 1 日—2017 年 4 月		
	第 2 生长周期		2017 年 4 月—2017 年 11 月		
材料来源	全国畜牧总站				
有差异性状	近似品种名称	有差异性状	申请品种描述	近似品种描述	备注
	南京狗牙根	3. 植株：自然高度	高（代码：7）	中（代码：5）	/
		4. 匍匐茎：节间长度	长（代码：5）	长偏中（代码：4）	/
		7. 叶片：上表面绒毛	密（代码：3）	无或极疏（代码：1）	/
		8. 叶片：叶鞘绒毛	密（代码：3）	疏（代码：1）	/
		9. 叶片：叶舌纤毛	密（代码：2）	疏（代码：1）	/
		10. 倒二叶：宽度	宽（代码：3）	中（代码：2）	/
		12. 花序：长度	长（代码：5）	长偏中（代码：4）	/
		17. 小花：花药颜色	白色（代码：1）	浅紫色（代码：4）	/
特异性	具备特异性				
一致性	具备一致性				
稳定性	具备稳定性				
结论	√ 特异性　√ 一致性　√ 稳定性（√表示具备，×表示不具备）				

表 3-30 性状描述对比表

性 状	C134狗牙根			南京狗牙根			差异
	代码及描述		数据	代码及描述		数据	
1. 倍性	4	四倍体		4	四倍体		
2. 植株：生长习性	6	半匍匐偏中		6	半匍匐偏中		
3. 植株：自然高度	7	高		5	中		Y
4. 匍匐茎：节间长度	5	长	61.13	4	长偏中	54.17	Y
5. 匍匐茎：直径	3	粗	1.31	3	粗	1.22	
6. 叶片：上表面颜色	2	绿色		2	绿色		
7. 叶片：上表面绒毛	3	密		1	无或极疏		Y
8. 叶片：叶鞘绒毛	3	密		1	疏		Y
9. 叶片：叶舌纤毛	2	密		1	疏		Y
10. 倒二叶：宽度	3	宽	2.65	2	中	1.97	Y
11. 生殖枝：节间花青甙显色	9	有		9	有		
12. 花序：长度	5	长	39.36	4	长偏中	35.15	Y
13. 花序：密度	3	稀		3	稀		
14. 穗：穗轴绿色程度	2	中	2	2	中	2	
15. 小穗：小花数量	1	1朵		1	1朵		
16. 小花：柱头颜色	3	紫色		3	紫色		
17. 小花：花药颜色	1	白色		4	浅紫色		Y
18. 外颖：颖壳基部花青甙显色	1	无		1	无		
19. 外颖：颖尖花青甙显色	1	无		1	无		
20. 盛花期	5	中		5	中		

图 3-67 描述：花序对比，C134狗牙根的小花柱头颜色均为浅紫色（代码：2），南京狗牙根为紫色（代码 3）；C134狗牙根小花花药颜色均为白色（代码：1），南京狗牙根为 4（浅紫色）

图 3-68　描述：叶舌纤毛对比，C134 狗牙根的叶舌纤毛为密（代码：2），南京狗牙根无叶舌纤毛（代码：1）

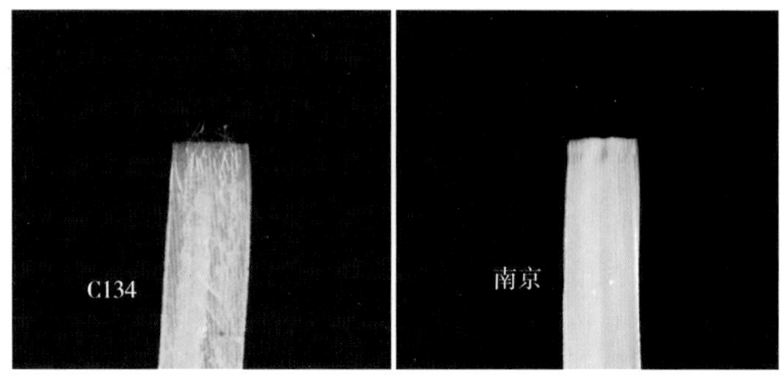

图 3-69　描述：叶片上表面绒毛对比，C134 狗牙根的叶片上表面绒毛为密（代码：3），南京狗牙根无叶片上表面绒毛（代码：1）

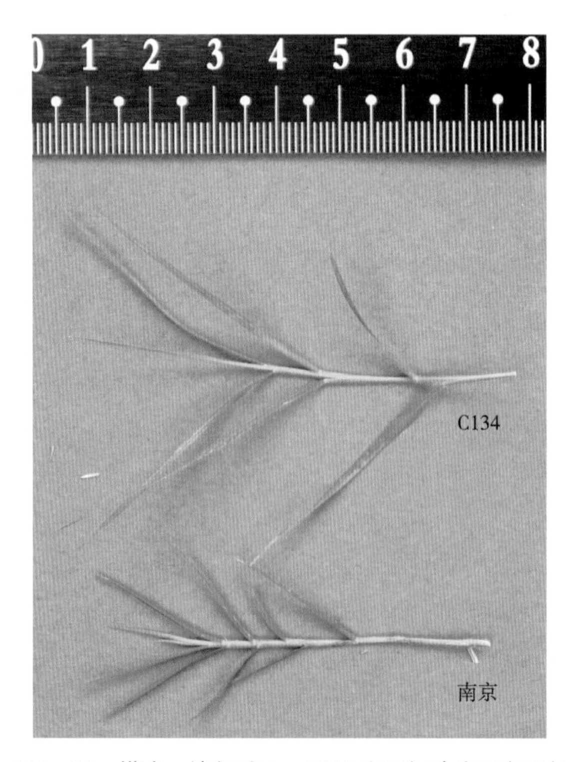

图 3-70　描述：枝条对比，C134 狗牙根叶片更宽更长

5.2 川西狗牙根

川西狗牙根相较于近似品种川南狗牙根，没有一个性状具有明显且可重现的差异，可以判定申请品种川西狗牙根不具备特异性。测试报告（表 3－31、表 3－32，图 3－71、图 3－72、图 3－73）。

表 3－31 新草品种 DUS 测试报告

测试编号	川西狗牙根		属或种	狗牙根属 *Cynodon*	
品种类型	茎段		测试指南	《植物新品种特异性、一致性和稳定性测试指南 狗牙根》	
委托单位	全国畜牧总站		测试单位	华南农业大学林学与风景园林学院	
测试地点	广州				
生长周期	第 1 生长周期		2016 年 6 月 1 日—2017 年 4 月		
	第 2 生长周期		2017 年 4 月—2017 年 11 月		
材料来源	全国畜牧总站				
有差异性状	近似品种名称	有差异性状	申请品种描述	近似品种描述	备注
	川南狗牙根	/	/	/	/
		/	/	/	/
		/	/	/	/
		/	/	/	/
		/	/	/	/
		/	/	/	/
特异性	不具备特异性				
一致性	具备一致性				
稳定性	具备稳定性				
结论	☒特异性 ☑一致性 ☑稳定性（√表示具备，×表示不具备）				

表 3－32 性状描述对比表

性 状	川西狗牙根			川南狗牙根			差异
	代码及描述		数据	代码及描述		数据	
1. 倍性	4	四倍体		4	四倍体		
2. 植株：生长习性	6	半匍匐偏中		6	半匍匐偏中		
3. 植株：自然高度	7	高		7	高		
4. 匍匐茎：节间长度	3	中	43.08	3	中	45.30	
5. 匍匐茎：直径	2	中	1.04	2	中	1.10	
6. 叶片：上表面颜色	1	浅绿色		1	浅绿色		
7. 叶片：上表面绒毛	1	无或极疏		1	无或极疏		
8. 叶片：叶鞘绒毛	1	无		1	无		
9. 叶片：叶舌纤毛	2	密		2	密		
10. 倒二叶：宽度	2	中	1.59	2	中	1.68	

（续）

性　　状	川西狗牙根			川南狗牙根			差异
	代码及描述		数据	代码及描述		数据	
11. 生殖枝：节间花青甙显色	9	有		9	有		
12. 花序：长度	4	长偏中	34.06	4	长偏中	33.67	
13. 花序：密度	3	稀		3	稀		
14. 穗：穗轴绿色程度	2	中		2	中		
15. 小穗：小花数量	1	1朵		1	1朵		
16. 小花：柱头颜色	3	紫色		3	紫色		
17. 小花：花药颜色	3	尖端紫红色		3	尖端紫红色		
18. 外颖：颖壳基部花青甙显色	1	无		1	无		
19. 外颖：颖尖花青甙显色	1	无		1	无		
20. 盛花期	5	中		5	中		

图3-71　描述：花序对比，川西和川南狗牙根的小花柱头颜色均为紫色（代码：3）；小花花药颜色均为尖端紫红色（代码：3）

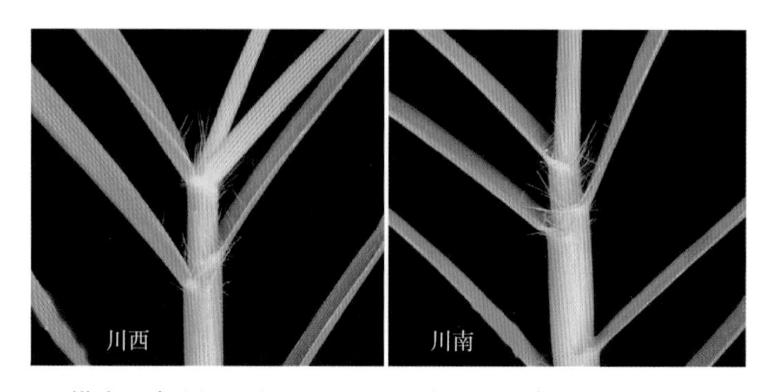

图3-72　描述：叶舌纤毛对比，川西和川南狗牙根叶舌纤毛均为密（代码：2）

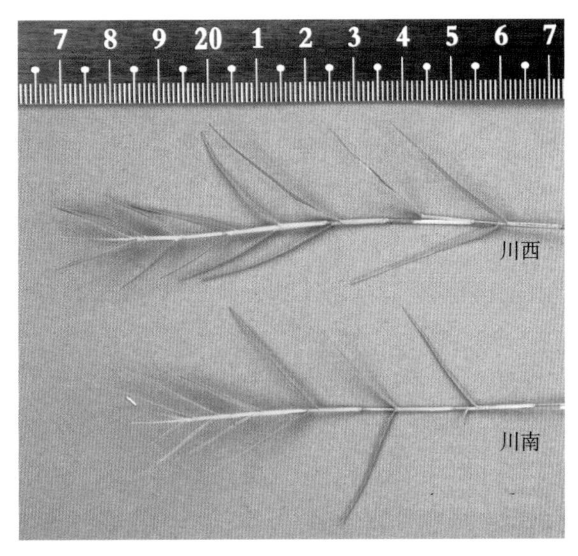

图 3－73　描述：枝条对比，川西狗牙根和川南狗牙根叶长叶宽无明显差异

5.3　东兴狗牙根

东兴狗牙根相较于近似品种南京狗牙根，在 5 个性状上具有明显且可重现的差异，且品种内的变异程度未显著超过同类型品种，可以判定申请品种东兴狗牙根具备特异性、稳定性、一致性。测试报告（表 3－33、表 3－34，图 3－74、图 3－75、图 3－76、图 3－77）。

表 3－33　新草品种 DUS 测试报告

<table>
<tr><td>测试编号</td><td colspan="2">东兴狗牙根</td><td>属或种</td><td colspan="2">狗牙根属 Cynodon</td></tr>
<tr><td>品种类型</td><td colspan="2">茎段</td><td>测试指南</td><td colspan="2">《植物新品种特异性、一致性和稳定性测试指南 狗牙根》</td></tr>
<tr><td>委托单位</td><td colspan="2">全国畜牧总站</td><td>测试单位</td><td colspan="2">华南农业大学林学与风景园林学院</td></tr>
<tr><td>测试地点</td><td colspan="5">广州</td></tr>
<tr><td rowspan="3">生长周期</td><td colspan="2">第 1 生长周期</td><td colspan="3">2017 年 5 月 27 日—2017 年 11 月</td></tr>
<tr><td colspan="2"></td><td colspan="3"></td></tr>
<tr><td colspan="2"></td><td colspan="3"></td></tr>
<tr><td>材料来源</td><td colspan="5">全国畜牧总站</td></tr>
<tr><td rowspan="6">有差异性状</td><td>近似品种名称</td><td>有差异性状</td><td>申请品种描述</td><td>近似品种描述</td><td>备注</td></tr>
<tr><td rowspan="5">南京狗牙根</td><td>2. 植株：生长习性</td><td>半匍匐（代码：2）</td><td>半直立（代码：4）</td><td></td></tr>
<tr><td>3. 植株：自然高度</td><td>高（代码：7）</td><td>极高（代码：9）</td><td></td></tr>
<tr><td>7. 叶片：上表面绒毛</td><td>无或极疏（代码：1）</td><td>密（代码：3）</td><td></td></tr>
<tr><td>9. 叶片：叶舌纤毛</td><td>疏（代码：1）</td><td>密（代码：2）</td><td></td></tr>
<tr><td>10. 倒二叶：宽度</td><td>中（代码：2）</td><td>宽（代码：3）</td><td></td></tr>
<tr><td>特异性</td><td colspan="5">具备特异性</td></tr>
<tr><td>一致性</td><td colspan="5">具备一致性</td></tr>
<tr><td>稳定性</td><td colspan="5">具备稳定性</td></tr>
<tr><td>结论</td><td colspan="5">√ 特异性　√ 一致性　√ 稳定性（√表示具备，×表示不具备）</td></tr>
</table>

表 3-34　性状描述对比表

性　状	东兴狗牙根			南京狗牙根			差异
	代码及描述		数据	代码及描述		数据	
1. 倍性	4	四倍体		4	四倍体		
2. 植株：生长习性	6	半匍匐		3	半直立		Y
3. 植株：自然高度	7	高		9	极高		Y
4. 匍匐茎：节间长度	5	中	55.58	5	中	60.86	
5. 匍匐茎：直径	3	中	1.23	3	中	1.32	
6. 叶片：上表面颜色	2	绿色		2	绿色		
7. 叶片：上表面绒毛	1	无或极疏		3	密		Y
8. 叶片：叶鞘绒毛	1	无		1	无		
9. 叶片：叶舌纤毛	1	疏		2	密		Y
10. 倒二叶：宽度	2	中	2.25	3	宽	2.64	Y
11. 生殖枝：节间花青甙显色	9	有		9	有		
12. 花序：长度	4	中偏长	45.26	4	中偏长	40.64	
13. 花序：密度	3	中		3	中		
14. 穗：穗轴绿色程度	2	中		2	中		
15. 小穗：小花数量	1	1朵		1	1朵		
16. 小花：柱头颜色	3	紫色		3	紫色		
17. 小花：花药颜色	4	浅紫色		4	浅紫色		
18. 外颖：颖壳基部花青甙显色	1	无		1	无		
19. 外颖：颖尖花青甙显色	1	无		1	无		
20. 盛花期	5	中		5	中		

图 3-74　描述：花序对比，东兴狗牙根的小花柱头颜色均为浅紫色（代码：2），南京狗牙根为紫色（代码 3）；东兴狗牙根小花花药颜色均为浅紫色（代码：4），南京狗牙根为 4（浅紫色）

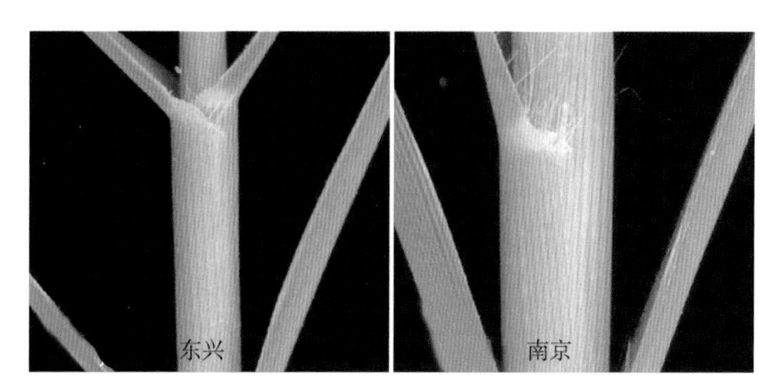

图 3-75 描述：叶鞘绒毛对比，东兴狗牙根无叶鞘绒毛（代码：1），南京狗牙根无叶鞘绒毛（代码：1）

图 3-76 描述：叶舌纤毛对比，东兴狗牙根无叶舌纤毛（代码：1），南京狗牙根的叶舌纤毛为密（代码：2）

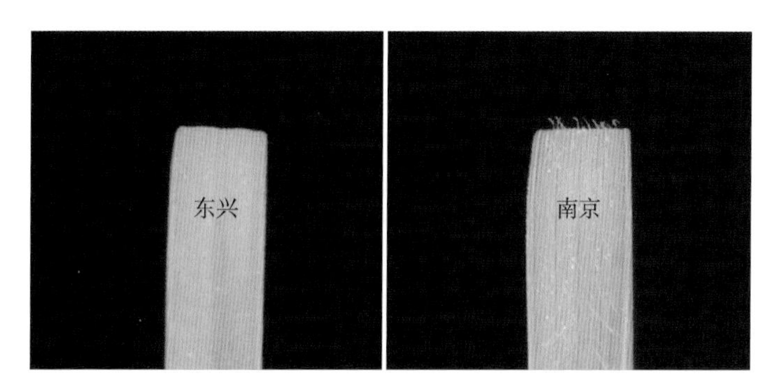

图 3-77 描述：叶片上表面绒毛对比，东兴狗牙根无叶片上表面绒毛（代码：1），南京狗牙根的叶片上表面绒毛为密（代码：3）

6. **鸭茅**

参照 UPOV 指南及我国鸭茅 DUS 测试指南，田间种植 7 份鸭茅种质资源，其中测试品种 1 份、近似品种 1 份、标准品种 5 份，进行 15 个性状的测试，采集数据 400 多个，拍摄照片 100 余张。通过一个独立生长周期的 DUS 测试，得出以下测试结果：

巫山鸭茅相较于近似品种川东鸭茅，在 6 个性状上具有差异，但 6 个性状均为数量性状，是否具有特异性需要继续观测。测试报告（表 3-35、表 3-36，图 3-78、图 3-79、

图 3－80、图 3－81、图 3－82）。

表 3－35　新草品种 DUS 测试报告

<table>
<tr><td>测试编号</td><td colspan="2">巫山鸭茅</td><td>属或种</td><td colspan="2">鸭茅 Dactylis glomerata L.</td></tr>
<tr><td>品种类型</td><td colspan="2">种子</td><td>测试指南</td><td colspan="2">《植物新品种特异性、一致性和稳定性测试指南 鸭茅》</td></tr>
<tr><td>委托单位</td><td colspan="2">全国畜牧总站</td><td>测试单位</td><td colspan="2">华南农业大学林学与风景园林学院</td></tr>
<tr><td>测试地点</td><td colspan="5">广州</td></tr>
<tr><td>生长周期</td><td colspan="2">第 1 生长周期</td><td colspan="3">2016 年 11 月 19 日—2017 年 5 月 19 日</td></tr>
<tr><td>材料来源</td><td colspan="5">全国畜牧总站</td></tr>
<tr><td rowspan="7">有差异性状</td><td>近似品种名称</td><td>有差异性状</td><td>申请品种描述</td><td>近似品种描述</td><td>备注</td></tr>
<tr><td rowspan="6">川东鸭茅</td><td>2. 叶片：质地</td><td>中等偏粗糙</td><td>中等</td><td>/</td></tr>
<tr><td>3. 植株：花序形成趋势</td><td>中</td><td>强</td><td>/</td></tr>
<tr><td>5. 抽穗期</td><td>中偏早</td><td>早</td><td>/</td></tr>
<tr><td>6. 植株：生长习性</td><td>中间</td><td>半直立</td><td>/</td></tr>
<tr><td>7. 植株：高度</td><td>中偏高</td><td>中</td><td>/</td></tr>
<tr><td>11. 花序：长度</td><td>中偏短</td><td>中</td><td>/</td></tr>
<tr><td>特异性</td><td colspan="5">申请品种与近似种相比，仅有几个数量性状有差异，是否具有特异性需要继续观测</td></tr>
<tr><td>一致性</td><td colspan="5">具备一致性</td></tr>
<tr><td>稳定性</td><td colspan="5">具备稳定性</td></tr>
<tr><td>结论</td><td colspan="5">? 特异性　√ 一致性　√ 稳定性（√表示具备，×表示不具备）</td></tr>
</table>

表 3－36　性状描述对比表

性　　状	巫山鸭茅			川东鸭茅			差异
	代码及描述		数据	代码及描述		数据	
1. 倍性	4	四倍体		4	四倍体		
2. 叶片：质地	6	中等偏粗糙		5	中等		Y
3. 植株：花序形成趋势	5	中		7	强		Y
4. 叶片：绿色程度	5	中		5	中		
5. 抽穗期	4	中偏早		3	早		Y
6. 植株：生长习性	4	中间		3	半直立		Y
7. 植株：高度（cm）	6	中偏高	117.9	5	中	104.2	Y
8. 植株：茎上部节间长度（cm）	4	中偏短	39.21	4	中偏短	38.09	
9. 旗叶：长度（cm）	4	中偏短	37.19	4	中偏短	36.32	
10. 旗叶：宽度（mm）	3	窄	9.94	3	窄	10.4	
11. 花序：长度（cm）	4	中偏短	21.63	5	中	23.53	Y
12. 花序：小穗密度	5	高		5	高		
13. 小穗：颖片花青甙显色	1	无		1	无		
14. 小花：花药花青甙显色	1	无		1	无		
15. 小花：外稃被毛	9	有		9	有		

图 3-78 描述：植株生长习性对比，巫山鸭茅较川东鸭茅而言生长更披散，巫山鸭茅生长习性为中间型（代码：3），川东鸭茅为半直立型（代码：4）

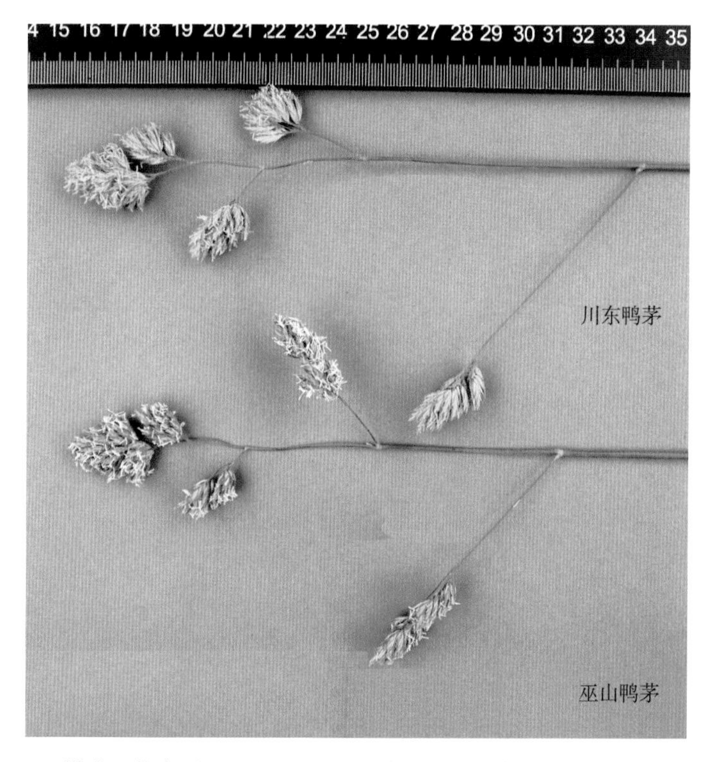

图 3-79 描述：花序对比（正面），巫山鸭茅花序长度比川东鸭茅短大约 3cm，巫山鸭茅花序长度为中偏短（代码：4），川东鸭茅为中（代码：5）

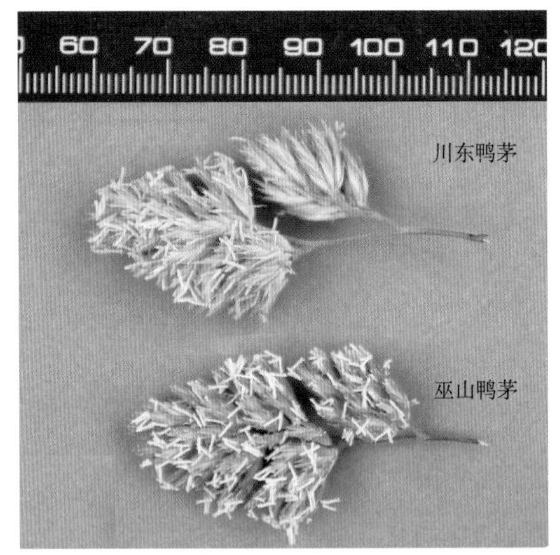

图 3-80 描述：花药花青甙显色对比，川东鸭茅与巫山鸭茅花药均无明显花青甙显色（代码：1）

图 3-81 描述：外稃被毛对比，川东鸭茅与巫山鸭茅外稃均被毛（代码：9）

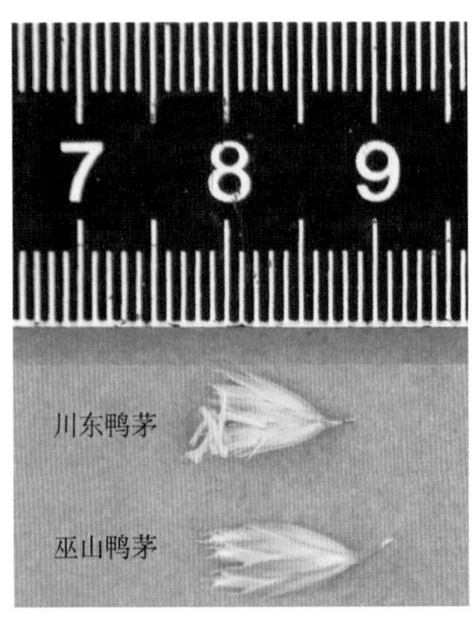

图 3-82 描述：小穗对比，川东鸭茅与巫山鸭茅小穗无明显差异

五、总结

5 年来，在全国畜牧总站组织下，通过开展新草品种 DUS 测试指南编制，对颁布较早的一些 DUS 测试指南进行测试验证和修订，构建紫花苜蓿等主要牧草草种 DNA 指纹图谱鉴定体系。根据现有草品种 DUS 测试指南对审定申报品种进行 DUS 田间测试等工作，增加和完善我国草品种 DUS 测试指南，初步建立起我国主要草种的 DUS 测试指南、测试流程和测试体系。并且通过指南的编制、修订和实际测试，不但锻炼了草品种 DUS 测试队伍，而且为我国草品种审定和保护利用提供了重要的科学依据。

第四章

对照品种筛选暨品比试验（VCU）

随着国家草品种区域试验工作的开展，对照品种的选择缺乏统一标准、缺少科学性等问题日益显现。2017年，在借鉴国外VCU测试和我国农作物新品种示范展示工作流程的基础上，全国畜牧总站组织在国家草品种区域试验项目中启动“草品种对照品种筛选品比试验暨VCU测试工作”，对审定通过的草品种进行评价。

该项测试工作先期针对性选择了南北方各自生产需求旺盛的牧草种——苜蓿和多花黑麦草作为首批参试草种，分别在相应地区选取试验基础条件良好、有区域代表性的区试站开展草品种对照品种筛选暨品比试验测试工作。确定在我国北方的内蒙古（达拉特）、黑龙江（齐齐哈尔）两个省区试站点开展苜蓿对照品种筛选暨品比试验测试，在我国南方四川（新津）和江西（南昌）两省试站点开展多花黑麦草对照品种筛选暨品比试验测试，未来将逐步增加评价草种范围和供试生态区域区试站点。

各试验点依据参试种在当地的种植面积、种植年限和普遍产量等因素，选择具有代表性的品种作为参照品种，见表4-1。

表4-1　2017—2018年对照品种筛选暨品比试验站一览表

参试种	试验站名	代表生态区域	参照品种及主要选取依据
苜蓿	达拉特	内蒙古高原栽培区伊克昭盟亚区（鄂尔多斯）	驯鹿，引进品种。 在鄂尔多斯地区已有万亩以上种植面积；6年以上规模种植年限；普遍产量稳定、居中。
	齐齐哈尔	东北栽培区松嫩平原亚区	龙牧801，当地育成品种。 在东北区推广面积最大；已有25年种植年限；产量稳定、居中
多花黑麦草	新 津	西南栽培区四川盆地丘陵平原亚区	长江2号，当地育成品种。 在四川推广面积大；已有15年种植年限；产量稳定、居中。
	南昌	长江中下游栽培区湘赣丘陵山地亚区	赣选1号，当地育成品种。 在江西推广面积大；已有22年种植年限；产量稳定、居中

草品种对照品种筛选暨品比试验已初步具备VCU测试功能，由全国草品种审定委员会负责技术指标、试验实施方案解释及技术指导和完善。2017年，全国畜牧总站组织专家编写印发《苜蓿区域试验对照品种筛选暨品比试验实施方案》和《多花黑麦草区域试验对照品种筛选暨品比试验实施方案》。目前，试验测试内容以草产量为主，兼顾品质和抗性，主要采取田间试验和室内测试相结合的评价体系。苜蓿是多年生牧草，试验年限为3个生产周

年；多花黑麦草是越年生牧草，试验年限为 2 个生产周年。试验小区分别设置测产小区和物候观测小区。物候期观测苜蓿分别记载播种、出苗、分枝、孕蕾、初花、盛花、成熟、枯黄等各个时期，多花黑麦草分别记载播种、出苗、分蘖、拔节、孕穗、抽穗、初花、盛花、乳熟、蜡熟、晚熟、枯黄等各个时期。测产小区分别记载刈割株高、草产量等数据，并委托具备资质的第三方检测机构对各品种牧草的营养成分（水分、粗蛋白、中洗、酸洗等）进行检测分析，茎叶比指标由试验点测产后自行完成。

全国畜牧总站委托内蒙古自治区草原工作站和四川省草原工作总站分别负责征集苜蓿和多花黑麦草参试品种，协调收集试验用种。截至 2017 年，我国已审定登记的苜蓿品种共 87 个，审定登记的多花黑麦草品种 18 个。通过与各育种家、经销商和国家草种种质资源库沟通交流，2017—2018 年内蒙古自治区草原工作站收集了驯鹿苜蓿、龙牧 801 苜蓿、敖汉苜蓿等 30 个苜蓿品种的试验用种；四川省草原工作总站收集了赣选 1 号多花黑麦草、长江 2 号多花黑麦草等 13 个多花黑麦草品种的试验用种。种子收集后经过净度、发芽率等指标检测，计算种子用价后，将试验种子分发至各试验站点。

各站点结合试验用地情况安排参试品种数量，同时为保证每个试验组的一致性，根据方案要求，每组品种数不能超过 10 个；同年度不同试验组内参试品种数量尽可能一致，品种随机设计，共设 1 个参照品种。2017 年苜蓿 VCU 测试，达拉特站品种数 16 个，分 3 个测产组，每组 6 个参试品种；齐齐哈尔站品种数 25 个，分为 3 个测产组，每组 9 个参试品种；永昌站品种数 26 个，分为 5 个测产组，每组 6 个参试品种。2017 年多花黑麦草 VCU 测试品种数为 13 个，随机分成 2 个试验组，每组 7 个品种（两个组的参照品种为同一个）。

每个试验组采取随机区组排列，小区面积 $15m^2$（5m×3m），4 次重复。其中，3 个重复用于测产，条播，行距 30cm，每个小区播种 10 行，播深 1～2cm，同一区组放在同一地块，另 1 个重复用于物候观测，可另行安排试验地，行距 60cm，播种 5 行，播种量是测产小区的 1/2。

内蒙古达拉特站 2017 年 8 月 8 日播种，条播，气温 25℃。播种量测产区 30g/小区，观察区 15g/小区。2017 年种植当年出苗正常，没有刈割，越冬前株高普遍在 15～25cm。2018 年 3 月 30 日返青正常，物候期观测花期前品种间差别不明显，草原 3 号较晚，6 月 21 日进入结荚期，龙牧 801 最晚，6 月 25 日进入结荚期，其他 14 个品种没有明显差别（图 4-1）。

图 4-1 内蒙古鄂尔多斯市达拉特试验站苜蓿 VCU 测试（测产区和物候期观测区 2018 年出苗情况）

测产分别于 5 月 28 日，6 月 27 日，8 月 2 日和 9 月 7 日在现蕾末期至初花期刈割 4 次，完成了一个生产周期，产量详见表 2。通过 3 个试验组测试，龙牧 801、陇东苜蓿、草原 2 号、中草 10 号、肇东苜蓿、甘农 3 号、甘农 1 号 7 个品种低于参照标准 10%以上；巨能 601、WL168HQ、阿尔冈金、4020 和东苜 1 号 5 个品种相似或高于参照标准。2018 年送检第四茬草样品质检测（表 4－2）。

表 4－2　达拉特试验站苜蓿 2018 年 VCU 测试不同品种年累计产量比较

试验组一	年累计（kg/hm²）	较参照增减产（%）	试验组二	年累计（kg/hm²）	较参照增减产（%）	试验组三	年累计（kg/hm²）	较参照增减产（%）
龙牧 801	9 635.00	−31.07	WL168HQ	1 4027.00	0.97	4 020	16 054.00	0.96
驯鹿	13 979.00		中草 10 号	11 955.00	−13.94	肇东苜蓿	12 459.00	−16.20
巨能 601	12 781.00	−8.57	金皇后	14 177.00	2.05	甘农 3 号	13 422.00	−15.60
阿尔冈金	13 896.00	−0.60	驯 鹿	13 892.00		甘农 1 号	12 336.00	−17.03
陇东苜蓿	10 479.00	−25.04	草原 3 号	12 955.00	−7.23	驯 鹿	15 902.00	
草原 2 号	10 281.00	−26.45	皇 冠	13 421.00	−3.39	东苜 1 号	14 868.00	−6.50

黑龙江齐齐哈尔站于 2017 年 7 月 18 日播种，截止到 2018 年冬季，完成了第一个完整的生产周期。参试的 25 个品种在 2018 年 5 月 14 日的越冬率观测中只有龙牧 801、草原 2 号、公农 2 号、东苜 1 号、草原 3 号、肇东苜蓿、中草 10 号、准格尔、中草 3 号、龙牧 803 这 10 个苜蓿品种越冬率超过了 50%，其余品种越冬率不到 50%，不能正常完成生育史。物候期观察完成过冬品种从播种、出苗到枯黄，各个品种差异不明显（图 4－2）。

图 4－2　黑龙江省齐齐哈尔试验站苜蓿 VCU 测试（2018 年生长情况）

3 个测产区结论显示：龙牧 801 苜蓿产量最高，其次为龙牧 803、东苜 1 号、肇东苜蓿、公农 2 号、草原 3 号、中草 3 号、准格尔、草原 2 号苜蓿，以上品种在齐齐哈尔地区产量都在 6 000kg/hm² 以上（表 4－3）。

表 4-3 齐齐哈尔站苜蓿 2018 年 VCU 测试不同品种年累计产量比较

试验组一	年累计（kg/hm²）	较参照增减产（%）	试验组二	年累计（kg/hm²）	较参照增减产（%）	试验组三	年累计（kg/hm²）	较参照增减产（%）
阿尔冈金	2 144.00	−78.08	龙牧 801	8 938.00		准格尔	6 821.00	−25.77
陇东苜蓿	3 255.00	−66.72	东苜 1 号	7 655.00	−14.35	甘农 6 号	4 710.00	−48.74
金皇后	2 261.00	−76.89	甘农 3 号	3 519.00	−60.63	中草 3 号	6 856.00	−25.39
龙牧 801	9 782.00		草原 3 号	7 406.00	−17.14	甘农 8 号	3 025.00	−67.08
草原 2 号	6 696.00	−31.55	4 020	—	—	甘农 7 号	3 202.00	−65.15
公农 2 号	7 431.00	−24.03	中草 10 号	3 857.00	−56.85	阿迪娜	2 880.00	−68.66
WL168HQ	3 524.00	−63.97	肇东苜蓿	7 597.00	−15.00	龙牧 803	9 046.00	−1.56
巨能 601	2 163.00	−77.89	甘农 1 号	3 715.00	−58.44	WL343HQ	4 661.00	−49.28
驯鹿	3 257.00	−66.70	皇冠	2 219.00	−75.17	龙牧 801	9 189.00	

四川新津站于 2017 年 9 月 25 日播种，2018 年 5 月 24 日结束，完成了一个生产周期。分别于 2017 年 12 月 20 日，2018 年 2 月 24 日，3 月 26 日，4 月 26 日和 5 月 24 日累计测产 5 次，采集 4000 多条数据（图 4-3、图 4-4）。

图 4-3 四川省新津试验站多花黑麦草 2018 年物候期观测组

图 4-4 多花黑麦草 2018 年测产组长势

从试验结果来看，参试的 13 个品种都能正常完成生育史，从播种到出苗，各个品种差异不明显，但叶色等各自特征还是差别较大。初步得到结论：试验组一中“邦德”多花黑麦草产量最高，其干草年均产量较参照“长江 2 号”增产 5.88%；试验组二中“剑宝”多花黑麦草年产量最高，其年均干草产量较参照“长江 2 号”增产 8.76%（表 4-4）。

表 4-4 2018 年新津站多花黑麦草不同品种年累计产量比较

试验组一品种	年折合干草产量（kg/hm²）	增产幅度（%）	试验组二品种	年折合干草产量（kg/hm²）	增产幅度（%）
达伯瑞	1 4339	−0.42	阿德纳	1 6206	2.54
长江 2 号	14 400	0.00	川农 1 号	15 367	−2.77
阿伯德	13 874	−3.65	安格斯 1 号	15 976	1.08

(续)

试验组一品种	年折合干草产量 (kg/hm²)	增产幅度 (%)	试验组二品种	年折合干草产量 (kg/hm²)	增产幅度 (%)
杰威	15 075	4.69	剑宝	17 190	8.76
特高	15 006	4.21	长江 2 号	15 805	0.00
邦德	15 247	5.88	蓝天堂	14 887	−5.81
赣选 1 号	15 169	5.34	钻石 T	14 353	−9.19

江西南昌站于 2017 年 10 月 12～13 日播种，次年 5 月中旬成熟，生长天数 230d 左右，分别于 2018 年 1 月 11 日、3 月 12 日、4 月 18 日、5 月 15 日进行了 4 次测产。从物候期观测来看，13 个多花黑麦草品种各生育期没有明显差异，但叶色等特征还是差别较大（图 4-5）。

图 4-5 江西省南昌站多花黑麦草 VCU 测试（2018 年田间测产及观察记录）

测产结果以折算的年干草产量来看，试验组一，“长江 2 号”产量最高，为13 539kg/hm²，“阿伯德”产量最低，为 11526kg/hm²；有 3 个品种产量较参照品种增产，增产幅度为 1.63%～5.96%；有 3 个品种减产，减产幅度为 2.82%～9.80%。试验组二，“川农 1 号”产量最高，为 14 231kg/hm²，“安格斯 1 号”产量最低、为 11 534kg/hm²；有 2 个品种产量较参照品种增产，增产幅度为 5.77%～9.65%；有 4 个品种减产，幅度为 2.29%～11.13%（表 4-5）。

表 4-5　2018 年南昌站多花黑麦草不同品种年累计产量比较

试验组一品种	年折合干草产量 (kg/hm²)	增产幅度 (%)	试验组二品种	年折合干草产量 (kg/hm²)	增产幅度 (%)
长江 2 号	13 539	5.96	川农 1 号	14 231	9.65
邦德	13 243	3.64	剑宝	13 728	5.77
杰威	12 986	1.63	赣选 1 号	12 979	0.00
赣选 1 号	12 778	0.00	蓝天堂	12 682	−2.29

（续）

试验组一品种	年折合干草产量（kg/hm²）	增产幅度（%）	试验组二品种	年折合干草产量（kg/hm²）	增产幅度（%）
达伯瑞	12 418	−2.82	钻石 T	12 237	−5.72
特高	11 972	−6.31	阿德纳	12 135	−6.50
阿伯德	11 526	−9.80	安格斯 1 号	11 534	−11.13

回顾两年的工作，我国草品种对照品种筛选暨品比试验工作已取得了初步进展。但也面临许多不足，比如参试品种有待增加、方案有待改进、数据如何统计、站点偏少、站点布局是否合适等。面对迅猛发展的畜牧业，草产业作为其基础支撑产业和独立的朝阳产业，草品种 VCU 测试伴随着国内牧草育种业的日新月异，必将具有十分巨大的拓展潜力。我国草品种对照品种筛选暨品比试验工作方兴未艾，草品种 VCU 测试工作者任重道远。